荣获中国石油和化学工业优秀教材奖

普通高等教育"十三五"规划教材

环境仪器分析

第二版

韩长秀　毕成良　唐雪娇　主编

化学工业出版社

·北京·

《环境仪器分析》共分为 13 章，主要介绍了目前在环境分析中常用的一些仪器分析方法，包括原子发射光谱法、原子吸收光谱法、原子荧光光谱法、紫外-可见分光光度法、红外吸收光谱分析法、电位分析法和离子选择电极、电解和库仑分析法、气相色谱法、高效液相色谱法、质谱分析法、核磁共振波谱法以及联用技术的基本知识、方法原理、仪器组成和在环境分析中的应用等内容。

　　本书可作为高等院校环境仪器分析课程的教材，也可供从事相关专业工作的人员参考使用。

图书在版编目（CIP）数据

环境仪器分析/韩长秀，毕成良，唐雪娇主编. —2 版 . —北京：
化学工业出版社，2018.12（2025.2重印）
普通高等教育"十三五"规划教材
ISBN 978-7-122-33126-7

Ⅰ. ①环… Ⅱ. ①韩…②毕…③唐… Ⅲ. ①环境监测-仪器
分析-高等学校-教材 Ⅳ. ①X830.2

中国版本图书馆 CIP 数据核字（2018）第 230482 号

责任编辑：满悦芝　　　　　　　　　　文字编辑：王　琪
责任校对：王素芹　　　　　　　　　　装帧设计：张　辉

出版发行：化学工业出版社（北京市东城区青年湖南街 13 号　邮政编码 100011）
印　　装：北京云浩印刷有限责任公司
787mm×1092mm　1/16　印张 18¼　字数 454 千字　　2025 年 2 月北京第 2 版第 9 次印刷

购书咨询：010-64518888　　售后服务：010-64518899
网　　址：http://www.cip.com.cn
凡购买本书，如有缺损质量问题，本社销售中心负责调换。

定　　价：58.00 元　　　　　　　　　　　　　　　　版权所有　违者必究

前　言

《环境仪器分析》第一版自 2008 年出版以来，得到了许多读者的垂青，并被不少学校选作教材，这是对我们最大的鼓励，同时也对我们提出了更高的要求，激励我们在已有的基础上再接再厉。

党的十八大以来，以习近平同志为核心的党中央以前所未有的力度抓生态文明建设，美丽中国建设迈出重大步伐，我国生态环境保护发生历史性、转折性、全局性变化。环境保护对于环境分析，无论在内容、范围上，还是在仪器、方法上，都提出了更高的要求。因此，2008 年编写的《环境仪器分析》第一版在内容上已略有局限，不能反映当前的学科发展水平。为了更好地适应教学发展的需要，我们决定对《环境仪器分析》第一版做一次修订，为读者提供一部新版教科书。

《环境仪器分析》（第二版）基本上保持了第一版的总体框架和结构，对书中与在环境中应用相关性差的内容进行了删减，更新或增加了一些新知识、新技术，对第一版中比较简略的部分进行了充实，力求能较完整地反映当今仪器分析在环境分析中的应用。但限于我们的水平，不足之处在所难免，恳请读者批评指正。

此次修订，第 1～6 章由天津工业大学韩长秀执笔，第 7～10 章由南开大学唐雪娇执笔，第 11～13 章由天津理工大学毕成良执笔，并由韩长秀负责全书统稿。在本书的再版修订中张宝贵教授全程给予了很多宝贵的建议和指导，范云双对书稿的修改提出了许多宝贵意见，在此致以谢意。

本书参考了国内外仪器分析及其相关研究领域众多资料及科研成果，在此向有关作者致以诚挚的谢意。

编　者
2023 年 7 月

第一版前言

环境问题是当今全世界关注的重大问题之一，而大多环境问题都直接或间接与化学物质有关。要想解决环境问题，必须对环境中化学物质的性质、来源、含量及形态进行分析和监测。仪器分析方法具有检出限低、准确度高、操作简便、分析速度快等优点，因而是环境分析与监测中非常重要的手段。环境仪器分析是为解决环境问题提供信息的必要手段之一。为适应环境科学专业开设环境仪器分析课程的需要，我们根据二十多年来开设本课程的实践和经验，编写了《环境仪器分析》一书。

仪器分析包括范围广泛，我们在内容取舍时主要考虑到环境科学专业的特点，对于环境监测中涉及的常用仪器分析方法进行了论述，将仪器分析理论与在环境分析中的实践经验有机结合，尽量避免烦琐的数学推导。全书共分 13 章，分别为绪论、原子发射光谱法、原子吸收光谱法、原子荧光光谱法、紫外-可见分光光度法、红外吸收光谱分析法、电位分析法和离子选择电极、电解和库仑分析法、气相色谱法、高效液相色谱法、质谱分析法、核磁共振波谱法、联用技术。

本书的编写分工：第 1 章～第 5 章由韩长秀、张宝贵编写，第 6 章～第 8 章由闫丽娟、张宝贵编写，第 9 章、第 10 章由任吉丽、张宝贵编写，第 11 章～第 13 章由毕成良、张宝贵编写，全书由张宝贵统稿。本书附有电子教案和习题解答，可发 E-mail 至 cipedu@163.com 免费索取。

本书参考了国内外仪器分析及其相关领域众多资料及科研成果，在此向有关作者致以诚挚的谢意。

由于编者的水平所限，疏漏之处在所难免，敬请广大读者给予批评指正。

张宝贵
2008 年 6 月于南开园

目　录

1　绪论 ……………………………… 1

1.1　环境分析、仪器分析与环境仪器分析 … 1

1.2　仪器分析的分类 …………………… 2

1.3　仪器分析发展趋势 ………………… 4

参考文献 ………………………………… 4

2　原子发射光谱法 …………………… 5

2.1　光学分析法概述 …………………… 5

2.2　原子发射光谱法概述 ……………… 10

2.3　原子发射光谱法的基本原理 ……… 11

2.4　原子发射光谱仪的仪器组成及主要
　　　类型 ……………………………… 13

2.5　原子发射光谱的分析方法 ………… 18

2.6　原子发射光谱法的应用 …………… 21

2.7　原子发射光谱法在环境分析中的
　　　应用 ……………………………… 21

参考文献 ………………………………… 23

思考题与习题 …………………………… 23

3　原子吸收光谱法 …………………… 25

3.1　原子吸收光谱概述 ………………… 25

3.2　原子吸收光谱分析的基本原理 …… 26

3.3　原子吸收分光光度计 ……………… 30

3.4　干扰及消除 ………………………… 35

3.5　原子吸收光谱分析的实验技术 …… 37

3.6　灵敏度、特征浓度及检出限 ……… 40

3.7　原子吸收光谱分析的应用 ………… 41

参考文献 ………………………………… 43

思考题与习题 …………………………… 43

4　原子荧光光谱法 …………………… 46

4.1　概述 ………………………………… 46

4.2　原子荧光光谱法的基本原理 ……… 47

4.3　原子荧光光谱仪的类型与结构 …… 49

4.4　原子荧光光谱法在环境分析中的
　　　应用 ……………………………… 51

参考文献 ………………………………… 53

思考题与习题 …………………………… 53

5　紫外-可见分光光度法 …………… 55

5.1　分子光谱概述 ……………………… 55

5.2　化合物的紫外光谱 ………………… 58

5.3　紫外-可见分光光度计 …………… 64

5.4　紫外-可见分光光度法的应用 …… 67

5.5　紫外-可见分光光度法的实验技术 … 71

5.6　紫外-可见分光光度法在环境分析中的
　　　应用 ……………………………… 73

参考文献 ………………………………… 74

思考题与习题 …………………………… 75

6　红外吸收光谱法 …………………… 77

6.1　概述 ………………………………… 77

6.2　红外光谱吸收原理 ………………… 78

6.3　红外光谱仪 ………………………… 85

6.4　样品制备 …………………………… 87

6.5　定性和定量分析 …………………… 88

6.6　红外光谱技术在环境分析中的
　　　应用 ……………………………… 91

参考文献 ………………………………… 91

思考题与习题 …………………………… 91

7　电位分析法和离子选择电极 ……… 93

7.1　概述 ………………………………… 93

7.2　水溶液的 pH 值测量 ……………… 94

7.3　水溶液中氟离子（F⁻）测量 ……… 99

7.4　气敏电极 …………………………… 101

7.5　离子选择电极的主要性能参数 …… 102

7.6　直接电位测量法 …………………… 103

7.7　电位分析法在环境分析中的应用 … 104

参考文献 ………………………………… 106

思考题与习题 …………………………… 106

8　电解和库仑分析法 ………………… 108

8.1　概述 ………………………………… 108

8.2　电解分析法 ………………………… 108

8.3　电解分析法在环境分析中的应用 … 112

8.4　库仑分析法 ………………………… 113

8.5　库仑分析法在环境分析中的应用 … 116

参考文献 ………………………………… 118

思考题与习题 …………………………… 118

9　气相色谱法 ………………………… 120

9.1　色谱分析法 ………………………… 120

9.2　气相色谱分析理论基础 …………… 121

9.3　分离条件的选择 …………………… 131

9.4 气相色谱分析法 ·············· 133

9.5 气相色谱仪仪器简介 ········ 134

9.6 气相色谱检测器 ·············· 136

9.7 固定相及其选择 ·············· 144

9.8 气相色谱定性方法 ·········· 151

9.9 气相色谱定量方法 ·········· 154

9.10 毛细管柱气相色谱法 ······ 158

9.11 气相色谱分析在环境分析中的
应用 ································ 159

参考文献 ································ 165

思考题与习题 ························ 165

10 高效液相色谱法 ·············· 170

10.1 高效液相色谱法的特点 ···· 170

10.2 高效液相色谱法的分类及其分离
原理 ································ 171

10.3 液相色谱法固定相 ·········· 178

10.4 液相色谱法流动相 ·········· 183

10.5 高效液相色谱仪 ·············· 186

10.6 高效液相色谱法在环境分析中的
应用 ································ 192

参考文献 ································ 198

思考题与习题 ························ 199

11 质谱分析法 ···················· 201

11.1 概述 ······························ 201

11.2 质谱分析法基本原理 ······ 201

11.3 质谱仪仪器组成 ·············· 205

11.4 质谱定性分析法 ·············· 213

11.5 质谱图分析 ····················· 214

11.6 质谱仪仪器简介 ·············· 222

11.7 质谱分析法在环境分析中的应用 ··· 223

参考文献 ································ 225

思考题与习题 ························ 225

12 核磁共振波谱法 ·············· 227

12.1 概述 ······························ 227

12.2 核磁共振波谱法的基本原理 ····· 227

12.3 核磁共振的重要参数 ······ 229

12.4 核磁共振波谱仪仪器组成 ······ 233

12.5 核磁共振谱图解析 ·········· 235

12.6 核磁共振波谱仪仪器简介 ······ 241

12.7 核磁共振波谱法在环境分析中的
应用 ································ 242

参考文献 ································ 244

思考题与习题 ························ 244

13 联用技术 ························ 247

13.1 联用技术的定义及原理 ···· 247

13.2 联用技术的分类及优点 ···· 247

13.3 常用的联用技术介绍 ······ 249

13.4 联用技术在环境分析中的应用 ······ 264

参考文献 ································ 267

思考题与习题 ························ 267

附录 国家环境监测检测标准 ······· 269

1 绪论

1.1 环境分析、仪器分析与环境仪器分析

人们为了认识、评价、改造和控制环境，必须了解引起环境质量变化的原因，这就要对环境的各组成部分，特别是对危害大的污染物的性质、来源、含量及其分布状态进行细致的调查和分析。应用分析化学的方法和技术研究环境中污染物的种类和成分，并对它们进行定性和定量分析，逐步形成了一门新的分支学科——环境分析化学，或简称环境分析。

环境分析研究的对象是环境中的化学物质，它们具有以下特点。

(1) 种类繁多 这是由于污染物化学物种的多样化，样品来源广泛，有空气、水（包括地表水、地下水、海水、排放废水）、沉淀物、土壤、固体废渣、生物体及其代谢物。

(2) 样品的组分复杂 人类生产与社会活动和自然的生物代谢过程不断向周围环境排放各种有害化合物，环境样品中往往含有数十种至数百种不同化合物。因此环境分析的样品，不论是取自大气、水体、土壤和生物，还是来自工农业和生活排放的污染物，大多是组分复杂的体系。例如一个水样往往同时含有无机物、有机物和生物体。一般被认为"清洁"的自来水，仅因为用氯消毒而产生的有机氯化合物，目前已鉴定出约 300 种之多。

环境污染物的复杂性，还表现在它存在的价态和形态也是多种多样的。例如汞在水中可以呈单质汞或汞离子，还有无机汞经微生物转化的有机汞，如甲基汞。

(3) 样品组分的稳定性较差、变异性较大 环境样品的很多组分往往是不稳定的。除了与污染物固有的物理、化学和生物化学的特性有关外，还由于样品组分复杂，各污染物间会发生相互作用以及污染物在各环境介质中不断发生迁移和转化，加上样品采集、转移、储存和分离过程中试剂、容器的沾污，都可能使样品组分的含量发生变化。

(4) 含量低 环境分析化学所研究的对象含量低是由于以下两个方面的原因：①大气、水、土壤及生物体中化学物质的本底水平（背景值）含量极微，一般都属于痕量（$10^{-9} \sim 10^{-6}$ g）和超痕量（$10^{-12} \sim 10^{-9}$ g）分析，而了解化学物质对环境的污染程度必须对其本底值有所了解；②某些污染元素和化合物产生毒效应的浓度范围低，而且化学污染物的性质不同，其毒性特性和化学行为就不同，环境分析不仅要测定化学污染物的总量，还要测定其不同的形态。显然，化学物质形态的含量比其总量更低。

环境分析的一项重要任务就是对污染物的状态或结构进行分析。结构分析研究污染物的形成过程、反应机制、污染效应。事实表明，化学污染物的状态、结构决定它在环境中的特性，不同状态和结构的污染物对动植物和人体毒性也不同。这对制定环境保护标准、规定治理措施、监测污染状况均有重要的理论和实际意义。

环境分析的任务是复杂物质的分析，要求连续的快速分析，又是痕量、超痕量的分析，这要求分析方法和监测仪器具有高灵敏度、高准确度、高选择性和高分辨率等性能，并达到标准化、自动化和计算机化的目标。

但是，环境分析多局限于化学分析方法，对于微量、常量及高含量组分的测定，化学分

析具有准确度高、相对误差小的优点，但对痕量组分的测定，其灵敏度、检出限等都很难达到要求，而且一般的化学分析都比较费时，也难以满足大批量样品的分析。研究环境污染物的性质、来源、含量、分布状态和环境背景值，方法应有灵敏度高、准确、精密、选择性好、操作简便和连续自动的特点，单纯的化学分析难以满足这些要求，为了弥补环境分析中化学分析的不足，分析化学家和环境科学工作者进一步研究和发展了许多物理和物理化学的测定方法和仪器，即仪器分析。

仪器分析是以物质的物理或物理化学性质为基础，探求这些性质在分析过程中所产生分析信号与被分析物质组成的内在关系和规律，进而对其进行定性、定量、形态和结构分析的一类测定方法。由于这类方法通常需要使用较特殊的分析仪器，故习惯上称为仪器分析。仪器分析是现代分析化学的重要组成部分，其应用已渗透到工业、农业、国防等各个领域，是生命科学、环境科学、材料科学、食品科学等学科领域的重要研究手段。与化学分析相比，仪器分析具有如下特点。

① 灵敏度高，检测下限低，试样用量少。如样品用量由化学分析的 mL、mg 级降低到 μL、μg 级，甚至更低，它比较适用于微量、痕量和超痕量成分的测定。

② 选择性好。很多仪器方法可以通过选择和调整测定条件，使共存的组分测定时，相互不产生干扰，简化了分离过程。

③ 操作简单，分析速度快，易于实现自动化。

④ 相对误差高。

由于环境样品与仪器分析的上述特点以及环境分析任务的复杂性和特殊性，与化学分析相比，仪器分析更能满足环境分析的要求，是环境分析化学的主要发展方向。特别是新的仪器分析方法不断出现，其应用也日益广泛，使仪器分析在环境分析化学中所起的作用不断增大，并成为现代环境分析的重要支柱。在环境分析中，仪器分析已成为研究污染物的组成、结构、形态、分布、含量及其迁移转化规律等所必需的手段。

环境仪器分析是环境科学中的仪器分析，是环境化学与分析化学的重要分支，是仪器分析与化学相交叉的一门边缘学科，即利用仪器分析的手段对环境样品进行分析的学科。环境仪器分析是开展环境污染物环境行为、归宿、生态效应和污染生态环境修复、环境质量评价、环境管理、环境监测以及废物减量化、资源化、清洁生产等环境科学研究不可缺少的基础和手段。

1.2 仪器分析的分类

仪器分析现已发展为一门多学科汇集的综合性应用科学，分类的方法很多，若根据分析的基本原理分类，主要有光学分析法、电化学分析法、色谱分析法。

1.2.1 光学分析法

光学分析法是基于光作用于物质后所产生的辐射信号或所引起的变化来进行分析的方法，可分为光谱法和非光谱法两类。

光谱法是基于物质对光的吸收、发射和拉曼散射等作用，通过检测相互作用后的光谱波长和强度变化而建立的分析方法。光谱法又可分为原子光谱法和分子光谱法两大类，主要包括原子发射光谱法、原子吸收光谱法、X 射线光谱法、分子荧光和磷光法、化学发光法、紫外-可见光谱法、红外光谱法、拉曼光谱法、核磁共振波谱法等。其中的红外光谱法、拉曼光谱法、核磁共振波谱法常用于化合物结构分析，其他多用于定量分析。

非光谱法是指通过测量光的反射、折射、干涉、衍射和偏振等变化所建立的分析方法，包括折射法、干涉法、旋光法、X 射线衍射法等。

1.2.2 电化学分析法

电化学分析（也称电分析化学）法是依据物质在溶液中的电化学性质及其变化来进行分析的方法。根据所测定的电参数的不同可分为电位分析、电导分析、库仑分析、极谱分析及伏安分析等。新型电极与微电极、原位及活体分析都是电化学分析十分活跃的研究领域，循环伏安法已成为研究电极反应、吸附过程、电化学与化学偶联反应的重要手段。

1.2.3 色谱分析法

色谱分析法是利用混合物中各组分在互不相溶的两相（固定相和流动相）中吸附能力、分配系数或其他亲和作用的差异而建立的分离、测定方法。包括气相色谱法、高效液相色谱法、离子色谱法、超临界流体色谱法、高效毛细管电泳法等。

1.2.4 其他分析法

质谱法是将待测物质置于离子源中被电离而形成带电离子，让离子加速并通过磁场后，离子将按质荷比（m/z）大小被分离，形成质谱图，依据质谱线的位置和质谱线的相对强度建立的分析方法。质谱法可以单独使用，也可以和其他分析技术联合使用，如常和气相色谱法或液相色谱法联用。

表 1-1 列出了仪器分析的类型、测量参数（或有关性质）以及相应分析方法的检测限。

表 1-1 仪器分析方法的分类、所测物理性质以及方法的检测限

方法的分类	被测物理性质	分析方法	检测限
光学分析法	辐射的发射	荧光光谱法	10^{-12}
		X 射线荧光光谱法	10^{-9}
		火焰光度法	10^{-10}
		放射性同位素分析法	10^{-16}
		原子发射光谱法	10^{-10}
		化学发光法	10^{-12}
	辐射的吸收	分光光度法(VIS、UV、IR)	10^{-9}
		火焰原子吸收法	10^{-10}
		石墨炉原子吸收法	10^{-14}
电化学分析法	电量	库仑法(恒电位、恒电流)	10^{-9}
	电流-电压特性	极谱法	10^{-9}
	电流与电位变化	伏安法	10^{-12}
	电极电位	离子选择电极法	10^{-9}
色谱分析法	两相间的分配	气相色谱法	10^{-12}
		液相色谱法	10^{-10}
		离子色谱法	10^{-9}
		薄层色谱法	10^{-9}

方法的分类	被测物理性质	分析方法	检测限
其他分析法	质荷比	质谱法 火花源质谱法	10^{-15} 10^{-14}
	核性质	中子活化分析法	10^{-14}

1.3 仪器分析发展趋势

仪器分析不但在工业、农业、轻工业等领域的应用越来越广泛，而且现代生命科学、环境科学等学科的飞速发展也越来越离不开仪器分析。仪器分析不但为它们提供了物质的组成，而且还提供了精细结构与功能之间的关系，探索了现象的本质。如在遗传研究中，只有用仪器分析确定了双螺旋结构后，才能对其本质有更透彻的了解。仪器分析正越来越受到重视，并向微观状态分析、痕量无损分析、活体动态分析、微分子水平分析、远程遥测分析、综合技术联用分析、自动化高速分析的方向发展。

生命科学研究的发展，需要对多肽、核糖等大分子微量的生物活性物质如单个细胞内神经传递物质进行分析。而质谱在扩展质量范围、提高灵敏度、软电离技术方面的发展，更加适用于生物分子及热不稳定化合物的测定。电化学微电极的出现产生了电化学探针，可用来检测细胞内的物质，如动物神经传递物质扩散过程活体分析。高效液相色谱和毛细管电泳的发展，为多肽、蛋白质、核酸等生物大分子的分离制备、提纯提供了可能。

红外遥感技术在大气污染、烟尘排放的测定方面有独到之处。

仪器联用技术已成为当今仪器分析的重要发展方向。多种分析技术的联用，使各种仪器的优点得到充分发挥，缺点得到克服，展现了仪器分析在各领域的巨大生命力。目前，已经实现了气相色谱-火焰原子吸收光谱（GC-FAAS）、气相色谱-电感耦合等离子体-原子发射光谱联用（GC-ICP-AES）、气相色谱-质谱（GC-MS）、液相色谱-质谱（LC-MS）、气相色谱-傅里叶变换红外光谱-质谱（GC-FTIR-MS）、液相色谱-傅里叶变换红外光谱-质谱（LC-FTIR-MS）、气相色谱-电感耦合等离子体-质谱联用（GC-ICP-MS）、液相色谱-电感耦合等离子体-质谱联用（LC-ICP-MS）、高效液相色谱-核磁共振联用（HPLC-NMR）、流动注射-高效毛细管电泳-化学发光（FIA-HPCE-CL）等联用技术。尤其是现代计算机智能化技术与上述体系的有机融合，实现了人机对话，使仪器分析联用技术得到飞速发展。

随着科学技术的发展，各学科的相互渗透，仪器分析中新方法、新技术将会不断出现，在环境中的应用范围也会不断扩大，使人们更好地认识、评价、改造和控制环境，为人类认识自然、利用自然、更好地与自然和睦相处做出更大贡献。

参 考 文 献

[1] 朱明华. 仪器分析. 北京：高等教育出版社，2000.
[2] 刘志广. 仪器分析. 大连：大连理工大学出版社，2004.
[3] 韦进宝，钱沙华. 环境分析化学. 北京：化学工业出版社，2003.

2 原子发射光谱法

2.1 光学分析法概述

光学分析法包含的内容较多，是仪器分析的重要组成部分。该类分析方法的重要特征是涉及辐射能与待测物之间的相互作用及原子或分子内的能级跃迁。除可做定量分析外，还能提供化合物的大量结构信息，在研究物质组成、结构表征、表面分析等方面具有重要的作用。

2.1.1 光学分析法及其基本特征

光学分析法是基于电磁辐射能量与待测物质相互作用，由产生的辐射信号来确定物质组成或结构的分析方法。光学分析法所涉及的电磁辐射覆盖了由射线到无线电波的所有波长范围，相互作用的方式则包括了发射、吸收、反射、折射、散射、干涉、衍射等，并通过波长、频率、波数、强度等参数来进行表征。物质吸收或发射不同范围的能量（波长），引起相应的原子或分子内能级跃迁，据此建立了各种光波谱分析方法，如紫外-可见光谱分析、红外光谱分析、核磁共振波谱分析、X射线光谱分析等。

光学分析的方法虽然很多，原理各异，但均涉及以下三个过程：提供能量的能源（光源、辐射源）及辐射控制；能量与被测物之间的相互作用；信号产生过程。

光学分析法与电化学分析法和色谱分析法的区别之一是不涉及化合物的分离，可进行选择性测量，具有灵敏度高、化学选择性好、用途广泛等特点。

2.1.2 电磁辐射的基本性质

电磁辐射（电磁波）是以接近光速（真空中光速为 c）传播的能量。电磁辐射具有波粒二象性。

$$c = \lambda\nu = \frac{\nu}{\sigma} \qquad (2\text{-}1)$$

$$E = h\nu = \frac{hc}{\lambda} \qquad (2\text{-}2)$$

式中，c 为光速；λ 为波长；ν 为频率；σ 为波数；E 为能量；h 为普朗克常数。

物质能够选择性吸收特定频率的辐射能，从基态或低能级跃迁到高能级，并可再以光的形式将吸收的能量释放出来，跃迁回到较低能级或基态。此外，光作用于物质时，还可发生折射、反射、衍射、偏振及散射等。散射又可分为丁铎尔散射和分子散射。

丁铎尔散射是指光通过含有许多大质点（颗粒大小数量级等于光波的波长）的介质时产生的散射，乳浊液、悬浮液、胶体溶液等所引起的散射均为丁铎尔散射。

分子散射是指辐射能与比辐射波长小得多的分子或分子聚集体之间的相互作用而产生的散射光。分子散射又分为瑞利散射和拉曼散射。瑞利散射是指光子与分子间发生"弹性碰撞"时产生的散射光现象。散射光的波长与入射光的波长相同，只是改变了运动方向，如

图 2-1 所示。拉曼散射则是指光子与分子间发生"非弹性碰撞"，两者之间发生了能量交换，产生了与入射光波长不同的散射光，即拉曼散射光。波长短于入射光的称为反斯托克线，反之称为斯托克线，如图 2-2 所示。拉曼散射光与瑞利散射光的频率差，称为拉曼位移，其大小与物质分子的振动和转动能级有关。不同分子具有不同的拉曼位移值。拉曼位移是表征物质分子振动、转动能级特性的一个物理量，反映了分子极化率的变化，可用于物质分子的结构分析。

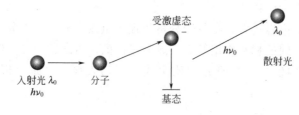

图 2-1　瑞利散射示意图

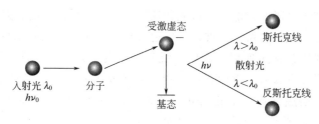

图 2-2　拉曼散射示意图

2.1.3　光学分析法分类

依据物质与辐射作用的方式不同，光学分析法可分为光谱法和非光谱法两大类。光谱法是基于物质与辐射作用时，分子发生能级跃迁而产生发射、吸收或散射的波长或强度等信号变化进行分析的方法。非光谱法则不涉及能级跃迁，物质与辐射作用时，仅改变传播方向等物理参数，如偏振、干涉、旋光等方法。本书主要介绍光谱法。

光谱法依据作用的对象不同又可分为分子光谱法和原子光谱法。在原子光谱中，基于原子外层电子跃迁的有原子吸收光谱（AAS）、原子发射光谱（AES）和原子荧光光谱（AFS），基于原子内层跃迁的有 X 射线荧光光谱（XFS），基于原子核与射线作用的有穆斯堡尔谱。在分子光谱中，紫外-可见光谱、荧光光谱、磷光光谱都是基于分子外层电子的跃迁，称为电子光谱。红外光谱则是基于分子内部振动和转动能级的跃迁，又称振-转光谱。光学分析的一般分类方法如图 2-3 所示。

原子光谱是由原子外层价电子受到辐射后，在不同能级之间的跃迁所产生的各种谱线的集合，通常是线性光谱，每条谱线都代表了一种跃迁。分子中不仅有更多的原子个数和种类，还包含各种基团和结构单元，所产生的光谱比较复杂，是带状光谱，同时提供了更丰富的结构信息。所以分子光谱不仅在定量分析中应用广泛，在复杂化合物结构分析领域更是其他方法无法比拟的。

2.1.4　光谱法仪器

用来研究吸收、发射或荧光的电磁辐射强度与波长关系的仪器称为光谱仪或分光光度

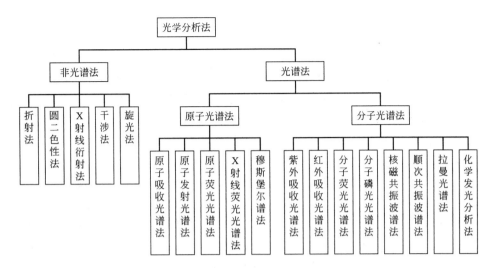

图 2-3　光学分析的一般分类方法

计，一般由光源、单色器、样品池、检测器和信息处理与显示装置五个基本单元组成，如图2-4所示。

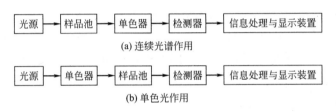

图 2-4　光谱仪基本结构流程

2.1.4.1　光源

光谱分析中可根据方法特征采用不同的光源，如图2-5所示，通常必须具有足够的输出功率和稳定性，因为光源辐射功率的波动与电源功率的变化呈指数关系。光源可分为连续光源和线光源，一般连续光源主要用于分子吸收光谱法，线光源用于荧光、原子吸收和拉曼光谱法。

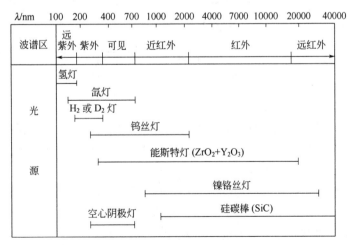

图 2-5　不同波谱区所用的光源

（1）连续光源　连续光源是指在很大的波长范围内主要发射强度平稳的具有连续光谱的光源。

紫外连续光源主要采用氢灯或氘灯。它们产生的连续光谱范围为 $160\sim375nm$。氘灯产生的光谱强度比氢灯大，寿命也比氢灯长。可见光区常见的光源是钨丝灯，其光谱波长范围是 $320\sim2500nm$。氙灯也可用作可见光源，当电流通过氙气时，可产生强辐射，它辐射的连续光谱分布在 $250\sim700nm$。常用的红外光源是一种用电加热到 $1500\sim2000K$ 的惰性固体，光强最大的区域在 $5000\sim6000cm^{-1}$。常用的有能斯特（Nernst）灯、硅碳棒，前者的发光强度大，但寿命较硅碳棒短。

（2）线光源　线光源是指能够提供特定波长的光源。较常使用的有金属蒸气灯、空心阴极灯和激光光源。

① 金属蒸气灯。在透明封套内含有低压气体元素，常见的有汞和钠的蒸气灯。把电压加到固定在封套上的一对电极上时，就会激发出元素的特征线光谱。汞灯产生的线光谱的波长范围为 $254\sim734nm$，钠灯主要是 $589.0nm$ 和 $589.6nm$ 处的一对谱线。

② 空心阴极灯。主要用于原子吸收光谱中，每种灯提供特定金属的发射光谱。

③ 激光。激光的强度非常高，方向性和单向性好，使光谱分析的灵敏度和分辨率大大改善，它作为一种新型光源在拉曼光谱、荧光光谱、发射光谱、傅里叶变换红外光谱等领域极受重视。激光光源有气体激光器、固体激光器、染料激光器和半导体激光器等。常见的有发射线为 $693.4nm$ 的红宝石（Al_2O_3 中掺入约 0.05% 的 Cr_2O_3）激光器，发射线为 $1064nm$ 的掺铷钇铝石榴石激光器，发射线为 $632.8nm$ 的 $He-Ne$ 激光器，发射线为 $514.5nm$、$488.0nm$ 的 Ar 离子激光器。

2.1.4.2　单色器

单色器是产生高纯度光谱辐射束的装置，其作用是将复合光分解成单色光或有一定宽度的谱带。单色器由入射狭缝、准直透镜、色散元件、聚焦透镜和出射狭缝等部件组成，如图 2-6 所示。色散元件（光栅和棱镜）是其核心部分，其性能决定了光谱仪器的分辨率。

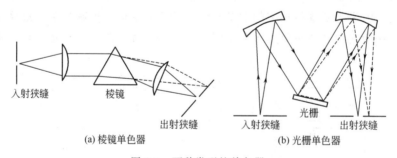

（a）棱镜单色器　　　　　　　（b）光栅单色器

图 2-6　两种类型的单色器

（1）棱镜　棱镜是根据光的折射现象进行分光的。构成棱镜的光学材料对不同波长的光具有不同的折射率，波长短的光折射率大。因此，平行光经色散后就按波长顺序分解为不同波长的光，经聚焦后在焦面的不同位置上成像，得到按波长展开的光谱。

（2）光栅　光栅分为透射光栅和反射光栅，用得较多的是反射光栅。它又可分为平面反射光栅（闪耀光栅）和凹面反射光栅。光栅是在真空中蒸发金属铝，将它镀在玻璃平面上，然后在铝层上刻制许多等间隔、等宽的平行刻纹。$300\sim2000$ 条·mm^{-1} 的光栅可用于紫外区和可见光区；对于中红外区，用 100 条·mm^{-1} 的光栅即可。光栅是一种多狭缝部件，光栅光谱的产生是多狭缝干涉和单狭缝衍射联合作用的结果。多狭缝干涉决定谱线出现的位置，单狭缝衍射决定谱线的强度分布。如图 2-7 是平面反射光栅的一段垂直于刻线的截面。

（3）狭缝 狭缝是由两片经过精细加工且具有锐利边缘的金属片组成的，其两边必须保持互相平行且处于同一平面上，如图 2-8 所示。

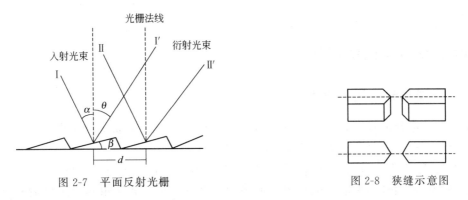

图 2-7 平面反射光栅　　　　　　　　　　图 2-8 狭缝示意图

单色器的入射狭缝起着光学系统虚光源的作用。光源发出的光照射并通过狭缝，经色散元件分解成不同波长的单色平行光束，经物镜聚集后，在焦面上形成一系列狭缝的像，即所谓光谱。因此，狭缝的任何缺陷都直接影响谱线轮廓与强度的均匀性，所以对狭缝要仔细保护。

狭缝宽度对分析有重要意义。单色器的分辨能力表示能分开最小波长间隔的能力。波长间隔的大小取决于分辨率、狭缝宽度和光学材料的性质等，它用有效带宽 S（nm）表示：

$$S = DW \times 10^{-3} \qquad\qquad (2-3)$$

式中，D 为线色散率倒数，$nm \cdot mm^{-1}$；W 为狭缝宽度，μm。当仪器的色散率固定时，S 将随 W 而变化。对原子发射光谱，在定性分析时一般使用较窄的狭缝，这样可以提高分辨率，使邻近的谱线清晰分开。在定量分析时则采用较宽的狭缝，以得到较大的谱线强度。对原子吸收光谱来说，由于吸收线的数目比发射线数目少得多，谱线重叠的概率小，因此常采用较宽的狭缝，以得到较大的光强。当然，如果背景发射太强，则要适当减小狭缝宽度。一般原则是，在不引起吸光度减小的情况下，采用尽可能大的狭缝宽度。

2.1.4.3 吸收池

盛放试液的吸收池由透明的材料制成。紫外区采用石英材料；可见光区采用硅酸盐玻璃；红外区则可根据不同的波长范围选用不同材料的晶体制成吸收池的窗口，如 NaCl、KBr 等。

2.1.4.4 检测器

光谱仪器多采用光检测器和热检测器两种，都是将光信号转变为易检测的电信号的装置。光检测器又可分为单道型和阵列型（多道型）。单道型有光电池、光电管和光电倍增管等，阵列型有光电二极管阵列（PDAs）检测器和电荷转移元件阵列（CTDs）检测器等。热检测器有真空热电偶检测器和热电检测器。真空热电偶检测器是利用两种金属导体构成回路时的温差现象，使温差转变为电位差的装置，是红外分光光度计中常用的检测器。热电检测器是利用热电材料的热敏极化性质，将光辐射的热能转变为电信号的装置。如将氘代硫酸三苷肽晶体置于两支电极之间（一支为光透电极），形成一个随温度变化的电容器，当红外线辐射到晶体上时，晶体温度发生变化，改变了晶体两面的电荷分布，在外部电路中产生电流。该类检测器响应速度快，在傅里叶变换红外光谱仪中有较多应用。

2.1.4.5　信息处理与显示装置

现代仪器基本上都配置了计算机，可将检测器检测的信号通过模-数转换器输入到计算机，配合专用的工作站（软件系统）进行数据处理并显示在计算机屏幕上，有的还具有显示三维图像的能力。

2.2　原子发射光谱法概述

2.2.1　原子发射光谱法的发展

原子发射光谱分析（atomic emission spectrometry，AES）是根据处于激发态的待测元素原子回到基态时发射的特征谱线对待测元素进行分析的方法。

原子发射光谱法是光学分析法中产生与发展最早的一种方法。早在 19 世纪初，Brewster 等就从酒精灯的火焰中观察到了原子发射光谱现象，并认识到原子发射光谱可以替代"烦琐的化学分析方法"。1859 年，德国学者 G. R. Kirchhoff（基尔霍夫）和 R. W. Bunsen（本生）合作，制造了第一台用于光谱分析的分光镜，从而使光谱检测法得以实现。1877 年，Gouy 证实了原子发射强度正比于样品量。1928 年，Lundegardh 应用气动喷雾器和空气-乙炔火焰建立了定量分析的线性关系，出现了火焰光度分析法。20 世纪 40 年代以电火花和电弧为光源的光电直读发射光谱仪的出现，克服了火焰发射光谱法只能用于少数几种元素溶液分析的局限性，使发射光谱法可用于周期表中大多数元素的固体样品分析。随着 20 世纪 60 年代原子吸收光谱法的建立，发射光谱法在分析化学中的作用下降。20 世纪 70 年代采用等离子体光源的发射光谱仪的出现使原子发射光谱法不但具有多元素同时分析的能力，也适用于液体样品分析，性能也大大提高，使其应用范围迅速扩大。

原子发射光谱法对科学的发展起过重要的作用。在建立原子结构理论的过程中，提供了大量最直接的实验数据。科学家们通过观察和分析物质的发射光谱，逐渐认识了组成物质的原子结构。在元素周期表中，有不少元素是利用发射光谱发现或通过光谱法鉴定而被确认的。例如，碱金属中的铷、铯，稀散元素中的镓、铟、铊，惰性气体中的氦、氖、氩、氪、氙，以及一部分稀土元素等。

在近代各种材料的定性、定量分析中，原子发射光谱法发挥了重要作用，成为仪器分析中重要的方法之一。

2.2.2　原子发射光谱法的特点

原子发射光谱分析的优点如下。

① 多元素同时检测能力。可同时测定一个样品中多种元素的特征光谱，这样就可同时测定多种元素。

② 分析速度快。若利用光电直读光谱仪，可在几分钟内同时对几十种元素进行定量分析。分析试样不经化学处理，固体、液体样品都可直接测定。

③ 选择性好。每种元素因原子结构不同，发射各自不同的特征光谱，对于一些化学性质极相似的元素具有特别重要的意义。例如，铌和钽、锆和铪、十几种稀土元素用其他方法分析都很困难，而发射光谱分析可以毫无困难地将它们区分开来，并分别加以测定。

④ 检出限低。一般光源可达 $0.1 \sim 10 \mu g \cdot g^{-1}$（或 $\mu g \cdot mL^{-1}$），电感耦合等离子体（ICP）光源可达 $ng \cdot mL^{-1}$ 级。

⑤ 准确度较高。一般光源相对误差为 $5\% \sim 10\%$，ICP 光源相对误差可达 1% 以下。

⑥ 试样消耗少。

⑦ 经典光源的校准曲线线性范围只有 $1 \sim 2$ 个数量级，而 ICP 光源可达 $4 \sim 6$ 个数量级，可测定元素各种不同含量（高含量、中含量、微含量）。一个试样同时进行多元素分析，又可测定各种不同含量。目前 ICP-AES 已广泛地应用于各个领域之中。

原子发射光谱分析的缺点是：常见的非金属元素（如氧、硫、氮、卤素等）谱线在远紫外区，目前一般的光谱仪尚不好检测；还有一些非金属元素，如磷、硒、碲等，由于其激发电位高，灵敏度较低。

2.3 原子发射光谱法的基本原理

2.3.1 原子发射光谱的产生

原子的外层电子受到激发跃迁至激发态，很短时间后又从高能级激发态跃迁回低能级激发态或基态，多余的能量以电磁辐射的形式发射出去，就得到了发射光谱。原子发射光谱是线性光谱。

通常情况下，原子外层价电子处于基态，在受到热能（火焰）或电能（电火花）等激发时，原子获得足够的能量，外层电子由基态跃迁到激发态。处于激发态的原子是不稳定的，在很短的时间（$10^{-8} s$）内，外层电子就从高能级向较低能级或基态跃迁，多余能量的发射就得到由一系列谱线组成的发射光谱。谱线波长与能量的关系为：

$$\lambda = \frac{hc}{\Delta E} = \frac{hc}{E_1 - E_2} \tag{2-4}$$

式中，E_1、E_2 分别为高能级与低能级的能量；λ 为波长；h 为普朗克常数；c 为光速。原子的各个能级是不连续的（量子化的），电子的跃迁也是不连续的，这就是原子光谱是线性光谱的根本原因。

2.3.2 元素的特征谱线

周期表中每一种元素都能显示出一系列的谱线，这些谱线对元素具有特征性和专一性，称为元素的特征光谱，这也是元素定性的基础。原子中某一外层电子由基态激发到高能级所需要的能量称为激发电位，以 eV（电子伏特）表示。原子光谱中每一条谱线的产生各有其相应的激发电位，这些激发电位在元素谱线表中可以查到。由第一激发态向基态跃迁的能量最小，最易发生，强度也最大，称为第一共振线，是该元素最强的谱线。

原子如果获得足够的能量（电离能），将失去一个电子产生电离（一次电离），一次电离的原子再失去一个电子称为二次电离，依次类推。

离子也可能被激发，当离子由激发态跃迁回基态时，产生离子谱线（离子发射的谱线）。由于离子和原子具有不同的能级，所以离子发射的光谱与原子发射的光谱不同。每一条离子线也都有其激发电位，这些离子线激发电位大小与电离电位高低无关，是离子的特征共振线。

在原子谱线表中，罗马字"Ⅰ"表示中性原子发射的谱线，"Ⅱ"表示一次电离离子发射的谱线，"Ⅲ"表示二次电离离子发射的谱线，依次类推，例如，AlⅠ396.15nm为原子线，Ⅱ167.08nm为一次电离离子线。

利用色散系统对光谱进行线色散，可获得按序排列的谱线谱图。选择元素特征光谱中的较强谱线（通常是第一共振线）作为分析线，依据谱线的强度与激发态原子数成正比而激发态原子数与样品中对应元素的原子总数成正比的关系就可以进行定量分析。

2.3.3　谱线的自吸与自蚀

等离子体内温度和原子浓度分布不均匀，中心部位温度高，激发态原子浓度大，边缘部位温度低，基态原子、低能态原子比较多。某元素的原子从中心发射一定波长的电磁辐射，必须要通过边缘到达检测器，这样中心原子发射的电磁辐射就可能被边缘的同一元素的基态或低能态原子吸收，导致谱线中心强度降低的现象，称为元素的自吸（self-absorption）。

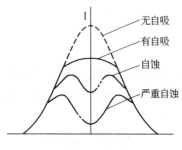

图 2-9　自吸与自蚀谱线轮廓图

从图 2-9 可以看出，自吸对谱线中心处强度影响很大。元素浓度低时，中心到边缘区域厚度薄，一般不出现自吸；元素浓度增大时，中心到边缘区域厚度增大，自吸现象增加；当达到一定浓度时，自吸现象严重，谱线中心强度完全被吸收，出现两条谱线，此时的自吸就称为自蚀（self-reversal）。在谱线表中，常用 r 表示自吸谱线，用 R 表示自蚀谱线。

自吸与原子蒸气的厚度关系十分密切。不同类型的激发源，激发温度不一样，原子蒸气的厚度不同，谱线的自吸情况也不同，自吸现象影响谱线强度，定量分析时必须注意。

2.3.4　谱线强度及其与元素含量的关系

当体系在一定温度下达到热平衡时，原子在不同状态的分布也达到平衡。玻耳兹曼（Boltzmann）用统计热力学方法证明，体系处在热力学平衡状态时，单位体积内处于激发态的原子数目 N_i 与处于基态的原子数目 N_0 应遵守如下分布：

$$N_i = N_0 \left(\frac{g_i}{g_0} \right) e^{-\frac{E_i}{kT}} \tag{2-5}$$

式中，g_i、g_0 分别为激发态和基态的统计权重；E_i 为谱线的激发能（即两能级间能量差）；T 为激发的热力学温度，K。

原子的外层电子在 i、j 两个能级之间跃迁发射的谱线强度 I_{ij} 为：

$$I_{ij} = N_i A_{ij} h \gamma_{ij} \nu \tag{2-6}$$

式中，A_{ij} 为两个能级之间的跃迁概率；h 为普朗克常数；γ_{ij} 为跃迁产生谱线的频率。将式（2-5）代入式（2-6）得：

$$I_{ij} = \frac{g_i}{g_0} A_{ij} h \gamma_{ij} N_0 e^{-E_i/kT} \tag{2-7}$$

从式（2-7）可知，下列因素影响谱线强度。

① 统计权重。谱线强度与统计权重成正比。

② 激发能。谱线强度与激发能是负指数关系。在温度一定时，激发电位越高，处在相应激发态的原子数目越少。

③ 跃迁概率。谱线强度与跃迁概率成正比。跃迁概率是一个原子于单位时间内在两个能级之间跃迁的概率，可通过实验数据计算出。

④ 激发温度。由式(2-7)可以看出，一方面，温度升高，可以增加谱线的强度；另一方面，温度升高，电离的原子数目也会增多，而相应的原子数目减少，致使原子谱线强度减弱，而离子谱线的强度增大。综合激发温度的正反两方面的效应，要获得最大强度的谱线，应选择最适合的激发温度。

⑤ 基态原子数。谱线强度与基态原子数成正比。在一定条件下，基态原子数与试样中的该元素浓度成正比。因此，在一定的实验条件下，谱线强度与被测元素浓度成正比，这是发射光谱定量分析的依据。

对某一谱线，g_i/g_0、跃迁概率、激发能是恒定值。因此，当温度一定时，该谱线强度 I 与被测元素浓度 c 成正比，即：

$$I = ac \tag{2-8}$$

式中，a 为比例常数。考虑到谱线自吸时，上式可表达为：

$$I = ac^b \tag{2-9}$$

式中，b 为自吸系数。当溶液浓度很小时，$b=1$，即无自吸。式(2-8)是 AES 定量分析的基本关系式，称为 Schiebe-Lomakin 式。

2.4 原子发射光谱仪的仪器组成及主要类型

原子发射光谱仪的基本结构由四部分组成，即光源、分光系统、进样装置和检测器。其中光源起着非常关键的作用。

2.4.1 光源

作为光谱分析用的光源对试样具有两个作用过程。首先是把试样中的组分蒸发解离为气态原子，然后使这些气态原子激发，使之产生特征光谱。因此光源的主要作用是为试样蒸发、原子化和激发发光提供所需的能量，它的性质影响着光谱分析的灵敏度和准确度。所以在分析具体试样时，应根据分析的元素和对灵敏度及准确度的要求选择适当的激发源。原子发射光谱的光源种类很多，基本可分为以下两类。

(1) 适宜液体试样分析的光源　早期的火焰和目前应用最广泛的等离子体光源。

(2) 适宜固体样品直接分析的光源　直流电弧、交流电弧和电火花光源。

发射光谱分析常用光源的特征见表 2-1。

表 2-1　发射光谱分析常用光源的特征比较

光源	蒸发温度	激发温度/K	放电稳定性	应用范围
直流	高	4000～7000	稍差	定性分析,矿物、纯物质、难挥发元素的定性及半定量分析
交流	低	4000～7000	较好	试样中低含量组分的定量分析
火花	低	瞬间 10000	好	金属与合金、难激发元素的定量分析
ICP	很高	6000～8000	很好	溶液定量分析

2.4.1.1　直流电弧

电弧是指在两个电极间施加高电流密度和低燃点电压。直流电弧发生器以直流电作为激

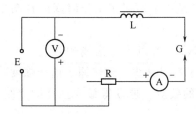

图 2-10　直流电弧发生器基本电路

发能源，基本电路如图 2-10 所示，常用电压为 150～380V，电流为 5～30A。可变电阻 R（称为镇流电阻）用以稳定和调节电流的大小，电感 L 用来减小电流的波动。G 为放电间隙（分析间隙），上下两个箭头表示电极。利用这种光源激发时，分析间隙一般以两个碳电极作为阴阳两极，试样装在一个电极（下电极）的凹孔内。由于直流电不能击穿两电极，故应先行点弧，为此可使分析间隙的两电极接触或用某种导体接触两电极使之通电。这时电极尖端被烧热，点燃电弧，随后使两电极相距 4～6mm，就得到了电弧光源。此时从炽热的阴极尖端射出的热电子流，以很大的速度通过分析间隙奔向阳极。当冲击阳极时，产生高热，使试样物质由电极表面蒸发成蒸气，蒸发的原子与电子碰撞，电离成正离子，并以高速运动冲击阴极。于是电子、原子、离子在分析间隙相互碰撞，发生能量交换，引起试样原子激发，发射出一定波长的谱线。

直流电弧的特点是：持续放电，电极头温度高（可达 4000～7000K），能使约 70 多种元素激发，所产生的谱线主要是原子谱线；蒸发能力强，试样进入放电间隙的多，其分析的绝对灵敏度高，背景小，适宜进行定性分析及半定量分析。缺点是：弧光游移不定，再现性差，易发生自吸现象，且由于电极头温度比较高，不宜用于定量分析及低熔点元素的分析。

2.4.1.2　交流电弧

交流电弧有高压电弧和低压电弧两类。前者工作电压达 2000～4000V，可利用高电压把弧隙击穿而燃烧，但由于装置复杂，操作危险，实际上已很少使用。低压电弧应用较多，工作电压一般为 110～220V，设备简单，操作也安全。由于交流电随时间以正弦波形式发生周期变化，因而低压电弧不能像直流电弧那样，依靠两个电极接触来点弧，而必须采用高频引燃装置，使其在每一交流半周时引燃一次，以维持电弧不灭。

由于交流电弧的电弧电流有脉冲性，它的电流密度比直流电弧大，弧温较高，略高于直流电弧，所以在获得的光谱中，出现的离子线要比在直流电弧中稍多些。这种光源的最大优点是稳定性比直流电弧高，使得分析的重现性好，适用于定量分析。不足之处是电极温度比直流电弧稍低，蒸发能力稍弱，灵敏度较差。

2.4.1.3　高压火花

电火花不同于交流电弧，产生的电火花持续时间在几微秒数量级，放电瞬间的能量很大，产生的温度高（可达 10000K 以上），激发能力强，某些难激发元素也可被激发，产生的谱线主要是离子线，又称火花线。这种光源每次放电后的间隙时间较长，使电极温度低，蒸发能力较差，较适于低熔点金属与合金的分析。电火花光源的良好稳定性和重现性适于定量分析，缺点是灵敏度较差，背景大，不宜做痕量分析，但可做较高含量组分的分析。另外，由于电火花仅射击在电极的一小点上，若试样不均匀，产生的光谱不能全面代表被分析的试样，故仅适用于金属、合金等组成均匀的试样。由于使用高压电源，操作时应注意安全。

2.4.1.4　等离子体焰炬

等离子体一般指有相当电离程度的气体，它由离子、电子及未电离的中性粒子所组成，从整体看呈中性（如电弧中的高温部分就是这类等离子体）。与一般的气体不同，等离子体能导电。

1960年，工程热物理学家 Reed 设计了环形放电感耦等离子体炬，指出可用作原子发射光谱分析中的激发光源。20世纪70年代出现了第一台采用等离子体喷焰作为发射光谱光源的仪器。目前等离子体光源主要有以下三种形式。

(1) 直流等离子体喷焰（direct current plasmajet，DCP）　DCP 是最早应用的等离子体光源。目前仪器上主要应用的是三电极装置，结构如图2-11所示，由两支石墨阳极和一支阴极组成，阴极为钨电极。由于冷却气流从电极周围流出，产生显著的热箍缩效应。放电被约束在狭窄的通道内，产生很高的电流密度，电弧中心温度达10000K。观察区位于弧交叉处的下方，温度约5000K，此处背景发射强度低。DCP 装置简单，工作气体（氩气）用量少，运行成本低，稳定性好，精密度接近 ICP。

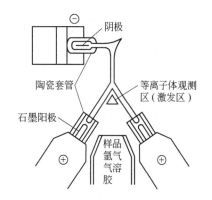

图 2-11　三电流直流等离子体发生器

(2) 微波诱导等离子体（microwave induced plasma，MIP）　MIP 是微波的电磁场与工作气体（氩气或氦气）作用产生的等离子体。微波发生器将微波能耦合给石英管或铜管，管中心通有氩气与试样的气流，这样使气体电离、放电，在管口顶端形成等离子体炬。

MIP 的激发能力高，可激发大多数元素，特别是非金属元素，如 C、N、F、Br、Cl、H、O 等，其检出限比其他光源都要低，可用于有机物成分分析。它的载气流量小，系统比较简单，是一种性能很好的光源。但这种光源的缺点是气体温度低（2000～3000K），被测组分难以充分原子化，测定金属元素的灵敏度不如 DCP 和 ICP。

(3) 电感耦合等离子体（inductively coupled plasma，ICP）　ICP 具有优越的性能，已成为目前最主要的应用方式。ICP 由高频发生器和感应线圈、等离子体炬管和供气系统及进样系统组成。

高频发生器的作用是产生高频磁场以供给等离子体能量。晶体控制高频发生器作为振源，经由电压和功率放大，产生具有一定频率和功率的高频信号，用来产生和维持等离子体放电。

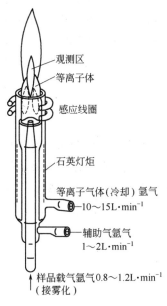

图 2-12　电感耦合等离子体激发源

如图2-12所示，等离子炬管为一个三层同轴石英管，外层以切线方向导入冷却氩气流，中层通入辅助气氩气，起维持等离子体的作用，内层由载气把试样溶液以气溶胶的形式引入等离子体中。石英管外绕以高频感应线圈，利用高频电流感应线圈将高频电能耦合到石英管内，用电火花引燃使引发管内的气体（氩气）放电，形成等离子体。当这些带电离子达到足够的电导率时，就会产生一股垂直于管轴方向的环形涡电流，这股几百安培的感应电流瞬间将气体加热为近9000～10000K 的高温火球，用氩气将火球吹出石英管口，即形成感应焰炬。试液被雾化后由载气将其带入等离子体内，加热到很高的温度而激发。

用氩气作工作气体的优点是：氩气为单原子惰性气体，

不与试样组分形成难解离的稳定化合物，也不像多原子分子那样因解离而消耗能量，有良好的激发性能，本身光谱简单。

ICP 焰炬外形像火焰，但不是化学燃烧火焰，而是气体放电。ICP 光源具有以下优点：温度高，惰性气氛，原子化条件好，有利于难熔化合物的分解和元素激发，有很高的灵敏度和稳定性；具有"趋肤效应"，即涡电流在外表面处密度大，使表面温度高，轴心温度低，中心通道进样对等离子体的稳定性影响小，也可有效消除自吸现象，工作线性范围宽（4～5个数量级），试样消耗少，特别适合于液态样品分析；由于不用电极，因此不会产生样品污染，同时氩气背景干扰少，信噪比高，在氩气的保护下，不会产生其他的化学反应，因而对难激发的或易氧化的元素更为适宜。缺点是：对非金属测定灵敏度低，仪器价格较贵，操作、维持费用也较高。

2.4.2　分光系统

分光系统的作用是将试样中待测元素的激发态原子（或离子）所发射的特征光经分光后，得到按波长顺序排列的光谱，以便进行定性和定量分析。原子发射光谱的分光系统目前采用棱镜分光和光栅分光两种。

（1）棱镜分光系统　棱镜分光系统主要是利用棱镜对不同波长的光有不同的折射率，复合光被分解为各种单色光，从而达到分光的目的。早期的发射光谱仪采用棱镜分光。

（2）光栅分光系统　光栅分光系统的色散元件采用了光栅（通常由一个镀铝的光学平面或凹面上刻印等距离的平行沟槽做成），利用光在光栅上产生的衍射和干涉来实现分光。

光栅色散与棱镜色散比较，具有较高的色散与分辨能力，适用的波长范围宽，而且色散率近乎常数，谱线按波长均匀排列，其缺点是有时出现"鬼线"（由于光栅刻线间隔的误差引起在不该有谱线的地方出现的"伪线"）和多级衍射的干扰。

目前原子发射光谱仪中采用的分光系统主要是光栅分光系统。主要有三种类型：采用平面反射光栅的分光系统，主要用于单通道仪器，每次仅能选择一条谱线作为分析线，检测一种元素；凹面光栅分光系统使发射光谱实现多道多元素的同时检测；中阶梯平面发射光栅也已经较多地应用在分光系统中，特别是中阶梯光栅与棱镜结合使用，形成了二维光谱，配合阵列检测器，可实现多元素的同时测定，且结构紧凑，已出现在新一代原子发射光谱仪中。采用后两种分光系统的光谱仪也称多色光谱仪。

2.4.3　进样装置

对于以电弧、电火花及激光为光源的发射光谱仪，主要分析固体试样，分析时将试样放在石墨对电极的下电极的凹槽内。而以等离子体为光源时，则需要将试样制备成溶液后进样。在分析过程中，试液中组分经过雾化、蒸发、原子化和激发四个阶段。电感耦合等离子体光源中，光源与雾化器连接在一起，如图 2-13 所示。液体试样被氩气流吸入雾化器后，与气流混合雾化，由石英炬管中心进入等离子体焰炬中。

2.4.4　检测器

发射光谱仪中采用的检测器主要有光电倍增管和阵列检测器两类。

2.4.4.1　光电倍增管

光电倍增管的原理如图 2-14 所示。光电倍增管的外壳由玻璃或石英制成，内部抽成

图 2-13 电感耦合等离子体
光源中的进样器

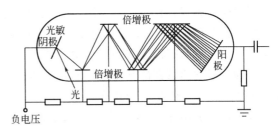

图 2-14 光电倍增管原理

真空，阴极上涂有能发射电子的光敏物质，在阴极和阳极之间连有一系列次级电子发射极，即电子倍增极，阴极和阳极之间加以约 1000V 的直流电压，在每两个相邻电极之间有 $50\sim100V$ 的电位差。当光照射在阴极上时，光敏物质发射的电子首先被电场加速，落在第一个倍增极上，并击出二次电子，这些二次电子又被电场加速，落在第二个倍增极上，击出更多的三次电子，以此类推。可见，光电倍增管不仅起着光电转换作用，还起着电流放大作用。

在光电倍增管中，每个倍增极可产生 $2\sim5$ 倍的电子，在第 n 个倍增极上，就产生 $2^n\sim5^n$ 倍于阴极的电子。由于光电倍增管具有灵敏度高（电子放大系数可达 $10^8\sim10^9$）、线性响应范围宽（光电流在 $10^{-9}\sim10^{-4}A$ 范围内与光通量成正比）、响应时间短（约 $10^{-9}s$）等优点，广泛应用于光谱分析仪中。

2.4.4.2 阵列检测器

阵列检测器的发展迅速，应用越来越普遍，目前主要有以下几种类型。

（1）光敏二极管阵列检测器　光敏二极管阵列检测器是较早使用的阵列检测器，可供使用的光敏二极管阵列分别由 256 个、512 个及 1024 个光敏二极管元件组成，为了降低噪声，这类检测器需要在 $-10℃$ 以下使用。

（2）光导摄像管阵列检测器　光导摄像管是一种半导体光敏器件，通常在一个 $12.5cm^2$ 的面积内排列 517×512 个传感器组成一个阵列。将光导摄像管冷却到 $-20℃$，对分析线在 260nm 以上的元素，测定的检测限与光电倍增管的接近。

（3）电荷转移阵列检测器　这类阵列检测器已被应用在原子发射光谱仪中。检测器单元是通过对硅半导体基体吸收光子后产生流动的电荷，进行转移、收集、放大及检测，可分为电荷耦合阵列检测器（CCD）和电荷注入阵列检测器（CID）。在 CID 阵列中，检测单元是用 n 型硅半导体材料作为基体，该材料中多数载流子是电子，少数载流子是孔穴，检测器收集检测的是光照产生的孔穴。在 CCD 阵列中，检测单元是用 p 型硅半导体材料作为基体，该材料中多数载流子是孔穴，少数载流子是电子，检测器收集检测的是光照产生的电子。

2.4.5　主要仪器类型

2.4.5.1　光电直读等离子体发射光谱仪

光电直读是利用光电法直接获得谱线的强度，分为两种类型：多道固定狭缝式和单道扫描式。一个出射狭缝和一个光电倍增管，可接受一条谱线，构成一个测量通道。单道扫描式是转动光栅进行扫描，在不同时间检测不同谱线。多道固定狭缝式则是安装多个光电倍增管，同时测定多个元素的谱线。

多道固定狭缝式仪器具有多达 70 个通道可选择设置，能同时进行多元素分析，而且分析速度快，准确度高，线性范围宽达 4～5 个数量级，在高、中、低浓度范围都可进行分析。不足之处是出射狭缝固定，各通道检测的元素谱线一定。已出现改进型仪器 $n+1$ 型 ICP 光谱仪，即在多通道仪器的基础上，设置一个扫描单色器，增加一个可变通道。

2.4.5.2 全谱直读等离子体光谱仪

这类仪器如图 2-15 所示，采用 CID 或 CCD 阵列检测器，可同时检测 165～800nm 波长范围内出现的全部谱线，且中阶梯光栅加棱镜分光系统，使得仪器结构紧凑，体积大大缩小，兼具多道型和扫描型特点。28mm×28mmCCD 阵列检测器的芯片上，可排列 26 万个感光点点阵，具有同时检测几千条谱线的能力。

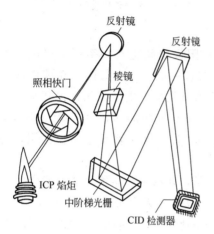

图 2-15　全谱直读等离子体光谱仪示意图

该仪器特点显著，测定每种元素可同时选用多条谱线，能在几分钟内完成 70 个元素的定性、定量测定，试样用量少，几毫升的样品即可检测所有可分析元素，全自动操作，线性范围达 4～6 个数量级，可测不同含量试样，分析精度高，绝对检出限通常在 $0.1～50ng \cdot mL^{-1}$。由于等离子体温度太高，全谱直读型仪器不适合测量碱金属元素，同时高温引起的光谱干扰也是限制 ICP 应用的一个问题，特别是在 U、Fe 和 Co 存在时，光谱干扰更明显。对大多数非金属元素不能检测或灵敏度低则是发射光谱法普遍存在的问题。

2.5　原子发射光谱的分析方法

2.5.1　元素的分析线、最后线、灵敏线、共振线

复杂元素的谱线可多达数千条，只能选择其中几条特征谱线进行检测，称其为分析线。当试样的浓度逐渐减小时，谱线强度减小直至消失，最后消失的谱线称为最后线。每种元素都有一条或几条强度最大的线，这样的谱线称为灵敏线，最后线也是最灵敏线。共振线是指由第一激发态回到基态所产生的谱线，通常也是最灵敏线、最后线。

2.5.2　光谱的分析方法

2.5.2.1 光谱定性分析

元素的发射光谱具有特征性和唯一性，这是定性的依据，但元素一般都有许多条特征谱线，分析时不必将所有谱线全部检出，只要检出该元素两条以上的灵敏线或最后线，就可以确定该元素的存在。但如果只见到某元素的一条谱线，不能断定该元素确实存在于试样中，因为有可能是其他元素谱线的干扰。

光谱定性分析中要确定某种元素的存在，必须在试样的光谱中辨认出其分析线。但应注

意，在某试样的光谱中没有某元素的谱线，并不表示在此试样中该元素绝对不存在，而仅仅表示该元素的含量低于检测方法的灵敏度。通常使用的分析方法有标准试样比较法和铁光谱比较法。

（1）分析方法

① 标准试样比较法。将试样与标准样在相同条件下并列摄谱于同一感光板上，然后将所得光谱图进行比较，以确定某种元素是否存在。例如要检查某 TiO_2 试样中是否含有 Pb，只需将 TiO_2 试样与含铅的 TiO_2 标准样并列摄谱于同一感光板上，比较并检查试样光谱中是否有铅的谱线存在，便可确定试样中是否含有铅。

这种方法很简便，但只适用于试样中指定组分的定性鉴定。对测定复杂组分以及进行光谱全分析时，上述方法已不适用，而需用铁的光谱来进行比较。

② 铁光谱比较法。进行谱线检查时，通常采取与标准光谱比较法来确定谱线位置，即将试样与纯铁在完全相同条件下摄谱，将两谱片在映谱器上对齐、放大，检查待测元素的分析线是否存在，并与标准光谱图对比，这样也可同时进行多元素测定，如图 2-16 所示。这些工作现多在与仪器配套的计算机上来完成。实际工作中通常以铁谱作标准（波长标尺），这是因为铁谱的谱线多，在 210～660nm 范围内有数千条谱线，谱线间距离分配均匀，容易对比，适用面广，且铁谱上每一条谱线的波长都已被准确测量，定位准确。

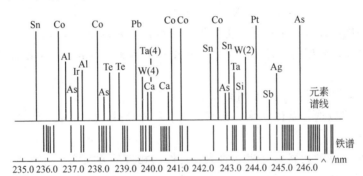

图 2-16　标准光谱图与试样光谱图的比较

（2）光谱定性分析的试样处理　根据试样性质不同，摄谱前需做不同处理。若试样是无机物，可按下述方法进行。

① 金属或合金。最好用试样本身做电极。如试样量少，不能直接加工成电极，则可将试样粉碎后放在电极小孔中激发。

② 矿石。磨碎呈均匀粉末，然后放在电极小孔中激发。

③ 溶液。先蒸发浓缩至结晶析出，然后滴入电极小孔中加热蒸干后再进行激发。或将原液全部蒸干，磨成均匀的粉末，放入电极小孔中，也可使用平头电极，将溶液滴在电极头上烘干后进行激发。

若分析微量成分，从原试样中不能直接检出，则需事先进行适当的处理，使大量主要成分分离，微量组分浓缩。

对于有机物，一般先低温干燥，在坩埚中灰化（应避免在灰化中使易挥发元素损失），然后将灰化后的残渣放在电极上进行激发。

2.5.2.2　光谱半定量分析

分析准确度要求不高，但要求简便快速而有一个数量级的结果时（例如，矿石品位的估计，钢材、合金的分类，为化学分析提供试样元素的大致含量等），以及在进行光谱定性分析时，除需给出试样中存在哪些元素外，还需要指出其大致含量（即何者是主要成分，何者是少量、微量、痕量成分）的情况下，应用半定量分析法可以快速简便地解决问题。

光谱半定量分析常采用摄谱法中的比较黑度法，这个方法需配制基体与试样组成相近的被测元素的标准系列。在相同条件下，在同一块感光板上标准系列与试样并列摄谱；然后在映谱仪上用目视法直接比较试样与标准系列中被测元素分析线的黑度。黑度若相同，则可认为试样中待测元素的含量与标准样品中该元素含量近似相等。

现在以 ICP 为激发源的仪器都能进行半定量扫描。

2.5.2.3　光谱定量分析

（1）内标法　内标法是一种相对强度法，即在被测元素的光谱中选择一条作为分析线（强度 I），再选择内标物的一条谱线（强度 I_0），组成分析线对。则：

$$I=ac^b \tag{2-10}$$
$$I_0=a_0c_0^{b_0} \tag{2-11}$$

相对强度为：

$$R=\frac{I}{I_0}=\frac{ac^b}{a_0c_0^{b_0}}=Ac^b \tag{2-12}$$
$$\lg R=b\lg c+\lg A \tag{2-13}$$

A 为其他三项合并后的常数项，上式即为内标法定量的基本关系式。以 $\lg R$ 对应 $\lg c$ 作图，绘制标准曲线，在相同条件下，测定试样中待测元素的 $\lg R$，在标准曲线上即可求得未知试样的 $\lg c$。

内标元素与分析线对的选择原则有以下几条。

① 内标元素可以选择基体元素，或另外加入，若是外加的，必须是试样不含有或者含量极少可以忽略的。

② 内标元素与待测元素具有相近的蒸发特性、相近的激发能与电离能。

③ 分析线对对应匹配，同为原子线或离子线，且激发电位相近（谱线靠近），形成"匀称线对"。

④ 强度相差不大，无相邻谱线干扰，无自吸或自吸小。

（2）校准曲线法　校准曲线法是最常用的方法。在确定的分析条件下，用三个或三个以上含有不同浓度被测元素的标准样品与试样溶液在相同条件下激发光谱，以分析线强度 I 或内标法分析线对强度比 R 或 $\lg R$ 对浓度 c 或 $\lg c$ 作校准曲线。再由校准曲线求得试样中待测元素的含量。

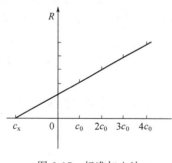

图 2-17　标准加入法

（3）标准加入法　当测定低含量元素时，基体干扰较大，找不到合适的基体来配制标准试样，无合适内标物，多采用标准加入法。

取若干份试液（c_x），依次按比例加入不同量的待测物的标准溶液（c_0），调整体积相同，则浓度依次为 c_x、c_x+c_0、c_x+2c_0、c_x+3c_0、c_x+4c_0、c_x+5c_0 等。

在相同条件下激发光谱，以分析线强度对标准加入量浓度作图（图 2-17）。被测试样中未加标准溶液，其浓度为 c_x，对应的强度为 R_x，将直线外推，与横坐标相交截距的绝对值即为试样中待测元素的浓度 c_x。

定量分析法使用直读光谱仪，可将各元素校准曲线事先输入到计算机，测定时直接得到元素的含量。多道光电直读光谱仪带有内标通道。

2.5.3 背景扣除

光谱背景是指在线状光谱上，叠加着由连续光谱、分子光谱或其他原因造成的谱线强度（摄谱法为黑度）的改变。在实验过程中应尽量设法降低光谱背景。

在经典光源中，背景是来自炽热的电极头，或蒸发过程中被带到弧焰中去的固体质点发射的连续光谱；同时在光源作用下试样与空气作用生成的分子氧化物、氮化物等分子发射带状光谱，如 CN、SiO、AlO 等。分析线附近有气体元素的强扩散线（即谱线宽度放大），如 Zn、Sb、Pb、Bi、Mg、Al 等含量高时会有很强的扩散线。在 ICP 光源中，电子与离子的复合过程也产生连续辐射。电子通过荷电粒子（主要是重粒子）库仑场时受到加速或减速也会引起连续辐射。这两种连续背景都随电子密度的增大而增加，是造成 ICP 光源连续背景的重要原因，电火花光源中这种背景也较强。

为了消除背景的影响，直流电弧摄谱法定性分析选择谱线时，应避开背景影响较大的谱线。在 ICP 光电直读光谱仪中都带有自动校正背景的装置。

2.6 原子发射光谱法的应用

以电弧为光源的原子发射光谱分析，用于测量如纯铜中的痕量元素，其灵敏度比 X 射线荧光光谱法还高，可直接分析金属丝和粉末，省略了样品制备过程，方便快捷。以火花为光源的原子发射光谱分析广泛应用于各种金属和合金的直接快速测定。由于其分析速度快、精度高，特别适合在钢铁工业中应用，例如特殊钢的炉前分析，当金属还处在熔炼过程中，可以根据分析结果来纠正钢液的成分。火花 AES 的光源部分可安装在信号枪上并与移动系统相连，可在现场进行分析。近年来，由于 ICP 等新型激发源的普及和发展，以及电子计算机技术的广泛应用，使得原子发射光谱法得到广泛应用。ICP-AES 适用于可制备成溶液的各类样品的分析，在金属与合金样品、矿石样品、环境样品、生物和医学临床样品、农业和食品样品、电子材料和高纯试剂样品等方面应用广泛，已成为重要的仪器分析方法。

2.7 原子发射光谱法在环境分析中的应用

2.7.1 原子发射光谱法在环境中的应用

由于具有对多元素同时测定、灵敏度高以及测定方法简便快速等特性，原子发射光谱法已在水体、土壤、底泥、大气、矿石、植物等环境样品及材料、高纯试剂等方面得到广泛应用。下面着重简述一下其在环境样品分析中的应用。

（1）大气样品　有人用直流电弧激发的 AES 法测定了炼铜尾气烟灰中的砷、锑、铋、钒、铅、碲六种元素的含量，用 ICP-AES 测定了空气中的镍、铁、银、铅、锰、镉、锌和钇等金属含量以及大气颗粒物中的铬、铜、铅、锰、锌、镍和铁。

（2）水样　人们用 ICP 新型激发源的原子发射光谱法测定各种水中重金属元素及碘、

磷等非金属元素，测定的水样包括饮用水、地表水、地下水、海水、城市污水和工业废水等。测定的元素包括：饮用水中的碘（$I^-+IO_3^-$）、铅、砷、铜、铁、锌、锰、银、铝、硒、钙、镁、钾、钡、磷、锶、镉、铬、钒、钴等元素；地表水中的总砷、磷、铬、镉、铜、镍、铅、锌及微污染水中的 Cr(Ⅵ) 和有机态 Cr(Ⅲ)；城市污水中的铅、镉、铜、锌、铬、镍、铁、锰、硒、锑和砷以及农药和活性炭行业废水中的总磷。

（3）土壤、水体沉积物及底泥 样品经适当处理后，利用 ICP-AES 测定了土壤和水体沉积物、底泥及垃圾焚烧飞灰中的铜、铅、铁、锰、镍、锌、锡、镉、铍、铈、汞、金、钯、锗等元素，测定结果良好。

在地质和矿石分析中，ICP-AES 也得到了较广的应用。利用 ICP-AES 可以测定地质样品中镧、铈、钇、硼、铍、镓、锆、铌、钪、铊、钍、铌、钽以及金、银、铂、钯等过渡金属和稀有金属。

2.7.2　原子发射光谱法在环境科学中的应用实例

以 ICP-AES 测定环境水样中的微量重金属 Cd、Cr、Cu、Ni、Pb、Zn。

（1）概述 对涉及面广、成分复杂而含量低的环境样品应采用高频电感耦合等离子体发射光谱分析测定，具有检出限低、分析动态范围宽、元素间干扰小、溶液直接进样及多元素测定等优点，可简便、快速、准确地对环境水样中多元素进行同时测定。

（2）主要试剂 去离子水、亚沸二次蒸馏水、盐酸、硝酸、高氯酸（均为优级纯）。

元素标准储备液：Cd、Cr、Cu、Ni、Pb、Zn 标准储备液均由高纯金属（质量分数≥99.99％）配制，浓度均为 $1.0000g \cdot L^{-1}$。

系列标准溶液：Cd、Cr、Cu、Zn 的标准溶液浓度为 $0.00mg \cdot L^{-1}$、$0.05mg \cdot L^{-1}$、$0.10mg \cdot L^{-1}$、$5.00mg \cdot L^{-1}$、$10.00mg \cdot L^{-1}$；Ni、Pb 的标准溶液浓度为 $0.00mg \cdot L^{-1}$、$0.20mg \cdot L^{-1}$、$2.00mg \cdot L^{-1}$、$10.00mg \cdot L^{-1}$、$20.00mg \cdot L^{-1}$。吸取各元素的标准储备液，混合配制成浓度为 5％（体积分数）的盐酸介质系列标准溶液。

（3）仪器与工作条件 顺序扫描电感耦合等离子体光谱仪。

ICP 光源射频发生器频率 27.12MHz，功率 1.2kW，反射功率小于 5W，试液提升量 $4.0mL \cdot min^{-1}$，冷却气流量 $4.5L \cdot min^{-1}$，等离子气流量 $4.0L \cdot min^{-1}$，载气流量 $0.9L \cdot min^{-1}$，观察高度 15mm，积分时间 15s。

元素 Cd、Cr、Cu、Ni、Pb、Zn 分析线波长分别为 214.438nm、205.552nm、324.754nm、221.647nm、220.353nm、213.85nm。

（4）分析步骤 采集待分析的水样 1～2L，每升加 2mL 硝酸酸化，做以下处理。

① 较纯净的水，可直接取样测定。

② 比较浑浊的水样，每 100mL 加 1mL 硝酸，置于电热板上微沸消解 10min，冷却后用快速定量滤纸过滤，滤纸用 0.2％（体积分数）硝酸洗涤数次，滤液移入所需定容体积的容量瓶中，加入一定体积的盐酸，使定容后盐酸的浓度为 5％（体积分数），用水定容到刻度，摇匀供测定用。

③ 含悬浮物和有机质较多的水样，每 100mL 加 1mL 硝酸，置于电热板上加热消解到 10mL 左右，冷却后用 0.2％（体积分数）硝酸溶解残渣，溶解时稍加热，冷却后用快速定量滤纸过滤，滤纸用 0.2％（体积分数）硝酸洗涤数次，滤液移入所需定容体积的容量瓶中，加入一定体积的盐酸，使定容后盐酸浓度为 5％（体积分数），用水定容到刻度，摇匀

供测定用。

分析每批试样，须进行两个平行空白试样的测定。

（5）说明

① 环境水样中常量元素钙、镁离子对测定有影响，如果在实测样品中钙、镁总量最大不超过 $100mg \cdot L^{-1}$，干扰可忽略。

② 方法准确度、检出限和精密度见表 2-2。

表 2-2　检测数据

元素	回收率/%	检出限/($\mu g \cdot kg^{-1}$)	RSD/%	元素	回收率/%	检出限/($\mu g \cdot kg^{-1}$)	RSD/%
Cd	91.00	0.0018	0.98	Ni	100.14	0.0189	0.78
Cr	95.00	0.0022	1.18	Pb	91.00	0.0440	1.94
Cu	92.00	0.0040	0.99	Zn	100.06	0.0009	0.79

参 考 文 献

[1] 刘志广，张华，李亚明.仪器分析.大连：大连理工大学出版社，2004.
[2] 叶宪曾，张新祥，等.仪器分析教程.北京：北京大学出版社，2007.
[3] 魏福祥.仪器分析及应用.北京：中国石化出版社，2007.
[4] 刘约权.现代仪器分析.北京：高等教育出版社，2001.
[5] 刘志广.仪器分析学习指导与综合练习.北京：高等教育出版社，2005.

思考题与习题

一、选择题

1. 光谱分析法与其他分析法的不同点在于光谱分析法涉及（　　）。

A. 试样通常需要预处理以消除干扰组分　　B. 光电效应、λ

C. 复杂组分的分离和两相分配　　D. 辐射光与试样间的相互作用与能级的跃迁

2. 光谱分析法通常可获得其他分析方法不能获得的（　　）。

A. 组成信息　　B. 原子或分子的结构信息

C. 化合物的存在形态信息　　D. 化合物的极性大小信息

3. 光子与分子间发生非弹性碰撞，即两者之间发生了能量交换，并产生与入射光波长不同的散射光，称为（　　）。

A. 丁铎尔散射　　B. 分子散射　　C. 瑞利散射　　D. 拉曼散射

4. 原子发射光谱的产生是由于（　　）。

A. 原子次外层电子在不同能级间的跃迁　　B. 原子外层电子在不同能级间的跃迁

C. 原子内层电子在不同能级间的跃迁　　D. 原子外层电子的振动和转动

5. 光电直读光谱仪中，采用（　　）光源时，测定试样为溶液。

A. 电火花　　B. ICP　　C. 直流电弧　　D. 交流电弧

6. 在原子发射光谱的光源中，激发温度最高的光源是（　　）。

A. 电火花　　B. ICP　　C. 直流电弧　　D. 交流电弧

7. 采用原子发射光谱法对矿石粉末试样进行定性分析时，一般选用（　　）光源为好。

A. 交流电弧　　B. 直流电弧　　C. 高压电火花　　D. 等离子体光源

8. 与谱线强度无关的因素是（　　）。

A. 跃迁能级间的能量差　　B. 高能级上的原子数　　C. 跃迁概率　　D. 蒸发温度

9. ICP 光源的突出特点是（　　）。

A. 检出限低，背景干扰小，灵敏度和稳定性高，线性范围宽，无自吸现象

B. 温度高，背景干扰小，灵敏度和稳定性高，线性范围宽，但自吸严重

C. 温度高，灵敏度和稳定性高，无自吸现象，线性范围宽，但背景干扰大

D. 温度高，背景干扰小，灵敏度和稳定性高，无自吸现象，但线性范围窄

10. ICP 光源中产生"趋肤效应"的主要原因是在于（　　）。

A. 焰炬表面的温度低而中心高　　　B. 原子化过程主要在焰炬表面进行

C. 焰炬表面的温度高而中心低　　　D. 蒸发过程主要在焰炬表面进行

11. ICP 光源高温的产生是由于（　　）。

A. 气体燃烧　　B. 气体放电　　C. 电极放电　　D. 电火花

12. 下列（　　）光源不适合定量分析中使用。

A. 高压电火花　　B. 交流电弧　　C. 直流电弧　　D. ICP

13. 进行谱线检查时，通常采取与标准光谱比较法来确定谱线位置，通常作为标准的是（　　）。

A. 铁谱　　B. 铜谱　　C. 碳谱　　D. 氢谱

14. 元素的发射光谱具有特征性和唯一性，这是定性的依据，判断元素是否存在的条件是（　　）。

A. 必须将该元素的所有谱线全部检出　　　　B. 必须检出 5 条以上该元素的谱线

C. 只要检出该元素的一条灵敏线或最后线　　D. 只要检出该元素的两条以上的灵敏线或最后线

15. 选择"分析线对"是指（　　）。

A. 选择待测元素两条光谱强度最大的谱线作为分析线对

B. 选择待测元素最后消失的两条谱线作为分析线对

C. 选择待测元素波长差大于 30nm 的两条灵敏线作为分析线对

D. 分别选择待测元素和内标物的一条谱线组成分析线对

16. 内标元素必须符合的条件之一是（　　）。

A. 必须是基体元素中含量最大的　　　　　B. 必须与待测元素具有相同的激发电位

C. 必须与待测元素具有相同的电离电位　　D. 与待测元素具有相近的蒸发特性

17. 不能采用原子发射光谱分析的物质是（　　）。

A. 碱金属和碱土金属　　B. 有机物和大部分的非金属元素

C. 稀土元素　　　　　　D. 过渡金属

二、填空题

1. 在进行光谱定性分析时，狭缝宽度宜＿＿＿＿，原因是＿＿＿＿；而在定量分析时，狭缝宽度宜＿＿＿＿，原因是＿＿＿＿。

2. 在原子发射光谱通常所使用的光源中，蒸发温度最高的是＿＿＿＿，激发温度最高的是＿＿＿＿，不发生自吸的是＿＿＿＿。

3. 位于中心的激发态原子发出的辐射被边缘的同种基态原子吸收，导致谱线中心强度降低的现象称为＿＿＿＿。此现象随浓度增加而＿＿＿＿，当达到一定值时，谱线中心完全吸收，如同出现两条线，这种现象称为＿＿＿＿。

4. 原子发射光谱分析只能确定试样元素的＿＿＿＿，不能给出＿＿＿＿。

5. 交流电弧具有的特点是＿＿＿＿能力强，电弧的＿＿＿＿好，分析的重现性高，适用于＿＿＿＿分析，与直流电弧相比不足的是蒸发能力稍弱，灵敏度降低。

三、简答题

1. 原子发射光谱是怎么产生的？其特点是什么？

2. 何谓分析线、共振线、灵敏线、最后线？它们有何联系？

3. 试从电极头温度、弧焰温度、稳定性及主要用途比较三种光源（直流电源、交流电源、电火花）的性能。

4. 简述 ICP 的形成原理及优缺点。

5. 光谱定性分析的基本原理是什么？

6. 光谱定量分析为什么用内标法？简述其原理。

7. 对下列情况，提出 AES 方法选择光源的方案：

（1）铁矿石定量全分析；（2）水源调查中的六种元素定量分析；（3）头发中重金属元素定量分析；（4）农作物内元素的定性分析。

3 原子吸收光谱法

3.1 原子吸收光谱概述

早在 1802 年 Wollaston 在观察太阳光谱黑线时就首次发现了原子吸收现象，但将它作为一种物质含量的分析方法，却比原子发射光谱法发展得晚，直到 1955 年澳大利亚物理学家瓦尔西（Walsh）发表了著名论文"原子吸收光谱法在分析化学中的应用"，才为原子吸收光谱法的快速发展奠定了基础。从时间上看，原子吸收光谱法在分析化学上的应用比原子发射光谱法晚了近百年，但由于原子吸收光谱法具有自己的优点，使它一出现就引起重视。20 世纪 60 年代初出现了以火焰作为原子化装置的仪器，1970 年制成了以石墨炉为原子化装置的商品仪器。原子吸收光谱法建立后即由于其高灵敏度而发展迅速，应用领域不断扩大，成为金属元素分析的一种重要的分析方法。

原子吸收光谱法（atomic absorption spectrometry，AAS）也称原子吸收分光光度法，简称原子吸收法，是基于试样蒸气中待测元素的基态原子，对光源发出的该原子的特征谱线的吸收作用进行元素定量分析的一种方法。根据被测元素原子化方式的不同，可分为火焰原子吸收法和非火焰原子吸收法两种。另外，某些元素如汞，能在常温下转化为原子蒸气而被测定，称为冷原子吸收法。

原子吸收光谱法与紫外、可见分光光度法基本原理相同，都是基于物质对光选择吸收而建立起来的光学分析法，都遵循朗伯-比尔定律。但它们的吸光物质的状态不同，原子吸收光谱法是基于蒸气相中基态原子对光的吸收，吸收的是空心阴极灯等光源发出的锐线光，是窄频率的线状吸收，吸收波长的半宽度只有 1.0×10^{-3} nm，所以原子吸收光谱是线状光谱。紫外和可见吸光光度法则是基于溶液中的分子（或原子团）对光的吸收，可在广泛的波长范围内产生带状吸收光谱，这是两种方法的根本区别。

原子吸收光谱分析和原子发射光谱分析是互相联系的两种相反的过程。它们所使用的仪器和测定方法有相似之处，也有不同之处。原子的吸收线比发射线数目少得多，由谱线重叠引起光谱干扰的可能性很小，因此原子吸收法的选择性高，干扰少且易于克服。原子吸收法由吸收前后辐射强度的变化来确定待测元素的浓度，辐射吸收值与基态原子的数量有关系，在实验条件下，原子蒸气中基态原子数比激发态原子数多得多，所以测定的是大部分原子，使得 AAS 具有高的灵敏度。另外，在 AES 中原子的蒸发与激发过程都在同一能源中完成，而 AAS 的能量则分别由原子化器和辐射光源提供。

原子吸收分光光度法具有以下优点。

① 检出限低，灵敏度高。火焰原子吸收法检出限可达 ng·mL^{-1} 级，石墨炉原子吸收法可达 $10^{-14} \sim 10^{-13}$ g·mL^{-1}。这是由于原子吸收分光光度法测定的是占原子总数 99% 以上的基态原子，而原子发射光谱法测定的是占原子总数不到 1% 的激发态原子，所以前者的灵敏度和准确度比后者高得多。

② 精密度好。由于温度的变化对测定影响较小，该法具有良好的稳定性和重现性，精密度好。一般仪器的相对标准偏差为 1%～2%，性能好的仪器可达 0.1%～0.5%。

③ 选择性好，方法简便。由光源发出的特征性入射光很简单，且基态原子是窄频吸收，光谱干扰少，可不经分离在同一溶液中直接测定多种元素，操作简便。

④ 准确度高，分析速度快。测定微量、痕量元素的相对误差可达 0.1%～0.5%，分析一种元素只需数十秒至数分钟。

⑤ 应用范围广，易于普及。可测定元素周期表上大多数的金属元素，有些非金属元素可进行间接分析。仪器比较简单，一般实验室都可配备。

原子吸收光谱法的局限如下：不能直接测定非金属元素，每测定一种元素需要更换对应的空心阴极灯，大多数仪器不能对多种元素进行同时测定，若要测定不同元素，需改变分析条件和更换不同的光源灯。虽然可将几种灯放在旋转灯架上进行自动转换，但仍有不便。发展趋势是应用多道检测器，开发多元素同时测定的仪器，如目前已制造出可同时测定 6 种元素的 AAS 仪器。

3.2 原子吸收光谱分析的基本原理

3.2.1 原子吸收光谱的产生、共振线、特征谱线

原子的核外电子层具有不同的电子能级，在通常情况下，最外层电子处于最低的能级状态，整个原子也处于最低能级状态——基态。基态原子的外层电子得到一定的能量（$h\nu = \Delta E$）后，就会发生电子从低能级向高能级的跃迁。当通过基态原子的某辐射线所具有的能量（或频率）恰好符合该原子从基态跃迁到激发态所需的能量（或频率）时，该基态原子就会从入射辐射中吸收能量跃迁到激发态，引起入射光强度的变化产生原子吸收光谱。

原子的外层电子从基态跃迁到能量最低的激发态（即第一电子激发态）时，要吸收一定频率的光，这时产生的吸收谱线称为第一共振吸收线（或主共振吸收线）。原子的能级是量子化的，所以原子对不同频率辐射的吸收也是有选择的。例如，基态钠原子可吸收波长为589.0nm 的光量子；镁原子可吸收波长为 285.2nm 的光量子。这种选择吸收的定量关系服从下式：

$$\Delta E = h\nu = \frac{hc}{\lambda} \tag{3-1}$$

各种元素的原子结构和外层电子排布不同，不同元素的原子从基态激发至第一激发态时，吸收的能量不同，因而各种元素的共振线不同而各有其特征性，所以这种共振线是元素的特征谱线。

原子由基态跃迁到第一激发态所需能量最低，跃迁最容易，因此大多数元素主共振线就是该元素的灵敏线。这就是原子吸收光谱法干扰较少的原因之一。

3.2.2 基态原子与激发态原子的分配

在通常的原子吸收测定条件下，原子蒸气中基态原子数近似等于总原子数。在原子蒸气中（包括被测元素原子），可能会有基态与激发态存在。根据热力学原理，在一定温度下达到热平衡时，基态与激发态原子数的比例遵循玻耳兹曼分布定律：

$$\frac{N_i}{N_0} = \frac{g_i}{g_0} \exp\left(-\frac{E_i}{kT}\right) \tag{3-2}$$

式中，N_i 与 N_0 分别为激发态与基态的原子数；g_i 与 g_0 分别为激发态与基态能级的

统计权重；k 为玻耳兹曼常数，其值为 $1.38 \times 10^{-23} \mathrm{J \cdot K^{-1}}$；$T$ 为热力学温度；E_i 为激发能。在原子光谱中，一定波长的谱线，g_i/g_0、E_i 是已知值，因此可以计算一定温度下 N_i/N_0 值。表 3-1 是几种元素在不同温度下的 N_i/N_0 值。

从式(3-2)与表 3-1 可以看出，温度越高，N_i/N_0 值越大，即激发态原子数随温度升高而增加；电子跃迁的能级差越小，吸收波长越长，N_i/N_0 也越大。但是在原子吸收光谱法中，原子化温度一般低于 3000K，大多数元素的共振线波长都小于 600nm，N_i/N_0 值绝大多数都在 10^{-3} 以下，激发态的原子数不足于基态的千分之一，激发态的原子数在总原子数中可以忽略不计，即基态原子数近似等于总原子数。因此，原子吸收测定的吸光度与吸收介质中原子总数 N 呈正比关系。

表 3-1　某些元素共振线的 N_i/N_0 值

元素	λ 共振线/nm	g_i/g_0	激发能/eV	N_i/N_0	
				$T=2000\mathrm{K}$	$T=3000\mathrm{K}$
Na	589.0	2	2.104	0.99×10^{-5}	5.83×10^{-4}
Co	422.7	3	2.932	1.22×10^{-7}	3.55×10^{-5}
Fe	372.0		3.332	0.99×10^{-9}	1.31×10^{-6}
Ag	328.1	2	3.778	6.03×10^{-10}	8.99×10^{-7}
Cu	324.8	2	3.817	4.82×10^{-10}	6.65×10^{-7}
Mg	285.2		4.346	3.35×10^{-11}	1.50×10^{-7}
Pb	283.3	3	4.375	2.83×10^{-11}	1.34×10^{-7}
Zn	213.9	3	5.795	7.45×10^{-15}	5.50×10^{-10}

3.2.3　谱线轮廓与谱线变宽

原子结构比分子结构简单，理论上应产生线状谱线。但实际上原子吸收谱线并不是严格的几何意义上的线（几何线无宽度），用特征吸收频率的辐射光照射时，获得具有一定宽度（相当窄的波长和频率范围）的峰形吸收峰，称为吸收线轮廓。一束不同频率、强度为 I_0 的平行光通过厚度为 l 的原子蒸气时，透过光的强度 I_t 服从吸收定律：

$$I_t = I_0 \mathrm{e}^{-K_\nu l} \tag{3-3}$$

式中，K_ν 是基态原子对频率为 ν 的光的吸收系数。表明透射光的强度随入射光的频率而变化。如以 I_t 对频率 ν 作图，得一条曲线 [图 3-1(a)]，由图可见，在频率 ν_0 处透过光强度最小，亦即吸收最大。如以 K_ν 对频率 ν 作图，所得曲线为吸收线轮廓 [图 3-1(b)]，由图可见，不同频率下吸收系数不同，在 ν_0 处最大，称为峰值吸收系数 K_0。原子吸收线的轮廓以原子吸收谱线的中心频率（或中心波长）和半宽度来表征，中心频率由原子能级决

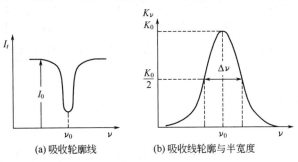

(a) 吸收轮廓线　　　　　　　(b) 吸收线轮廓与半宽度

图 3-1　吸收峰形状与表征

定，半宽度是吸收系数极大值一半处谱线轮廓上两点之间频率或波长的距离（$\Delta\nu$ 或 $\Delta\lambda$）。

半宽度受到很多因素的影响，下面讨论几种主要变宽的因素。

① 自然宽度。没有外界影响，谱线仍有一定的宽度，称为自然宽度。它与激发态原子的平均寿命有关，平均寿命越长，谱线宽度越窄。不同谱线有不同的自然宽度，在多数情况下约为 10^{-5} nm 数量级。

② 热变宽。热变宽是谱线变宽中的一种主要变宽，也称 Doppler（多普勒）变宽，是由原子热运动引起的。从物理学中可知，无规则热运动的发光原子运动方向背离检测器，则检测器接收到的光的频率较静止原子所发的光的频率低，产生红移；反之，发光原子向着检测器运动，检测器接收光的频率较静止原子发的光频率高，产生紫移，这种现象称为 Doppler（多普勒）效应。原子化器中气态原子处在无规则的热运动中，对检测器来说具有不同的运动速度分量，使检测器接收到的频率稍有改变，于是谱线变宽。当处于热力学平衡状态时，谱线的 Doppler 宽度 $\Delta\nu_D$ 可用式(3-4)表示：

$$\Delta\nu_D = \frac{2\nu_0}{c}\sqrt{\frac{2RT\ln2}{A_r}} = 7.16\times10^{-7}\nu_0\sqrt{\frac{T}{A_r}} \tag{3-4}$$

式中，R 为气体常数；c 为光速；A_r 为吸光质点的原子量；T 为热力学温度；ν_0 为谱线中心频率。

由式(3-4)可见，Doppler 宽度随温度升高和原子量减小而变宽。在火焰原子化器中，Doppler 变宽是造成谱线变宽的主要因素，可达 10^{-3} nm 数量级，但它不引起中心频率偏移。

③ 压力变宽。是在原子蒸气中，由于大量粒子相互碰撞而造成的谱线变宽。原子之间的相互碰撞导致激发态原子平均寿命缩短，引起谱线变宽。相互碰撞的概率与原子吸收区的气体压力有关，故称为压力变宽（$\Delta\nu_L$）。依据相互碰撞的粒子不同，压力变宽又分为 Lorentz（劳伦兹）变宽和 Holtsmark（赫鲁兹马克）变宽。

Lorentz 变宽是指被测原子和其他原子碰撞引起的变宽，它随原子吸收区内气体压力增大和温度升高而增大。而 Holtsmark 变宽则是指同种原子碰撞引起的变宽，也称共振变宽，只有在被测元素浓度高时才起作用，待测元素浓度较低时，Holtsmark 变宽的影响可忽略。

压力变宽引起中心频率偏移，使吸收峰变得不对称，造成辐射线与吸收线中心错位，影响原子吸收光谱法的灵敏度。Lorentz 变宽和 Holtsmark 变宽具有相同的数量级，也可达 10^{-3} nm，两者是谱线变宽的主要因素。采用火焰原子化装置时，前者是主要影响因素；石墨炉原子化装置中，后者是主要影响因素。

④ 自吸变宽。由自吸现象而引起的谱线变宽称为自吸变宽。空心阴极灯光源发射的共振线被灯内同种基态原子所吸收产生自吸现象，灯电流越大，自吸现象越严重。

⑤ 场致变宽。指外界电场、带电粒子、离子形成的电场及磁场的作用使谱线变宽的现象，但一般影响较小。

3.2.4　原子吸收光谱测量

3.2.4.1　积分吸收

在原子吸收光谱法中，若以连续光源（氘灯或钨灯）来进行吸收测量将非常困难。对于常用的原子吸收分光光度计，当将狭缝调至最小（0.1nm）时，其通带宽度或光谱通带约为

0.2nm，而原子吸收线半宽度为 10^{-3} nm，如图 3-2 所示。可见若以具有宽通带的光源对窄的吸收线进行测量时，由待测原子吸收线引起的吸收值仅相当于总入射光强度的 0.5%，即吸收前后在通带宽度范围内，原子吸收只占其中很小的部分，使测定灵敏度极差。

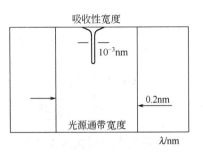

如果将图 3-2 中吸收线所包含的面积进行积分，代表总的吸收，称为积分吸收，它表示吸收的全部能量，其数学表达式为：

图 3-2　连续光源与原子吸收线的通带宽度对比示意图

$$A = \int K_\nu \mathrm{d}\nu = \frac{\pi e^2}{mc} N_0 f = k N_0 \qquad (3-5)$$

式中，e 为电子电荷；m 为电子质量；c 为光速；N_0 为单位体积原子蒸气中吸收辐射的基态原子数，即基态原子密度；f 为振子强度，表示每个原子中能够吸收或发射特定频率光的平均电子数，在一定条件下对一定元素可视为一个定值；k 为将各项常数合并后的新常数。

这一公式表明，积分吸收与单位体积原子蒸气中基态原子数呈简单的线性关系。这种关系与频率无关，与产生吸收线轮廓的物理方法和条件无关。这是原子吸收分析方法的一个重要理论基础。若能测得积分吸收值，即可计算出待测元素的原子浓度，而使原子吸收法成为一种绝对测量方法（不需与标准比较）。但由于原子吸收线的半宽度很小，要测定半宽度这么小的吸收线的积分吸收值，需要分辨率高达 50 万的单色器，目前的制造技术无法达到。

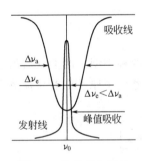

图 3-3　峰值吸收测量示意图

1955 年，A. Walsh（瓦尔西）提出了以锐线光源作为激发光源，用测量峰值吸收系数代替积分值的方法，使这一难题得到解决。

3.2.4.2　峰值吸收（peak absorption）

所谓锐线光源（narrow-line source），就是能发射宽度很窄的发射线的光源，其发射线的半宽度（$\Delta \nu_e$）远小于原子吸收线的半峰宽（$\Delta \nu_a$），如图 3-3 所示。

吸收线中心波长处的吸收系数 K_0 为峰值吸收系数，简称峰值吸收。在通常原子吸收测定条件下，原子吸收线轮廓取决于 Doppler 宽度，吸收系数为：

$$K_\nu = K_0 \exp \left\{ - \left[\frac{2(\nu - \nu_0)\sqrt{\ln 2}}{\Delta \nu_D} \right]^2 \right\} \qquad (3-6)$$

积分后得：

$$\int_0^\infty K_\nu \mathrm{d}\nu = \frac{1}{2} \sqrt{\frac{\pi}{\ln 2}} K_0 \Delta \nu_D \qquad (3-7)$$

由式(3-4) 和式(3-6)可得：

$$K_0 = \frac{2}{\Delta \nu_D} \sqrt{\frac{\ln 2}{\pi}} \times \frac{\pi e^2}{mc} N_0 f \qquad (3-8)$$

若使锐线光源的中心频率与待测原子吸收线的中心频率相同，在 $\Delta \nu$ 很窄的范围内，可认为 $K_\nu \approx K_0$，即可用峰值吸收系数 K_0 代替吸收系数 K_ν。由吸收定律，吸光度 A 为：

$$A=\lg\frac{I_0}{I_t}=\lg\frac{\int_0^{\Delta\nu}I\,\mathrm{d}\nu}{\int_0^{\Delta\nu}I\,\mathrm{e}^{-K_\nu^l\mathrm{d}\nu}}=\lg\frac{\int_0^{\Delta\nu}I\,\mathrm{d}\nu}{\mathrm{e}^{-K_\nu^l}\int_0^{\Delta\nu}I\,\mathrm{d}\nu}=0.434K_0l \qquad (3\text{-}9)$$

将 K_0 代入上式得:

$$A=\left(0.434\frac{2}{\Delta\nu_\mathrm{D}}\times\sqrt{\frac{\ln2}{x}}\times\frac{\pi e^2}{mc}\times fl\right)N_0=\kappa N_0 \qquad (3\text{-}10)$$

上式说明当使用锐线光源做原子吸收测量时,测得的吸光度 A 与原子蒸气中基态原子数成正比。热力学平衡时,原子蒸气中激发态原子与待测元素原子总数符合 Boltzmann 分布规律。在通常的原子化温度(<3000K)和最强共振线波长低于 600nm 时,最低激发态上的原子数 N_i 与基态原子数 N_0 之比小于 10^{-3},所有激发态的原子数之和与基态原子数 N_0 相比也很小,则可以用基态原子数代表待测元素的原子总数,而原子总数与被测元素的浓度成正比:

$$N_0\approx N\propto c$$

则
$$A=ac \qquad (3\text{-}11)$$

式中,a 为常数。这就是原子吸收光谱法的定量基础,但要注意应用的前提条件是:①低浓度(可只考虑多普勒变宽)发射线的中心频率与待测原子吸收线的中心频率相同;②发射线宽度要比吸收线宽度小(可以用峰值吸收系数 K_0 代替吸收系数 K_ν)。

3.3 原子吸收分光光度计

原子吸收分光光度计按结构原理分为单光束仪器和双光束仪器两种类型。两类仪器均主要由光源、原子化器、单色器、检测器及数据处理系统组成,单色器位于原子化器与检测器之间,如图 3-4 所示。

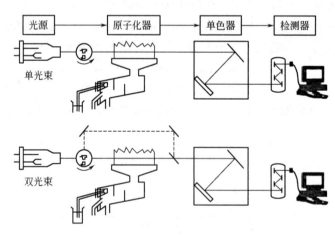

图 3-4　原子吸收分光光度计类型与结构流程

单光束仪器结构简单,操作方便,但受光源稳定性影响较大,易造成基线漂移。为了消除火焰发射的辐射线干扰,空心阴极灯可采取脉冲供电,或使用机械扇形板斩光器将光束调制成具有固定频率的辐射光通过火焰,使检测器获得交流信号,而火焰所发出的直流辐射信号被过滤掉。

双光束仪器中，光源（空心阴极灯）发出的光被斩光器分成两束，一束通过火焰（原子蒸气），另一束绕过火焰为参比光束，两束光线交替进入单色器。双光束仪器可以使光源的漂移通过参比光束的作用进行补偿，能获得稳定的信号。

3.3.1 光源

光源的作用是发射被测元素的共振辐射。对光源的要求是：锐线光源，辐射强度大，稳定性高，背景小等。目前应用最广的是空心阴极灯和无极放电灯等。

3.3.1.1 空心阴极灯

空心阴极灯（hollow cathode lamp，HCL）是一种辐射强度大、稳定性好的锐线光源。它是一种特殊的辉电放电管，如图 3-5 所示。灯管由硬质玻璃制成，阳极为钨、镍或钛等金属，阴极为一空心金属管，内壁衬上或熔入被测元素的纯金属、合金或用粉末冶金方法制成的"合金"，它们能发射出被测元素的特征光谱，因此有时也被称为元素灯。灯管内充有几百帕低压的惰性气体氖气或氩气。

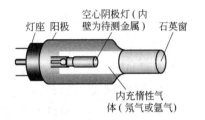

图 3-5　空心阴极灯结构

当两电极间施加适当电压时，电子将从空心阴极灯内壁流向阳极，与充入的惰性气体碰撞而使之电离，产生正电荷。正电荷在电场作用下，向阴极内壁猛烈轰击，使阴极表面的金属原子溅射出来，溅射出来的金属原子与电子、惰性气体原子及离子发生碰撞而被激发，产生的辉光中便出现了阴极物质的特征光谱。用不同待测元素作阴极材料，可获得相应元素的特征光谱。空心阴极灯的辐射强度与灯电流有关，但灯电流太大时，热变宽和自吸现象增强，反而使谱线强度减弱。

空心阴极灯具有辐射光强度大、稳定、谱线窄、容易更换等优点，但每测一种元素需要更换相应的灯，不方便。

3.3.1.2 无极放电灯

大多数元素的空心阴极灯具有较好的性能，是当前最常用的光源。但对于砷、硒、碲、镉、锡等易挥发、低熔点的元素，它们易溅射，但难激发。空心阴极灯的性能不太理想，无极放电灯（electrodeless discharge lamp，EDL）对这些元素具有优良的性能。

无极放电灯是由一个数厘米长、直径 5～12cm 的石英玻璃圆管制成。管内装入数毫克待测元素的卤化物，充入几百帕压力的氩气，制成放电管。将此管装在一个高频发生器的线圈内，并装在一个绝缘的外套里，然后放在一个微波发生器的同步空腔谐振器中。这种灯的强度比空心阴极灯大几个数量级，没有自吸，谱线更纯。

3.3.2 原子化器

试样分析前需要制成溶液，试样中的待测元素以离子或配合物的形式存在。原子化器的功能是提供能量，使试样干燥、蒸发并原子化，其性能对分析的灵敏度和准确度有很大影响。

对原子化器的要求有以下几方面：原子化效率要高，原子化效率越高，分析灵敏度越高；雾化后的液滴要均匀、粒细，稳定性要好；背景小，噪声低，干扰水平低；安全、耐用，操作方便。

常用的原子化器有火焰原子化器和非火焰原子化器。

3.3.2.1 火焰原子化器

火焰原子化器是由化学火焰的热能提供能量，使被测元素原子化。包括雾化器（nebulizer）和燃烧器（burner）。

（1）雾化器　雾化器的作用是将试液转变成细微、均匀的雾粒，并以稳定的速度进入燃烧器。

对雾化器的要求是：喷雾稳定，雾化效率高，适用于不同黏度、不同密度的试液。其工作原理如图3-6所示，当助燃气（如空气）以一定的压力从喷嘴高速喷出时，在吸液毛细管尖端产生一个负压，试液被吸提上来并被高速气流吹至撞击球上，破碎为细小雾粒。雾化室与雾化器紧密相连，雾化后的雾粒在雾化室内与燃气充分混合后进入燃烧器。雾化室多用特种不锈钢或聚四氟乙烯塑料制成，撞击球是一个固定在雾化室壁上的玻璃小球（或金属小球），置于喷嘴的前方。毛细管则多用耐腐蚀的惰性金属如铂、铱、铑的合金制成。

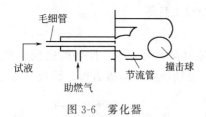

图 3-6　雾化器

（2）燃烧器　燃烧器的作用是使雾粒中的被测组分原子化，有全消耗型和预混合型两种。全消耗型燃烧器是将试液直接喷入火焰。预混合型可将试液雾化后进入雾化室，与燃气（如氢气、乙炔）充分混合，较大的雾滴在室壁上凝结后经雾化室下方的废液管排出，最细微的雾粒进入火焰原子化。对雾化室的要求是："记忆"效应小，雾滴与燃气混合充分，噪声低，废液排出快。

预混合型燃烧器产生的原子蒸气多、火焰稳定安全、背景低，目前应用较普遍，缺点是试样利用率低。

燃烧器的喷灯有"多孔型"和"长缝型"两种，通常采用后者，它由不锈钢制成，中间有一条长缝，整个燃烧器的高度和水平程度可以调节，以便使空心阴极灯发射的共振辐射准确地通过火焰的原子化层。另外，在双光束原子吸收光谱仪中常用"三缝燃烧器"，与上述单缝式比较，减少了缝口堵塞，增加了火焰宽度，降低了火焰噪声，灵敏度和稳定性都有所提高，但气体耗量大，装置比较复杂且易回火。

（3）火焰　火焰在燃烧器上方燃烧，是进行原子化的能源。试液的脱水、气化和热分解原子化等反应过程都在这里进行。试样中待测元素的原子化是一个复杂的过程，可大致示意如下：

$$MX(试液) \rightleftharpoons MX(气态) \rightleftharpoons \begin{array}{c} M^*(激发态原子) \\ \Updownarrow \\ M^0(基态原子) + X^0(气态) \\ \Updownarrow \\ M^+(离子) + e^- \end{array}$$

火焰的性质很重要，它直接影响试液的原子化程度。火焰温度过高，产生的热激发态原子增多，对定量分析不利。在保证待测元素充分解离为基态原子的前提下，尽量采用低温火焰。火焰温度取决于燃气与助燃气类型，常用的空气-乙炔火焰温度达2600K，可测35种元素。几种常见的化学计量火焰温度见表3-2。

选择火焰时，还应考虑火焰本身对光的吸收。可根据待测元素的共振线，选择不同的火焰，避开干扰。例如As的共振线193.7nm，由图3-7可见，采用空气-乙炔火焰或其他火焰

表 3-2　几种常见火焰的组成和性质

燃气-助燃气	燃助比	最高温度/℃	燃烧速度/(m·s⁻¹)	适合的元素
乙炔-空气	1:4(正常焰)	2300	160	测 35 种元素,对 W、Mo、V 灵敏度低
乙炔-空气	小于 1:4(贫燃焰)	2300	160	适于碱金属,适于有机溶剂喷雾
乙炔-空气	大于 1:4(富燃焰)	稍低于 2300	160	对 W、Mo、V 灵敏度高
乙炔-N₂O	(1:3)~(1:4)	3000	180	适于 Si、W、V、Be、Ti 和稀土
氢气-空气	(2:1)~(3:1)	2050	320	易回火,对 Cd、Pb、Sn、Zn 灵敏度高
氢气-氩气	1:2	1577		适于 Cs、Se,对 Cd、Pb、Sn、Zn 灵敏度高
煤气-空气		1840	55	适于碱金属、碱土金属
丙烷-空气	(1:10)~(1:20)	1925	82	适于 Ag、Au、Bi、Fe、In、Pb、Ti、Cd,干扰小
氢气-氧气		2700	900	燃速快,易回火

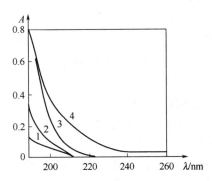

图 3-7　不同火焰的背景吸收

1—N₂O-C₂H₂ 焰；2—Ar-H₂ 焰；3—空气-H₂ 焰；

4—空气-C₂H₂ 焰

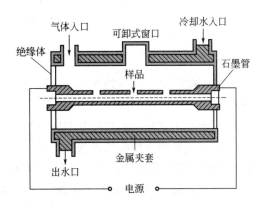

图 3-8　石墨炉原子化器结构示意图

时,火焰产生较大吸收,而采用 N₂O-C₂H₂ 火焰则效果较好。

同种火焰,根据使用的燃气和助燃气的比例,可分为三种类型。

① 化学计量火焰。也称中性火焰,使用的燃气和助燃气的比例符合化学反应配比,产生的火焰温度高,干扰少,稳定、背景低,适合于许多元素的测定,是最常用的火焰类型。

② 富燃火焰。也称还原焰,即燃气过量,燃烧不完全,温度较化学计量火焰略低,具有还原性,适合测定较易形成难熔氧化物的元素如 Mo、Cr 及稀土元素。

③ 贫燃火焰。也称氧化焰,即助燃气过量,过量助燃气带走火焰中的热量,使火焰温度降低,适用于测定易解离、易电离的元素,如碱金属。

3.3.2.2　非火焰原子化器（石墨炉原子化法）

上述火焰原子化法,具有重现性好、易于操作等优点。但它的主要缺点是原子化效率低,仅有约 10% 的试液被原子化,而约 90% 的试液由废液管排出。这样低的原子化效率成为提高灵敏度的主要障碍。非火焰原子化装置可提高原子化效率,使灵敏度增加 10～200 倍。

无火焰原子化器（non-flame atomizer）也称石墨炉原子化器（furnace atomizer）,这里主要讲电加热石墨炉（管）原子化器。石墨炉原子化器的工作原理是：大电流通过石墨管产生高热、高温,使试样原子化。其结构如图 3-8 所示,外气路中氩气沿石墨管外壁流动,冷却保护石墨管,内气路中氩气由管两端流向管中心,从中心孔流出,用来保护原子不被氧化，同时排除干燥和灰化过程中产生的蒸气。

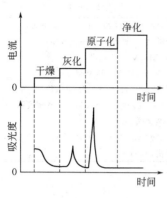

图 3-9　石墨炉原子化的
四个阶段

石墨炉原子化过程分为干燥、灰化（去除基体）、原子化和净化（去除残渣）四个阶段，可在不同温度下、不同时间内分步进行，如图 3-9 所示。干燥温度一般稍高于溶剂沸点，目的主要是去除溶剂，以免溶剂存在导致灰化和原子化过程飞溅。灰化是为了尽可能除掉易挥发的基体和有机物，保留被测元素。在原子化过程中，应停止氩气通过，可延长原子在石墨炉中的停留时间。净化在样品测定结束后，用比原子化阶段稍高的温度加热，以除去样品残渣，净化石墨炉。石墨炉的程序升温是微机处理控制的，进样后原子化过程按程序自动进行。

石墨炉原子化器的优点如下。

① 原子化效率高，原子在吸收区域中平均停留时间长，因而灵敏度高。检出限绝对值低，可达 $10^{-14} \sim 10^{-12}$ g，比火焰原子化法低 3 个数量级。

② 原子化温度高。可用于那些较难挥发和原子化的元素分析。

③ 在强还原性介质与惰性气体气氛下原子化，有利于那些易形成难解离氧化物的元素分析，保护已原子化的自由原子不重新被氧化。

④ 可测固体及黏稠试样。可直接以溶液、固体进样，且进样量少，通常溶液为 $1 \sim 50 \mu L$，固体试样为 $0.1 \sim 10 mg$。

缺点是：基体效应、化学干扰较多；背景吸收较强；精密度较差；仪器装置较复杂，价格较昂贵，需要水冷。

3.3.2.3　其他原子化方法

对于砷、硒、汞以及其他一些特殊元素，可以利用某些化学反应来使它们原子化。

（1）氢化物原子化（hydride atomization）法　氢化物原子化法是低温原子化法的一种。主要用来测定 As、Sb、Bi、Sn、Ge、Pb 和 Te 等元素。氢化物原子化法的原理是：在酸性介质中，待测化合物与强还原剂硼氢化钠（或钾）反应生成气态氢化物。例如对于砷，其反应为：

$$AsCl_3 + 4NaBH_4 + HCl + 8H_2O == AsH_3 + 4NaCl + 4HBO_2 + 13H_2$$

将待测元素在专门的氢化物发生器中产生的气态氢化物送入原子化器中使之分解成基态原子。这种方法的原子化温度低（一般为 $700 \sim 900℃$），且氢化物生成的过程本身是个分离过程，因而此法灵敏度高（对砷、硒可达 10^{-9} g），基体干扰和化学干扰少。

（2）冷原子化法　各种试样中 Hg 元素的测量多采用冷原子化法，即在室温下将试样中汞离子用 $SnCl_2$ 或盐酸羟胺完全还原为金属汞，然后用气流将汞蒸气带入具有石英窗的气体测量管中进行原子吸收测量。本法的灵敏度和准确度都较高（可检测出 10^{-8} g 汞），是测定痕量汞的好方法。

3.3.3　单色器和检测器

在原子吸收光谱法中，由于使用了锐线光源，对单色器的要求不高，多采用平面光栅，仅需将待测元素的共振线与邻近谱线分开即可，如测 Mn 元素时，单色器只需要能将共振线

279.48nm 和邻近谱线 279.8nm 分开即可。单色器置于原子化器后边，防止原子化器内发射辐射干扰进入检测器，也可避免光电倍增管疲劳。

原子吸收光谱仪的检测器多采用光电倍增管，其原理在第 2 章已介绍。

3.4 干扰及消除

原子吸收光谱法由于采用了独特的锐线光源，因此具有较好的准确性，但并不意味着没有干扰。原子吸收光谱法中的干扰效应，按其性质和产生的原因可分为光谱类干扰和非光谱类干扰。非光谱类干扰又可分为物理干扰、化学干扰和电离干扰。

3.4.1 光谱类干扰

光谱类干扰是指待测元素的共振线与干扰物质谱线分离不完全及背景吸收所造成的影响，包括谱线重叠、光谱通带内存在非吸收线、原子化器内的直流发射、分子吸收、光散射等。这类干扰主要来自光源、试样中的共存元素和原子化装置。

（1）谱线重叠干扰　共存元素吸收线与被测元素分析线波长很接近时，两谱线重叠或部分重叠，会使分析结果偏高。如 Cd 的分析线 228.80nm，而 As 的 228.81nm 谱线将对 Cd 产生谱线干扰。可通过调小狭缝或另选分析线来抑制或消除这种干扰。

（2）光谱通带内存在的非吸收线干扰　可能是被测元素的其他共振线与非共振线，也可能是光源中杂质的谱线等干扰。这时可减小狭缝宽度与灯电流，或另选谱线。

（3）空心阴极灯的发射干扰　空心阴极灯内材料中的杂质如果发射出非待测元素的谱线，这个谱线又不能被单色器分开，如果试样中恰好含有这种杂质元素的基态原子时，会造成待测元素的假吸收而引入正误差。采用纯度较高的单元素灯可减免这种干扰。

另外，灯内气体的发射线也会干扰。例如，铬灯如果用氩气作内充气体，氩的 357.7nm 线将干扰铬的 357.9nm 谱线。

（4）背景干扰（分子吸收与光散射干扰）

① 背景吸收。背景吸收（background absorption）是来自原子化器（火焰或非火焰）的一种光谱干扰，包括分子吸收和光散射干扰。背景吸收会造成正误差。

分子吸收是指在原子化过程中，共存物质形成的气体分子、氧化物、氢氧化物或盐类物质及自由基对光源所发射的共振辐射的吸收。如卤化物在 $200\sim400$nm 之间所产生的分子吸收谱带。光散射是指原子化过程所产生的固体微粒对分析线发生的散射作用。光散射使部分分析线不能进入单色器而形成假吸收现象，使吸光度增大。背景吸收一般随波长的减小而增大，同时随基体元素浓度的增加而增大，还与火焰条件有关，通常无火焰原子化器较火焰原子化器产生的干扰严重。在一般过程中通常采用空白溶液校正背景的方法，仅适合由化合物产生背景的理想溶液。目前在原子吸收仪器中，一般采用氘灯背景扣除法和塞曼（Zeeman）效应背景扣除法来消除背景干扰。

② 消除方法。氘灯背景扣除法，也称连续光源背景扣除法。目前生产的原子吸收光谱仪都配有连续光源自动扣除背景装置。这种方法是在相同条件下，用一个连续光谱（氘灯）和锐线光源交替通过原子化器和检测器，测定试样的吸光度。当连续光谱通过狭缝后所得到的谱带宽度约为 0.2nm，而被测元素吸收线的宽度约为 10^{-3}nm。可见由待测原子吸收线引起的吸收值仅相当于总入射光线强度的 1% 以下，此时，可以认为用连续光谱得到的吸光度

近似为背景吸收（$A_背$），即 $A_氘＝A_背$。当空心阴极灯的锐线光源通过原子化蒸气时，既可被待测原子吸收，也可被蒸气中各种分子的背景所吸收，此时的吸收为总吸收，即：

$$A_空心＝A_测＋A_背$$

两次测定的吸光度之差就是被测元素的吸光度 $A_测$，即：

$$A_空心－A_氘＝A_测＋A_背－A_背＝A_测$$

用氘灯扣除背景有一定局限性。第一，此法中要求氘灯和空心阴极灯的光线通过原子化蒸气的同一区域，因光源不同，实际上很难做到完全一致。第二，氘灯扣除背景只能在 $190\sim360nm$ 的波长范围内工作，选用的光谱通带不能小于 $0.2nm$，否则信噪比降低。第三，当 $A_背\geqslant1$ 时，背景很高不能扣除，此时可利用塞曼效应扣除背景。

塞曼效应背景扣除法是根据磁场作用下谱线分裂的现象（塞曼效应），利用磁场将简单的谱线分裂成具有不同偏振特性的成分。原子化器加磁场后，待测原子的吸收线分裂成一个与磁场平行的 σ 成分和两个与磁场垂直的 σ^+、σ^- 成分，如图 3-10 所示，三者之和的总强度等于未分裂时谱线的总强度。

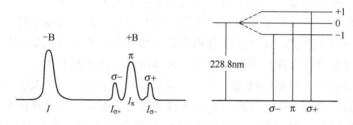

图 3-10　Cd Ⅰ 228.8nm 谱线的塞曼效应

由空心阴极灯发出的光线通过旋转偏振器成为偏振光。随旋转偏振器的转动，当平行磁场的偏振光通过火焰时，产生总吸收；当垂直磁场的偏振光通过火焰时，只产生背景吸收。两次测量之差为被测元素的净吸光度。塞曼校正与连续光谱校正相比，校正波长范围宽（$190\sim900nm$），背景校正准确度高，可校正吸光度高达 $1.5\sim2.0$ 的背景（氘灯只能校正吸光度小于1的背景），但测定的灵敏度低，仪器复杂，价格高。

3.4.2　物理干扰

物理干扰主要指的是样品在处理、雾化、蒸发和原子化的过程中，由于任何物理因素的变化而引起原子吸收信号下降的效应。其物理因素包括溶液的强度、密度、表面张力、溶剂的种类、气体流速等。这些因素会影响试液的喷入速度、雾化效率、雾滴大小等，因而会引起吸收强度的变化。物理干扰是非选择性干扰，对试样各元素的影响基本是相似的。

消除方法：配制与被测样品组成相同或相近的标准溶液；不知道试样组成或无法匹配试样时，可采用标准加入法。若样品溶液浓度过高，还可采用稀释法。

3.4.3　化学干扰

化学干扰是指待测元素与共存组分之间发生化学作用所引起的干扰效应，它主要影响待测元素的原子化效率，是原子吸收分光光度法中的主要干扰源。液相或气相中被测元素的原子与干扰物质组分之间形成热力学更稳定的化合物，从而影响被测元素化合物的解离及其原子化，使参与吸收的基态原子减少。如 Al 的存在，对 Ca、Mg 的原子化起同样的作用，因为会生成热稳定性高的 $MgO \cdot Al_2O_3$、$3CaO \cdot 5Al_2O_3$ 化合物；PO_4^{3-} 的存在会形成 $Ca_3(PO_4)_2$ 而影响 Ca 的原子化，同样 F^-、SO_4^{2-} 也影响 Ca 的原子化。

消除方法：化学分离，使用高温火焰，加入释放剂和保护剂，使用基体改进剂等。

（1）选择合适的原子化方法　提高原子化温度，化学干扰会减小。使用高温火焰或提高石墨炉原子化温度，可使难解离的化合物分解。如在高温火焰中磷酸根不干扰钙的测定。

（2）加入释放剂　与干扰物生成更稳定的化合物，使被测元素释放出来。例如，上述所说的 PO_4^{3-} 干扰 Ca 的测定，可加入 La、Sr 的盐类，它们与 PO_4^{3-} 生成更稳定的磷酸盐，把 Ca 释放出来。同样，Al 对 Ca、Mg 的干扰，也可以通过加 $LaCl_3$ 而释放 Ca、Mg。

（3）加入保护剂　与被测元素生成稳定的更易分解的配合物，以防止被测元素与干扰组分生成难解离的化合物，从而保护了被测元素，消除了部分干扰。保护剂一般是有机配位剂，用得最多的是 EDTA 和 8-羟基喹啉。例如，PO_4^{3-} 干扰 Ca 的测定，在一定条件下加入 EDTA，生成稳定的 EDTA-Ca，从而保护 Ca^{2+} 不与 PO_4^{3-} 生成沉淀而消除 PO_4^{3-} 的干扰；同时在原子吸收测定中可直接对 EDTA-Ca 进行测定而不影响测定结果。加入 F^- 可防止铝对铍的干扰等。

（4）缓冲剂　有的干扰当干扰物质达到一定浓度时，干扰趋于稳定。如果在被测溶液和标准溶液中加入同样量的足够的干扰物质，使干扰稳定且相同，可消除干扰。如用乙炔-氧化亚氮火焰测定 Ti 时，Al 抑制了 Ti 的吸收。但当 Al 的浓度大于 $200\mu g \cdot mL^{-1}$ 时，可消除 Al 对 Ti 测定的影响，但灵敏度会有损失。

除了加入上述试剂控制化学干扰外，还可用标准加入法来控制化学干扰。如果这些方法都不能理想地控制化学干扰，可考虑采用沉淀法、离子交换法、溶剂萃取等化学分离方法除去干扰元素。

3.4.4　电离干扰

电离干扰指的是在高温条件下，原子发生电离，使基态原子数减少，生成的离子不产生吸收，因此使吸光度下降。电离干扰与原子化温度和被测元素的电离电位及浓度有关。元素的电离随温度的升高而增加，随元素的电离电位及浓度的升高而减小。电离电位小于 6eV 的碱金属、碱土金属容易产生电离干扰。

消除方法：加入一定量的比待测元素更易电离的其他元素（即消电离剂），以达到抑制电离的目的。在相同条件下，消电离剂首先被电离，产生大量电子，抑制了被测元素的电离。例如，测定钙和钡时有电离干扰，加入适量的 KCl 溶液可消除。钙和钡的电离电位分别是 6.1eV 和 5.21eV，钾的电离电位是 4.3eV。由于 K 电离产生大量的电子，抑制了待测元素 Ca 或 Ba 的电离。

3.5　原子吸收光谱分析的实验技术

3.5.1　测量条件的选择

原子吸收光谱法中，测量条件的选择对测定的准确度、灵敏度等都会有较大的影响。因此必须选择合适的测量条件，才能得到满意的分析结果。

3.5.1.1　分析线

通常选择元素最灵敏的共振吸收线作为分析线，测定高含量元素时，可以选用灵敏度较低的非共振吸收线为分析线。As、Se 等共振吸收线位于 200nm 以下的远紫外区，火焰组分对其有明显吸收，故用火焰原子吸收法测定这些元素时，不宜选用共振吸收线为分析线。表 3-3 列出了常用的元素分析线。

表 3-3　原子吸收分光光度法中常用的元素分析线

元素	λ/nm	元素	λ/nm	元素	λ/nm
Ag	328.07,339.29	Hg	253.65	Ru	349.89,372.80
Al	309.27,308.22	Ho	410.38,405.39	Sb	217.58,206.83
As	193.64,197.20	In	303.94,325.61	Sc	391.18,402.04
Au	242.80,267.60	Ir	209.26,208.88	Se	196.09,703.99
B	249.68,249.77	K	766.49,769.90	Si	251.61,250.69
Ba	553.55,455.40	La	550.13,418.73	Sm	429.67,520.06
Be	234.86	Li	670.78,323.26	Sn	224.61,286.33
Bi	223.06,222.83	Lu	335.96,328.17	Sr	460.73,407.77
Ca	422.67,239.86	Mg	285.21,279.55	Ta	271.47,277.59
Cd	228.80,326.11	Mn	279.48,403.68	Tb	432.65,431.89
Ce	520.0,369.7	Mo	313.26,317.04	Te	214.28,225.90
Co	240.71,242.49	Na	589.00,330.30	Th	371.90,380.30
Cr	357.87,359.35	Nb	334.37,358.03	Ti	364.27,337.15
Cs	852.11,455.54	Nd	463.42,471.90	Tl	273.79,377.58
Cu	324.75,327.40	Ni	323.00,341.48	Tm	409.40
Dy	421.17,404.60	Os	290.91,305.87	U	351.46,358.49
Er	400.80,415.11	Pb	216.70,283.31	V	318.40,385.58
Eu	459.40,462.72	Pd	497.64,244.79	W	255.14,294.74
Fe	248.33,352.29	Pr	495.14,513.34	Y	410.24,412.83
Ga	287.42,294.42	Pt	265.95,306.47	Yb	398.80,346.44
Gd	368.41,407.87	Rb	780.02,794.76	Zn	213.86,307.59
Ge	265.16,275.46	Re	346.05,346.47	Zr	360.12,301.18
Hf	307.29,286.64	Rh	343.49,339.69		

3.5.1.2　狭缝宽度

狭缝宽度影响光谱通带宽度及检测器接收的能量。原子吸收光谱分析中，光谱重叠干扰的概率小，因此可以使用较宽的狭缝，以增加光强与降低检出限。无邻近干扰线（如测碱金属及碱土金属）时，通常选用较大的通带；反之（如测过渡金属及稀土金属），宜选用较小的通带。单色器的分辨能力大时，可选用较宽的狭缝；反之，选较窄的狭缝。狭缝宽度的选择要能使吸收线与邻近干扰线分开。可通过实验进行选择，调节不同的狭缝宽度，测定吸光度随狭缝宽度的变化，当有干扰线或非吸收光进入光谱通带内时，吸光度值将立即减小。不引起吸光度减小的最大狭缝宽度，即为应选取的合适的狭缝宽度。

3.5.1.3　空心阴极灯的工作电流

空心阴极灯的发射特征取决于工作电流。灯电流低时，一般不产生自蚀，谱线宽度小，但过低放电不稳定，故光谱输出不稳定，且强度小；灯电流过高，发射谱线变宽，灵敏度下降，校正曲线弯曲，灯寿命缩短。灯电流的一般选用原则是，在保证有稳定和足够的发射光通量的情况下，尽量选用较低的工作电流，通常控制在额定电流的 40%～60%。实际工作中应通过实验确定。空心阴极灯一般需要预热 10～30min。

3.5.1.4　原子化条件

（1）火焰原子化法　火焰类型和特征是影响原子化效率的主要因素。首先要根据试样的性质来选择火焰的类型，然后通过实验确定合适的燃助比。低、中温元素，使用空气-乙炔火焰；高温元素，采用氧化亚氮-乙炔高温火焰；分析线位于短波区（200nm以下）的元素，空气-乙炔火焰的背景吸收较大，使用空气-氢气火焰是合适的。火焰类型确定后，一般来说，稍富燃的火焰是有利的。氧化物不稳定的元素如 Cu、Mg、Fe、Co、Ni 等，用化学计量火焰或贫燃火焰。为了获得所需的特性火焰，需要调节燃气与助燃气的比例。

在火焰区内，自由原子的空间分布不均匀，随火焰条件变化。因此，应调节燃烧器的高度，以使来自空心阴极灯的光束从自由原子浓度最大的火焰区通过，以期获得高的灵敏度。

（2）石墨炉原子化法　合理选择干燥、灰化、原子化及除残等阶段的温度与时间是十分重要的。干燥应在稍低于溶剂沸点的温度下进行，以防止试液飞溅。灰化的目的是除去基体和局外组分，在保证被测元素没有损失的前提下应尽可能使用较高的灰化温度。原子化温度的选择原则是，选用达到最大吸收信号的最低温度作为原子化温度。原子化时间的选择，应以保证完全原子化为准。在原子化阶段停止通保护气，以延长自由原子在石墨炉内的平均停留时间。除残的目的是为了消除残留产生的记忆效应，除残温度应高于原子化温度。

3.5.1.5　进样量

进样量多少也会影响测量过程：进样量过小，吸收信号弱，不便于测量；进样量过大，在火焰原子化法中，对火焰产生冷却效应，在石墨炉原子化法中，会增加除残的困难。在实际工作中可通过实验选择合适的进样量。

3.5.2　原子吸收分析中的萃取技术

为除去测定中的化学干扰，可向试液中加入适当的有机溶剂与被测元素形成配合物，萃取后将有机相直接喷雾，或将萃取的有机溶剂蒸发，配成水溶液后喷雾，或用有机溶剂萃取除去干扰元素，再将水相喷雾。

萃取剂不宜选用氯仿、苯、环己烷和异丙醚等，因为它们不但对光有吸收，产生比较严重的背景干扰，而且由于燃烧不完全产生的微粒使光发生散射，造成假吸收。最适宜的萃取剂有酯类、酮类，在测定波长范围内，它们对光无吸收，燃烧完全，火焰稳定。

3.5.3　定量分析方法

3.5.3.1　标准曲线法

配制一组标准溶液，由低浓度到高浓度，依次喷入火焰，分别测定其吸光度 A。以吸光度对待测元素的含量或浓度 c 作图，绘制 A-c 标准曲线。在相同的实验条件下，喷入待测试样溶液，测定吸光度，由标准曲线求出试样中待测元素的含量。

在实际分析中，有时出现标准曲线弯曲现象。即在待测元素浓度较高时，曲线向浓度坐标弯曲。这是压力变宽的影响所致。实验证明，当 $\Delta\lambda_e/\Delta\lambda_a < 1/5$ 时，吸光度和浓度呈线性关系；当 $1/5 < \Delta\lambda_e/\Delta\lambda_a < 1$ 时，标准曲线在高浓度区向浓度坐标稍微弯曲；若 $\Delta\lambda_e/\Delta\lambda_a > 1$ 时，吸光度和浓度间就不呈线性关系了。另外，火焰中各种干扰效应如光谱干扰、化学干扰、物理干扰等也可能导致曲线弯曲。

考虑到上述因素，在使用本法时要注意以下几点。

① 配制的标准溶液浓度，应在吸光度与浓度呈直线关系的范围内。

② 标准溶液与试样溶液都应用相同的试剂处理。

③ 应该扣除空白值。

④ 在整个分析过程中操作条件应保持不变。

⑤ 由于喷雾效率和火焰状态经常变动，标准曲线的斜率也随之变动，因此，每次测定前应用标准溶液对吸光度进行检查和校正。

标准曲线法简便、快速，但仅适用于组成简单的试样，对组成复杂的试样，应采用标准加入法。

3.5.3.2 标准加入法

一般来说，待测试样的确切组成是不完全知道的，这就为配制与待测试样组成相似的标准溶液带来困难。在这种情况下，若待测试样的量足够，与其他仪器分析方法（如电位测定法、紫外-可见分光光度法等）一样，可采用标准加入法克服这一困难。

本法能消除基体效应带来的影响，但不能消除背景吸收的影响，这是因为相同的信号，既加到试样测定值上，也加到增量后的试样测定值上，因此只有扣除了背景之后，才能得到待测元素的真实含量，否则将得到偏高结果。

3.6 灵敏度、特征浓度及检出限

3.6.1 灵敏度及特征浓度（质量）

3.6.1.1 灵敏度

灵敏度 S 是指在一定浓度时，测定值（吸光度）的增量（ΔA）与相应的待测元素浓度（或质量）的增量（Δc 或 Δm）的比值。其表达式为：

$$S_c = \frac{\Delta A}{\Delta c}, S_m = \frac{\Delta A}{\Delta m} \tag{3-12}$$

灵敏度 S 也即校正曲线的斜率。

3.6.1.2 特征浓度与特征质量

在原子吸收光谱中习惯用 1% 吸收灵敏度，也称特征灵敏度。其定义为：能产生 1% 吸收（即吸光度为 0.0044）信号时所对应的被测元素的浓度（c_0）或质量（m_0）。

在火焰原子化法中，特征灵敏度以特征浓度 c_0（characteristics concentration，单位为 $\mu g \cdot mL^{-1} \cdot 1\%$）表示：

$$c_0 = \frac{0.0044 c_x}{A_x} \tag{3-13}$$

式中，c_x 为某待测元素的浓度；A_x 为多次测量吸光度的平均值。

在非火焰（石墨炉）原子吸收法中，由于测定的灵敏度取决于加到原子化器中试样的质量，因此特征灵敏度以特征质量 m_0（characteristics mass，单位为 $\mu g \cdot g^{-1} \cdot 1\%$）表示更适宜，式中，$m_x$ 为被测元素质量。则有：

$$m_0 = \frac{0.0044 m_x}{A_x} \tag{3-14}$$

例如 $1\mu g \cdot g^{-1}$ 的镁溶液，测得其吸光度为 0.54，则镁的特征浓度为：

$$\frac{1}{0.54} \times 0.0044 = 0.008 \mu g \cdot g^{-1} \cdot 1\% \tag{3-15}$$

3.6.1.3 特征浓度或特征质量与灵敏度的关系

特征浓度或特征质量与灵敏度的关系为：

$$c_0 = \frac{0.0044}{S} \quad 或 \quad m_0 = \frac{0.0044}{S} \tag{3-16}$$

式中，S 为标准曲线的斜率，即灵敏度。可以看出，特征浓度或特征质量越小，方法越灵敏。

灵敏度或特征浓度与一系列因素有关，首先取决于待测元素本身的性质，例如难熔元素的灵敏度比普通元素的灵敏度要低得多。其次，还和测定仪器的性能如单色器的分辨率、光源的特性、检测器的灵敏度等有关。此外，还受到实验因素的影响，例如光源工作条件不合适，引起自吸收或光强减弱；供气速度不当，导致雾化效率降低；燃烧器条件不合适，共振辐射不是从原子浓度最高的火焰区通过；燃气与助燃气流量比不恰当，引起原子化效率降低等，都会降低测定灵敏度。反之，若正确选择实验条件，并采取有效措施，则可进一步提高灵敏度。

3.6.2 检出限

检出限（detection limit，DL）定义为，在适当置信度下，能检测出的待测元素的最小浓度或最小量。用接近于空白的溶液，经若干次（10～20 次）重复测定所得吸光度的标准偏差 s_0 的 3 倍求得：

$$DL = \frac{3s_0}{S} = \frac{3cs_0}{\overline{A}} \tag{3-17}$$

式中，s_0 为空白溶液的标准偏差；S 为灵敏度；c 为待测元素的浓度；$\overline{A}$ 为吸光度的平均值。绝对检出限也可用 g 表示。灵敏度和检出限是衡量分析方法和仪器性能的重要指标。

只有存在量达到或高于检出限，才能可靠地将有效分析信号与噪声信号区分开，确定试样中被测元素具有统计意义的存在。"未检出"即指被测元素的量低于检出限。

检出限比灵敏度具有更明确的意义，它考虑到了噪声的影响，并明确地指出了测定的可靠程度。由此可见，降低噪声、提高测定精密度是改善检出限的有效途径。

3.7 原子吸收光谱分析的应用

原子吸收光谱法已成为一种非常成熟的仪器分析方法，主要用于测定各类样品中的微痕量金属元素，但如果和其他的化学方法或手段相结合，也可间接测定一些无机阴离子或有机化合物。例如，根据氯化物和硝酸银生成沉淀的反应，用原子吸收法测定溶液中剩余的银，即可间接测定氯的含量。利用 8-羟基喹啉在一定条件下与铜盐形成可萃取配合物的特点，用铜灯测定萃取物中的铜，可间接测定 8-羟基喹啉。用这种方法可以测定一些药物、激素和酶等物质。

与原子发射光谱分析法比较，原子吸收法不能对多种元素进行同时测定，若要测定不同元素，需改变分析条件和更换不同的光源灯。对某些元素如稀土、铬、钨、铀、硼等的测定灵敏度较低，对成分比较复杂的样品，干扰仍然比较严重。尽管如此，原子吸收法仍然是测定微量元素的一种较好的定量分析方法，是无机痕量分析的重要手段之一。

原子吸收法在农林科学上的应用很广泛，可进行土壤、肥料和植物体元素的分析，也可进行废料、废水和灌溉用水的质量监测。还可以对大气飘尘、污泥和生物体内的重金属含量进行测定，为环境评价提供依据。测定的元素有汞、锰、铅、铍、镍、钡、铬、铋、硒、铁、铜、锌、钼、铝和砷等近 70 种。

3.7.1 原子吸收光谱法在环境分析中的应用

3.7.1.1 大气及颗粒物样品

利用原子吸收法测定大气或飘尘中的微量元素时，一般用大气采样器，控制一定的流量，用装有吸收液的吸收管或滤纸采样，然后用适当的办法处理。可根据具体测定的元素选择消解体系和基体改进剂。石墨炉原子吸收法已用来分析环境空气、工业废气、香烟烟气及大气颗粒物中的锡、铅、镉、铬、汞、铜、锌等金属元素，结果准确度和精密度较高。

3.7.1.2 水样

水质分析是经常做的项目，对于雪、雨水、无污染的清洁水样，金属元素的含量极微量时，可采用共沉淀、萃取等富集手段，然后测定。但要注意干扰，如果对各种元素的干扰不明时，采用标准加入法可获得理想的结果。对于污水、矿泉水，所含的无机物、有机物比较多，情况复杂，一般是将萃取法、离子交换法等分离技术与标准加入法配合使用，主要测定水体中的铅、铜、铬、镉、铁、锰、镍、汞、锌、钴及锑等金属。

用原子吸收法还可以进行元素的形态与价态分析，例如，用巯基棉分离法，选择不同的洗脱剂，用冷原子吸收法可分别测定河水中的有机汞和无机汞。利用巯基棉在酸性介质中对三价砷有较强的吸附能力，而对五价砷却完全不能吸附的特点，将水样适当酸化后，通过巯基棉可定量吸附三价砷。再将水样中的五价砷经碘化钾还原，用另一巯基棉柱吸附，然后分别用盐酸洗脱。采用砷化氢发生器系统，用原子吸收法可分别测定环境水样中的价态砷。以抗坏血酸为还原剂，使二价铁离子与邻菲啰啉形成螯合物，用硝基苯萃取，火焰原子吸收法测定有机相中的铁，可以分析天然水中铁的 Fe^{2+} 和 Fe^{3+} 不同形态。利用氢化物原子吸收法分别在高 pH 值和酸性条件下测定三价锑 Sb(Ⅲ) 和总锑的量，用差减法即可求得不同价态的痕量锑 Sb(Ⅲ) 和 Sb(Ⅴ)。

用原子吸收法可间接测定水中溶解氧（DO）和 COD。在水样中加入 $MnSO_4$ 和 NaOH 溶液固定溶解氧后，加酸调溶液酸度为 pH＝5，使 $Mn(OH)_2$ 沉淀溶解，而 $MnO(OH)_2$ 沉淀仍留在溶液中，离心分离 $MnO(OH)_2$ 沉淀后，在 pH＝1 时加 KI 溶液使沉淀溶解，用 AAS 法测定溶液中的 Mn，可间接求得溶解氧的含量，与碘量法的结果完全吻合。在 H_2SO_4 介质中用 $K_2Cr_2O_7$ 同 COD 水样反应，反应后水相中过量的 Cr(Ⅵ) 以 $Cr_2O_7^{2-}$ 形式被 TOA 萃入有机相中，而生成的 Cr(Ⅲ) 则留在水相，用 AAS 法测定有机相中的 Cr(Ⅵ) 或水相中的 Cr(Ⅲ) 都可求得 COD 含量，测定结果同标准方法（COD_{Cr} 法）一致。

3.7.1.3 土壤、沉积物

利用火焰原子吸收光谱法可以直接测定土壤中的钼。用石墨炉原子吸收法测定土壤和沉积物中的钡、离子交换态的镉。微波消解-原子吸收光度法测定土壤和近海沉积物标准物质中的铜、锌、铅、镉、镍和铬。

AAS 除了在以上大气、水样、土壤及矿样方面的应用，还有很多其他的应用。用原子吸收光谱法可以测定汽油、原油和渣油中铁、镍、铜等金属，用间接原子吸收法测定茶叶中茶多酚、维生素 C 及异烟肼等有机物的含量。

3.7.2 原子吸收光谱法在环境科学中的应用实例

以火焰原子吸收法测定水中总铬。

（1）概述　采用空气-乙炔火焰原子吸收法测定水中铬时，由于空气-乙炔火焰法测定铬的灵敏度不高，而且当样品中存在铁和镍等元素时，还会对铬的测定产生明显的干扰等问题，因此使用空气-乙炔火焰法测定铬有一定的技术难度。实验证明，对于铁和镍的干扰可采用加入基体改进剂——铵盐的方法予以抑制和消除；另外，由于铬在火焰中易形成氧化物，因此测定铬时应采用富燃性空气-乙炔火焰。

（2）仪器与主要试剂　火焰原子吸收分光光度计；铬空心阴极灯；$1.00g \cdot L^{-1}$铬标准储备液；$25.00mg \cdot L^{-1}$铬标准工作液，吸取$1.00g \cdot L^{-1}$铬标准储备液2.5mL，定容至100mL；2%氯化铵溶液，称取20.0g分析纯NH_4Cl，用去离子水溶解并加入4mL HNO_3（体积比1∶1），最后定容至1L。

（3）仪器工作条件　调节仪器光路、燃烧器位置、燃助比等，使仪器处于最佳工作状态。

仪器工作条件如下：波长358.0nm；灯电流10mA；狭缝0.7nm；空气-乙炔火焰（富焰）。

（4）分析步骤

① 样品与标准系列溶液的制备。吸取适量的样品溶液，加入一定量的NH_4Cl（体积比1∶1）和HNO_3，使其所含NH_4Cl的浓度为2%，HNO_3的浓度为0.2%。

分别吸取$25.00mg \cdot L^{-1}$的铬标准工作液0.0mL、0.5mL、1.0mL、2.0mL、4.0mL，用2%的HNO_3溶液定容至25mL，即得到含铬分别为$0.00mg \cdot L^{-1}$、$0.50mg \cdot L^{-1}$、$1.00mg \cdot L^{-1}$、$2.00mg \cdot L^{-1}$、$4.00mg \cdot L^{-1}$的标准系列溶液。

② 校正曲线的制作及样品测定。在仪器的最佳工作条件下，将标准系列溶液依次喷入火焰，记录吸光度值，绘制出校正曲线。然后将样品溶液喷入火焰，测量吸光度，由校正曲线即可求得样品溶液中所含待测元素的浓度。

本方法测定铬的相对标准偏差为0.13%～0.35%，回收率为99.4%。

参 考 文 献

[1]　魏海培，曹国庆. 仪器分析. 北京：高等教育出版社，2007.
[2]　刘志广，张华，李亚明. 仪器分析. 大连：大连理工大学出版社，2004.
[3]　高向阳. 新编仪器分析. 北京：科学出版社，2004.
[4]　魏福祥. 仪器分析及应用. 北京：中国石化出版社，2007.
[5]　刘约权. 现代仪器分析. 北京：高等教育出版社，2001.
[6]　刘志广. 仪器分析学习指导与综合练习. 北京：高等教育出版社，2005.

思考题与习题

一、选择题

1. 原子吸收分光光度法中，光源发出的特征谱线通过样品蒸气时被蒸气中待测元素的（　　）吸收。

A. 离子　　B. 激发态原子　　C. 分子　　D. 基态原子

2. 在下列诸多变宽因素中，影响最大的是（　　）。

A. 多普勒变宽　　B. 劳伦兹变宽　　C. 共振变宽　　D. 自然变宽

3. 在火焰原子化过程中，有一系列化学反应，（　　）是不可能发生的。

A. 电离　　B. 化合　　C. 还原　　D. 聚合

4. 用原子吸收分光光度法测定钙时，加入EDTA是为了消除（　　）的干扰。

A. 磷酸　　B. 硫酸　　C. 镁　　D. 钾

5. 空心阴极灯中对发射线宽度影响最大的因素是（　　）。

A. 阴极材料　　B. 阳极材料　　C. 灯电流　　D. 填充气体

6. 原子吸收分光光度法中的物理干扰可以用（　　）来消除。

A. 释放剂　　B. 扣除背景　　C. 标准加入法　　D. 保护剂

7. 在原子吸收分光光度法中，原子化器的作用是（　　）。

A. 把待测元素转变为气态激发态原子　　　B. 把待测元素转变为气态激发态离子

C. 把待测元素转变为气态基态原子　　　D. 把待测元素转变为气态基态离子

8. 在火焰原子吸收分光光度法中，富燃火焰的性质和适用于测定的元素分别是（　　）。

A. 还原性火焰，适用于易形成难解离氧化物元素的测定

B. 还原性火焰，适用于易形成难解离还原性物质的测定

C. 氧化性火焰，适用于易形成难解离氧化物元素的测定

D. 氧化性火焰，适用于易形成难解离还原性物质的测定

9. 在火焰原子吸收分光光度法中，对于碱金属元素，可选用（　　）。

A. 化学计量火焰　　B. 贫燃火焰　　C. 电火花　　D. 富燃火焰

10. 在原子吸收光谱法中，目前常用的光源和主要操作参数是（　　）。

A. 氙弧灯，内充气体的压力　　　B. 氙弧灯，灯电流

C. 空心阴极灯，内充气体的压力　　D. 空心阴极灯，灯电流

11. 原子吸收光谱中，吸收峰可以用（　　）来表征。

A. 中心频率和谱线半宽度　　B. 峰高和半峰宽

C. 特征频率和峰值吸收系数　　D. 特征频率和谱线宽度

12. 在导出吸光度与待测元素浓度呈线性关系时，曾做过一些假设，下列错误的是（　　）。

A. 吸收线的宽度主要取决于多普勒变宽

B. 基态原子数近似等于总原子数

C. 通过吸收层的辐射强度在整个吸收光程内是恒定的

D. 任何吸光度范围内都适合

13. 能引起吸收峰频率发生位移的是（　　）。

A. 多普勒变宽　　B. 劳伦兹变宽　　C. 自然变宽　　D. 温度变宽

14. 在原子吸收光谱分析中，塞曼效应用来消除（　　）。

A. 物理干扰　　B. 背景干扰　　C. 化学干扰　　D. 电离干扰

15. 用原子吸收分光光度法测定铷时，加入1‰的钠离子溶液，其作用是（　　）。

A. 减小背景干扰　　B. 加速铷离子的原子化　　C. 抑制电离　　D. 提高火焰温度

16. 为了提高石墨炉原子吸收光谱法的灵敏度，在测量吸收信号时，气体的流速应（　　）。

A. 增大　　B. 减小　　C. 为零　　D. 不变

17. 用原子吸收分光光度法测定铅时，以 $0.1mg \cdot L^{-1}$ 铅的标准溶液测得吸光度为 0.24，测定20次的标准偏差为 0.012，其检出限为（　　）。

A. $10\mu g \cdot L^{-1}$　　B. $5\mu g \cdot L^{-1}$　　C. $15\mu g \cdot L^{-1}$　　D. $1.5\mu g \cdot L^{-1}$

二、填空题

1. 在原子吸收光谱中，谱线变宽的主要因素是：

(1) _____ ；(2) _____ ；(3) _____ 。

2. 原子吸收分光光度计带有氘灯校正装置时，由于空心阴极灯发射_____辐射，因此_____吸收和_____吸收均不能忽略；而氘灯则是发射_____光谱，所以_____吸收可以忽略。

3. 用石墨炉原子化法测定原子吸收时经历_____、_____、_____和_____四个阶段。

三、简答题

1. 为什么原子吸收现象很早就被发现，而原子吸收方法一直到20世纪50年代才建立？

2. 原子吸收光谱是如何产生的？

3. 原子化过程是否存在热激发？对原子吸收定量分析有无影响？

4. 空心阴极灯发射的是单谱线还是多谱线？为什么原子吸收的分光系统在样品吸收之后？

5. 何谓锐线光源？在原子吸收光谱分析中为什么要用锐线光源？

6. 火焰类型对不同元素的原子化过程有什么影响？

7. 原子吸收光谱分析中存在哪些干扰类型？如何消除干扰？

8. 比较火焰原子化法与石墨炉原子化法的优缺点。

9. 比较原子吸收分析法与原子发射光谱法的异同。

10. 比较原子吸收分光光度法与紫外-可见分光光度法的异同。

四、计算题

1. 浓度为 $0.25mg \cdot L^{-1}$ 的镁溶液，在原子吸收分光光度计上测得透过率为 28.2%，试计算镁元素的特征浓度。

2. 平行称取两份 $0.500g$ 金矿样品，经适当溶解后，向其中的一份样品加入 $1.00mL$ 浓度为 $5.00\mu g \cdot mL^{-1}$ 的金标准溶液，然后向每份样品都加入 $5.00mL$ 氢溴酸溶液，并加入 $5.00mL$ 甲基异丁酮，由于金与溴离子形成配合物而被萃取到有机相中。用原子吸收法分别测得吸光度为 0.37 和 0.22，求样品中金的含量（$\mu g \cdot g^{-1}$）。

3. 用原子吸收光谱法测定试液中的 Pb，准确移取 $50mL$ 试液 2 份，用铅空心阴极灯在波长 $283.3nm$ 处，测得一份试液的吸光度为 0.325，在另一份试液中加入浓度为 $50.0mg \cdot L^{-1}$ 铅标准溶液 $300\mu L$，测得吸光度为 0.670。计算试液中铅的质量浓度（$g \cdot L^{-1}$）为多少？

4. 用原子吸收光谱法测定某厂废液中 Cd^{2+} 质量浓度，从废液排放口准确量取 $100.0mL$，经适当酸化处理后，准确加入 $10.00mL$ 甲基异丁基酮（MIBK）溶液萃取浓缩，待测元素在波长 $228.8nm$ 下进行测定，测得吸光度值为 0.182，在同样条件下，测得 Cd^{2+} 的标准系列的吸光度值如下：

$\rho_{Cd^{2+}}/(mg \cdot L^{-1})$	0.00	0.10	0.20	0.40	0.60	0.80	1.00
A	0.000	0.052	0.104	0.208	0.312	0.416	0.520

用作图法求该厂废液中 Cd^{2+} 的质量浓度（以 $mg \cdot L^{-1}$ 表示），并判断是否超标（国家规定 Cd^{2+} 的排放标准是小于 $0.1mg \cdot L^{-1}$）。

4 原子荧光光谱法

4.1 概述

原子荧光光谱法（atomic fluorescence spectrometry，AFS）是通过测定待测原子蒸气吸收辐射被激发后发射的荧光强度来进行定量分析的方法。从原理来看该方法属原子发射光谱范畴，发光机制属光致发光，但所用仪器与原子吸收仪器相近。

原子荧光光谱分析是原子光谱分析最年轻的一个分支。早在 1902 年 R. W. Wood 就开始研究原子荧光，1924 年 E. L. Nichols 和 H. L. Howes 观察到火焰的荧光，但他们均未报道原子荧光在分析上的应用。直到 1964 年 J. D. Winefordner 和 J. D. Vickers 提出原子荧光的分析实用性后，原子荧光光谱分析才作为一门崭新的原子光谱分析法出现。同年，J. D. Winefordner 和 R. A. Stabb 发表了用原子荧光法测定少量 Zn、Cd、Hg 的文章后，作为一种分析方法，人们对原子荧光分析的研究与应用日益增多。

在原子荧光分析中，样品先被转变为原子蒸气，原子蒸气吸收一定波长的辐射而被激发，然后回到较低激发态或基态时便发射出一定波长的辐射——原子荧光。

把氢化物发生和原子荧光光谱法结合起来是一种具有较大实用价值的技术。20 世纪 70 年代末，国内外学者就开始了这方面的研究，80 年代初，我国科学工作者研创生产了简易、实用的氢化物-原子荧光光谱商品仪器。此后，原子荧光分析迅速普及并发展成为原子发射和吸收光谱法的有力补充。

原子荧光光谱法的优点如下。

① 谱线简单。光谱干扰少，原子荧光光谱仪无须高分辨率的分光器。

② 检出限低。一般来说，分析线波长小于 300nm 的元素，其 AFS 有更低的检出限。波长在 $300\sim400nm$ 的元素，如 Cd 可达 $0.001ng \cdot mL^{-1}$，Zn 为 $0.04ng \cdot mL^{-1}$。

③ 可同时进行多元素分析。原子荧光同时向各个方向辐射，便于制造多通道仪器。

④ 可以用连续光源。与原子吸收分析相比较，不一定需要锐线光源。

⑤ 校准曲线的线性范围宽，可达 $3\sim5$ 个数量级。

原子荧光也存在一定的局限性。

① 在较高浓度时会产生自吸，导致非线性的校正曲线。

② 在火焰样品池中的反应和原子吸收的相似，也能引起化学干扰。

③ 存在荧光猝灭效应及散射光的干扰等问题，荧光效率随火焰温度和火焰成分而变，所以应该严格控制这些因素。

原子荧光光谱法可测 30 余种元素，目前多用于砷、铋、镉、汞、铅、锑、硒、碲、锡和锌等元素的分析。相比之下，该法不如原子发射光谱法和原子吸收光谱法用得广泛。

4.2 原子荧光光谱法的基本原理

4.2.1 原子荧光光谱的产生

当气态自由原子受到强的特征辐射时，原子的外层电子被激发由基态或较低能态跃迁到高能态，约在 $10^{-8}s$ 后，在由激发态跃迁返回到基态或较低能级时，同时发射出与照射光波长相同或不同的荧光，即为原子荧光。原子荧光是光致发光，属于二次发光。当激发光源停止辐射后，跃迁停止，荧光立即消失，不同元素的荧光波长不同。

4.2.2 原子荧光光谱的类型

依据激发与发射过程的不同，原子荧光可分为共振荧光、非共振荧光、敏化荧光和多光子荧光四种类型。

4.2.2.1 共振荧光

气态原子吸收共振线被激发后，激发态原子回到基态过程中再发射出与共振线波长相同的荧光，即为共振荧光，如图 4-1(a) 中的 A、C 过程。若原子受热激发已处于亚稳态，再吸收辐射进一步激发，在回到亚稳态过程中发射出与激发光相同波长的共振荧光，称为热共振荧光，如图 4-1(a) 中的 B、D 过程。

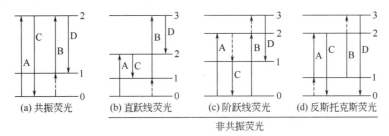

图 4-1 原子荧光产生的过程

共振跃迁概率大，因而共振荧光强度最大。

4.2.2.2 非共振荧光

当产生的荧光与激发光的波长不相同时，产生非共振荧光，即跃迁前后的能级发生了变化。非共振荧光又可分为直跃线荧光、阶跃线荧光、反斯托克斯荧光三种。

(1) 直跃线荧光（斯托克斯荧光） 直跃线荧光是指激发态原子跃回到高于激发前所处的能级时所发射的荧光，如图 4-1(b) 所示的两种过程。激发线与荧光线具有相同的高能级，而低能级却不同，荧光能量间隔小于激发线能量间隔，所以荧光波长大于激发线波长。如铅原子吸收 283.31nm 的光，发射波长为 407.78nm 的荧光；而铊原子则同时存在着两种荧光形式，如吸收 337.6nm 的光，发射 337.6nm 的共振荧光和 535.0nm 的直跃线荧光。

(2) 阶跃线荧光 阶跃线荧光有两种情况。正常阶跃荧光为被光照激发的原子，先以非辐射方式释放部分能量到较低能量的激发态，再以辐射形式返回低能级而发射的荧光。很显然，荧光波长大于激发线波长。非辐射释放能量的方式有碰撞、放热等。例如，钠原子吸收330.30nm 的光，发射出波长为 588.99nm 的荧光，即属于这种情况。热助阶跃线荧光为被光照激发的原子，跃迁至中间能级，又发生热激发至高能级，然后返回至低能级发射的荧光。两种过程如图 4-1(c) 所示。这时所发出的荧光波长大于激发线波长（荧光能量间隔小于激发能量间隔）。

（3）反斯托克斯荧光　当自由原子跃迁至某一能级时，其激发能一部分是光源激发能，另一部分是热能，即先热激发再光照激发或先光照激发再热激发使之到达某激发态，之后返回基态时发射的荧光。如图 4-1(d) 所示，荧光能量间隔大于激发能量间隔，荧光波长小于激发线波长。例如铟原子，先热激发，再吸收 451.13nm 的光跃迁，发射 410.18nm 的荧光。

4.2.2.3　敏化荧光

受光激发的原子与另一种原子碰撞时，把激发能传递给另一个原子使其激发，后者再以辐射形式去激发而发射的荧光称为敏化荧光。例如，光激发某种原子 A 使之成为激发态原子 A*，然后激发态原子 A* 与另一种原子 B（待测原子）碰撞时，将能量转移给 B 原子使之成为激发态原子 B*，然后激发态原子 B* 返回基态或低能态时发射敏化原子荧光，这一过程可用下式表示：

$$A + h\nu_1 \longrightarrow A^*$$
$$A^* + B \longrightarrow A + B^* + \Delta E$$
$$B^* \longrightarrow B + h\nu_2$$

例如，铊与高浓度汞蒸气混合，汞原子首先被 253.65nm 的激发光激发成 Hg*，然后被激发的 Hg* 再与铊原子碰撞，将吸收的辐射能传递给铊原子。铊原子被激发再发射出

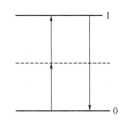

377.57nm 和 535.05nm 的敏化原子荧光。产生这类荧光要求 A 原子的浓度很高，因此在火焰原子化器中难以实现，在非火焰原子化器中才可以得到。

4.2.2.4　多光子荧光

吸收两种以上不同波长能量的光子跃迁至激发态，返回至基态时发射出的荧光，如图 4-2 所示。

图 4-2　多光子荧光

若高能态和低能态均属激发态，由这种过程产生的荧光称为激发态荧光。若激发过程先涉及辐射激发，随后再热激发，由这种过程产生的荧光称为热助荧光。

以上所有类型中，共振荧光强度最大，最为有用。

4.2.3　荧光猝灭与荧光量子效率

在产生荧光的过程中，同时也存在着非辐射去激发的现象。当受激发原子与其他原子碰撞，能量以热或其他非荧光发射方式给出后回到基态，产生非荧光去激发过程，使荧光减弱或完全不发生的现象称为荧光猝灭。荧光的猝灭会使荧光的量子效率降低，荧光强度减弱。因此存在着如何衡量荧光效率的问题，通常定义荧光量子效率为：

$$\Phi = \frac{F_f}{F_a} \tag{4-1}$$

式中，F_f 为发射荧光的光量子数；F_a 为吸收的光量子数。

因为受激发的原子，可能发射共振荧光，也可能发射非共振荧光，还可能发生无辐射跃迁至低能级，所以通常荧光量子效率小于 1。

荧光猝灭的程度与原子化气氛有关，氩气气氛中荧光猝灭程度最小。许多元素在烃类火

焰（如燃气为乙炔的火焰）中要比在用氩气稀释的氢气-氧气火焰中荧光猝灭大得多，因此原子荧光光谱法尽量不用烃类火焰而用氩气稀释的氢气-氧气火焰代替。使用烃类火焰时，应使用较强的光源，以弥补荧光猝灭的损失。

4.2.4　待测原子浓度与荧光的强度

原子荧光定性的依据是荧光的最大激发波长和所发射的共振荧光波长。

共振荧光的强度由原子吸收与原子发射过程共同决定。当光源强度稳定、辐射光平行及自吸可忽略时，发射荧光的强度 I_f 正比于基态原子对特定频率光的吸收强度 I_a：

$$I_f = \Phi I_a \tag{4-2}$$

在理想情况下：

$$I_f = \Phi I_0 A K_0 L N \tag{4-3}$$

式中，Φ 为荧光量子效率，表示发射荧光光量子数与吸收激发光光量子数之比；I_0 为原子化器内单位面积上接受入射光的强度；A 为受光源照射后在检测系统中观察到的有效面积；K_0 为峰值吸收系数；L 为吸收光程长度；N 为能够吸收辐射的基态原子浓度。

当仪器操作条件一定时，除 N 外，其余几项均为常数，N 与试样中被测元素浓度 c 成正比，故：

$$I_f = Kc \tag{4-4}$$

式中，K 为常数。上式表明，在实验条件一定时，原子荧光强度与待测元素浓度成正比，这是原子荧光光谱法定量分析的基础。

4.2.5　干扰及消除

原子荧光的主要干扰是猝灭效应，一般可采用减小溶液中其他干扰粒子的浓度来避免。

其他干扰因素如光谱干扰、化学干扰、物理干扰等与原子吸收法相似，此处不再讨论。应该指出的是，在原子荧光法中，由于光源的强度比荧光强度高几个数量级，因此散射光可产生较大的正干扰，要减少散射干扰，主要是要减少散射微粒。采用预混火焰，增高火焰观测高度和火焰温度，或使用高挥发性的溶剂等，均可减少散射微粒。也可采用扣除散射光背景的方法来消除其干扰。

4.3　原子荧光光谱仪的类型与结构

原子荧光光谱仪与原子吸收分光光度计的组成基本相同，也是由激发光源、原子化器、单色器、检测器及信号处理显示系统组成的。它们的主要区别在于原子吸收分光光度计的锐线光源、原子化器、单色器和检测器位于同一条直线上。而原子荧光光谱仪中，激发光源与检测器处于直角状态，如图 4-3 所示，这是为了避免激发光源发射的辐射进入单色器和检测系统，影响荧光信号的检测。

原子荧光光谱仪有色散型和非色散型两类，其结构基本相似，只是单色器不同。

色散型仪器的优点是使用的波段范围宽，分离散射光的能力强；缺点是价格较贵，可能存在波长漂移。非色散型仪器的优点是结构简单，价格便宜，不存在波长漂移，并且光谱通带宽，照度大，荧光信号强，因而有较好的检出限；缺点是必须用日盲光电倍增管，较易受到散射光及其他光谱干扰的影响。对某些元素来说，非色散系统与用单色器色散的仪器相比

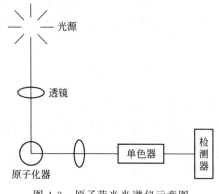

图 4-3 原子荧光光谱仪示意图

较，检出限可降低 1～2 个数量级。

4.3.1 激发光源

因为在通常使用的光源条件下，荧光强度与激发光强度成正比，因此在原子荧光分光光度计中，需采用高强度光源，如高强度空心阴极灯、无极放电灯、激光、等离子体等。商品仪器中多采用前两种。

（1）高强度空心阴极灯　高强度空心阴极灯是在普通空心阴极灯中加上一对辅助电极，辅助电极的作用是产生第二次放电，从而大大提高金属元素共振线的强度，而其他谱线的强度增加不大，这对测定谱线较多的元素如铁、钴、镍和钼等较为有利。

（2）无极放电灯　无极放电灯比高强度空心阴极灯的亮度高、自吸收小、寿命长，它特别适用于在短波区有共振线的易挥发元素的测定。目前已制成几十种无极放电灯，如铋、砷、镓、锗、汞、铟、锑、硒、碲等。

（3）氙弧灯　氙弧灯是一种连续光源。由于荧光强度受吸收线轮廓的影响不显著，因此可以用连续光源而不必用高色散率的单色器。用连续光源的优点是可以做多元素分析。氙弧灯在可见光区和近紫外区发射连续光谱，但低于 250nm 时发射强度急剧减弱。

氙弧灯光强稳定，不需要特殊方法来控制温度，可以激发银、金、铋、镉、铜、钴、铁、汞、镁、锰、铅、铊、锌等谱线。

（4）激光光源　激光光源比普通光源有更多优点，最重要的优点是输出功率高，可达到饱和荧光，进行分析时可达到很低的检出限。用激光作光源是原子荧光分析的重要进展，适用于原子荧光分析的激光光源必须能够在可见-紫外光波的范围内提供任意波长的辐射。

激光原子荧光光谱仪采用可调谐激光器代替无极放电灯，能在可见光区到接近紫外区实现连续调频，具有很高的光强和很窄的谱线宽度，加上采用窄脉冲技术，使原子荧光获得极高的分析灵敏度和选择性。采用激光光源可获得多种元素的最佳检出限。

4.3.2 原子化器

AFS 的原子化器与 AAS 的基本相同，也可以使用火焰和无火焰原子化器来实现原子化，应注意的是火焰成分对荧光猝灭作用的影响。

（1）火焰原子化器　AFS 中火焰原子化器的结构和工作原理与 AAS 中使用的相同，只是在 AFS 中无须采用长形火焰来增大吸收光程，而是采用截面为圆形的火焰，以提高荧光辐射强度和稳定性，并便于多元素分析。火焰中主要的荧光猝灭剂有 CO、CO_2、N_2 等，因此原子荧光分析尽量不用含碳的燃料气体，而用氢气-氩气或氩气稀释的氢气-氧气火焰。

$$2H_2 + O_2 \Longrightarrow 2H_2O + h\nu$$

（2）电热原子化器　电热原子化器除了具有和在原子吸收分析中同样的优点外，还具有可以选择猝灭效应小的气体的优点，使原子荧光分析达到很低的检出限。例如用高温石墨炉在氩气气氛中，曾测得锌、镉、锑、铁、铊、铅、镁和铜的检出限在 2×10^{-9} g（铊）到 4×10^{-14} g（锌）之间；用碳丝炉在氩气气氛中测得银的检出限为 3×10^{-11} g，镁的检出限为 1×10^{-16} g。

（3）电感耦合等离子体（ICP）原子化器　ICP 原子化器的特点是原子化温度高，且荧光效率高，散射现象少。ICP 原子化器还有基体效应小、可同时测定多元素的优点。

（4）低温原子化法　在 AFS 中，低温原子化法即氢化物原子化法和测定 Hg 的冷原子化法也多有应用，冷原子荧光测汞已是美国 EPA 的标准方法，汞的检出限可达 pg·mL^{-1} 数量级。

4.3.3　色散系统

原子荧光的光谱简单，谱线较少，故无须高分辨能力的单色器，甚至可不用色散系统，或采用简单的滤光片，即可检测荧光信号。原子荧光要求单色器有较强的集光本领，以便得到尽可能大的信号强度。同时要求光路短（例如使用较小的单色器），这对 200nm 以下的波段尤为重要，因为在这个光谱区中空气对辐射的吸收很显著。

（1）色散型　色散元件是光栅。

（2）非色散型　非色散型用滤光器来分离分析线和邻近谱线，可降低背景。

4.3.4　检测器

色散型原子荧光光谱仪采用光电倍增管。非色散型多用日盲光电倍增管，其阴极由 Cs-Te 材料制成，对 160～280nm 波长的辐射有很高的灵敏度，但对大于 320nm 波长的辐射不灵敏。

4.3.5　多元素原子荧光分析仪

在各种原子荧光光谱分析仪器中，单通道原子荧光分光光度计的应用较多，也有利用两个空心阴极灯供电脉冲之间的相位差，采用一个检测器的双通道仪器，分析效率提高。

原子荧光可由原子化器周围任何方向的激发光源激发而产生，因此设计了多道、多元素同时分析仪器。它也分为非色散型与色散型。非色散型六道原子荧光光谱仪结构如图 4-4 所示。

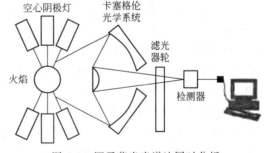

图 4-4　原子荧光光谱法同时分析
多种元素的仪器示意图

每种元素都有各自的激发光源在原子化器的周围，各自一个滤光器，每种元素都有一个单独的电子通道，共同使用一个火焰原子化器、一个检测器。激发光源一定不能直接对着检测器，实验时逐个元素顺序测量。

4.4　原子荧光光谱法在环境分析中的应用

原子荧光光谱法具有检测限低、灵敏度高、谱线简单、干扰小、线性范围宽（可达 3～5 个数量级）及选择性极佳、不需要基体分离可直接测定等优点。如对 Cd 的检出限可达 10^{-12}g·mL^{-1}，Zn 的检出限可达 10^{-11}g·mL^{-1}，20 多种元素的检出限优于 AAS，特别是采用激光作为激发光源及冷原子化法测定，性能更加突出，同时也易实现多元素同时测定，提高工作效率。不足之处是存在荧光猝灭效应及散射干扰等问题。原子荧光光谱法在食品卫生、生物样品及环境监测等方面有较重要的应用。

4.4.1　原子荧光光谱法在环境分析中的应用

4.4.1.1　大气及大气颗粒物

原子荧光光谱法用于大气及颗粒物中某些元素的测定，为了解大气的污染情况提供信息。用双道原子荧光光度计测定空气中铅、硒的含量，检出限分别达到 $1\mu g \cdot L^{-1}$ 和 4.72×10^{-5} $mg \cdot m^{-3}$。用冷原子荧光光谱法测定大气中痕量气态总汞、汞矿区冶炼车间空气中的二价汞、垃圾卫生填埋场排气筒中的气态总汞及排气筒中单甲基汞和二甲基汞的含量。经消解后，采用原子荧光光谱法可对大气颗粒物中铅、汞、砷和锑等重金属元素的分布进行分析。

4.4.1.2　水样

利用氢化物发生-原子荧光光谱法（HG-AFS）对水中砷、铋、镉、汞、铅、锑、硒、碲、锡和锌等元素进行分析，可了解其污染情况，为污染的治理与防治提供依据。

利用 HG-AFS 可以直接测定环境水样中 Sb(Ⅲ) 和 Sb(Ⅴ)、江河水及皮革废水中的痕量砷和硒，通过调节氢化物发生反应的酸度实现 As(Ⅲ) 和 As(Ⅴ) 的形态分离，用 HG-AFS 直接测定水样中 As(Ⅲ) 和 As(Ⅴ)，无须任何预分离技术，砷的检出限为 0.026 $\mu g \cdot L^{-1}$。应用 AFS-220-2E 型双道原子荧光光度计测定生活饮用水中的汞，汞的最低检出限为 $0.0411\mu g \cdot L^{-1}$。原子荧光光谱法不仅可以分析金属元素，在弱酸性介质中，以 I^{-}-$[Cd(Phen)_3]^{2+}$-硝基苯为萃取体系，经 $0.24mol \cdot L^{-1}$ 的 HCl 反萃取后用 HG-AFS 测定镉，从而间接测定痕量碘。

4.4.1.3　土壤、污泥

原子荧光光谱法在土壤方面的应用主要是测定土壤中的铅、硒、砷、锡、锑、汞等元素的总量及元素不同形态含量，为了解土壤污染情况、推测污染源及治理提供依据。如结合连续化学提取，使用 HG-AFS 可检测各种结合态的硒和总硒；经离子交换树脂富集，用不同浓度的 HCl 洗脱，用 HG-AFS 测定土壤水溶态 Se(Ⅳ) 和 Se(Ⅵ)；选择合适的掩蔽剂，用 HG-AFS 测定土壤中水溶态的 Sb(Ⅲ) 和 Sb(Ⅴ) 等。

4.4.1.4　矿物和合金

通过对矿石中某些元素的分析可以了解矿石中各成分的含量，为采矿提供依据和指导，对合金中微量元素的测定可以了解合金的纯度。如用 HG-AFS 测定锌精矿中的 As、Sb、Bi、Sn，锑精矿中的微量砷，钢铁中的痕量铋，以及高纯阴极铜中的硒、碲。

AFS 除了上面大气、水、土壤及合金中的应用外，还应用于植物、中草药、保健品、海产品等样品中的元素测定。

4.4.2　原子荧光光谱法在环境中的应用实例

以原子荧光光度法测定工业炉气中的砷。

（1）概述　以原子荧光光度法测定砷，较 Ag-DDC 光度法具有简单、快速、灵敏等特点。方法检测限为 $2.13ng \cdot mL^{-1}$，样品加标回收率为 $95.2\% \sim 97.6\%$，相对标准偏差为 3.12%（$n=10$）。

（2）仪器与主要试剂　XDY-2A 型原子荧光光度计；箱形电炉；硫脲-抗坏血酸混合溶液，称取 12.5g 硫脲，加入 80mL 纯水，加热溶解，待冷却后加入 12.5g 抗坏血酸，稀释至 100mL；硼氰化钾溶液，称取硼氰化钾 70g 溶于 $1g \cdot L^{-1}$ 的氢氧化钠溶液中；砷标准储备溶液，含砷 $1.0mg \cdot mL^{-1}$；砷标准使用溶液，含砷 $0.2mg \cdot mL^{-1}$。

（3）仪器主要操作条件　灯电流 40mA；PMT 负高压 240V；原子化高度 8.5mm；原子化器温度 1050℃；载气流量 $400mL \cdot min^{-1}$；屏蔽气流量 $1000mL \cdot min^{-1}$；测定方式为标准曲线法；读数方式为峰面积；加液量 8mL；进样体积 2mL。

（4）实验步骤

① 配制砷标准储备溶液、砷标准使用溶液。

② 样品预处理。将采样的六连球管内的脱脂棉移入 400mL 烧杯中，用 2％氢氧化钠的热溶液 40mL 洗涤采样管和六连球内壁几次，洗涤液与硼酸溶液一起并入原烧杯中，加热煮沸数分钟。用布氏漏斗抽滤，并用 2％氢氧化钠洗涤烧杯和脱脂棉 3～4 次。将滤液移入 500mL 容量瓶中，加 3～4 滴酚酞指示剂，选用 1＋1 盐酸调至红色变浅，再用 1＋99 盐酸滴至酚酞红色刚刚褪去，用纯水稀释至刻度，摇匀，备用。

③ 吸取砷标准使用溶液 0.00mL、0.50mL、1.00mL、1.50mL、2.00mL、2.50mL 于 25mL 比色管中，加 HCl(1+1)5.0mL，用纯水定容至刻度，相当于砷浓度 $0.0ng \cdot mL^{-1}$、$40.0ng \cdot mL^{-1}$、$80.0ng \cdot mL^{-1}$、$120.0ng \cdot mL^{-1}$、$160.0ng \cdot mL^{-1}$、$200.0ng \cdot mL^{-1}$。

吸取空白及样品溶液 10.0mL 于 25mL 比色管中，分别加入 HCl (1+1) 5.0mL、硫脲-抗坏血酸混合溶液 2.0mL，混匀待测。

④ 根据实验条件及仪器操作方法调节仪器，待仪器稳定后分别测定标准系列溶液及样品溶液的荧光强度。由校正曲线即可求得样品溶液中所含待测元素的浓度。

参 考 文 献

[1] 刘志广，张华，李亚明. 仪器分析. 大连：大连理工大学出版社，2004.
[2] 叶宪曾，张新祥，等. 仪器分析教程. 北京：北京大学出版社，2007.
[3] 魏福祥. 仪器分析及应用. 北京：中国石化出版社，2007.
[4] 刘约权. 现代仪器分析. 北京：高等教育出版社，2001.
[5] 刘志广. 仪器分析学习指导与综合练习. 北京：高等教育出版社，2005.
[6] 寿曼立，姜桂兰. 仪器分析（二）：原子光谱分析. 第 2 版. 北京：地质出版社，1994.
[7] 钱沙华，韦进宝. 环境仪器分析. 北京：中国环境科学出版社，2004.
[8] 陈玲，郜洪文. 现代环境分析技术. 北京：科学出版社，2010.

思考题与习题

一、判断正误

1. 当产生的荧光与激发光的波长不相同时，产生非共振荧光，即跃迁前后的能级发生了变化。（　　）

2. 原子荧光分析与原子发射光谱分析的基本原理和仪器构造都较为接近。（　　）

3. 原子荧光分析测量的是向各方向发射的荧光，由于在检测器与光源成 90°方向上荧光强度最大，故检测器与光源一般成 90°放置。（　　）

二、填空

1. 若高能态和低能态均属激发态，由这种过程产生的荧光称为_____荧光。若激发过程先涉及辐射激发，随后再热激发，由这种过程产生的荧光称为_____荧光。所有类型中，_____荧光强度最大，最为有用。

2. 荧光猝灭是指受激发原子与_____碰撞，能量_____发射方式给出后回到基态，产生非荧光去激发过程，使荧光减弱或完全不发生的现象。荧光猝灭的程度与_____有关。

3. 原子荧光光谱仪器包括_____、_____、_____、检测器及信号处理显示系统。与原子_____仪器的组成基本相同，但检测器与光源一般成_____。

三、简答

1. 原子荧光光谱是怎样产生的?
2. 简述原子荧光光谱法的优点。
3. 什么是荧光猝灭? 它对定量分析有何影响?
4. 原子荧光产生的类型有哪些? 各自的特征是什么?
5. 比较原子荧光分析仪、原子发射光谱分析仪及原子吸收光谱分析仪三者之间的异同点。

5 紫外-可见分光光度法

基于物质在紫外区到可见区的分子吸收光谱的分析方法称为紫外-可见分光光度法（ultraviolet and visible spectrophotometry，uv-vis）。

紫外-可见吸收光谱主要产生于价电子在电子能级间的跃迁，所以它是电子光谱。紫外-可见吸收光度法的主要光谱区域为 200～800nm。

5.1 分子光谱概述

5.1.1 分子的能级及分子光谱的产生

原子中只有电子的运动，电子在不同运动状态所具有的能量构成电子的能级。

对于分子甚至双原子分子的光谱，要比原子光谱复杂得多，这是由于在分子中，除了分子内的价电子相对于原子核的运动外，还有核间相对位移引起的振动以及分子绕其重心的转动。这三种运动形式都有一定的能级且是量子化的，因此分子具有电子能级（电子量子数 n =1,2,3…）、振动能级（振动量子数 ν=0,1,2,3…）和转动能级（转动量子数 j=0,1,2,3…）。分子在一定状态下所具有的总内能为其电子能量（E_e）、振动能量（E_ν）和转动能量（E_r）之和：

$$E = E_e + E_\nu + E_r \tag{5-1}$$

图 5-1 是双原子分子的能级示意图，图中 E_A 和 E_B 表示不同能量的电子能级。在每一电子能级上有许多间距较小的振动能级（ν=0,1,2,3…的振动能级），在同一振动能级中，还因转动能量的不同，有许多更小的转动能级（j=0,1,2,3…的转动能级）。处在同一电子能级的分子，可能因其振动能量不同而处在不同的振动能级上。当分子处在同一电子能级和同一振动能级时，它的能量还会因转动能量不同而处在不同的转动能级上。

用 ΔE_e、ΔE_ν、ΔE_r 分别表示电子能级差、振动能级差、转动能级差，即有 $\Delta E_e > \Delta E_\nu > \Delta E_r$。

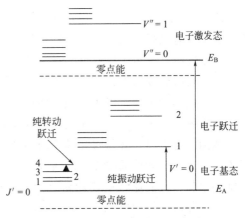

图 5-1 双原子分子能级示意图

分子吸收能量具有量子化的特征，当用频率为 ν 的入射光照射分子时，若其能量 $h\nu$ 等于分子中两个能级间的能量差，即 $h\nu = \Delta E$，分子吸收此入射光，由较低能级 E_1 跃迁到较高能级 E_2，从而产生分子吸收光谱。能被分子吸收的光的频率为：

$$\gamma = \frac{\Delta E}{h} \tag{5-2}$$

转换波长为：

$$\lambda = \frac{c}{\gamma} = \frac{hc}{\Delta E} \tag{5-3}$$

$$\Delta E = E_2 - E_1 = \Delta E_e + \Delta E_v + \Delta E_r \tag{5-4}$$

这里 h 为普朗克常数。此时，在微观上出现分子由较低的能级跃迁到较高的能级；在宏观上则透射光的强度变小产生了光吸收。若用一连续波长的入射光照射分子，将照射后光强度的变化转变为电信号，并记录下来，就可以得到一光强度变化对波长的关系曲线图，即分子吸收光谱图。

5.1.2 分子吸收光谱类型

根据吸收电磁波的范围不同，可将分子吸收光谱分为远红外光谱、红外光谱及紫外-可见吸收光谱。

分子的转动能级差 ΔE_r 一般为 $0.005 \sim 0.05\text{eV}$。产生此能级的跃迁，需吸收波长为 $25 \sim 250\mu\text{m}$ 的远红外线，因此，形成的光谱称为转动光谱或远红外光谱。

分子的振动能级差 ΔE_v 一般为 $0.05 \sim 1\text{eV}$，相当于红外线的能量。因此，用红外线照射分子，可引起分子振动能级间的跃迁。由于分子的同一振动能级中还有间隔很小的转动能级，因而在发生振动能级之间跃迁的同时，还伴随着转动能级之间的跃迁，得到的不是对应于振动能级差的一条谱线，而是很密集的谱线组成的光谱带，这种光谱称为振动-转动光谱。由于它吸收的能量处于红外区，故又称红外光谱。

电子的跃迁能级差 ΔE_e 为 $1 \sim 20\text{eV}$，比分子振动能级差要大几十倍，所吸收光的波长为 $0.06 \sim 12.5\mu\text{m}$，主要在真空紫外区到可见区，对应形成的光谱，称为电子光谱或紫外-可见吸收光谱。

通常，分子是处在基态振动能级上，当用紫外线、可见光照射分子时，电子可以从基态激发至激发态的任一振动（或不同的转动）能级上。因此，电子能级跃迁产生的吸收光谱包含了大量谱线，并由于这些谱线的重叠而成为连续的吸收带。这就是为什么分子的紫外-可见光谱不是线状光谱而是带状光谱的原因。又因为绝大多数的分子光谱分析都是用液体样品，加之仪器的分辨率有限，因而使记录所得电子光谱的谱带变宽。

由于氧气、氮气、二氧化碳、水等在真空紫外区（$60 \sim 200\text{nm}$）均有吸收，因此在测定这一范围的光谱时，必须将光学系统抽成真空，然后充以一些惰性气体，如氦气、氖气、氩气等。鉴于真空紫外吸收光谱的研究需要昂贵的真空紫外分光光度计，故在实际应用中受到一定的限制。我们通常所说的紫外-可见分光光度法，实际上是指近紫外-可见分光光度法（$200 \sim 800\text{nm}$）。

5.1.3 光吸收基本定律：朗伯-比尔定律

朗伯-比尔定律（Lambert-Beer law）是比色和光谱定量分析的基础。朗伯-比尔定律表述为：当一束单色光通过均匀的非散射介质时，光被介质吸收的比例正比于吸收光的分子数目，而与入射光强度无关。其数学表达式为：

$$A = -\lg \frac{I}{I_0} = -\lg T = \varepsilon c l \tag{5-5}$$

式中，A 为吸光度或光密度；I_0、I 分别为入射光和透射光的强度；T 为透过率；ε 为样品的摩尔吸光系数，$L \cdot mol^{-1} \cdot cm^{-1}$；$c$ 为样品溶液的摩尔浓度，$mol \cdot L^{-1}$；l 为样品池光程长度，cm。在紫外-可见吸收光谱中，吸收带的强度常用 λ_{max} 处的摩尔吸光系数的最大值 ε_{max} 表示。

5.1.4 朗伯-比尔定律的偏离现象

从式(5-5)可以看出，吸光度与试样溶液的浓度和光程长度呈正比关系。但实际应用中经常出现偏离朗伯-比尔定律的情况，这是因为在均一体系中，当物质浓度固定时，吸光度 A 与样品的光程长度 l 之间的线性关系（朗伯-比尔定律）是普遍成立的，但在 l 固定时，吸光度 A 与浓度 c 之间的正比关系有时可能失效，即偏离朗伯-比尔定律。引起偏离朗伯-比尔定律的原因有很多，通常可归为两个方面：朗伯-比尔定律本身的局限性；实验条件的因素，它包括化学偏离和仪器偏离。

5.1.4.1 朗伯-比尔定律本身的局限性

严格来说，朗伯-比尔定律只适用于稀溶液，通常只有在浓度小于 $0.01 mol \cdot L^{-1}$ 的稀溶液中朗伯-比尔定律才能成立。在高浓度时，由于吸光质点间的平均距离缩小，以致每个粒子都可影响其相邻粒子的电荷分布，导致它们的摩尔吸光系数 ε 发生改变，从而改变了它们对给定辐射的吸收能力。由于相互作用的程度与其浓度有关，故使吸光度和浓度之间的线性关系偏离了朗伯-比尔定律。不难想象，在吸收组分浓度低，但溶液中其他组分（特别是电解质）的浓度高时，也会产生类似的效应。

当试样为胶体、乳状液或有悬浮物存在时，入射光通过溶液时，会有一部分光因散射而损失，使吸光度增大，对朗伯-比尔定律产生正偏离。

5.1.4.2 化学偏离

推导朗伯-比尔定律时隐含着测定试液中各组分间没有相互作用的假设。但在某些物质的溶液中，由于分析物质与溶剂发生缔合、解离以及溶剂化反应，产生的生成物与被分析物质具有不同的吸收光谱，出现化学偏离。这些反应的进行，会使吸光物质的浓度与溶液的示值浓度不呈正比例变化，因而测量结果将偏离朗伯-比尔定律。例如，未加缓冲剂的重铬酸钾溶液存在下列平衡：

$$Cr_2O_7^{2-} + H_2O \rightleftharpoons 2HCrO_4^- \rightleftharpoons 2H^+ + 2CrO_4^{2-}$$

在大多数波长处，重铬酸根离子和其他两种铬酸根离子的摩尔吸光系数并不同，溶液的总吸光度与其二聚体和单体间的浓度不成比例变化。而这一比值又明显地与溶液的稀释程度有关，因此在不同浓度测得的吸光度值和铬（Ⅵ）的总浓度之间的线性关系发生偏离。

5.1.4.3 仪器偏离

仪器偏离主要是指由于单色光不纯引起的偏离，严格来讲，朗伯-比尔定律只适用于单色光，只有采用真正的单色辐射，吸收体系才严格遵守朗伯-比尔定律。事实上从连续光源中获得单一波长的辐射是很难办到的，通过波长选择器从连续光源中分离出的波长，是包括所需波长的波长带；而且在实际测定中为满足有足够光强的要求，狭缝必须有一定的宽度。因此由狭缝投射到吸收溶液的光，并不是理论上要求的单色光。

实验证明，在吸收物质的吸光度随波长变化不大的光谱区内，采用多色光所引起的偏离不会十分明显，但在变化较大的光谱区内所引起的偏离则十分严重。

5.1.5 紫外-可见吸收曲线

吸收曲线又称吸收光谱，通常以波长 λ（nm）为横坐标，以物质对不同波长光的吸光

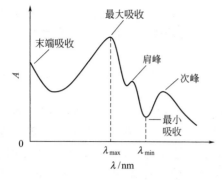

图 5-2 紫外-可见吸收光谱

度 A 或吸收系数 ε 为纵坐标，典型的吸收曲线如图 5-2 所示。光谱曲线中吸光度最大的地方为吸收峰，其对应的波长为最大吸收波长（λ_{max}）。与 λ_{max} 相应的摩尔吸收系数为 ε_{max}，$\varepsilon_{max} > 10^4$ 为强吸收，$\varepsilon_{max} < 10^3$ 为弱吸收。在峰的旁边有一个小的曲折称为肩峰（shoulder peak）；吸收程度仅次于最大吸收峰的波峰称为第二峰或次峰；曲线中的低谷称为吸收谷或最小吸收波长（λ_{min}）。在吸收曲线波长最短的一端，吸收程度相当大，但并没有形成峰的部分，称为末端吸收（end absorption）。

化合物的光谱特征既可以用吸收曲线的全貌来表示，也可以用吸收峰的特征来表示，如 $\lambda_{max}^{丙酮} 663nm$（7.3×10^4），λ 的右上角是化合物所用溶剂，溶剂是水时可忽略不写，后面的数字是最大吸收波长，括号内为最大吸收波长 λ_{max} 处的摩尔吸光系数。

紫外-可见吸收光谱的形状取决于物质的结构，物质不同，分子结构不同，有不同的吸收曲线，利用吸收曲线的全貌可对一些物质进行定性分析。用 λ_{max} 或次峰对应的波长为入射光，依据朗伯-比尔定律可对物质进行定量分析。采用 λ_{max} 进行测定不仅能保证有较高的灵敏度，而且此处曲线较为平坦，吸光系数变化较小，对朗伯-比尔定律的偏离就比较小。

5.1.6 紫外光谱法的特点

紫外光谱法的特点如下。

① 紫外吸收光谱所对应的电磁波长较短，能量大，它反映了分子中价电子能级跃迁情况。主要应用于共轭体系（共轭烯烃和不饱和羰基化合物）及芳香族化合物的分析。

② 由于电子能级改变的同时，往往伴随有振动能级的跃迁，所以电子光谱图比较简单，但峰形较宽。一般来说，利用紫外吸收光谱进行定性分析，信号较少。

③ 紫外吸收光谱常用于共轭体系的定量分析，灵敏度高，检出限低。

5.2 化合物的紫外光谱

5.2.1 有机化合物的紫外光谱

有机化合物的紫外-可见光谱取决于分子的结构以及分子轨道上电子的性质。有机化合物分子对紫外线或可见光的特征吸收，可以用最大吸收处的波长即吸收峰波长来表示，符号为 λ_{max}。λ_{max} 取决于分子的激发态与基态之间的能量差。从化学键的性质来看，与紫外-可见光谱有关的电子主要有三种，即形成单键的 σ 电子、形成双键的 π 电子及未参与成键的 n 电子（孤电子对）。有五种类型的轨道：σ 成键轨道（σ）、σ 反键轨道（σ^*）、π 成键轨道（π）、π 反键轨道（π^*）以及非键轨道（n）。这五种轨道的能量高低次序是 $\sigma < \pi < n < \pi^* < \sigma^*$。

当受到外来辐射的激发时，处在较低能级的电子就跃迁到较高的能级。由于各个分子轨道之间的能量差不同，因此要实现各种不同的跃迁，所需要吸收的外来辐射的能量也是各不相同的。分子的空轨道包括反键 σ^* 轨道和反键 π^* 轨道，因此有机化合物分子常见的四种跃迁类型是 $\sigma \rightarrow \sigma^*$、$\pi \rightarrow \pi^*$、$n \rightarrow \sigma^*$ 和 $n \rightarrow \pi^*$。电子跃迁时吸收能量的大小顺序是 $\sigma \rightarrow \sigma^* > n \rightarrow \sigma^* > \pi \rightarrow \pi^* > n \rightarrow \pi^*$。

5.2.1.1　饱和有机化合物

饱和烃类化合物只含有单键（σ 键），只能发生 $\sigma \rightarrow \sigma^*$ 跃迁。由于 σ 电子跃迁至 σ^* 所需的能量最大，因而所吸收的辐射波长最短，处于小于 200nm 的真空紫外区。如甲烷和乙烷的 λ_{max} 分别在 125nm 和 135nm。由于真空紫外区在一般仪器的使用范围外，故这类化合物的紫外吸收在有机化学中应用价值很小。

如果饱和烃中的氢被氧、氮、卤素等杂原子取代（如饱和醇、醚、卤代烷、硫化合物等），由于杂原子有未成键的 n 电子，因而可产生 $n \rightarrow \sigma^*$ 跃迁。n 的能级比 σ 的能级高，因而 $n \rightarrow \sigma^*$ 跃迁所需吸收的能量比 $\sigma \rightarrow \sigma^*$ 小，吸收带的波长也相应红移，有的移到可测的紫外区，但因为这种跃迁为禁阻的，吸收强度弱，很少应用。

烷烃和卤代烷烃的紫外吸收用于直接分析化合物的结构意义并不大，但正因为它们在紫外区无吸收带，故通常将这些化合物作为紫外分析的溶剂，其中由于四氟化碳的吸收特别低，$\lambda_{max} = 105.5nm$，是真空紫外区的最佳溶剂。

5.2.1.2　不饱和脂肪族化合物

（1）$\pi \rightarrow \pi^*$ 跃迁　$\pi \rightarrow \pi^*$ 跃迁是不饱和键中 π 电子吸收能量后由 π 成键轨道向 π^* 反键轨道的跃迁，含有 C＝C、C≡C 或 C≡N 键的分子能发生这类电子跃迁，引起这种跃迁的能量比 $n \rightarrow \pi^*$ 跃迁的大，比 $n \rightarrow \sigma^*$ 跃迁的小，因此这种跃迁也大部分出现在近紫外区，其特征是 ε 较大，一般为 $5 \times 10^3 \sim 5 \times 10^5 \, L \cdot mol^{-1} \cdot cm^{-1}$。孤立的 $\pi \rightarrow \pi^*$ 跃迁一般在 200nm 左右，但具有共轭双键的化合物，随着共轭体系的延长，$\pi \rightarrow \pi^*$ 跃迁的吸收带将明显向长波方向移动，吸收强度也随之增强。如乙烯 $\lambda_{max} = 185nm$（$\varepsilon = 10000$），含两个双键的丁二烯 $\lambda_{max} = 217nm$（$\varepsilon = 21000$），而 1,3,5-己三烯 $\lambda_{max} = 258nm$（$\varepsilon = 35000$）。

（2）$n \rightarrow \pi^*$ 跃迁　含—OH、—NH$_2$、—X、—S 等杂原子基团的不饱和有机化合物，除了进行 $\pi \rightarrow \pi^*$ 跃迁外，其杂原子中的 n 电子还可以发生 $n \rightarrow \pi^*$ 跃迁，一般发生在近紫外区，吸收强度弱，ε 为 $10 \sim 100$。如丙酮的 $n \rightarrow \pi^*$ 跃迁吸收为 280nm，$\varepsilon = 10 \sim 30$。$n \rightarrow \pi^*$ 吸收带为 p 带。

5.2.1.3　芳香族化合物

芳香族化合物一般都有 E$_1$ 带、E$_2$ 带和 B 带 3 个吸收峰。苯蒸气的 E$_1$ 带 $\lambda_{max} = 184nm$（$\varepsilon = 4.7 \times 10^4$），E$_2$ 带 $\lambda_{max} = 204nm$（$\varepsilon = 6900$），B 带 $\lambda_{max} = 255nm$（$\varepsilon = 230$）（图 5-3）。在气态或非极性溶剂中，苯及其同系物的 B 带有许多精细结构，这是由于振动跃迁在基态电子跃迁上的叠加，这种精细结构特征可用于鉴别芳香族化合物。

对于稠环芳烃，随着苯环数目的增多，E$_1$、E$_2$ 和 B 三个吸收带均向长波方向移动。

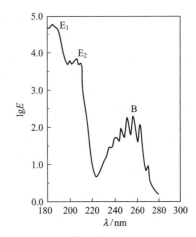

图 5-3　苯在蒸气相中的
紫外吸收光谱

5.2.2 无机化合物的紫外光谱

无机化合物的电子跃迁形式有电荷迁移跃迁和配位场跃迁。

5.2.2.1 电荷迁移跃迁光谱

某些无机化合物分子本身既含有电子供给体，又含有电子接受体，当受到外来辐射激发后，就会强烈吸收紫外线或可见光，使电子从给予体外层轨道向接受体跃迁，这样产生的吸收光谱称为电荷迁移吸收光谱（charge-transfer spectrum）。许多无机配合物能发生电荷迁移跃迁（如 $FeSCN_2^+$）。电荷迁移跃迁可表示为：

$$M^{n+} - L^{b-} - (h\nu) \longrightarrow M^{(n-1)+} - L^{(b-1)-}$$
$$[Fe^{3+} - SCN^-]^{2+} (h\nu) \longrightarrow [Fe^{2+} - SCN]^{2+}$$

通常金属离子（M^{n+}）是电子接受体，配位体（L）是电子给予体。许多水合离子、一些过渡金属离子与含生色团的试剂作用时，如 Fe^{2+} 和 Cu^+ 与 1,10-邻二氮菲的配合物，可产生电荷迁移吸收光谱。电荷迁移光谱谱带的最大特点是强度很高，摩尔吸光系数 $\varepsilon > 1.0 \times 10^4 L \cdot mol^{-1} \cdot cm^{-1}$。因此用这类谱带进行定量分析可获得较高的灵敏度。

5.2.2.2 配位场吸收光谱

配位场吸收光谱（ligand field absorption spectrum）是指过渡金属离子与配位体所形成的配合物在外来辐射作用下，吸收紫外线和可见光而得到相应的吸收光谱。元素周期表中第4、第 5 周期的过渡元素分别含有 3d 和 4d 轨道，镧系和锕系元素分别含有 4f 和 5f 轨道。这些轨道的能量通常是相等的（简并的），而当配位体（如 NH_3、H_2O 等极性分子或 Cl^-、CN^- 等阴离子）按一定的几何形状排列在中心离子周围时，将导致原来能量相等的 5 个 d 轨道和 7 个 f 轨道分别分裂成几组能量不等的 d 轨道和 f 轨道。如果轨道是未充满的，当它们的离子吸收光能后，低能态的 d 轨道或 f 轨道可以分别跃迁到高能态的 d 轨道或 f 轨道上去。这两类跃迁分别称为 d-d 跃迁和 f-f 跃迁。这两类跃迁必须在配位体的配位场作用下才有可能产生，因此又称配位场跃迁。

由于 d 轨道分裂后，它们的基态与激发态之间的能量差别不大，这种 d-d 跃迁所需能量较小，产生的吸收峰多在可见光区，强度较弱（$\varepsilon_{max} = 0.1 \sim 100$），因此较少用于定量分析，但可用于研究配合物的结构及无机配合物键合理论等方面。f-f 电子跃迁带在紫外区到可见光区，它是镧系、锕系的 4f 或 5f 轨道分裂出不同能量的 f 轨道之间的电子跃迁而产生的。

5.2.3 吸收带类型

吸收峰在紫外-可见吸收光谱中的波带位置称为吸收带，一般分为四种。

（1）R 吸收带　生色团为 p-π 共轭体系，如 $\diagdown C=O$ 、$\diagdown C=S$ 、$-N=O$ 、$-N=N-$ 等基团的 n→π* 跃迁产生的吸收带为 R 吸收带（由德文 Radikal 而来，是基团的意思）。它的特点是：跃迁需要的能量较少，通常为 200～400nm；跃迁概率小，一般 $\varepsilon < 100$，属弱吸收；在极性溶剂中发生蓝移。如丙酮的 λ_{max} 在环己烷中为 275nm，而在水中为 264.5nm。

（2）K 吸收带　在非封闭共轭体系中由 π→π* 跃迁产生的吸收带称为 K 带（由德文 Konjugation 而来，是共轭的意思）。其特征是吸收强度大，$\varepsilon_{max} > 10^4$。吸收带的波长及强度与共轭体系的数目、位置、取代基的种类等有关，随着共轭体系的增长，K 带向长波方向移动，吸收强度增加。随着溶剂极性增加，吸收峰向长波方向移动（红移）。

K 吸收带是共轭分子的特征吸收带，因此用于判断化合物的共轭结构。这是紫外-可见吸收光谱中应用最多的吸收带。

（3）B 吸收带（苯吸收带） 由芳香族和杂芳香族化合物的 $\pi \rightarrow \pi^*$ 跃迁产生的吸收带称为 B 带。苯的 B 吸收带在 230～270nm 之间有一系列吸收峰，称为多重峰或称精细结构，这是由于振动次能级对电子跃迁的影响引起的。当芳环上连有一个与芳环间有 $\pi \rightarrow \pi$ 共轭的发色基团时，会看到一个 K 带和芳环特征 B 带，如苯乙烯可观察到两个吸收带。K 吸收带，$\lambda_{max}=244nm$，$\varepsilon_{max}=12000$；B 吸收带，$\lambda_{max}=282nm$，$\varepsilon_{max}=450$。

当芳环上有取代基时，B 带的精细结构减弱和消失。在极性溶剂中，由于溶剂与溶质的相互作用，B 带的精细结构也被破坏。

（4）E 吸收带 在封闭共轭体系（如芳香族和杂芳香族化合物）中由 $\pi \rightarrow \pi^*$ 跃迁产生的 K 带又称 E 带（ethyleneic band），可分为 E_1 带和 E_2 带。E_1 带在 184nm 处为强吸收，$\varepsilon > 10^4$，由于在远紫外区，不常用。E_2 带在 204nm 处为较强吸收，$\varepsilon > 1.0 \times 10^3$。B 带和 E 带都是芳香族化合物的特征吸收峰，常用来判断化合物中是否有芳环存在。

5.2.4 紫外-可见光谱常用术语

（1）非发色团 非发色团指的是在 200～800nm 近紫外区和可见光区内无吸收的基团。因此，只具有 σ 键电子或具有 σ 键电子和 n 非键电子的基团为非发色团，一般指的是饱和碳氢化合物和大部分含有 O、N、S、X 等杂原子的饱和烃衍生物，非发色团对应的跃迁类型为 $\sigma \rightarrow \sigma^*$ 跃迁和 $n \rightarrow \sigma^*$ 跃迁，吸收波长大部分都出现在远紫外区。

（2）发色团 发色团又称生色团，是指有机化合物分子中含有能产生 $\pi \rightarrow \pi^*$ 或 $n \rightarrow \pi^*$ 跃迁的、能在紫外-可见光范围内产生吸收的基团，发色团的电子结构特征是具有 π 电子，如 C＝C、C＝O、C＝S、—NO₂、—N＝N— 等。

（3）助色团 助色团的结构特征是具有 n 非键电子的基团，即含杂原子的饱和基团，如 —NH₂、—NR₂、—OH、—OR、—SR、—Cl、—SO₃H、—COOH等，这些基团至少有一对能与 π 电子相互作用的 n 电子，本身在紫外区和可见光区无吸收，当它们与发色团相连时 n 电子与 π 电子相互作用（相当于增大了共轭体系使 π 轨道间能级差 ΔE 变小），所以使发色团的最大吸收波长往长波长位移（红移），并且有时吸收峰的强度增加。

（4）红移 红移是指由于化合物的结构改变，如引入助色团、发生共轭作用以及溶剂效应等，使吸收向长波长方向的移动（图 5-4）。

（5）蓝移 由取代基或溶剂效应引起的使吸收向短波长方向移动称为蓝移。

（6）增色效应和减色效应 由于化合物的结构改变或其他原因，使最大吸收带的摩尔吸光系数 ε_{max} 增加，称为增（浓）色效应；使最大吸收带的摩尔吸光系数 ε_{max} 减小，称为减（浅）色效应。

（7）强带 最大摩尔吸光系数 $\varepsilon_{max} \geqslant 10^4$ 的吸收带称为强带（多由允许跃迁产生）。

（8）弱带 最大摩尔吸光系数 $\varepsilon_{max} < 10^3$ 的吸收带称为弱带（多由禁阻跃迁产生）。

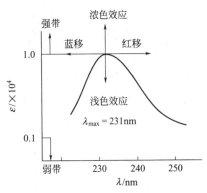

图 5-4 紫外-可见吸收光谱
术语说明示意图

5.2.5 影响紫外-可见光谱的因素

紫外-可见光谱吸收带的位置及强度易受分子中结构因素和测定条件的影响，其核心是对分子中电子共轭结构的影响。

5.2.5.1 共轭效应

共轭效应的结果是电子离域到多个原子之间，导致 $\pi \rightarrow \pi^*$ 能量降低，同时跃迁概率增大，即 λ_{max} 红移，ε_{max} 增大。并且共轭体系越长，λ_{max} 红移、ε_{max} 增大越明显。

5.2.5.2 立体化学效应

立体化学效应是指因空间位阻、构象、跨环共轭等因素导致吸收光谱的红移或蓝移，并常伴有增色或减色效应。

空间位阻妨碍分子内共轭的发色基团处于同一平面，使共轭效应减小甚至消失，从而使 λ_{max} 蓝移和 ε_{max} 降低。

跨环效应是指两个发色基团虽不共轭，但由于空间的排列，使它们的电子云仍能相互影响，使 λ_{max} 和 ε_{max} 改变。

顺反异构和互变异构也会影响分子的共轭情况，从而改变 λ_{max} 和 ε_{max}。如二苯乙烯的顺反异构和乙酰乙酸乙酯的酮式和烯醇式间的互变异构：

反式
$\lambda_{max} = 295nm$
$\varepsilon_{max} = 27000$

顺式
$\lambda_{max} = 280nm$
$\varepsilon_{max} = 10500$

酮式
$\lambda_{max} = 204nm$

烯醇式
$\lambda_{max} = 243nm$

5.2.5.3 取代基的影响

当共轭双键的两端有容易使电子流动的基团（给电子基或吸电子基）时，极化现象显著增加，使 λ_{max} 和 ε_{max} 发生改变。

（1）给电子基 带有未共用电子对的原子的基团，如—NH_2、—OH 等。未共用电子对的流动性很大，能够和共轭体系中的 p 电子相互作用引起永久性的电荷转移，形成 p-π 共轭，降低能量，λ_{max} 红移。

给电子基的给电子能力顺序为—$N(C_2H_5)_2 >$ —$N(CH_3)_2 >$ —$NH_2 >$—$OH >$—$OCH_3 >$—$NHCOCH_3 >$—$OCOCH_3 >$—$CH_2CH_2COOH >$—H。

（2）吸电子基 易吸引电子而使电子容易流动的基团，如—NO_2、—CO、—CNH 等。

共轭体系中引入吸电子基，也产生 p 电子的永久性转移，λ_{max} 红移。电子流动性增加，吸收强度增加。

吸电子基的作用强度顺序是—$N^+(CH_3)_3 >$ —$NO_2 >$ —$SO_3H >$—$COH >$—$COO— >$—$COOH >$—$COOCH_3 >$—$Cl >$—$Br >$—I。

（3）给电子基与吸电子基同时存在 产生分子内电荷转移吸收，λ_{max} 红移，ε_{max} 增加。

5.2.5.4 溶剂效应

在溶液中溶质分子是溶剂化的，限制了溶质分子的自由转动，使转动光谱消失。溶剂的极性增大，使溶质分子的振动受限制，由振动引起的光谱精细结构也消失。当物质溶解在非极性溶剂中时，其光谱与物质气态的光谱较相似，可以呈现孤立分子产生的转动-振荡精细结构。

溶剂极性的不同也会引起某些化合物吸收光谱的红移或蓝移，这种作用称为溶剂效应。在 n→π* 跃迁中［图 5-5(a)］，极性溶剂与基态 n 电子形成氢键，更大程度地降低了基态能量，使激发态与基态之间的能量差变大，导致吸收带 λ_{max} 向短波区移动（蓝移）。而在 π→π* 跃迁中［图 5-5(b)］，激发态极性大于基态，当使用极性大的溶剂时，由于溶剂与溶质相互作用，激发态 π* 比基态 π 的能量下降更多，因而激发态和基态之间的能量差减小，导致吸收谱带 λ_{max} 红移。从非极性溶剂到极性溶剂，一般波长红移为 10~20nm。图 5-5 给出了在极性溶剂中 n→π* 和 π→π* 跃迁能量变化示意图。

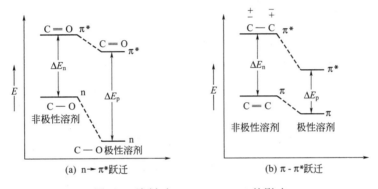

图 5-5 溶剂对 n→π*、π→π* 的影响

由于溶剂对紫外光谱的影响很大，因此，在吸收光谱图上或数据表中必须注明所用的溶剂。与已知化合物的紫外光谱做对照时也应注明所用的溶剂是否相同。

5.2.5.5 体系 pH 值的影响

体系的 pH 值对一些不饱和酸、烯醇、酚及苯胺类化合物的紫外-可见吸收光谱影响很大。pH 值对物质吸收光谱的影响，是通过引起物质分子的化学变化或其共轭体系变化，从而引起吸收峰的位置及强度改变。如果化合物溶液从中性变为碱性时，吸收峰发生红移，表明该化合物为酸性物质；如果化合物溶液从中性变为酸性时，吸收峰发生蓝移，表明化合物可能为芳胺。例如，在碱性溶液中，苯酚以苯氧负离子形式存在，电负性增强，助色效应增强，吸收波长红移［图 5-6(a)］；而苯胺在酸性溶液中，—NH₂ 以—NH₃⁺ 存在，p→π 共轭

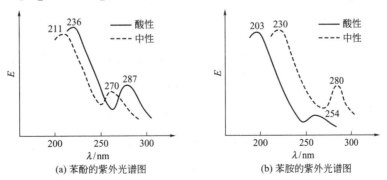

图 5-6 溶液酸碱性对紫外光谱的影响

消失，吸收波长蓝移，ε_{max}变小 [图 5-6(b)]。

在很多情况下，pH 值的变化会生成组成不同、颜色不同的配合物，特别是当显色剂为弱酸阴离子时，常会发生这种情况。如磺基水杨酸与 Fe^{3+} 的显色反应，在不同 pH 值条件下，可生成 1:1、1:2、1:3 三种颜色不同的配合物，其吸收光谱有较大差异，在这种情况下，测定时应当控制好溶液的酸度，否则会影响分析结果。

此外，温度和浓度都有影响。

5.3 紫外-可见分光光度计

紫外-可见分光光度计所使用的波长范围通常在 180～1000nm。180～380nm 是近紫外区，380～1000nm 为可见光区。

5.3.1 仪器主要组成部件

各种型号的紫外-可见分光光度计（UV-Vis spectrophotometer），就其基本结构来说，都由五个基本部分组成，即光源（light source）、单色器（monochromator）、吸收池（absorption cell）、检测器（detector）和信号显示系统（signal indicating system），如图 5-7 所示。

图 5-7　紫外-可见分光光度计的基本结构示意图

5.3.1.1　光源

光源的作用是提供激发能，使待测分子产生光吸收。要求光源能够提供足够强的连续光谱，有良好的稳定性和较长的使用寿命，且辐射强度随波长无明显变化。

紫外-可见分光光度计中常用的光源有热辐射光源和气体放电光源。利用固体灯丝材料高温放热产生的辐射为光源的是热辐射光源，如钨灯、卤钨灯，两者均在可见光区使用，使用的波长范围为 350～1000nm。近年来，卤钨灯因使用寿命长、发光效率高而代替了钨灯。气体放电光源是指在低压直流电条件下，氢气或氘气放电所产生的连续辐射，一般为氢灯或氘灯，在紫外区使用。这种光源可提供波长范围为 160～375nm 的紫外线，有效的波长范围一般为200～375nm，是紫外区应用最广泛的一种光源。

由于同种光源不能同时产生紫外线和可见光，因此紫外-可见分光光度计如 751 型分光光度计需要同时安装两种光源。

5.3.1.2　单色器

单色器性能直接影响入射光的单色性，从而影响到测定的灵敏度、选择性及准确性等。

因光栅可在整个波长区提供良好的均匀一致的分辨能力，且成本低，便于保存，目前的商品仪器多选用光栅。

5.3.1.3　吸收池

吸收池也称比色皿，用于盛放试液或参比溶液。吸收池分为玻璃池和石英池两种，玻璃池只能用于可见光区，石英池可用于紫外区到可见光区的测量。吸收池的大小规格从几毫米到几厘米不等，最常用的是 1cm 的吸收池。对于稀溶液，可用光程较长的吸收池，如 5cm

吸收池等。

5.3.1.4 检测器

检测器是用于检测单色光通过溶液后透射光的强度，并将这种光信号转变为电信号的装置。对检测器的要求是：在测量的光谱范围内灵敏度高；对辐射能量的响应快；响应的线性关系好；对不同波长的辐射具有相同的响应可靠性；噪声低，稳定性好。简易分光光度计上使用光电池或光电管作为检测器，目前常见的检测器是光电倍增管，光电二极管阵列检测器是近年来发展的新型检测器。

光电倍增管的特点是在紫外区到可见光区的灵敏度高，响应快。但强光照射会引起不可逆的损害，因此不宜检测高能量。

光电二极管阵列检测器最大的优点是信噪比（S/N）高，扫描速度快，扫描 $190\sim 900nm$ 波段一般不超过 2s，而光电倍增管至少需要 0.5min，但其灵敏度不如光电倍增管。光电二极管阵列检测器已用于多通道的自动扫描分光光度计等仪器上。

5.3.1.5 信号显示系统

由检测器进行光电转换后，信号经适当放大，用记录仪进行记录或数字显示。新型紫外-可见分光光度计信号显示系统采用微型计算机，既可用于仪器自动控制，实现自动分析，又可用于记录样品的吸收曲线，进行数据处理，提高了仪器的精度、灵敏度和稳定性。

5.3.2 紫外-可见分光光度计的类型

紫外-可见分光光度计可归为五种类型，即单光束分光光度计、双光束分光光度计、双波长分光光度计、多通道分光光度计（光电二极管阵列分光光度计）和探头式分光光度计。

5.3.2.1 单光束分光光度计

单光束分光光度计（single beam spectrophotometer）只有一条光路。通过依次放入参比池和样品池，使它们分别进入光路进行测定。首先用参比溶液调透光率为 100%，然后对样品溶液测定并读数。其测量示意图如图 5-7 所示。

这种分光光度计结构简单，价格便宜，容易维修，主要适用于定量分析。但使用单光束分光光度计时，每换一次波长，就要用参比溶液校正透光率到 100%，才能对样品进行测定。国产 721 型、751 型、724 型分光光度计均属于此类光度计。若要做紫外-可见全谱区分析，则很麻烦，并且光源强度不稳定会引入误差，此时可改用双光束分光光度计。

5.3.2.2 双光束分光光度计

双光束分光光度计（double beam spectrophotometer）的光路设计基本上与单光束相似，如图 5-8 所示，不同的是在单色器与吸收池之间加了一个斩光器。经过单色器的光被斩光器分为频率和强度相等的两束交替光，一束通过参比溶液，另一束通过样品溶液，然后由检测器交替接受参比信号和样品信号。

光度计能自动比较两束光的强度，其比值即为样品的透射率，经对数变换将它转换成吸光度并作为波长的函数记录下来。双光束分光光度计一般都能自动记录吸收光谱曲线。由于两束光同时分别通过参比池和样品池，能自动消除光源强度变化所引起的误差。

双光束分光光度计适用于在宽的光谱区内扫描复杂的吸收光谱图，但对生物样品等复杂的试样不易找到合适的参比溶液，这类仪器有国产 710 型、730 型、740 型等。单光束和双光束分光光度计，就测量波长而言，都是单波长的。

5.3.2.3 双波长分光光度计

双波长分光光度计（double wavelength spectrophotometer）的基本光路如图5-9所示。由同一光源发出的光被分成两束，分别经过两个单色器，得到两束不同波长（λ_1和λ_2）的单色光；利用斩光器使两束光以一定的频率交替照射同一吸收池，然后经过光电倍增管和电子控制系统，最后由显示器显示出两个波长处的吸光度差值$\Delta A = A_{\lambda_1} - A_{\lambda_2}$。试液中被测组分的浓度与此吸光度差成正比是双光度法测定的基础。

图5-8 双光束分光光度计光路图   图5-9 双波长分光光度计光路图

双波长测定法不用参比溶液，只用样品溶液即可完全扣除背景（包括溶液的浑浊、吸收池的误差等），大大提高了测定的准确度。同时，既可用于微量组分的测定，又可用于相互有干扰（吸收光谱部分重叠）的多组分分析。此外，使用同一光源获得两束光，减少了光源电压变化所引起的误差。但要求λ_1、λ_2波长相差较小，ε_{λ_1}、ε_{λ_2}相差较大，这样既有高的准确度，又有高的灵敏度。

利用双波长分光光度法，还可以进行导数光谱分析。通过光学系统转换，使双波长分光光度计能很快地转化为单波长工作方式。如能在λ_1和λ_2处分别记录吸光度随时间变化的曲线，还能进行化学反应动力学研究。

5.3.2.4 多通道分光光度计

多通道分光光度计与常规仪器不同之处在于使用了光电二极管阵列作多道检测器。多通道分光光度计是由微型电子计算机控制的单光束紫外-可见分光光度计，具有快速扫描吸收光谱的特点。

多通道分光光度计的光路图如图5-10所示，由于光源发出的复合光先通过样品池后再经全息光栅色散，色散后的单色光由光电二极管阵列中的光电二极管接收，能同时检测190～900nm波长范围，波长的分辨率达2nm。它能在极短时间内（≤1s）给出整个光谱的全部信息，是研究反应中间产物的有力工具。该类仪器具有多路优点，信噪比高于单通道仪器，测量速度快，特别适于进行快速反应动力学研究和多组分混合物的分析，也已被用作高效液相色谱和毛细管电泳仪的检测器。

图5-10 多通道分光光度计的光路图

5.3.2.5 光导纤维探头式分光光度计

光导纤维探头式分光光度计中探头由两根相互隔离的光导纤维组成。钨灯发射的光由其中一根光纤传导至试样溶液，再经反射镜反射后由另一根光纤传导，通过干涉滤光片后由光电二极管接收转变为电信号。这类光度计不需要吸收池，直接将探头插入样品溶液中进行原位检测，不受外界光线的影响，常用于环境和过程分析。

5.4 紫外-可见分光光度法的应用

紫外-可见分光光度法是对物质进行定性分析、结构分析、纯度检验和定量分析的一种手段，而且还可以测定某些化合物的物理化学参数，如摩尔质量、配合物的配合比和稳定常数以及酸碱电离常数等。

5.4.1 定性分析

紫外-可见分光光度法较少用于无机元素的定性分析。在有机化合物的定性鉴定和结构分析中，由于紫外-可见光谱较简单，特征性不强，因此该法的应用也存在一定的局限性，因为物质的紫外吸收光谱基本上是其分子中生色团及助色团的特性，而不是它的整个分子的特性。如果物质组成的变化不影响生色团及助色团，就不会显著地影响其吸收光谱，例如甲苯和乙苯的紫外吸收光谱实际上是相同的。另外，外界因素如溶剂的改变也会影响吸收光谱，在极性溶剂中某些化合物吸收光谱的精细结构会消失，成为一个宽带。所以，只根据紫外吸收光谱不能完全确定物质的分子结构。但紫外-可见光谱仪器普及、分析快速方便，若紫外-可见光谱与红外光谱（IR）、核磁共振波谱（NMR）、质谱（MS）等以及化学方法相配合，还是可以发挥较大作用的。

根据紫外-可见光谱可以进行化合物某些特征基团的判别，推断有机化合物的分子中是否含有共轭结构体系，如 $C=C-C=C$、$C=C-C=O$、苯环等。

如果一个化合物在紫外区是透明的，则说明分子中不存在共轭体系，不含醛基、羰基或溴和碘，可能是脂肪族碳氢化合物、胺、腈、醇等不含双键和环状共轭体系的化合物。

如果在 $210\sim250nm$ 有强吸收，表示有 K 带吸收，则可能是含有两个双键的共轭体系，如共轭二烯和 α,β-不饱和酮等。

如果在 $260\sim300nm$ 有中强吸收（$\varepsilon=200\sim1000$），则表示有 B 带吸收，体系中可能有苯环存在。如果苯环上有生色团存在，则 ε 可以大于 10000。

如果在 250nm 有弱吸收带（R 吸收带），则可能含有简单的非共轭体系并含有 n 电子的生色团，如羰基等。

如果化合物呈现许多吸收带，甚至延伸到可见光区，则可能含有一个长链共轭体系或多环芳香性生色团。若化合物具有颜色，则分子中至少含有四个共轭生色团或助色团，一般在五个以上（偶氮化合物除外）。

虽然仅从紫外吸收光谱不能完全确定化合物的分子结构，还必须与红外光谱、核磁共振波谱、质谱及其他方法相配合，方能得出可靠的结论。但紫外吸收光谱在推测化合物结构时，也能提供一些重要的信息，如发色官能团、结构中的共轭关系、共轭体系中取代基的位置、种类和数目等。

鉴定的方法有以下两种。

① 与标准物、标准谱图对照。将样品和标准物以同一溶剂配制相同浓度溶液，并在同一条件下测定，比较光谱是否一致。如果两者是同一物质，所得的紫外吸收光谱应完全一致。如果没有标准样品，可以与标准谱图进行对比，但要求测定的条件与标准谱图完全相同，否则可靠性较差。

② 吸收波长和摩尔吸光系数。不同的化合物具有相同的发色团，也可能具有相同的紫

外吸收波长，但是它们的摩尔吸光系数是有差别的。如果样品和标准物的吸收波长相同，摩尔吸光系数也相同，可以认为样品和标准物是同一物质。

5.4.2 结构分析

紫外吸收光谱除了可推断化合物所含官能团，还可以确定一些化合物的构型和构象。

5.4.2.1 判别顺反异构体

反式异构体空间位阻小，共轭程度较高，其 λ_{max} 和 ε_{max} 大于顺式异构体。如 1,2-二苯乙烯具有顺式和反式两种异构体，已知生色团或助色团必须处在同一平面上才能产生最大的共轭效应。由二苯乙烯的结构式可见，顺式异构体因产生位阻效应而影响平面，使共轭的程度降低，因而发生浅色移动（ λ_{max} 向短波方向移动），并使 ε 值降低。由此可判断其顺式、反式的存在。

反式
$\lambda_{max} = 295nm$
$\varepsilon_{max} = 27000$

顺式
$\lambda_{max} = 280nm$
$\varepsilon_{max} = 10500$

5.4.2.2 判别互变异构

一般共轭体系的 λ_{max} 、 ε_{max} 大于非共轭体系，据此可用紫外吸收光谱对某些同分异构体进行判别。例如乙酰乙酸乙酯有酮式和烯醇式间的互变异构：

酮式
$\lambda_{max} = 204nm$

烯醇式
$\lambda_{max} = 243nm$

在极性溶剂中该化合物以酮式存在，吸收峰弱；而在非极性溶剂正己烷中以烯醇式为主，出现强的吸收峰。

5.4.3 化合物的纯度检验

利用紫外-可见吸收光谱法检验化合物的纯度，也是一种简便有效的方法。如果某化合物在紫外区没有明显吸收峰，而其中的杂质有较强吸收峰，就能方便地检出该化合物中是否含有杂质。例如，在药物分析中常常需要检查阿司匹林片剂中是否存在水杨酸。阿司匹林在空气中容易吸收水分而产生水杨酸，前者在280nm处有一强吸收带，后者的 $n \rightarrow n^*$ 跃迁吸收带在312nm。因此，只要检查在312nm处是否出现吸收峰，即可判断阿司匹林片剂中是否存在水杨酸。又如，苯在256nm处产生B吸收带，而甲醇或乙醇在该处几乎没有吸收带，因此，要检验甲醇或乙醇中是否含有苯，可通过观察在256nm处是否有吸收带来确定。如果要检验四氯化碳中是否含有二硫化碳，只要观察四氯化碳谱图中是否在318nm出现吸收峰即可。

5.4.4 定量分析

紫外-可见分光光度法常用于定量分析，根据测定波长的范围可分为可见分光光度定量分析法和紫外分光光度定量分析法。前者用于有色物质的测定，后者用于有紫外吸收物质的测定，两者的测定原理和步骤相同，通过测定溶液对一定波长入射光的吸光度，依据朗伯-比尔定律，就可求出溶液中物质的浓度或含量。

5.4.4.1 单组分的定量分析

如果只要求测定某个样品中一种组分，且在选定的测量波长下，其他组分没有吸收即对该组分不干扰，则这种单组分的定量分析较为简单。

（1）吸光系数法（绝对法）　在测定条件下，如果待测组分的吸光系数已知，可以通过测定溶液的吸光度，直接根据朗伯-比尔定律，求出组分的浓度或含量。

（2）标准对照法　在相同条件下，平行测定试样溶液和某一浓度的标准溶液的吸光度 A_x 和 A_s，由标准溶液的浓度 c_s 可计算试样溶液中被测物质的浓度 c_x：

$$A_s = \varepsilon b c_s$$
$$A_x = \varepsilon b c_x$$
$$c_x = \frac{A_x}{A_s} c_s \tag{5-6}$$

这种方法比较简便，但只有在测定浓度的范围内溶液完全遵守朗伯-比尔定律，并且 c_x 和 c_s 很接近时，才能得到较为可靠的结果。

（3）标准曲线法　这是最常用的一种方法。配制一系列不同浓度的标准溶液，以不含被测组分的溶液为参比溶液，测定标准系列溶液的吸光度，以吸光度 A 为纵坐标，浓度 c 为横坐标，绘制吸光度-浓度曲线，称为标准曲线（也称工作曲线或校正曲线）。在相同条件下测定待测试样的吸光度，从标准曲线上可以找到与之对应的待测溶液的浓度。

另外，还可以利用专门程序来进行线性回归处理，得到直线回归方程：

$$A = a + bc \tag{5-7}$$

5.4.4.2 多组分的定量分析

吸光度具有加和性，在同一样品中可以同时测定两个或两个以上组分。假设要测定样品中的两个组分为 x、y，需要先测定两种纯组分的吸收光谱，对比其最大吸收波长，并计算出对应的吸光系数。两种纯组分的吸收光谱可能有以下三种情况，如图 5-11 所示。

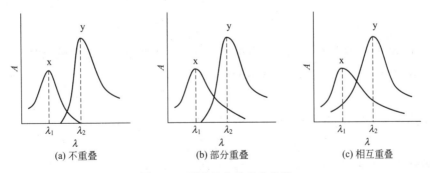

图 5-11　混合组分的吸收光谱

① 图 5-11(a) 中两组分互不干扰，可分别在 λ_1 和 λ_2 测量溶液的吸光度，求两组分的浓度，与单组分相同。

② 图 5-11(b) 中组分 x 对组分 y 的测定有干扰，而组分 y 对组分 x 的测定没有干扰。这时可以先在 λ_1 处测定溶液的吸光度 A_{λ_1}（组分 x 的吸光度），求得组分 x 的浓度 c_x，然后

再在 λ_2 处测定溶液的吸光度 $A_{\lambda_2}^{x+y}$（组分 x 和组分 y 的吸光度之和）及组分 x、组分 y 的 $\varepsilon_{\lambda_1}^x$ 和 $\varepsilon_{\lambda_2}^y$，根据吸光度的加和性原则有：

$$A_{\lambda_2}^{x+y}=\varepsilon_{\lambda_2}^x bc_x+\varepsilon_{\lambda_2}^y bc_y \tag{5-8}$$

由式(5-8) 即能求得组分 y 的浓度 c_y。

③ 图 5-11(c) 中两组分彼此干扰，吸收光谱相互重叠。在这种情况下，需要首先测定纯物质 x 和 y 分别在 λ_1、λ_2 处的吸光系数 $\varepsilon_{\lambda_1}^x$、$\varepsilon_{\lambda_1}^y$、$\varepsilon_{\lambda_2}^x$ 和 $\varepsilon_{\lambda_2}^y$，再分别测定混合组分溶液在 λ_1、λ_2 处的吸光度 $A_{\lambda_1}^{x+y}$ 和 $A_{\lambda_2}^{x+y}$，然后根据吸光度的加和性原则列出联立方程：

$$A_{\lambda_1}^{x+y}=\varepsilon_{\lambda_1}^x bc_x+\varepsilon_{\lambda_1}^y bc_y$$
$$A_{\lambda_2}^{x+y}=\varepsilon_{\lambda_2}^x bc_x+\varepsilon_{\lambda_2}^y bc_y \tag{5-9}$$

式中，$\varepsilon_{\lambda_1}^x$、$\varepsilon_{\lambda_1}^y$、$\varepsilon_{\lambda_2}^x$ 和 $\varepsilon_{\lambda_2}^y$ 均由已知浓度的 x 及 y 的纯溶液测得。试液的 $A_{\lambda_1}^{x+y}$ 和 $A_{\lambda_2}^{x+y}$ 由实验测得，c_x 和 c_y 便可通过解联立方程求得。更复杂的组分体系，可用计算机处理测定的数据。

5.4.4.3 双波长定量法

近年来已广泛采用双波长定量法和三波长定量法。多波长定量法可以消除干扰组分的影响，并且也已经有了双波长记录式分光光度计，仪器本身就有多波长定量功能，但一般分光光度计也可进行多波长定量。

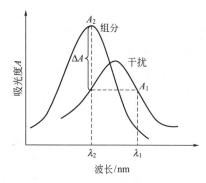

图 5-12 双波长定量法的干扰和扣除

双波长定量法和三波长定量法都可以消除干扰成分对测定的影响。当吸收光谱相互重叠的两组分共存时，利用双波长定量法可对单个组分进行测定或同时对两个组分进行测定。双波长定量法一般是寻找干扰成分的等吸光点来消除干扰。如图 5-12 所示，当 a、b 两组分共存时，如要测定组分 b 的含量，组分 a 的干扰可通过选择对组分 a 有等吸收的两个波长 λ_1 和 λ_2 加以消除。λ_1 为参比波长，λ_2 为测定波长，对混合液进行测定，可得如下方程式：

$$A_1=A_1^a+A_1^b+A_1^s$$
$$A_2=A_2^a+A_2^b+A_2^s \tag{5-10}$$

式中，A_1^s 和 A_2^s 是在波长 λ_1 和 λ_2 下的背景吸收。当两个波长相距较近时，可认为背景吸收相等，因此通过试样吸收池的两个波长的光的吸光度差为：

$$\Delta A=(A_2^a-A_1^a)+(A_2^b-A_1^b) \tag{5-11}$$

由于干扰组分 a 在 λ_1 和 λ_2 处具有等吸收，即 $A_2^a=A_1^a$，因此上式为：

$$\Delta A=A_2^b-A_1^b=(\varepsilon_2^b-\varepsilon_1^b)lc^b \tag{5-12}$$

对于被测组分 b 来说，$\varepsilon_2^b-\varepsilon_1^b$ 为一定值，吸收池厚度 l 也是固定的，所以 ΔA 与组分 b 的浓度成正比。同样，适当选择组分 b 具有等吸收的两个波长，也可以对组分 a 进行定量测定，这种方法称为双波长等吸收点法。当干扰组分的吸收曲线在测量的波长范围内无吸收峰时，等吸收点法就无法应用。

5.4.4.4 导数分光光度法

多组分同时测定是目前研究最活跃和最具发展前景的方法。导数分光光度法（derivative

spectrophotometry）是解决干扰物质与被测物质的吸收光谱重叠，消除交替和悬浮物散射影响和背景吸收，提高光谱分辨率的一种技术。导数分光光度法是根据光吸收（或透过）对波长求导所形成的光谱进行定性或定量分析。其特点是灵敏度高，尤其是选择性获得显著提高，能有效地消除基体（低频信号）的干扰，并适用于浑浊样品。高阶导数能分辨重叠光谱甚至提供"指纹"特征，而特别适用于消除干扰或多组分同时测定。

将朗伯-比尔定律 $A_\lambda = \varepsilon_\lambda lc$ 对波长进行 n 次求导，得到：

$$\frac{\mathrm{d}^n A_\lambda}{\mathrm{d}\lambda^n} = \frac{\mathrm{d}^n \varepsilon_\lambda}{\mathrm{d}\lambda^n} lc \tag{5-13}$$

由式(5-13)可知，吸光度的导数值仍与吸光物质的浓度呈线性关系，借此可以进行定量分析。

5.5 紫外-可见分光光度法的实验技术

5.5.1 样品制备

紫外-可见吸收光谱通常是在溶液中进行测定，因此固体样品需要转化为溶液。无机样品通常可用合适酸溶解或碱熔融，有机样品可用有机溶剂溶解或提取。有时还需要先将样品消化，然后再转化为适合光谱测定的溶液。

5.5.2 显色反应条件的选择

在可见分光光度法定量分析中，许多物质本身没有颜色或颜色很浅，无法直接进行测定，需要将该物质转变为能对可见光产生较强吸收的有色物质，然后进行光度测定。将待测组分转化为有色物质的反应称为显色反应，与待测组分形成有色物质的试剂称为显色剂。

5.5.2.1 显色剂及其用量选择

显色剂应该与待测离子反应生成组成恒定、稳定性强的产物；产物对紫外-可见光有较强的吸收能力；显色剂与产物的吸收波长有明显的差别，一般要求 $\Delta\lambda_{max} > 60nm$。

选定了显色剂以后，还必须对其用量进行选择。因为对稳定性好的配合物，只要显色剂过量，显色反应就能定量进行。但对不稳定的配合物或可形成多级配合物时，显色剂的用量必须控制。如在以 SCN^- 作为显色剂测定钼时，要求生成红色的 $Mo(SCN)_5$ 配合物进行测定。但当 SCN^- 浓度过高时，会生成浅红色的 $Mo(SCN)_6^-$ 而使颜色变浅。又如用 SCN^- 作显色剂测定 Fe^{3+} 时，随 SCN^- 浓度增大，逐步生成颜色更深的不同配位数的化合物，吸光度增大。因此，必须严格控制 SCN^- 的用量，才能获得准确的分析结果。

显色剂用量可通过实验确定，固定金属离子浓度，作吸光度随显色剂浓度的变化曲线，选取吸光度恒定时的显色剂用量。

5.5.2.2 溶液酸碱度的影响

多数显色剂是有机弱酸或弱碱，介质的酸碱度直接影响显色剂的解离程度，从而影响显色反应的完全程度。溶液酸碱度的影响表现在多方面。

① 对于形成多级配合物的显色反应，pH值变化可生成具有不同配位比的配合物，产生颜色的变化。如 Fe^{3+} 与水杨酸在不同 pH 值生成组成配比不同的配合物（表5-1）。

表 5-1　Fe^{3+}-水杨酸配合物与 pH 值的关系

pH 值范围	配合物组成	颜色
<4	$Fe(C_7H_4O_3)^+(1:1)$	紫红色
4～7	$Fe(C_7H_4O_3)_2^-(1:2)$	棕橙色
8～10	$Fe(C_7H_4O_3)_3^{3-}(1:3)$	黄色

② pH 值增大会引起某些金属离子水解而形成各种型体的羟基、多核羟基配合物，有的甚至可能析出氢氧化物沉淀；或者由于生成金属离子的氢氧化物而破坏了有色配合物，使溶液的颜色完全褪去。例如，Fe(SCN)$^{2+}$ 在 pH 值比较高时发生如下反应：

$$Fe(SCN)^{2+} + OH^- \Longrightarrow Fe(OH)^{2+} + SCN^-$$

在实际分析工作中，常通过实验来选择显色反应的适宜酸碱度。具体做法是：固定溶液中待测组分和显色剂的浓度，改变溶液的 pH 值，分别测定在不同 pH 值溶液的吸光度 A，绘制 A-pH 曲线，从中找出最适宜的 pH 值范围。

5.5.2.3　显色时间和反应温度

各种显色反应的反应速率往往不同，因此，选定介质酸碱度、显色剂的浓度后，有必要选择和控制显色反应的显色时间；有些显色反应受温度影响较大，需要进行反应温度的选择和控制。

5.5.3　测定条件的选择

为了使吸光度的测定有较高的准确度和灵敏度，选择和控制合适的测定条件十分重要。

5.5.3.1　测量波长的选择

在定量分析中，为了测定有较高的灵敏度，应选择 λ_{max} 为测量波长，称为最大吸收原则。但要注意 λ_{max} 所在的波峰不能太尖锐，如果 λ_{max} 所处的波峰太尖锐，则在满足分析灵敏度前提下，选用灵敏度低一些的波长进行测量，以减少由于波长不准或非单色光引起的吸收定律的偏离。如果有干扰物质存在，应根据"干扰最小，吸收较大"的原则选择测量波长，此时，测定的灵敏度可能会降低，但能有效地减少或消除共存物质的干扰，提高测量的准确度。

5.5.3.2　参比溶液的选择

用适当的参比溶液在一定的入射波长下调节 $A = 0$，可以消除由比色皿、显色剂和试剂对待测组分的干扰，具体如下。

当显色剂、试剂在测定波长下均无吸收时，用纯溶剂（或水）作参比溶液，称为溶剂空白；若显色剂和其他试剂无吸收，而试液中共存的其他离子有吸收，则用不加显色剂的试液为参比溶液，称为样品空白（或试液空白）；当试剂、显色剂有吸收而试液无吸收时，以不加试液的试剂、显色剂按照操作步骤配成参比溶液，称为试剂空白。总之，要求用参比溶液调 $A = 0$ 后，测得被测组分的吸光度与其浓度的关系符合朗伯-比尔定律。

5.5.3.3　吸光度范围的选择

由于测量过程中光源的不稳定、读数的不准确或实验条件的偶然变动等因素的影响，任何分光光度计都有一定的测量误差。

希士顿根据朗伯-比尔定律，推导出吸光光度法浓度测量的相对误差公式为：

$$\frac{\Delta c}{c} = \frac{\Delta A}{A} = \frac{0.4343\Delta T}{T\lg T} \tag{5-14}$$

要想使测定结果的相对误差（$\Delta c/c$）最小，对 T 求导应有一极小值，即：

$$\frac{\mathrm{d}}{\mathrm{d}T}\left(\frac{0.4343\Delta T}{T\lg T}\right) = \frac{0.4343\Delta T(\lg T + 0.4343)}{(T\lg T)^2} = 0 \tag{5-15}$$

解得：

$$\lg T = -0.434 \quad \text{或} \quad T = 36.8$$

即当吸光度 $A = 0.434$ 时，吸光度测量误差最小，一般选择 A 的测量范围为 $0.2\sim0.8$（T 为 $15\%\sim65\%$）。实际工作中，可通过调节待测溶液的浓度、选择吸收池的厚度等方式使吸光度 A 或透射比 T 落在此区间内。现在高档的分光光度计使用性能优越的检测器，即使吸光度高达 2.0 甚至 3.0 时，也能保证浓度测量的相对误差小于 5%。

5.5.4 干扰及消除

在光度分析中，干扰物质的影响有以下几种情况：①干扰物质本身有颜色或与显色剂形成有色化合物，在测定条件下有吸收；②在显色条件下，干扰物质水解，析出的沉淀使溶液浑浊，影响吸光度测定；③与待测离子或显色剂形成更稳定的配合物，使显色反应不能进行完全。消除干扰的方法有以下几种。

5.5.4.1 控制酸度

根据配合物的稳定性不同，可以利用控制酸度的方法提高反应的选择性，以保证主反应进行完全。例如，双硫腙能与 Hg^{2+}、Pb^{2+}、Cu^{2+}、Ni^{2+}、Cd^{2+} 等十多种金属离子形成有色配合物，其中与 Hg^{2+} 生成的配合物最稳定，在 $0.5\mathrm{mol \cdot L^{-1}}$ H_2SO_4 介质中仍能定量进行，而上述其他离子在此条件下不发生反应。由此，可以消除其他金属离子对 Hg^{2+} 测定的干扰。又如，用钴试剂为显色剂测定钢铁中微量钴时，钴试剂不仅与 Co^{2+} 有灵敏的反应，而且与 Ni^{2+}、Zn^{2+}、Mn^{2+}、Fe^{2+} 等都有反应。但它与 Co^{2+} 在弱酸性介质中一旦完成反应后，即使再用强酸酸化溶液，该配合物也不会分解。而 Ni^{2+}、Zn^{2+}、Mn^{2+}、Fe^{2+} 等与钴试剂形成的配合物在强酸介质中很快分解，从而消除了它们的干扰，提高了反应的选择性。

5.5.4.2 加入适当的掩蔽剂

选取的条件是掩蔽剂不与待测离子作用，掩蔽剂以及它与干扰物质形成的配合物的颜色不会干扰待测离子的测定。

5.5.4.3 选择适当的测量波长

如在 $K_2Cr_2O_7$ 存在下测定 $KMnO_4$ 时，由于 $K_2Cr_2O_7$ 在 $KMnO_4$ 的最大吸收波长 $525\mathrm{nm}$ 处也会产生吸收，因此，不是选择 $\lambda_{max} = 525\mathrm{nm}$，而是选择 $K_2Cr_2O_7$ 无吸收的 $\lambda = 545\mathrm{nm}$ 作测量波长。这样测定 $KMnO_4$ 溶液的吸光度，即可避免 $K_2Cr_2O_7$ 的干扰了。

5.5.4.4 分离

如果上述方法不宜采用，也可以采用预先分离的方法，如沉淀、萃取、离子交换、蒸发和蒸馏以及色谱分离法（包括柱色谱、纸色谱、薄层色谱等）。

5.6 紫外-可见分光光度法在环境分析中的应用

紫外-可见分光光度法在环境中的应用更多的是定量分析。利用紫外-可见分光光度法可以测定有机物、金属离子及无机离子（或离子团）。对于在紫外区到可见光区有吸收的物质，可直接进行测定；大多数无机物在此区域无吸收，不能直接测定，选择合适的显色剂与之发生显色反应，生成在此区域有吸收的配合物后即可进行测定。但在实际应用中，更多的是利用被测物质对某些指示剂氧化或还原反应的催化作用，依据待测物质的量与吸光度变化值（ΔA）之间的关系进行测定。

不管待测试样是大气、水还是土壤、沉积物，经过适当的处理，建立合适的分析体系都可用紫外-可见分光光度法进行分析。

以直接紫外分光光度法测定废水中的二苯胺。

（1）概述　二苯胺（DPA）是一种用量很大的化工原料，主要用于染料、抗氧剂、药品、炸药和农药的合成。DPA毒性与苯胺相似，能损伤神经系统、心血管系统及血液系统。二苯胺在紫外区有特征吸收（$\lambda_{max}=270nm$），废水中DPA含量可用直接紫外分光光度法测定。

（2）仪器与试剂　UV-VIS分光光度计；10mm石英比色皿；25mL具塞比色管；DPA标准试剂。

（3）分析步骤

① 二苯胺标准溶液的配制（0.04mg·mL^{-1}）。准确称取0.0400g精制二苯胺，先溶于3mL浓硫酸中，缓慢加水溶解后，移入1000mL容量瓶中，用水稀释至刻度。

② 最大吸收波长的确定。配制10mg·L^{-1}的标准溶液，装入10mm光程的比色皿，以纯水为参比，用紫外-可见分光光度计在190～600nm波长范围内进行扫描。标样在270nm处的吸光度最大，故选取270nm为测定波长。

③ 工作曲线绘制。以纯水为参比，用10mm石英比色皿，在270nm处，测定浓度为1.0mg·L^{-1}、5.0mg·L^{-1}、10.0mg·L^{-1}、20.0mg·L^{-1}、40.0mg·L^{-1}标准溶液的吸光度，绘制标准曲线。

④ 水样测定。DPA废水样品为微浊溶液，先用中速定量滤纸过滤两次，去除机械杂质，成为透明溶液。处理后的水样直接测定。

（4）说明

① 溶液pH值的影响。配制一系列pH值不同的DPA标准溶液，测定吸光度，绘制A-pH图。结果表明，当溶液pH值在3～11的范围内，pH值的改变对测定结果没有明显影响。

② 线性范围。标准曲线在0.1～50mg·L^{-1}范围内线性良好。

③ 干扰物质。废水中可能含有苯胺、TNT等，实验表明这些物质基本无干扰。

参 考 文 献

[1] 魏海培，曹国庆. 仪器分析. 北京：高等教育出版社，2007.

[2] 刘志广，张华，李亚明. 仪器分析. 大连：大连理工大学出版社，2004.

[3] 高向阳. 新编仪器分析. 北京：科学出版社，2004.

[4] 魏福祥. 仪器分析及应用. 北京：中国石化出版社，2007.

[5] 刘约权. 现代仪器分析. 北京：高等教育出版社，2001.

[6] 刘志广. 仪器分析学习指导与综合练习. 北京：高等教育出版社，2005.

[7] 陈玲，郜洪文. 现代环境分析技术. 北京：科学出版社，2010.

思考题与习题

一、选择题

1. 分子运动包括有电子相对原子核的运动（$E_{电子}$）、核间相对位移的振动（$E_{振动}$）和转动（$E_{转动}$）这三种运动，其能量大小顺序为（　　）。

A. $\Delta E_{振动} > \Delta E_{转动} > \Delta E_{电子}$ 　　　B. $\Delta E_{转动} > \Delta E_{电子} > \Delta E_{振动}$

C. $\Delta E_{电子} > \Delta E_{振动} > \Delta E_{转动}$ 　　　D. $\Delta E_{电子} > \Delta E_{转动} > \Delta E_{振动}$

2. 在分光光度法中，运用朗伯-比尔定律进行定量分析采用的入射光为（　　）。

A. 白光　　B. 单色光　　C. 可见光　　D. 紫外线

3. 指出下列哪种因素对朗伯-比尔定律不产生偏差（　　）。

A. 溶质的解离作用　　　　B. 杂散光进入检测器

C. 溶液的折射率增加　　　D. 改变吸收光程长度

4. 分子的紫外-可见吸收光谱呈带状光谱，其原因是（　　）。

A. 分子中价电子的离域性质

B. 分子振动能级的跃迁伴随着转动能级的跃迁

C. 分子中价电子能级的相互作用

D. 分子电子能级的跃迁伴随着振动、转动能级的跃迁

5. 有色配合物的摩尔吸光系数与下面因素有关系的是（　　）。

A. 吸收池厚度　　B. 有色配合物的浓度　　C. 吸收池材料　　D. 入射光波长

6. 用分光光度法同时测定混合物中吸收曲线部分重叠的两组分时，下列方法中较为方便和准确的是（　　）。

A. 解联立方程组法　　B. 导数光谱法　　C. 双波长分光光度法　　D. 视差分光光度法

7. 符合朗伯-比尔定律的有色溶液稀释时，摩尔吸光系数的数值（　　）。

A. 增大　　B. 减小　　C. 不变　　D. 无法确定变化值

8. 有关摩尔吸光系数的描述正确的是（　　）。

A. 摩尔吸光系数是化合物吸光能力的体现，与测量波长无关

B. 摩尔吸光系数的大小取决于化合物本身性质和浓度

C. 摩尔吸光系数越大，测定的灵敏度越高

D. 摩尔吸光系数越小，测定的灵敏度越高

9. 在紫外-可见吸收光谱中，助色团对谱带的影响是使谱带（　　）。

A. 波长变长　　B. 波长变短　　C. 波长不变　　D. 谱带蓝移

10. 区别 $n \rightarrow \pi^*$ 和 $\pi \rightarrow \pi^*$ 跃迁类型，可以用吸收峰的（　　）。

A. 最大波长　　B. 形状　　C. 摩尔吸光系数　　D. 面积

二、填空题

1. 对于紫外-可见分光光度计，在可见光区可以用玻璃吸收池，而紫外区则用_____吸收池进行测量。

2. 在有机化合物中，常常因取代基的变更或溶剂的改变，使其吸收带的最大吸收波长发生移动，向长波方向移动称为_____，向短波方向移动称为_____。紫外吸收光谱基本上是分子中发色团和助色团的特性，所以它在有机结构分析中的主要作用是推测官能团以及_____。

3. 多通道紫外-可见分光光度计与常规仪器不同之处在于采用_____检测器。

4. 分子中共轭体系越长，$\pi \rightarrow \pi^*$ 跃迁的基态和激发态间的能量差越_____，跃迁时需要的能量越_____，吸收峰将出现在更长的波长处。

三、简答题

1. 试简述产生吸收光谱的原因。

2. 有机化合物中电子跃迁主要有哪几种类型？这些类型的跃迁各处于什么波长范围？

3. 何谓助色团及生色团？试举例说明。

4. 采用什么方法可以区别 $n \to \pi^*$ 和 $\pi \to \pi^*$ 跃迁类型?

5. 何谓朗伯-比尔定律（光吸收定律）? 数学表达式及各物理量的意义如何? 引起吸收定律偏离的原因是什么?

四、计算题

1. 某亚铁螯合物的摩尔吸光系数为 $12000 L \cdot mol^{-1} \cdot cm^{-1}$，若采用 $1.00cm$ 的吸收池，欲把透射率读数限制在 $0.200 \sim 0.650$ 之间，分析的浓度范围是多少?

2. 以邻二氮菲光度法测定 $Fe(II)$，称取样品 $0.500g$，经处理后，加入显色剂，最后定容为 $50.0mL$，用 $1.0cm$ 的吸收池，在 $510nm$ 波长处测得吸光度 $A = 0.430$。计算样品中铁的质量分数。当溶液稀释 1 倍后，其百分透射率将是多少（$\varepsilon = 1.1 \times 10^4 L \cdot mol^{-1} \cdot cm^{-1}$）?

3. 同一物质不同浓度的甲、乙两种溶液，在相同条件下测得 $T_{甲} = 0.54$，$T_{乙} = 32$，如果两种溶液均符合朗伯-比尔定律，试求两种溶液的浓度比?

4. 以丁二酮肟光度法测定微量镍，若配合物 $NiDx_2$ 的浓度为 $1.7 \times 10^{-5} mol \cdot L^{-1}$，用 $2.0cm$ 吸收池在 $470nm$ 波长下测得透射率（$T\%$）为 30%。计算配合物在该波长的摩尔吸光系数。

6 红外吸收光谱法

6.1 概述

红外吸收光谱法（infrared absorption spectrometry），也称红外分光光度法（infrared spectrometry），简称红外光谱法，它是根据物质分子对不同波长红外线的吸收特性来进行结构分析、定性分析、定量分析的方法。

当被红外线照射时，物质的分子吸收红外辐射，引起分子的振动和转动能级间的跃迁，所产生的分子吸收光谱，称为红外吸收光谱（infrared absorption spectroscopy，IR）或振动-转动光谱。

从物质分子与光的作用关系而言，红外吸收光谱与紫外-可见吸收光谱同属于分子光谱范畴，但它们的产生机理、研究对象和使用范围不尽相同。紫外-可见光谱是电子-振动-转动光谱，研究的主要对象是不饱和有机化合物，特别是具有共轭体系的有机化合物；而红外光谱是振动-转动光谱，主要研究在振动中伴随有偶极矩变化的化合物。

6.1.1 红外区及红外吸收光谱

习惯上，红外线波长（λ）多以 μm 作单位，用波数表示频率。波数以符号 σ 表示，单位为 cm^{-1}，其物理意义是 1cm 中所包含波的个数，即：

$$\sigma = \frac{1}{\lambda(cm)} = \frac{10^4}{\lambda(\mu m)}$$

例如，波长为 20μm 的红外线所对应的波数为：

$$\sigma = 10^4/20 = 500 cm^{-1}$$

用波数 σ 表示的频率不同于光的振动频率 $\nu_{振}$（Hz），波长与振动频率的关系为：

$$\nu_{振} = c/\lambda$$

c 为光速，取 $3 \times 10^{10} cm \cdot s^{-1}$。

所以：

$$\nu_{振} = \sigma c$$

上例中 $\sigma = 500 cm^{-1}$ 的红外线对应的光的振动频率为：

$$\nu_{振} = \sigma c = 500 \times 3 \times 10^{10} = 1.5 \times 10^{13} Hz$$

因此用波数表示频率的好处是比用光的振动频率简单方便。

按照波长，红外光谱分成三个区域。

① 近红外区 $0.78 \sim 2.5 \mu m$（$12820 \sim 4000 cm^{-1}$），主要用于研究分子中的 O—H、N—H、C—H 键的振动倍频与组频。

② 中红外区 $2.5 \sim 25 \mu m$（$4000 \sim 400 cm^{-1}$），主要用于研究大部分有机化合物的振动基频。

③ 远红外区 $25 \sim 300 \mu m$（$400 \sim 33 cm^{-1}$），主要用于研究分子的转动光谱及晶格振动。

其中，中红外区是研究和应用最多的区域，通常所说的红外光谱就是指中红外区的红外吸收光谱。

通常以波数（cm^{-1}）或者波长（μm）为横坐标、吸光度（A）或透光率（$T\%$）为纵坐标来描述红外吸收光谱。

6.1.2 红外吸收光谱的应用及特点

（1）红外光谱的应用

① 分子鉴定的基础研究。测定分子内的键长、键角，推断分子的结构；根据所得力常数了解化学键的强弱；计算热力学函数等。

② 用于化学组成的分析。根据吸收峰的位置和形状推断未知物结构，依照特征吸收峰的强度测定混合物中各组分含量。

（2）红外光谱的特点

① 具有高度的特征性。除了光学异构外，每种化合物都有自己的特征红外吸收光谱，它作为"分子指纹"被广泛地用于分子结构的基础研究和化学组成的分析中。

② 应用广泛。除了单原子分子和同核分子，如 Ne、He、O_2、N_2、Cl_2 等少数分子外，几乎所有化合物均可用红外光谱法进行研究，研究对象和适用范围更加广泛；不受样品相态的限制，无论是固态、液态还是气态都可以直接测定。

③ 分析速度快，操作简便，样品用量少，属于非破坏分析。

④ 在定性鉴定和结构分析时，要求样品纯度高；红外吸收光谱的定量分析灵敏度低，对微量组分无能为力。

6.2 红外光谱吸收原理

6.2.1 红外光谱产生的条件

分子必须同时满足以下两个条件才能产生红外吸收。

① 分子振动时，伴有瞬间偶极矩的变化。即只有使分子偶极矩发生变化的振动，才能产生红外吸收，这种振动称为具有红外活性；反之，则称为非红外活性。完全对称的双原子分子，其振动没有偶极矩变化，辐射不能引起共振，无红外活性，如 N_2、O_2、Cl_2 等；非对称分子的振动有偶极矩变化，辐射能引起共振，属于红外活性，如 HCl、H_2O 等偶极子的振动。

② 红外线的能量应恰好满足振动能级跃迁所需的能量。即只有当红外线的频率与分子某种振动方式的频率相同时，红外线的能量才能被吸收。

6.2.2 红外吸收的基本原理

红外光谱是由于物质分子振动能级跃迁，同时伴随着转到能级跃迁而产生的。

分子振动是指分子中原子在平衡位置附近作相对运动，可近似地看成是分子中的原子以平衡点为中心，以非常小的振幅（与原子核之间的距离相比）作周期性的振动，即简谐振动。多原子分子可组成多种振动模式，可视为双原子分子的集合。

6.2.2.1 双原子分子的振动

双原子分子的振动可以看成是简谐振动，用经典的方法来模拟。如双原子分子，可以看成一个弹簧两端连接着两个刚性小球，m_1、m_2 分别代表两个小球的质量，弹簧的长度 r 就是化学键的长度，如图 6-1 所示。

这个体系的振动频率 $\nu_振$ 可由经典力学虎克定律导出：

$$\nu_振 = \frac{1}{2\pi}\sqrt{\frac{k}{\mu}} \tag{6-1}$$

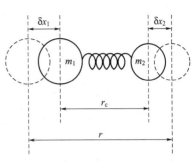

若以波数 σ 表示这个体系的振动频率，则可记为：

$$\sigma = \frac{1}{\lambda} = \frac{1}{2\pi c}\sqrt{\frac{k}{\mu}} = 1307\sqrt{\frac{k}{\mu}} \tag{6-2}$$

图 6-1　成键双原子间的振动模型

式中，k 为化学键的力常数，其定义为将两原子由平衡位置伸长单位长度时的恢复力，单位为 N·cm^{-1}，单键、双键和三键的力常数分别近似为 5N·cm^{-1}、10N·cm^{-1} 和 15N·cm^{-1}；c 为光速；μ 是两个小球（即两个原子）的折合质量，单位为 g。即：

$$\mu = \frac{m_1 m_2}{m_1 + m_2} \tag{6-3}$$

由式（6-2）可见，影响基本振动频率（即基频峰位置）的直接因素是原子质量和化学键的力常数。按照经典电磁场理论，若双原子分子振动时，电偶极发生变化，则这样的分子可因共振而吸收频率相同的电磁波。即：

$$\nu_L = \nu_振 = \frac{1}{2\pi}\sqrt{\frac{k}{\mu}} \tag{6-4}$$

k 越大，μ 越小，则振动频率越大，吸收峰的频率也越大；反之，亦然。

上述处理分子振动的方法是宏观处理方法，是为了得到宏观的图像，便于理解。值得注意的是，在弹簧和小球的体系中，其能量变化是连续的，但真实分子的振动能量变化是量子化的（振动量子数 V 可取 0,1,2…）。如果用量子力学来处理，得到双原子分子吸收光子的频率与经典电磁理论所得结果完全一致。

实际上双原子分子不是理想的谐振子，成键两原子振动位能曲线与谐振子的位能曲线在高能级产生偏差，而且位能越高，这种偏差越大。如图 6-2 所示，曲线左侧，实际位能曲线高于谐振子位能，原因是两原子间距离较近时，核间存在库仑排斥力（与恢复力同方向），使位能放大。在低能量时，两条曲线大致吻合，可以用谐振子模型来描述实际位能。因此只有当 V 较小时，振动情况才与谐振子振动比较近似。在常温下，分子几乎处于基态，红外吸收光谱主要讨论从基态跃迁到第一激发态所产生的光谱，对应的吸收峰称为基频峰，因此，可以用谐振动运动规律近似地讨论化学键的振动。

其次，非谐性还表现在，真实分子振动能级不仅可以在相邻能级间跃迁，而且可以一次跃迁两个或多个能级。因而，在红外吸收光谱中，除了基频吸收峰外，还有其他类型的吸收峰。

（1）倍频峰　分子的振动能级从基态跃迁至第二振动激发态、第三振动激发态等高能态时所产生

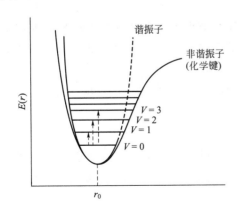

图 6-2　双原子分子势能曲线

的吸收峰。

由于相邻能级差不完全相等，所以倍频峰的频率不严格地等于基频峰频率的整数倍。倍频峰一般都很弱，一般只有第一倍频峰（从 $V=0$ 到 $V=2$ 的跃迁）具有实际意义，吸收峰的频率近似等于基频峰的两倍。

（2）组合频峰　在多原子分子中，非谐性使分子的各种振动间可以相互作用，而形成组合频峰，其频率等于两个或更多个基频峰的和或差。

6.2.2.2　多原子分子的振动

双原子分子的振动是最简单的，只能发生在连接两个原子的直线方向上，并且只有一种振动形式，即两原子的相对伸缩振动。而多原子分子由于组成原子数目增多，组成分子的键、基团和空间结构不同，其振动光谱比双原子分子要复杂得多。一般将振动形式分为两类，即伸缩振动和变形振动，如图 6-3 所示。

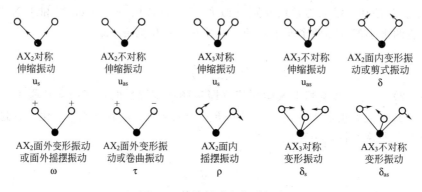

图 6-3　伸缩振动和变形振动

（1）伸缩振动　指原子沿键轴方向伸缩，键长发生变化而键角不变的振动，用符号 u 表示。它又可分为对称伸缩振动（u_s）和不对称伸缩振动（u_{as}），对同一基团来说，u_{as} 的频率稍高于 u_s。这是因为不对称伸缩振动所需的能量比对称伸缩振动所需的能量高。

（2）变形振动　又称弯曲振动，指基团键角发生周期性变化而键长不变的振动。可分为面内、面外、对称变形振动和不对称变形振动等形式。

① 面内弯曲振动（β）。弯曲振动发生在由几个原子构成的平面内，可分为两种：振动中键角的变化类似剪刀的开闭的剪式振动（δ）；基团作为一个整体在平面内摇动的面内摇摆（ρ）。

② 面外弯曲振动（γ）。弯曲振动垂直于几个原子构成的平面，它可分为：两个 X 原子同时向面下或面上的面外摇摆振动（ω）；一个 X 原子在面上、一个 X 原子在面下的卷曲振动（τ）。

一般来说，键长的改变比键角的改变需要更大的能量，因此伸缩振动出现在高频区，而变形振动出现在低频区。

6.2.2.3　基本振动的理论数（振动自由度）

分子的运动由平动、转动和振动三部分组成。平动可视为分子的质心在空间的位置变化，转动可视为分子在空间取向的变化，振动则可看成分子在其质心和空间取向不变时，分子中原子相对位置的变化。

每个原子在空间的位置必须有 3 个坐标来确定，则由 N 个原子组成的分子就有 $3N$ 个坐标，即总共具有 $3N$ 个运动自由度。分子作为一个整体，需要 3 个空间坐标来确定它的质心的位置（即 3 个平动自由度），如果这个分子是非直线的，还需要 3 个坐标来确定分子在空间的取向（即 3 个转动自由度），如果是直线分子，2 个坐标就可以确定分子在空间的取向。因此，由 N 个原子组成的非线性分子具有 $3N-6$ 个振动自由度，线性分子有 $3N-5$ 个振动自由度。

例如，水分子是非线性分子，其基本振动数为 $3\times3-6=3$，故水分子有三种振动形式，如图 6-4 所示。

不对称伸缩振动　　　　对称伸缩振动　　　　弯曲振动

图 6-4　水分子的三种简正振动方式

CO_2 分子是线性分子，基本振动数为 $3\times3-5=4$，故有四种基本振动形式，如图 6-5 所示。

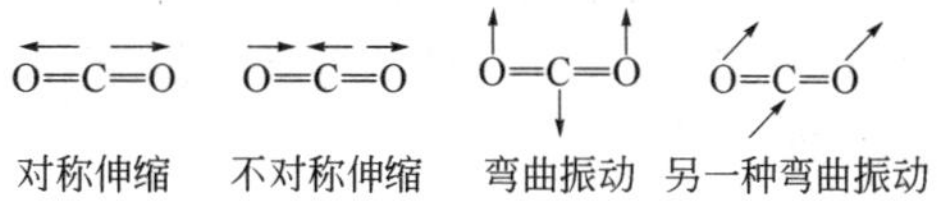

理论上，有机分子有多种简正振动方式，每种简正振动都具有一定能量，可以在特定的频率发生吸收，产生一种基频峰，因此其红外光谱中基频峰数应等于简正振动数，即应有 $3N-6$ 个或 $3N-5$ 个基频吸收峰。

$\overset{\longleftarrow}{O}=\overset{\longrightarrow}{C}=\overset{\longleftarrow}{O}$　　$\overset{\longrightarrow}{O}=\overset{\longleftarrow}{C}=\overset{\longrightarrow}{O}$　　$O=C=O$　　$O=C=O$

对称伸缩　　　不对称伸缩　　　弯曲振动　　　另一种弯曲振动

图 6-5　CO_2 分子的四种简正振动方式

实际上，并非每一种振动方式在红外光谱上都能产生一个吸收带，实际吸收带一般少于基本振动数。其原因如下。

① 某些振动方式为非红外活性，不发生瞬间偶极矩的变化，不引起红外吸收。如 CO_2 分子中的对称伸缩振动 u_s 为 1388cm^{-1}，但该振动没有偶极矩的变化，是非红外活性的，因此 CO_2 的红外光谱中没有波数为 1388cm^{-1} 的吸收峰。

② 由于分子具有高度对称性，造成不同振动形式的振动频率相等产生简并。如 CO_2 分子的面内变形振动和面外变形振动。

③ 振动能级对应的吸收波长不在中红外区。

④ 振动频率接近，一般的红外光谱仪分辨率不够，难以辨认。

⑤ 振动吸收的能量太小，吸收信号较弱，不能被仪器感知。

当然，也有峰数多于简正振动的情况：在中红外吸收光谱中，除了基团由基态向第一振动能级跃迁所产生的基频峰外，还有倍频峰、合频峰、差频峰等，谱带一般较弱，多数出现在近红外区，但它的存在使光谱变得复杂，增加了光谱对分子结构特征性的表征。

6.2.3　红外光谱与分子结构的关系

绝大多数有机物的基团振动频率范围在中红外区，该区具有非常丰富的结构信息。谱图中特征基团频率代表分子中官能团的存在，全光谱图反映整个分子的结构特征。

6.2.3.1　基团频率区

同一类型的基团在不同分子中振动频率非常相近，都在一较窄的频率区间出现吸收谱带，不随分子结构的变化而出现较大的改变。这种频率称为基团的特征振动频率，简称基团频率。利用基团频率可以鉴别基团的存在。例如，羰基总是在 $1870\sim1650cm^{-1}$ 之间出现强吸收峰。

基团频率区的范围为 $4000\sim1300cm^{-1}$，区内的峰主要是由伸缩振动产生的吸收带，比较稀疏，容易辨认，是基团鉴定工作最有价值的区域。在基团频率区，原则上每个吸收峰都可以找到归属，即每一吸收峰都和一定的官能团对应。

基团频率区又可分为四个部分。

(1) X—H 伸缩振动区（X 代表 C、O、N、S 等原子）频率范围为 $4000\sim2500cm^{-1}$，在这个区域内主要包括 O—H、N—H、C—H 和 S—H 键的伸缩振动。O—H 伸缩振动在 $3700\sim3100cm^{-1}$，氢键的存在使频率降低，谱峰变宽，它是判断有无醇、酚和有机酸的重要依据；C—H 伸缩振动分为饱和烃和不饱和烃两种，饱和烃 C—H 伸缩振动在 $3000cm^{-1}$ 以下，不饱和烃 C—H 伸缩振动（包括烯烃、炔烃、芳烃的 C—H 伸缩振动）在 $3000cm^{-1}$ 以上。因此，$3000cm^{-1}$ 波数是区分饱和烃和不饱和烃的分界线。N—H 伸缩振动在 $3500\sim3300cm^{-1}$ 区域，它和 O—H 谱带重叠，但峰形比 O—H 尖锐。伯、仲酰胺和伯、仲胺类在该区都有吸收谱带。

(2) 三键和累积双键区 频率范围在 $2500\sim2000cm^{-1}$。该区红外谱带较少，主要包括 —C≡C—、—C≡N 三键的等伸缩振动和 —C＝C＝C、—C＝C＝O 等累积双键的反对称伸缩振动。

(3) 双键伸缩振动区 在 $2000\sim1500cm^{-1}$ 区域，该区主要包括 C＝O、C＝C、C＝N、N＝O 等的伸缩振动以及苯环的骨架振动，芳香族化合物的倍频谱带。羰基的伸缩振动在 $1900\sim1600cm^{-1}$ 区域，所有羰基化合物如醛、酮、羧酸、酯、酰卤、酸酐等在该区均有非常强的吸收带。因此，C＝O 伸缩振动吸收带是判断有无羰基化合物的主要依据。C＝C 伸缩振动出现在 $1660\sim1600cm^{-1}$，一般情况下强度比较弱。单核芳烃的 C＝C 伸缩振动出现在 $1500\sim1480cm^{-1}$ 和 $1600\sim1590cm^{-1}$ 两个区域。这两个峰是鉴别有无芳核存在的重要标志之一。

苯的衍生物在 $2000\sim1667cm^{-1}$ 区域出现 C—H 面外弯曲振动的倍频或组合频峰，它的强度很弱，但该区吸收峰的数目和形状与芳核的取代类型有直接关系，在鉴定苯环取代类型上非常有用。

(4) X—Y 伸缩振动及 X—H 变形振动区 $<1650cm^{-1}$。这个区域的光谱比较复杂，主要包括 C—H、N—H 变形振动，C—O、C—X（卤素）等伸缩振动，以及 C—C 单键骨架振动。

利用官能团区不同类型基团产生的特征频率以及同一类型基团在不同化合物中由于化学环境不同造成的特征频率的差别，可推断分子中含有哪些基团，确定化合物的类别。

6.2.3.2 指纹区

$1300\sim600cm^{-1}$ 称为指纹区，该区的吸收光谱很复杂，除单键的伸缩振动外，还有因变形振动产生的谱带。各峰出现的情况受整个分子结构影响大，分子结构的微小差别，即可使指纹区的吸收谱带不同。由于该区的吸收光谱具有很强的特异性，就像人的指纹一样，因此称为指纹区。指纹区对于指认结构类似的化合物很有帮助，而且可以作为化合物存在某种基团的旁证。可以用来鉴别烯烃的取代程度、提供化合物的顺反构型信息、确定苯环的取代基类型。指纹区可分为两个波段。

（1）1300～900cm⁻¹ 这一区域是 C—O、C—N、C—F、C—P、C—S、P—O、Si—O 等单键的伸缩振动和 C＝S、S＝O、P＝O 等双键的伸缩振动及 C—H、N—H 的变形振动产生的吸收峰。C—O 的伸缩振动在 1300～1000cm⁻¹，是该区域最强的峰，也较易识别；约 1375cm⁻¹ 的谱带为甲基的 δ_{C-H} 对称弯曲振动，对识别甲基十分有用。

（2）900～650cm⁻¹ 这一区域可以显示烯烃 C—H 面外弯曲振动，根据＝C—H 面外变形振动吸收峰，可判别其顺、反构型。如

$$R^1_{}C = C_{}^{H}{}_{R^2}^{}$$

中，C—H 面外变形振动吸收峰出现在 990～970cm⁻¹，而在顺式构型

$$R^1_{}C = C_{}^{R^2}{}_{H}^{}$$

中，则出现在 690cm⁻¹ 附近。根据芳香环的 C—C 骨架振动，可确认烯烃苯环的取代类型；根据芳烃的 C—H 面外变形振动吸收峰，可以确认苯环的取代类型。可见，利用指纹区可以鉴别有机化合物，研究有机化合物的构型、构象。

6.2.4 影响基团频率位移的因素

基团频率主要由原子的质量和原子间的化学键力常数决定。对于简单的分子（如双原子分子），可以利用基本振动方程式计算基团频率近似值。但是复杂分子中的化学键力常数受分子其他部分及外部环境的影响，导致相同基团在不同分子中会发生位移。了解基团频率的影响因素和位移规律，对解析分子的红外光谱和推断分子结构都十分有用。

影响基团频率位移的因素大致可分为内部因素和外部因素。

6.2.4.1 内部因素

内部因素是指分子内各种结构因素的影响，如诱导效应、共轭效应、氢键、共振耦合、张力效应及空间效应等。

（1）诱导效应 由于与基团相邻的取代基电负性不同，通过静电诱导引起分子中电荷分布的变化，改变键力常数，从而使基团特征频率发生位移。诱导效应通常是指取代基为吸电子基团的情况，它使化学键力常数增强，基团频率向高波数位移。取代基的电负性越大或取代基数目越多，诱导效应越强。一些原子的电负性是：C 2.5、S 2.5、N 3.0、O 3.5、Cl 3.5、F 4.0。

例如，电负性大的基团或原子吸电能力强，使 C＝O 上的电子云由 O 原子转向双键的中间，增加了双键的力常数，使其振动频率升高，吸收峰波数向高波数移动。羰基的基团频率随邻接取代基电负性增加而向高波数的移动见表 6-1。

$$R-\overset{\overset{\ddot{O}}{\|}}{C}\rightarrow X \longleftrightarrow R-\overset{\overset{\overset{\delta^+}{\ddot{O}}}{\|}}{C}\cdots\overset{\delta^-}{X}$$

表 6-1 由诱导效应引起的 C＝O 伸缩振动频率的变化

$\nu_{C=O}/cm^{-1}$	1715	1800	1828	1928
化合物	$R-\overset{\overset{\delta^-}{\underset{\delta^+}{\|}}{O}}{C}-R'$	$R-\overset{\overset{O}{\|}}{C}\rightarrow Cl$	$Cl-\overset{\overset{O}{\|}}{C}\rightarrow Cl$	$F\leftarrow\overset{\overset{O}{\|}}{C}\rightarrow F$

（2）共轭效应（C效应） 由分子中形成大 π 键引起的效应，称为共轭效应。共轭效应使共轭体系中的电子云密度平均化，结果使原来的双键略有伸长（即电子云密度降低、力常数减小），单键略有缩短，双键的基团频率向低波数方向移动。例如酮的 C＝O，因与苯环共轭而使 C＝O 的力常数减小，振动频率降低。吸收峰向低波数移动。

$$H_3C—\overset{\overset{\displaystyle O}{\|}}{C}—CH_3 \qquad \overset{\overset{\displaystyle O}{\|}}{C}—CH_3 \qquad \overset{\overset{\displaystyle O}{\|}}{C}—CH_3 \qquad \overset{\overset{\displaystyle O}{\|}}{C}$$

$$1715cm^{-1} \qquad 1685cm^{-1} \qquad 1685cm^{-1} \qquad 1660cm^{-1}$$

含有孤对电子的杂原子（卤素、氧、硫、氮等）取代基，既有吸电子的诱导效应，又有 n-π 共轭效应。基团吸收峰的位移方向取决于哪种效应占优势。当诱导效应大于共轭效应时，振动频率向高波数移动；反之，振动频率向低波数移动。一般来说，卤素和氧原子的诱导效应占优势，而硫和氮原子的共轭效应占优势。如由酰胺中的 C＝O 伸缩振动产生的吸收峰向低波数移动（1680cm^{-1}附近），这是因为 N 原子的共轭效应占优势，N 原子上的孤对电子使 C＝O 上的 π 电子云移向 O 原子，C＝O 双键的电子云密度平均化，造成 C＝O 键的力常数下降，基团频率向低波数位移。

诱导效应和共轭效应都是通过化学键起作用的，与分子的几何构型无关。

（3）空间效应 空间效应不是通过化学键起作用，而与分子的构型有关。空间效应包括环状化合物的环张力效应、空间位阻效应及偶极场效应。

① 环张力效应。环张力效应的存在使环内各键键强削弱，键的力常数变小，伸缩振动频率向低频方向位移；环张力效应的存在使环外键的伸缩振动频率向高频方向位移。环越小，环张力越大。

$\nu_{C=C}$	1645cm^{-1}	1610cm^{-1}	1565cm^{-1}
$\nu_{=C-H}$	3017cm^{-1}	3040cm^{-1}	3060cm^{-1}

② 空间位阻效应。取代基的空间位阻效应会影响分子内两共轭基团的共面性，故能削弱甚至破坏共轭效应，使吸收峰峰位向高频方向位移。

③ 偶极场效应（F效应）。F效应是通过分子空间起作用的，因此，只有在立体结构上相互靠近的基团才能产生 F 效应。例如，1,3-二氯丙酮的三种旋转异构体。氯及氧原子都为偶极的负极，负负相斥，使羰基上的电子云移向双键中间，键的共价键性增强，力常数增大，所以，在三种异构体中，两个 Cl 和 O 在同侧的结构中 $\nu_{C=O}$ 最大。

（4）氢键效应 氢键的形成使电子云密度平均化，使两个基团的键强均有削弱，其伸缩振动频率降低。氢键越强，频率降低的幅度越大。例如，羧酸中的羰基和羟基之间容易形成氢键，形成二聚体。

$$RCOOH \qquad R—\overset{O\cdots H—O}{\underset{O—H\cdots O}{C}} C—R$$

$$\nu_{C=O}=1760cm^{-1} \qquad \nu_{C=O}=1700cm^{-1}$$

游离羧酸（在蒸气状态或极稀的非极性溶剂的溶液中）的 $\nu_{C=O}$ 吸收峰出现在 1760cm^{-1} 左右，在固体或液体中，由于羧酸形成二聚体，$\nu_{C=O}$ 吸收峰出现在 1700cm^{-1}。

氢键可以发生在同一个分子中（称为分子内氢键），也可发生在同种分子或不同种的分子之间（称为分子间氢键）。分子内氢键不受浓度影响，分子间氢键受浓度影响较大。

（5）振动耦合　如果两个振子属同一分子的一部分，而且相距很近，这两个振子的振动相互作用，使一个频率变大，另一个变小，而分裂成两个峰的现象，称为振动耦合。例如，羧酸酐中 $\nu_{C=O}$ 有两个吸收峰，1820cm^{-1} 和 1760cm^{-1}；丙二酸中 $\nu_{C=O}$ 有两个吸收峰，1740cm^{-1} 和 1710cm^{-1}。

6.2.4.2　外部因素

外部因素主要指测定时物质的状态以及溶剂效应等因素。

（1）物态效应　同一物质在不同状态时，由于分子间相互作用力不同，测得的光谱往往不同。一般在气态下测得的谱带波数最高，并能观察到伴随振动光谱的转动精细结构。在液态和固态下测定的谱带波数相对较低，且观察不到转动光谱。如丙酮在气态时的 $\nu_{C=O}$ 为 1742cm^{-1}，而在液态时为 1718cm^{-1}。

（2）溶剂效应　测定液态分子的光谱时，由于溶剂的种类和浓度不同，同一物质测得的光谱也不相同。通常在极性溶剂中，溶质分子中极性基团的伸缩振动频率随溶剂极性的增大而降低，并且强度增大。

如羧酸中 $\nu_{C=O}$ 波数：

气体	1780cm^{-1}
非极性溶剂	1760cm^{-1}
乙醚中	1735cm^{-1}
乙醇中	1720cm^{-1}

溶剂效应主要是通过影响物质形成氢键的情况，极性越大，溶质越易形成氢键。为消除溶剂效应，通常应尽量采用非极性溶剂，如 CCl_4、CS_2 等，并且以稀溶液来获得光谱。

（3）温度效应　低温下，吸收带尖锐，随温度升高，带宽增加，强度减小。

6.3　红外光谱仪

红外光谱技术研究始于 20 世纪，1940 年出现了商品化红外光谱仪，红外光谱仪主要经历了以下几个重要阶段。

（1）棱镜型　4000～400cm^{-1}（20 世纪 40 年代）。

（2）光栅型　4000～200cm^{-1}（20 世纪 60 年代）。

（3）傅里叶变换型　1969 年第一台在美国的 Digilab 公司诞生，标志着第三代红外吸收光谱仪的问世，应用领域日趋广泛。

棱镜型和光栅型都属于色散型红外光谱仪，两者的基本原理一致，但光栅的分辨率比棱镜高得多。傅里叶变换红外光谱仪属于干涉型，它没有单色器和狭缝，是由迈克尔逊干涉仪和数据处理系统组合而成的。

6.3.1　色散型红外光谱仪

（1）结构示意图　色散型红外光谱仪结构如图 6-6 所示。

（2）主要部件

① 光源。红外光源应能发射高强度的连续红外辐射，常用的是能斯特灯或硅碳棒。能斯特灯是以锆和钇等稀土金属氧化物混合烧结而成的中空棒，在高温下导电并发射红

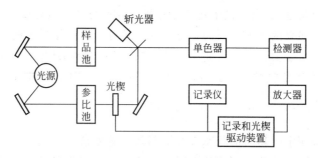

图 6-6 色散型红外光谱仪结构示意图

外线。它具有高的电阻温度系数，在室温下不导电。使用前需要预热至 700℃ 以上，等发光后切断预热电流。它的优点是发光强度高，使用寿命长，稳定性好，不需水冷，在短波范围辐射效率高于硅碳棒，但价格较贵，操作不便。硅碳棒由碳化硅烧结而成，其发光面积大，使用波长范围宽，坚固，不需预热，操作方便且廉价，在长波范围辐射效率高于能斯特灯。

② 吸收池。红外样品吸收池一般可分为气体样品吸收池和液体样品吸收池，其重要的部分是红外透光窗片，因玻璃、石英等材料不能透过红外线，因此通常用 NaCl、KBr（非水溶液）或 CaF_2（水溶液）等红外透光材料做窗片，也称盐窗。

③ 单色器。单色器是红外光谱仪的关键部分，其作用是将通过样品池和参比池后的复式光分解成单色光。它由色散元件、准直镜狭缝组成。用于红外光谱仪的色散元件有棱镜和光栅，目前多采用光栅做色散元件。光栅做色散元件最大的优点是不会受水汽的侵蚀，采用几块光栅常数不同的光栅可增加波长范围，分辨率恒定。

④ 检测器。红外光谱区的光子能量较弱，不足以引起光电子发射，因此电信号输出很小，不能用光电管和光电倍增管作检测器。常用的红外检测器有热检测器（真空热电偶、热释电检测器）和量子检测器（汞镉碲检测器）。前者将大量入射光子的累积能量，经过热效应，转变成可测值。后者是一种半导体装置，利用光导效应进行检测。半导体检测器是一种高灵敏快速响应检测器，目前常用的是半导体 HgTe-CdTe 的混合物，即碲化汞镉检测器。它比热检测器有更快的响应速度和更高的灵敏度，因此更适合于傅里叶变换红外光谱仪。

6.3.2 傅里叶变换红外光谱仪

傅里叶变换红外光谱仪是基于光相干性原理而设计的干涉型红外光谱仪。它没有色散元件，主要由光源、干涉仪、检测器、计算机和记录仪等组成。其核心部件是干涉仪，它将从光源来的信号以干涉图的形式送往计算机进行傅里叶变换的数学处理，最后又将干涉图还原成光谱图。图 6-7 是傅里叶变换红外光谱仪工作原理。图 6-8 是干涉仪及干涉谱图。

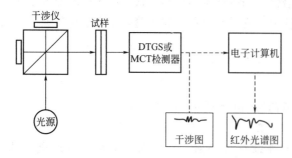

图 6-7　傅里叶变换红外光谱仪工作原理示意图

干涉仪由互相垂直的两块平面反射镜 M_1、M_2 和与 M_1 和 M_2 分别成 45°角的劈光器及检测器等组成。其中 M_1 固定不动，M_2 可沿图示方向作微小移动，称为动镜。从光源来的单色光经过劈光器被

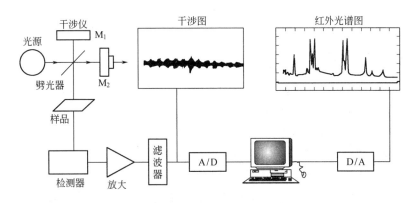

图 6-8 干涉仪及干涉谱图示意图

分为相等的两部分：光束Ⅰ穿过劈光器经过动镜 M_2 反射，沿原路回到劈光器并发射到检测器；光束Ⅱ则发射到 M_1，再由 M_1 沿原路反射回来通过劈光器到达检测器。当两束光到达检测器时，其光程差将随动镜 M_2 的往复运动而周期性地变化。这样由于光的干涉原理，在检测器处得到的是一个强度变化为余弦形式的信号，即干涉谱图。当入射光为连续波长的多色光时，得到的多色光干涉图是所有各单色光干涉图的加合。当多色光通过试样时，由于试样对不同波长光的选择吸收，干涉图曲线发生变化，经计算机进行快速傅里叶变换，就可得到透光率随波数变化的普通红外光谱图。

傅里叶变换红外光谱仪具有如下特点。

① 扫描速度快。在不到 1s 的时间里即可获得谱图，比色散型仪器快数百倍。

② 灵敏度高。检测极限可达 $10^{-12}\sim10^{-9}$，对微量组分的测定非常有利。

③ 分辨率高。分辨率取决于动镜的线性移动距离，距离增加，分辨率提高。在整个光谱范围内波数精度可达到 $0.005\sim0.1cm^{-1}$。

④ 测量的光谱范围宽。测量范围可达 $10\sim1000cm^{-1}$。

⑤ 多路优点。狭缝的废除大大提高了光能利用率。

6.4　样品制备

要获得一张高质量的光谱图，除了仪器本身的因素外，样品制备技术也很重要。

红外光谱的试样可以是液体、固体或气体，一般应要求以下几点。

① 试样应该是单一组分的纯物质，纯度应大于 98% 或符合商业规格，才便于与纯物质的标准光谱进行对照。多组分试样应在测定前尽量进行分离提纯，否则各组分光谱相互重叠，难以判断。

② 试样中不应含有游离水。水本身有红外吸收，会严重干扰样品谱，而且会侵蚀吸收池的盐窗。

③ 试样的浓度和测试厚度应选择适当，以使光谱图中的大多数吸收峰的透射比处于 10%~80% 范围内。

6.4.1　气体样品

气体样品可以直接充入已抽成真空的样品池内，常用的样品池的长度在 10cm 以上。对于痕量分析，可采用多次反射使光程折叠，使光束通过样品池全长的次数成倍增加，以满足仪器的检测限要求。

6.4.2 液体和溶液样品

纯液体样品可以直接滴入两窗片之间形成薄膜后测定，可以消除由于加入溶剂引起的干扰，但会呈现强烈的分子间氢键和缔合作用。

对于样品溶液，有几点值得注意。

① 池窗及样品池材料必须与所测量的光谱范围相匹配。

② 应正确选择溶剂。对溶剂的要求是：对样品有良好的溶解性；溶剂的红外吸收不干扰测定。常用的溶剂为 CCl_4 或 CS_2，也可以采用 $CHCl_3$ 或 CH_2Cl_2 等。因为水分子本身有红外吸收，所以一般不作溶剂使用。水也会侵蚀池窗，因此样品必须干燥。配成的样品溶液浓度一般在 10% 左右。

③ 固体样品可以采用溶液法、研糊法及压片法制备。

溶液法是将样品在合适的溶剂中配成浓度约 5% 的溶液后测定。研糊法是将研细的样品与石蜡油调成均匀的糊状物后，涂于窗片上进行测定。常用的是压片法，将约 1mg 样品与 100mg 干燥的溴化钾（或其他盐窗材料）粉末研磨均匀，再在压片机上压成几乎透明的圆片进行测定。压片法的优点是干扰小，浓度可控，且保持干燥。对于热熔性的高聚物样品，也可制成薄膜供分析测定用。

6.5 定性和定量分析

每种化合物具有其特有的红外光谱图，混合物的光谱图是其组成的光谱图叠加。由于红外光谱图具有高度的特征性，被誉为"分子的指纹"，不但可以用来研究分子的结构和化学键，如力常数的测定等，而且也广泛地用于表征和鉴别各种化学物质。

6.5.1 定性分析

因红外光谱鉴定物质可靠、操作简便、分析速度快、样品用量少等特点，红外光谱法在有机物定性分析中应用广泛。

与物质的其他物理性质（如熔点、沸点、密度等）一样，红外光谱和物质结构间的对应关系是很严格的，但红外光谱得到的是分子结构信息，比其他物理性质提供更多的信息。这是因为红外光谱中吸收峰的位置和强度不仅与组成该分子的各原子质量及化学键的性质有关，而且也与化合物的几何构型有关。因此两种化合物只要组成分子的原子质量不同，或化学键性质不同，或几何构型出现差异，都会得到不同的红外光谱。所以红外光谱可以区分由不同原子和化学键组成的物质以及识别各种同分异构体。例如，链异构、位异构、顺反异构和固体的多晶异构等。这种犹如人和指纹的严谨关系，就是红外光谱法进行定性分析的依据。

（1）官能团定性分析 在各类分子中，相同基团都大体在某一特定光谱区内出现吸收（特征频率），从而奠定了官能团分析的基础。

在物质的分子中引入或除去某官能团，则其红外光谱图中相应的特征吸收峰应出现或消失，进行光谱解析即可确定。

① 否定法。已知某波数区的谱带对某个基团是特征的，在谱图中的这个波数区如果没有谱带存在，就可以判断某些基团在分子中不存在。

② 肯定法。在用肯定法解析谱图时应当注意，有许多基团的吸收峰会出现在同一波数区域内，因此很难做出明确的判断，这就需要从几个不同波数区域内的相关峰来综合判断某个基团。

（2）已知物鉴定　当已经知道物质的化学结构，仅仅要求证实是否为所期待的化合物时，用红外光谱验证是一种行之有效的简便方法。将样品的谱图与标准样品的谱图进行对照，或者与文献中对应标准物的谱图进行对照。如果两张谱图中各吸收峰的位置和形状完全相同，峰的相对强度一样，就可以认为样品是该种标准物。如果两张谱图不一样，或峰位置不一致，则说明两者不是同一化合物，或样品中可能含有杂质。使用文献上的谱图时应当注意样品的物态、结晶状态、溶剂、测定条件以及所用仪器类型等，被测物与标准物的聚集状态、制样方法及绘制谱图的条件等要相同才具有可比性。

（3）推断未知物结构　红外光谱的重要用途是推断未知物的结构。这里所指未知物是指对分析者而言，而在标准谱图上已有收藏。

红外光谱定性分析的程序如下。

① 了解样品的来源和性质、制备方法、纯度等。

② 计算化合物的不饱和度。

不饱和度是分子结构式中达到饱和所缺一价元素的"对"数。即表示有机分子中是否含有双键、三键、苯环，是链状分子还是环状分子等，对决定分子结构非常有用。根据分子式计算不饱和度的经验公式为：

$$\Omega = 1 + n_4 + \frac{n_3 - n_1}{2} \tag{6-5}$$

式中，n_1、n_3、n_4 分别为分子中一价、三价、四价原子的数目。

通常规定双键或饱和环结构的不饱和度为 1，三键不饱和度为 2，苯环不饱和度为 4（1 个环加 3 个双键），式（6-5）不适合于有高于四价杂原子的分子。

③ 依照特征官能团区、指纹区及四个重要光谱区的特性，对谱图进行解析。依据"先简单后复杂，先官能团区后指纹区，先强峰后弱峰，先初查后细查，先否定后肯定"的原则进行推断。

在推断出化合物的可能结构后，还需进行化合物结构的验证，几种主要的验证方法如下。

① 设法获得纯样品，在相同的测试条件绘制其红外光谱图进行对照。

② 若不能获得纯样品时，可与标准光谱图进行对照。当两谱图上的特征吸收带位置、形状及强度相一致时，可以完全确认。当然绝对吻合不可能出现，但各特征吸收带的相对强度的顺序是不变的。常见的标准红外光谱图集有 Sadtler 红外谱图集、Coblentz 学会光谱图集、API 光谱图集、DMS 光谱图集。

③ 对于结构复杂或未知结构的新化合物，仅用红外光谱很难确定其结构，需与紫外、质谱、核磁共振波谱等方法联合解析。

【例题】　某化合物分子式为 C_8H_7N，熔点为 29℃，红外光谱图如图 6-9 所示，试根据其红外光谱图推测其结构。

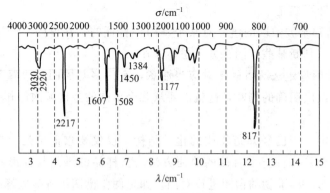

图 6-9 红外光谱图

解：根据红外光谱图推测结构见表 6-2。

表 6-2 根据红外光谱图推测结构

不饱和度	$U=1+8+$ $1/2(1-7)=6$		可能含有苯环
谱峰归属	(1)	$3030cm^{-1}$	苯环上=C—H 伸缩振动,说明可能是芳香族化合物
	(2)	$2920cm^{-1}$	是—CH_2 或 CH_3 的 C—H 非对称伸缩振动峰,此峰很弱,可能是芳环上连的烃基
	(3)	$2217cm^{-1}$	CN 的特征吸收峰(一般 CN 伸缩振动吸收峰在 $2260\sim2240cm^{-1}$),当 CN 处于共轭体系中时频率就要低移约 $30cm^{-1}$,所以连接方式可能是 CN 直接连在苯环上
	(4)	$1607cm^{-1}$	芳环 C=C 伸缩振动,由于苯环对位取代谱带出现在稍高位置(一般为 $1600cm^{-1}$ 和 $1500cm^{-1}$)
		$1508cm^{-1}$	
	(5)	$1450cm^{-1}$	芳环 C=C 伸缩振动和 CH_3 的 C—H 不对称变形振动的叠合
	(6)	$1384cm^{-1}$	CH_3 的 C—H 对称变形振动,甲基特征
	(7)	$1170cm^{-1}$	C—C 伸缩振动吸收峰
	(8)	$817cm^{-1}$	苯环上相邻两个 H 原子=C—H 的面外变形振动,苯环对位取代的特征
推测结构	H_3C——⬡——CN		
结构验证	其不饱和度与计算结果相符;对甲苯腈熔点是 29℃;并与标准谱图对照证明结构正确		

6.5.2　定量分析

红外光谱定量分析是通过对特征吸收谱带强度的测量来求组分含量的。同其他辐射吸收光谱的定量分析相同（如紫外-可见光谱法），红外光谱定量分析的基础依然是朗伯-比尔定律，物质组分在某红外频率处的吸光度与化合物浓度成正比：

$$A=\varepsilon bc \quad 或 \quad A=abc$$

由于红外光谱的谱带较多，选择的余地大，所以能方便地对单一组分和多组分进行定量分析。但同时也正因为红外光谱的吸收峰多，因此在定量分析时，特征吸收谱峰或吸收带的选择尤为重要，首先所选择的定量分析吸收峰应有足够强度，即摩尔吸光系数大的峰，且不与其他峰相重叠。

因为方法灵敏度相对比较低，而且浓度与红外吸收之间的线性响应范围也比较窄，所以红外光谱法适用于常量组分测定，不适合于微量及痕量组分的测定。为了提高测定准确度，样品的透光度不宜过大或过小，通常为 20%～60%。

红外光谱的定量分析与其他的定量方法比较，微量组分的定量分析难度很大，只在特殊情况下使用，这也限制了其在环境领域中的应用。但分析在物理和化学性质上极为相似的混合物中的某一组分，特别是异构体组分时，红外光谱法具有明显的优势。

6.6 红外光谱技术在环境分析中的应用

因红外光谱技术具有分析速度快、无损、高效、易操作、稳定性好等特点，成为 20 世纪 90 年代以来备受关注的光谱分析技术，其在环境领域的应用也日益成为研究热点。

可以用红外分光光度法（GB/T 16488—1996）、非散射红外法测定水中的油类物质。

近红外光谱分析技术（near infrared reflectance spectroscopy，NIRS）是利用物质在近红外区（780～2526nm）的漫反射光谱特征对物质成分或性质进行定性、定量预测的一种光谱学和化学计量学相结合的分析方法。

研究表明，NIRS 分析方法可以对堆肥中总氮、总碳、有机碳、有机氮含量和 C/N 值进行准确的定量分析，对铵态氮和硝态氮含量较难进行高精度、稳定的定量分析。

土壤腐殖质是土壤有机质的主要成分，根据其在酸碱溶液中的溶解度分为胡敏酸、富里酸和胡敏素三部分。由于结构复杂，人们长期以来对腐殖酸的结构、反应及其功能仍未完全弄清楚。20 世纪 70 年代以来，红外光谱及其色谱、质谱、核磁共振波谱等联用技术的迅速发展，为土壤有机质研究取得突破性进展奠定了基础。

利用偶联热解气相色谱-傅里叶变换红外光谱法可以对腐殖酸的结构进行分析。南京土壤所对我国从南至北的典型土壤中胡敏酸的红外光谱进行了比较分析，证明了土壤中胡敏酸具有相似的化学结构。

参 考 文 献

[1] 魏福祥. 仪器分析及应用. 北京：中国石化出版社，2007.
[2] 司文会. 现代仪器分析. 北京：中国农业出版社，2005.
[3] 魏培海，曹国庆. 仪器分析. 北京：高等教育出版社，2007.
[4] 陈玲，郜洪文，等. 现代环境分析技术. 北京：科学出版社，2010.
[5] 郑重. 现代环境检测技术. 北京：化学工业出版社，2009.
[6] 钱沙华，韦进宝. 环境仪器分析. 北京：中国环境科学出版社，2004.

思考题与习题

一、选择题

1. 红外线可引起物质的能级跃迁是（　　）。
A. 分子的电子能级的跃迁，振动能级的跃迁，转动能级的跃迁
B. 分子内层电子能级的跃迁
C. 分子振动能级及转动能级的跃迁
D. 分子转动能级的跃迁

2. 红外吸收光谱是（　　）。
A. 原子光谱　　B. 发射光谱　　C. 电子光谱　　D. 分子光谱

3. 表示红外分光光度法通常用（　　）。
A. HPLC　　B. GC　　C. IR　　D. TLC

4. 一般所说的红外光谱是指（　　）。
A. 远红外光谱　　B. 近红外光谱　　C. 中红外光谱　　D. 800～1000nm

5. 红外光谱解析分子结构的主要参数是（　　）。
A. 质荷比　　D. 波数　　C. 偶合常数　　D. 保留值

6. 时间域函数与频率域函数采用（　　）进行转换。

A. 测量峰面积   B. 傅里叶变换

C. 使用 Michelson 干涉仪   D. 强度信号由吸光度改为透过率

7. 波数 σ 的单位是 cm^{-1}，其物理意义是 1cm 中所包含波的个数。波长为 $50\mu m$ 的红外线所对应的波数为（   ）。

A. $100cm^{-1}$ B. $200cm^{-1}$ C. $300cm^{-1}$ D. $400cm^{-1}$

8. 用波数 σ 表示的频率不同于光的振动频率 $\nu_{振}$（Hz），两者在数值上相差 c。用波数表示频率比用光的振动频率表示简单。例如 $\sigma=500cm^{-1}$ 的红外线所对应的振动频率为（   ）。

A. $1.0\times10^{18}Hz$ B. $1.5\times10^{15}Hz$ C. $1.5\times10^{12}Hz$ D. $1.5\times10^{18}Hz$

二、填空题

1. 在分子振动过程中，化学键或基团的_____不发生变化，就不吸收红外线。

2. 氢键效应使 OH 伸缩振动谱带向_____波数方向移动。

3. 红外光谱仪可分为_____型和_____型两种类型。

4. 一般多原子分子的振动类型分为_____振动和_____振动。

5. 红外区位于可见光区和微波区之间，习惯上又可将其细分为_____、_____和_____三个光区。

6. 共轭效应使 C＝O 伸缩振动频率向_____波数位移；诱导效应使其向_____波数位移。

三、简答题与计算题

1. 为什么说红外光谱是振动-转动光谱？

2. O_2 有几个振动自由度？有无红外活性？

3. 不考虑其他因素条件影响，在酸、醛、酯、酰卤和酰胺类化合物中，出现碳氧键伸缩振动频率最高的是什么化合物？

4. 红外吸收光谱主要研究范围是什么？

5. 谐振子的吸收频率取决于哪些因素？

6. 乙烯分子中 C＝C 对称伸缩振动有无吸收峰？为什么？

7. 红外光谱分析技术中，制样时应注意哪些因素？

8. 计算下列化合物的不饱和度并解析：C_6H_6、$C_4H_5O_2$、$C_8H_{18}O$、C_8H_{14}、$CH_3(CH_2)COOH$。

7 电位分析法和离子选择电极

7.1 概述

电极电位与电极活性物质的活度之间的关系可用能斯特方程来表示：

$$E = E_0 + \frac{RT}{nF}\ln a \tag{7-1}$$

式中，E 是电极电位；E_0 是相对于标准氢电极的标准电位；R 是气体常数；F 是法拉第常数；T 是热力学温度；n 是参加反应的电子数；a 是电子活度。利用此关系建立了一类通过测量电极电位来测定某物质含量的方法称为电位分析法。

电极电位的测量在一个由指示电极、参比电极、电解质溶液构成的化学电池中进行。电解质溶液由被测试样与其他组分组成，将电极电位随被测物质活度变化的电极称为指示电极，而另一个与被测物质无关的、电位比较稳定的、提供测量电位参考的电极称为参比电极。

指示电极的作用是指示与被测物质浓度相关的电极电位。指示电极对被测物质的指示是有选择性的，一种指示电极往往只能指示一种物质的浓度。因此，用于电位分析法的指示电极种类很多。如玻璃电极、氟离子选择电极、气敏电极、生物电极等。

参比电极是决定指示电极电位的重要因素，一个理想的参比电极应具备以下条件：①能迅速建立热力学平衡电位，这要求电极反应是可逆的；②电极电位是稳定的，能允许仪器进行测量。常用的参比电极有甘汞电极和银-氯化银电极。

甘汞电极是以甘汞（Hg_2Cl_2）饱和的一定浓度的 KCl 溶液为电解液的汞电极，其电极反应为：

$$2Hg + 2Cl^- \rightleftharpoons Hg_2Cl_2 + 2e^-$$

电极电位为：

$$E = E_{Hg_2Cl_2, Hg} - 0.059\lg \alpha_{Cl^-}$$

甘汞电极的电极电位随温度和氯化钾浓度的变化而发生改变。其中，在 25℃ 下饱和 KCl 溶液中的甘汞电极是最常用的，此时的电极称为饱和甘汞电极，其电极电位为 0.2444V。甘汞电极通过其尾端的烧结陶瓷塞或多孔玻璃与指示电极相连。这种接口具有较高的阻抗和一定的电流负载能力，因此甘汞电极是一种很好的参比电极。

银-氯化银电极也是一种广泛使用的参比电极，它是浸在氯化钾溶液中的涂有氯化银的银电极，其电极反应为：

$$Ag + Cl^- \rightleftharpoons AgCl + e^-$$

银-氯化银的电极电位也是随温度和氯化钾浓度的变化而发生改变。商品银-氯化银电极的外形与甘汞电极类似。有些实验中，银-氯化银电极（涂有 AgCl 的银丝）可以作为参比电极直接插入反应体系，具有体积小、灵活等优点。另外，银-氯化银电极可以在高于 60℃ 的体系中使用。

电位分析法有两种。第一种方法选用适当的指示电极浸入被测试剂溶液，测量相对一个参比电极的电位。根据测得的电位，直接求出被测量的物质浓度，这种方法称为直接电位法。第二种方法是向试液中加入能与被测物质发生化学反应的已知浓度的试剂。观察滴定过程中指示电极电位变化，以确定滴定的终点。根据所需滴定试剂的量计算出被测物质的含量。这种方法称为电位滴定法。

7.2 水溶液的 pH 值测量

应用最早、最广泛的电位测定法是测定溶液的 pH 值。20 世纪 60 年代以来，由于离子选择电极迅速发展，电位测定法的应用及重要性有了新的突破，现以电位法测定 pH 值为例，说明电位分析法的原理。

7.2.1 pH 玻璃电极主要构造及测量装置

电位法测定溶液的 pH 值，常用 pH 玻璃电极作为 H^+ 活度的指示电极，饱和甘汞电极作为参比电极，浸入待测试液中组成工作电池。用于测量溶液 pH 值的典型电极体系如图 7-1 所示。

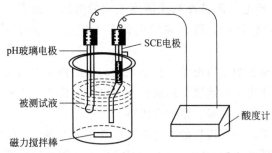

图 7-1　测定 pH 值的工作电池示意图

其中玻璃电极属于刚性基质电极，使用最早的是 pH 玻璃电极，用于测定 H^+。另外，通过改变玻璃膜的组成，还可以制成对其他离子有选择性响应的玻璃电极，用以测定 Na^+、K^+、Li^+、Ag^+ 等。

pH 玻璃电极的构造如图 7-2 所示。电极的主要部分是下端部由特殊成分的玻璃（摩尔分数：Na_2O 0.22，CaO 0.06，SiO_2 0.72）吹制而成的球状敏感膜，其厚度为 0.05~0.1mm。球内装有内参比溶液（含 NaCl 的 pH=7 缓冲溶液）并插入 Ag-AgCl 电极作为内参比电极，其内参比电极电位恒定，与待测溶液 pH 值无关。

玻璃电极作为指示电极，其作用主要在玻璃膜上，其化学组成对电极的性质有很大影响。由纯二氧化硅制成的石英玻璃膜，没有可提供离子交换的电荷点，所以对溶液中 H^+ 没有响应。在加入 Na_2O 后制成的钠硅酸盐玻璃晶格中，Na（Ⅰ）取代了晶格中部分 Si（Ⅳ）的位置，使部分 Si—O 键断裂，形成了固定的带负电荷的 Si—O 骨架，如图 7-3 所示，即得

$—\overset{|}{\underset{|}{Si}}—O^-\ Na^+$　。Na（Ⅰ）与 O 的键合为离子键，形成了可供离子交换的定域体。溶液中的 H^+ 能进入晶格代替 Na^+ 的点位，但其他负离子却被带负电荷的 Si—O 晶格所排斥；二价和高价正离子也不能进出晶格，这是 pH 玻璃电极对 H^+ 有选择性响应的原因。

实践证明，一个玻璃膜的表面必须经过水合作用才能显示 pH 电极的作用，未吸湿的玻璃膜不表现 pH 电极的功能。新的玻璃电极在使用前需在纯水中浸泡 24h 以上方可使用，测量后于清水中保存。

玻璃膜在水溶液中浸泡后形成三部分，两个水化凝胶层和一个干玻璃层，如图 7-4 所示。

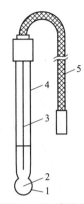

图 7-2 pH 玻璃电极

1—敏感膜；2—内参比溶液（pH＝7
缓冲溶液）；3—内参比电极
（Ag-AgCl）；4—电极杆；
5—带屏蔽的导线

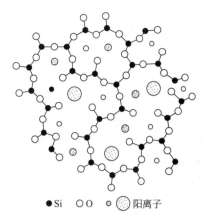

● Si　○○ O　⊙ 阳离子

图 7-3　硅酸盐玻璃结构的二维示意图

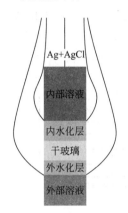

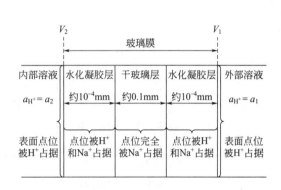

图 7-4　水化后玻璃膜电极示意图

当玻璃膜与水溶液接触时，由于硅氧结构与 H^+ 的键合能力远大于它与 Na^+ 的键合能力（约为 10^{14} 倍），因此水中 H^+ 与晶格中的 Na^+ 发生离子交换反应：

$$H^+ + Na^+G^- \rightleftharpoons Na^+ + H^+G^-$$

反应的平衡常数很大，有利于正反应，使得玻璃表面的点位在酸性和中性溶液中时几乎全为 H^+ 所占据，而形成一个溶胀的硅酸（H^+G^-）水化溶胶层。H^+ 在水化溶胶层中的扩散速率较快，电阻小。由水化凝胶层到干玻璃层之间为过渡层，其中 H^+ 在未水化的玻璃中扩散系数小，电阻高，甚至高于 Na^+ 为主的干玻璃层。

水化凝胶层表面存在电离平衡：

$$\equiv SiO^-H^+ + H_2O \rightleftharpoons \equiv SiO^- + H_3O^+$$

水化凝胶层中的 H^+ 与溶液中的 H^+ 进行交换。在交换过程中，水化凝胶层 H^+ 的得失都会影响水化凝胶层和溶液界面的电位，并在玻璃膜的内外界面上形成双电层结构，产生两个相界电位。在内外水化凝胶层和干玻璃层之间形成两个扩散电位。因此，玻璃膜的电位主要由内外两个水化凝胶层与溶液之间的相间电位决定。

7.2.2　玻璃电极电位的理论-膜电位的基本概念

7.2.2.1　扩散电位

如图 7-5(a) 所示，有两个互相接触但其浓度不同的盐酸溶液（也可以是不同的溶液），若 c_2 大于 c_1，则盐酸由 2 向 1 扩散。由于 H^+ 的迁移速度较 Cl^- 快，造成两溶液界面上的电荷分布不均匀，溶液 1 带正电荷多而溶液 2 带负电荷多，产生电位差。带正电荷的溶液 1 对 H^+ 有静电排斥作用，而使之迁移变慢，对 Cl^- 有静电吸引作用而使之迁移变快，最后 H^+ 和 Cl^- 以相同的速度通过界面，达到平衡，使两溶液界面有稳定的界面电位，这一电位称为液接电位。由于它不只局限于出现在两个液体界面，也可以出现在其他两相界面之间，所以这类电位通称扩散电位。很明显，当产生液接电位前正负离子的迁移速度就相等时，扩散电位等于零。盐桥正是基于此原理而经常用来消除液接电位的。这类扩散属于自由扩散，正、负离子都可以扩散通过界面，没有强制性和选择性。

7.2.2.2　道南（Donnan）电位

如图 7-5(b) 中的渗透膜，仅容许 K^+ 能扩散通过（$c_1 < c_2$），而 Cl^- 不能通过，于是造成两相界面电荷分布不均匀，产生电位差，这一电位称为道南电位。这类扩散具有强制性和选择性，道南电位的计算公式为：

$$E_D = E_1 - E_2 = \frac{RT}{nF} \ln \frac{a_{-(2)}}{a_{+(1)}} \tag{7-2}$$

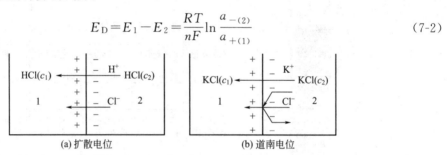

(a) 扩散电位　　　　　　　　(b) 道南电位

图 7-5　扩散电位和道南电位示意图

7.2.2.3　膜电位

各种类型的离子选择电极的响应机理虽各有特点，但其电位产生的根本原因都是相似的，即关键都在于膜电位，如图 7-6 所示。在敏感膜与溶液两相间的界面上，由于离子扩散，产生相间电位（道南电位）；在膜相内部，膜内外的表面和膜本体的两个界面上尚有扩散电位产生（严格地说，膜内部的扩散电位并无明显的分界线，图中为了方便而人为画出），其大小应该相同。

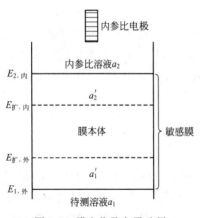

图 7-6　膜电位及离子选择电极的作用示意图

在图 7-6 中，若敏感膜仅对阳离子有选择性响应，当电极浸入含有该离子的溶液中时，在膜内外的两个界面上，均产生道南型的相间电位。

$$E_1 = k_1 + \frac{RT}{nF} \ln \frac{a_1}{a_1'} \tag{7-3}$$

$$E_2 = k_2 + \frac{RT}{nF} \ln \frac{a_2}{a_2'} \tag{7-4}$$

式中，a 为液相中阳离子的活度；a' 为膜相中阳离子的活度；n 为离子的电荷数。通常敏感膜内外表面的性质可以看成是相同的，即 $k_1=k_2$，$a_1'=a_2'$，且 $E_{扩,内}=E_{扩,外}$，故膜电位为：

$$E_膜=E_1+E_{扩,外}-E_{扩,内}-E_2=\frac{RT}{nF}\ln\frac{a_1}{a_2} \tag{7-5}$$

由于内参比溶液中阳离子的活度不变，为常数，所以：

$$E_膜=常数+\frac{RT}{nF}\ln a_1 \tag{7-6}$$

可见，膜电位与溶液中离子活度之间的关系符合能斯特公式。常数项为膜内界面上的相间电位，还应包括由于膜的内外两个表面不完全相同而引起的不对称电位。

7.2.2.4 不对称电位

如果膜两侧溶液相同，即 $a_1=a_2$，则 $E_膜=0$，但实际上仍存在一个很小的电位，使得 $E_膜\neq0$，这个电位称为不对称电位。对于同一个 pH 电极的不对称电位会随时间而缓慢变化，其产生原因需进一步研究。影响因素有：制造时玻璃膜内外表面产生的应力不同，外表面经常被机械和化学侵蚀等。不对称电位对 pH 值测量的影响只能用标准缓冲溶液来校正。

7.2.2.5 活度与浓度

应用离子选择电极进行电位分析时，能斯特公式表示的是电极电位与离子活度之间的关系，所以测量得到的是离子的活度，而不是浓度。当待测离子浓度稍高时，就不是直线关系，待测离子的浓度越高，误差也就越大。

如果分析时能控制试液与标准溶液的总离子强度相一致，那么试液中待测离子的活度系数也就相同，有：

$$E=k+\frac{RT}{nF}\ln a=k+\frac{RT}{nF}\ln(c\gamma) \tag{7-7}$$

由于活度系数 γ 可视为恒定值，可并入常数项，则：

$$E=k'+\frac{RT}{nF}\ln c \tag{7-8}$$

所以在实际工作中，常采用加入离子强度调节缓冲液的方法来控制溶液的总离子强度。

7.2.3　pH 玻璃电极的选择性和优缺点

7.2.3.1　钠差（碱差）和酸差

普通 pH 玻璃电极的膜材料为 Na_2O、CaO 和 SiO_2，其测定范围一般为 pH＝1～9。当用此电极测定 pH 值大于 9 的强碱性溶液时，pH 值测定值低于真实值，产生负偏差，称为碱差或钠差。产生钠差的原因是由于溶液中 H^+ 浓度很低，Na^+ 浓度很高，水化胶层表面的点位没有全部为 H^+ 所占据，而 Na^+ 进入胶层占据部分点位，代替 H^+ 产生电极响应，使 H^+ 表观活度变大，测得 pH 值偏低。若改变玻璃膜的化学成分和结构，并改变其相对含量，则会使电极的选择性表现出很大的差异性。如用 Li_2O 代替 Na_2O 制作玻璃膜，由于锂玻璃的硅氧网络中的空间较小，而钠离子的半径较大，不易进入与氢离子交换，因而避免了钠离子的干扰。实验证明，这种电极可用于测量 pH＝1～13.5 的溶液。根据以上原理制得的其他的电极见表 7-1。

表 7-1　阳离子玻璃电极

主要影响因子	玻璃膜组成(摩尔分数)/%		
	Na_2O	Al_2O_3	SiO_2
Na^+	11	18	71
K^+	27	5	68
Ag^+	11	18	71
	28.8	19.1	52.1
Li^+	15	25	60

当溶液 pH<1 时，在强酸溶液中或某些非水溶液中 pH 值测量读数往往偏高，这是由于水分子活度变小，使 pH 玻璃电极的响应产生误差，称为酸差。

7.2.3.2　pH 玻璃电极的优缺点

其优点是：响应范围广；准确度高；pH 玻璃电极不受氧化剂和还原剂的影响，也不受能毒害其他 H^+ 指示电极的 H_2S、KCN、砷化物等的影响；可用于有色、浑浊或胶体溶液的 pH 值的测量，也可用于酸碱滴定中作指示电极；pH 玻璃电极操作简便，不易沾污试液。其缺点是玻璃电极易损坏，不能用于含氟离子溶液，一般测量范围是 pH=1~9。

7.2.4　用 pH 计直接法测量水溶液的 pH 值

7.2.4.1　pH 值测定原理

测量溶液 pH 值时，将 pH 玻璃电极与饱和甘汞电极（SCE）和待测溶液组成电池：

$$Hg|Hg_2Cl_2|饱和 KCl‖待测溶液|玻璃膜|0.1mol \cdot L^{-1}+HCl|AgCl|Ag$$

其电动势为：

$$E=\varphi_{玻}-\varphi_{SCE}-\varphi_L$$
$$=k_{玻}-\frac{2.303RT}{F}pH-\varphi_{SCE}-\varphi_L$$
$$=K-\frac{2.303RT}{F}pH \tag{7-9}$$

式中，φ_L 为液接电位；$K=k_{玻}-\varphi_{SCE}-\varphi_L$，$K$ 在一定条件下为常数。可见，电池电动势 E 与 pH 值呈线性关系，直线的斜率为 $2.303RT/F$。

在 25℃时，斜率等于 0.059，即溶液 pH 值变化一个单位时，电动势变化 59.1mV。

$$E_{膜}=常数+0.059pH$$
$$pH=-\lg a(H^+)$$

式(7-9) 中 K 除了包含内、外参比电极电位外，还包含不对称电位和液接电位。故 K 值无法准确测量和计算，即根据测量试液的电动势无法计算 pH 值。实际测定中，试液的 pH 值（pHx）是通过与标准缓冲溶液 pH 值（pHs）相比较而确定的。

若测得 pHx 的标准缓冲溶液的电动势为 E_s，则：

$$E_s=K-\frac{2.303RT}{F}pHs \tag{7-10}$$

在相同条件下，测得 pHx 的试液电动势为 E_x，则：

$$E_x=K-\frac{2.303RT}{F}pHx \tag{7-11}$$

由以上两式相减消去 K，可得：

$$pHx = pHs + \frac{F}{2.303RT}(E_s - E_x) \tag{7-12}$$

这种以标准缓冲溶液的 pHs 为基准，通过比较 E_s 和 E_x 的值便可求出试液 pHx 的方法，称为 pH 标度法。为了减小测定误差，所选择的标准缓冲溶液的 pHs，应尽量与试液的 pHx 接近。

7.2.4.2 pH 值测定方法（直读法）

测量溶液 pH 值时，将 pH 玻璃电极与甘汞电极插入待测溶液构成电池，两极与 pH 计相连。先用 1～2 个标准缓冲溶液对 pH 计进行校正，然后才能对试液进行测量，并直接在 pH 计上读出试液的 pH 值（称为直读法）。

pH 计是具有高输入阻抗的毫伏计，输入阻抗越高，通过电池回路的电流越小，越接近在零电流下测量的条件（只有电流为零时，所测两电极的电位差才是电池的电动势）。pH 计上有一个"定位"旋钮，通过它校正式(7-11)中的 K 值；还有一个"温度"调节钮，调节它可使不同温度时的 E-pH 直线有不同的斜率。有的 pH 玻璃电极的响应斜率与理论值有差别，为解决这个问题，在较精密 pH 计上另有一个"斜率"调节钮，采用两个标准缓冲溶液来调整 E-pH 直线的斜率，这种校正方法称为两点校正法。对精密度要求高的测量，应采用两点校正法。

7.3 水溶液中氟离子（F⁻）测量

氟是人体必需的微量元素，成年人平均每人每天氟安全和适宜的摄入量为 3.0～4.5mg，过多或过少都可能引起疾病。氟元素广泛地存在于地表、水体及大气中，为食品检验、饮料生产、环境监测、土壤、水质及医药卫生等各个领域的常测项目。其常用的测定方法有茜素酮比色法和氟离子选择电极法。前者是一般化验室常用方法，使用试剂较多，但结果准确；氟离子选择电极法具有电极结构简单牢固、元件灵巧、灵敏度高、响应速度快，便于携带、操作简单，能克服色泽干扰，以及精度高等优点，而被广泛地应用。目前，氟离子选择电极法有着逐步取代比色法的趋势。

但是，在氟离子选择电极法的测试过程中，除了严格按照标准规定的方法进行操作外，还需对参比电极和氟离子选择电极的特性及其使用要求有着全面的了解，否则，往往会出现准确度、精密度（包括再现性和重现性）达不到要求而不知原因所在等问题。

7.3.1 氟离子选择电极的主要构造和测量原理

氟离子选择电极（简称氟电极）是晶体膜电极，如图 7-7 所示。它的敏感膜是由难溶盐 LaF₃ 单晶（定向掺杂 EuF₂）薄片制成，电极管内装有 $0.1\text{mol} \cdot \text{L}^{-1}$ NaF 和 $0.1\text{mol} \cdot \text{L}^{-1}$ NaCl 组成的内充液，浸入一根 Ag-AgCl 内参比电极。测定时，氟电极、饱和甘汞电极（外参比电极）和含氟试液组成下列电池：

氟离子选择电极|F⁻试液（$c = x$）‖饱和甘汞电极

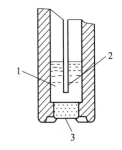

图 7-7 氟离子电极示意图

1—$0.1\text{mol} \cdot \text{L}^{-1}$ NaF，$0.1\text{mol} \cdot \text{L}^{-1}$ NaCl 内充液；2—Ag-AgCl 内参比电极；

3—掺 EuF₂ 的 LaF₃ 单晶

一般离子计上氟电极接（一），饱和甘汞电极（SCE）接（＋），测得电池的电位差为：

$$E_{电池} = \varphi_{SCE} - \varphi_{膜} - \varphi_{Ag-AgCl} + \varphi_a + \varphi_j \qquad (7\text{-}13)$$

在一定的实验条件下（如溶液的离子强度、温度等），外参比电极电位 φ_{SCE}、活度系数 γ、内参比电极电位 $\varphi_{Ag-AgCl}$、氟电极的不对称电位 φ_a 以及液接电位 φ_j 等都可以作为常数处理。而氟电极的膜电位 $\varphi_{膜}$ 与 F^- 活度的关系符合能斯特公式，因此上述电池的电位差 $E_{电池}$ 与试液中氟离子活度的对数呈线性关系，即：

$$E_{电池} = K + \frac{2.303RT}{F}\lg a_{F^-} \qquad (7\text{-}14)$$

因此，可以用直接电位法测定 F^- 的浓度。式(7-14)中，K 为常数，R 为摩尔气体常数，取 $8.314\text{J} \cdot \text{mol}^{-1} \cdot \text{K}^{-1}$，$T$ 为热力学温度，F 为法拉第常数，取 $96485\text{C} \cdot \text{mol}^{-1}$。

当有共存离子时，可用电位选择性系数来表征共存离子对响应离子的干扰程度：

$$E_{电池} = K + \frac{2.303RT}{zF}\lg(a_i + K_{i,j}^{Pot} a_j^{z_i/z_j}) \qquad (7\text{-}15)$$

7.3.2　水溶液中氟离子浓度的测量方法

由式(7-15)可以看出，测量电位与被测物质的活度有一定关系，可根据电极电势求出活度，但实际分析结果要求是浓度而非活度。如何直接测定物质的浓度呢？

在电解质溶液中，由于离子间相互作用的存在，使得离子不能完全发挥作用，真正发挥作用的总比电解质完全电离时应达到的离子浓度要低些。我们把电解质溶液中离子实际发挥作用的浓度称为有效浓度，即活度。显然活度比其对应的浓度值要小些。两者的关系为：

$$a = fc \qquad (7\text{-}16)$$

式中，a 为活度；f 为活度系数；c 为浓度。在极稀溶液中 $f = 1$，此时 $a = c$，但一般情况 $a \neq c$。离子自身电荷数越高，所在溶液的离子强度越大，f 值越小。

对于极稀溶液（$<0.1\text{mol} \cdot \text{L}^{-1}$），可根据德拜-休克尔公式求出离子活度系数 f，则：

$$-\lg f = 0.512z^2\left(\frac{\sqrt{I}}{1 + Bd\sqrt{I}}\right) \qquad (7\text{-}17)$$

式中，f 为活度系数；z 为离子的电荷数；B 为常数（25℃时为 0.00328）；d 为离子体积系数，约为水化离子的有效半径，以埃（Å）计；I 为溶液中离子强度。

活度系数的大小说明溶液中离子相互影响的程度，离子的浓度越大，影响越大；离子的电荷数越高，影响也越大。离子强度定义为：

$$I = \frac{1}{2}\sum_i c_i z_i^2 = \frac{1}{2}(c_1 z_1^2 + c_2 z_2^2 + \cdots + c_i z_i^2) \qquad (7\text{-}18)$$

在实际测量中，必须控制溶液的离子强度为一个常数，这样活度系数也为一个常数，可以根据能斯特方程直接求出待测物质的浓度。以氟电极为指示电极，甘汞电极为参比电极，组成电化学电池。由氟电极与饱和甘汞电极组成的电化学电池表示为：

$$\text{Hg} \mid \text{Hg}_2\text{Cl}_2, \text{KCl(饱和)} \mid 试液 \mid \text{LaF}_3单晶膜 \mid \text{NaF}, \text{NaCl}, \text{AgCl} \mid \text{Ag} \mid$$
$$\mid \longleftarrow\ 甘汞电极\ \longrightarrow \mid\mid \longleftarrow\ 氟电极\ \longrightarrow \mid$$

整个电池的电动势为：

$$E_{电池} = E_{氟} - E_{甘汞} \qquad (7\text{-}19)$$

甘汞电极电位在测定中保持不变，氟电极电位在测定中要随溶液中氟离子活度而改变，加入 TISAB 后，则有：

$$E_{\text{氟}} = \varphi - (2.303RT/F) \lg c_F \tag{7-20}$$

代入式(7-19) 并合并常数项，可得：

$$E_{\text{电池}} = K - (2.303RT/F) \lg c_F \tag{7-21}$$

由上式可见，在一定条件下，电池电动势与试液中的氟离子浓度的对数呈线性关系。氟电极可测定溶液中 $1 \sim 10^6 \, mol \cdot L^{-1}$ 的 F^-。

测定氟含量时，温度、pH 值、离子强度、共存离子均要影响测定的准确度。因此为了保证测定准确度，需向标准溶液和待测试样中加入由 KNO_3、柠檬酸-柠檬酸钠缓冲溶液和柠檬酸盐组成的 TISAB，其中柠檬酸-柠檬酸钠缓冲溶液用以缓冲 pH 值至 6.5，柠檬酸盐还可消除 Al^{3+}、Fe^{3+} 等对 F^- 的干扰。KNO_3 保持离子强度不变。

7.4 气敏电极

气敏电极是一种气体传感器，常用于分析溶于水中的气体和能在水溶液中生成这些气体的离子。它的作用原理是利用待测气体与电解质溶液反应，生成一种能被离子选择电极响应的离子。由于这种离子的活度（浓度）与溶解的气体量成正比，因此，电极的电位响应与试液中气体的活度（浓度）有关。气敏电极一般由透气膜、中间溶液、离子选择电极及参比电极组成，如图 7-8 所示。

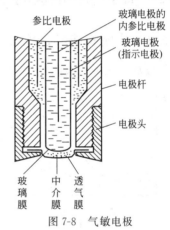

图 7-8 气敏电极

如图 7-9 所示，CO_2 气敏电极、pH 玻璃电极作指示电极，中间溶液为 $0.01 \, mol \cdot L^{-1}$ 的 $NaHCO_3$，CO_2 与水作用生成 H_2CO_3，从而影响 $NaHCO_3$ 的电离平衡。

$$CO_2 + H_2O \underset{}{\overset{k_1}{\rightleftharpoons}} H_2CO_3$$

反应平衡常数为：

$$k_1 = \frac{a(H_2CO_3)}{p(CO_2)}$$

则

$$a(H_2CO_3) = k_1 p(CO_2) \tag{7-22}$$

此时，还存在平衡：

$$H_2CO_3 \overset{k_2}{\rightleftharpoons} HCO_3^- + H^+$$

$$a(H^+) = \frac{k_2 a(H_2CO_3)}{a(HCO_3^-)} \tag{7-23}$$

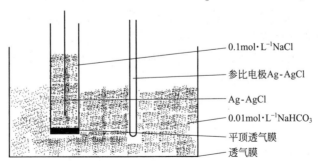

图 7-9 气敏电极工作原理示意图

将式(7-22)代入式(7-23)得:

$$a(H^+) = \frac{k_1 k_2 p(CO_2)}{a(HCO_3^-)} \tag{7-24}$$

式(7-24)中 k_1、k_2 为常数,HCO_3^- 浓度较高,可以看成常数,则有:

$$a(H^+) = k p(CO_2) \tag{7-25}$$

式(7-25)说明中间溶液中 H^+ 的活度与试液中 CO_2 的分压成正比,可用 pH 玻璃电极来表示氢离子活度。

$$E = 常数1 + \frac{RT}{F}\ln a(H^+) = 常数2 + \frac{RT}{F}\ln p(CO_2) \tag{7-26}$$

常用的气敏电极能分别对 CO_2、NH_3、NO_2、SO_2、H_2S、HCN、HF、HAc 和 Cl_2 进行测量。气敏电极还可用于测定试液中的有关离子,如 NH_4^+、CO_3^{2-} 等。此时,借助于改变试液的酸碱性使它们以 NH_3、CO_2 的形式逸出,然后进行测定。

7.5 离子选择电极的主要性能参数

7.5.1 能斯特响应、线性范围和检测下限

以离子选择电极的电位 E(或电池电动势)对响应离子活度的对数 $\lg a$ 作图,所得曲线

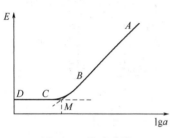

图 7-10 校准曲线

称为校准曲线,如图 7-10 所示。在一定的范围内,AB 段对应的检测离子的活度(或浓度)范围为离子选择电极的线性范围,定量测定必须在线性范围内进行。当待测离子活度较低时,曲线就逐渐弯曲,如图中 CD 所示,直线部分的斜率即为电极的响应斜率。当斜率与理论值 $2.303 \times 10^{-3} RT/(zF)$ 基本一致时,就称电极具有能斯特响应。

图中 AB 与 CD 延长线的交点 M 所对应的测定离子的活度(或浓度)即为检测下限。离子选择电极一般不用于测定高浓度试液(高于 $1.0 mol \cdot L^{-1}$),高浓度溶液既对敏感膜腐蚀造成膜溶解严重,又不易获得稳定的液接电位。

7.5.2 选择性系数

理想的离子选择电极只对特定离子有响应,对其他离子不响应。实际上,离子选择电极对离子的响应并没有绝对的专一性,只有相对的选择性。例如 pH 玻璃电极,除对 H^+ 有选择性响应外,对 Na^+ 也能产生程度不同的响应。因此当溶液 pH>10 时,Na^+ 的存在使测得的 pH 值偏低,这种现象称为"钠差"或"碱差"。

若 i 为某离子选择电极的待测离子,电荷为 z_i,j 为干扰离子,电荷为 z_j,则考虑了干扰离子影响后的电极电位可表示为:

$$\varphi_{离} = k_{离} \pm \frac{2.303RT}{z_i F}\lg\left(a_i + \sum_j K_{i,j}a_j^{z_i/z_j}\right) \tag{7-27}$$

式中,a_i 为待测离子活度;a_j 为干扰离子活度;$K_{i,j}$ 为电极选择性系数,它表示共存离子 j 对响应离子 i 的干扰程度。例如,一个 pH 玻璃电极对 Na^+ 的选择性系数 $K_{H^+,Na^+} = 10^7$,

表示此玻璃电极对 H^+ 的响应比对 Na^+ 的响应灵敏 10^7 倍，即当 $a_{H^+}=10^{-7}mol \cdot L^{-1}$ 时所产生的电位与 $a_{Na^+}=1mol \cdot L^{-1}$ 所产生的电位相等。可见，$K_{i,j}$ 越小表示电极对 i 离子的选择性越高，抗 j 离子的干扰能力越强。

电极选择性系数是一实验值，它随溶液中离子活度、测量方法和测量条件不同而变化。因此，不能用 $K_{i,j}$ 值来定量校正测定结果，但可利用 $K_{i,j}$ 值来估算因干扰离子影响而引起的测量误差。则有：

$$相对误差 = \frac{\Delta a_j}{a_i} \times 100\% = \frac{\sum_j K_{i,j}(a_j)^{z_i/z_j}}{a_i} \times 100\% \tag{7-28}$$

在估算这种误差时，允许用有关离子的浓度代替其活度，式(7-28)写为：

$$相对误差 = \frac{\Delta c_j}{c_i} \times 100\% = \frac{\sum_j K_{i,j}(c_j)^{z_i/z_j}}{c_i} \times 100\% \tag{7-29}$$

7.5.3　响应时间

响应时间是指电极达到平衡、电位呈现稳定所需要的时间。响应时间越短，电极性能越好。电极的响应时间主要取决于敏感膜与溶液界面形成稳定双电层所需的时间。因此，响应时间不仅与膜的结构和性质有关，而且与实验条件有关。离子活度越低，电极到达平衡所需时间越长。搅拌溶液和升高温度，可以加快离子的扩散和交换，加速膜内电荷的传递，缩短电极到达平衡的时间，因而响应时间缩短。通常采用搅拌试液的方法来缩短响应时间。

实际上，响应时间是在以离子选择电极和参比电极组成电池后测量的。所以 IUPAC 建议：响应时间是指从参比电极与离子选择电极同时接触试液时起，到电池电动势达到稳定值前 1mV 所需的时间。显然，实际响应时间不仅主要与膜电位平衡时间有关，而且还与参比电极电位和液接电位的稳定性以及其他实验条件等因素有关。

7.6　直接电位测量法

7.6.1　工作曲线法

配制一系列含有不同浓度的待测离子的标准溶液，在每一种标准溶液中均加入一定体积的总离子强度调节缓冲液，然后将离子选择电极、参比电极分别与不同浓度的标准溶液组成电池，测量其电动势，以 E 对相应的 $\lg c$（阴离子为 $-\lg c$）作图得校正曲线，用同样方法测定试液的 E 值，即可从校正曲线上查出试液中待测离子浓度。

由于待测溶液和标准溶液均加入离子强度调节剂，其各自的总离子强度基本相同，它们的活度系数也基本相同，所以测定时可以用浓度代替活度。待测溶液和标准溶液的组成相同，使用同一套电极，液体接触电位和不对称电位的影响可通过校正曲线校正。该法适用于组成较简单的大批样品分析。

7.6.2　标准加入法

标准加入法又称已知增量法。这种方法通常是在一定体积且含有总离子强度调节缓冲液的试液中，加入已知体积的标准溶液，根据标准溶液加入前后电池电动势的变化计算试液中待测离子的浓度。由于加入前后的溶液除待测离子的浓度不同外，离子强度和其他组分都可看成是相同的，因此减小了复杂基体的影响，使该方法具有较高的准确度。这种方法适用于组成复杂的试样分析，标准加入法分为一次标准加入法和连续标准加入法。

先测定体积为 V_x、浓度为 c_x 的样品溶液的电动势，则有：

$$E = E_{in} - E_r + E_j = E_0 + \frac{RT}{nF}\ln f_x c_x - E_r + E_j = 常数 + \frac{RT}{nF}\ln f_x c_x \tag{7-30}$$

式中，E 为电池电动势；E_{in} 为指示电极电位；E_r 为参比电极电位；E_j 为液接电位。

然后在待测溶液中加入体积 V_s、浓度 c_s 的标准溶液，并用同一对电极再测电池的电动势，则：

$$E' = 常数 + \frac{RT}{nF}\ln f'_x c'_x \tag{7-31}$$

因为加入标准溶液的量很少，体积变化很小，可以近似看成体积不变，则有：

$$c'_x = \frac{c_x V_x + c_s V_s}{V_x + V_s} \approx c_x + \frac{c_s V_s}{V_x} = c_x + \Delta c \tag{7-32}$$

标准溶液加入后离子强度基本不变，组成也无太大变化，所以 $f_x = f'_x$，E_r、E_j 也保持不变，常数相等。

若：

$$S = 2.303\frac{RT}{F}$$

则式(7-31)减去式(7-30) 有：

$$\Delta E = E' - E = \frac{RT}{nF}\ln\frac{c_x + \Delta c}{c_x} = \frac{S}{n}\lg\frac{c_x + \Delta c}{c_x}$$

$$\lg\left(1 + \frac{\Delta c}{c_x}\right) = \frac{\Delta E}{S/n}$$

$$1 + \frac{\Delta c}{c_x} = 10^{\frac{\Delta E}{S/n}}$$

$$c_x = \Delta c (10^{\frac{\Delta E}{S/n}} - 1)^{-1}$$

Δc、ΔE 由实验数据可得，c_x 可计算求得。

7.7　电位分析法在环境分析中的应用

电位分析主要应用于各种试样中的无机离子、有机电活性物质及溶液 pH 值的测定，也可以用来测定酸碱的解离常数或配合物的稳定常数。随着各种生物膜电极的出现，对药物、生物试样的分析也日益增多。其中以离子选择电极在环境分析中的应用较为广泛。

7.7.1　工业废水中氰化物的测定

在电镀、焦化、化工、制药等行业废水中含有氰化物，排放后造成地面水体污染，及时有效地监测水质中氰化物含量是环境监测中的重要项目之一。用氰离子选择电极可在大量

F^-、Cl^-、Br^-、CrO_4^{2-}、CO_3^{2-}、HPO_4^{2-}、SO_4^{2-}、SO_4^{2-}、Pb^{2+} 和一定量 Te^{6+}、Fe^{3+} 以及少量 Mn^{2+}、$S_2O_3^{2-}$、Cu^{2+} 存在下进行 CN^- 的测定，此法操作简便、快速。对电镀废水及成分相对复杂的工业废水，采用适当的前处理即可用此法测定，最低检出限可达 0.2 $mg \cdot L^{-1}$。

7.7.2 工业废水中硫化物的测定

硫离子选择电极法对电极的性能要求高，易产生误差，其电极电位易受温度、pH 值等条件的影响，而且此电极的响应范围较窄，对于高浓度工业废水不适用。用铅离子选择电极电位滴定法测工业废水的硫化物，适用浓度范围是 $10^{-1} \sim 10^3\, mg \cdot L^{-1}$，不受色度影响和 SO_3^{2-} 干扰。方法简便、快速，准确度高。

7.7.3 工业废水中微量银的测定

电镀等行业的废水中含有银，会污染环境。当银离子浓度在 $10^{-6} \sim 10^{-1}\, mol \cdot L^{-1}$ 时，电动势与银离子的对数呈线性关系。甘汞电极作参比电极，银离子选择电极作指示电极，10% 的 NH_4NO_3 为离子强度调节剂，在 pH=2~6 条件下，可测得银离子浓度。

7.7.4 水体中铅的测定

水体中金属铅离子的污染也是环境监测的项目，一般采用铅离子选择电极对工业废水中的 Pb^{2+} 进行测定，浓度响应范围为 $10^{-7} \sim 10^{-2}\, mol \cdot L^{-1}$。在低浓度时获得稳定电位值的 pH 值范围是 5 ± 0.3，由于 Pb^{2+} 电极易受离子强度和共存离子影响，对试样进行测定时可采用标准添加法，这样较为准确。在实际测定时，可采用碘化钾-抗坏血酸-乙酸和乙酸铵缓冲溶液体系消除干扰。

7.7.5 天然水及工业废水中镉含量的测定

在环境监测中，金属 Cd^{2+} 是必测项目。采用镉离子选择电极可以直接测定地下水、河水等天然水，检测范围为 $0.5\mu g \cdot L^{-1} \sim 1g \cdot L^{-1}$，工业废水等污染水体系检测范围为 $3\mu g \cdot L^{-1} \sim 1g \cdot L^{-1}$。测定结果重现性为 $\pm 10\%$，与原子吸收法测定结果基本吻合。天然水中的镉可以直接测定，工业废水需要用钛铁试剂-甲醛-锌离子联合掩蔽法消除 Ag^+、Hg^{2+}、Cu^{2+}、Fe^{3+} 等离子干扰，检出下限为 $1\mu g \cdot L^{-1}$。

7.7.6 有机肥中硝态氮的测定

有机肥的大量使用使得地下水和农产品中亚硝酸盐、硝酸盐含量大大增加，对人体产生严重影响，其中亚硝基对人体有致癌作用。可以通过硝酸根离子选择电极对有机肥中的硝态氮进行测定。该电极采用 PVC 敏感膜，与典型的液膜电极相比，稳定性、寿命、抗干扰能力都有较大提高，内参比电极为 Ag-AgCl 内参比电极，盐桥为琼脂盐桥。在 Cl^- 浓度低于 $10^{-2}\, mol \cdot L^{-1}$ 时，对该电极测定硝态氮无影响，高于 $10^{-2}\, mol \cdot L^{-1}$ 时，对硝态氮的测定产生干扰；在 NH_4^+ 为 $10^{-5} \sim 10^{-1}\, mol \cdot L^{-1}$ 范围内对硝态氮的测定影响很小，可以忽略。采用硝酸根电极性法测定有机肥中的硝态氮，灵敏度、准确度及精密度均较高，操作简单。

7.7.7 水中氯化物的测定

近年来，离子选择电极法测定水中氯化物受到环境监测工作者的关注。该法用复合氯离子电极，$1mol \cdot L^{-1}$硝酸钾溶液作参比溶液，离子强度调节剂由$101g \cdot L^{-1}$的硝酸钾和$73.5g \cdot L^{-1}$的二水合柠檬酸三钠配制而成。干扰离子主要是可与电极敏感膜$AgCl$发生置换反应的离子，如Br^{-}、I^{-}、S^{2-}、CN^{-}，可加入溴酸钠来消除干扰，而OH^{-}的干扰可以通过中和来去除；也有部分金属离子如Bi^{3+}、Cd^{2+}、Mn^{2+}、Pb^{2+}、Sn^{2+}、Ti^{3+}等会与氯离子发生配合反应而影响测定，可加入柠檬酸三钠来消除干扰。使用离子选择电极法测定水中氯化物，耗时短，准确度高，成本低。

参 考 文 献

[1] 王新荣. 用氰离子选择电极法测定工业废水中的氰化物. 环境污染与防治, 1983, (1): 30-33.
[2] 李君著, 张道悌, 奚治文. 离子选择电极法测定工业废水中痕量银. 四川大学学报: 自然科学版, 1980, (2): 153-156.
[3] 闫亮. 离子选择电极在环境监测中的应用. 山西师范大学学报, 2012, 26 (S1): 89-90.
[4] 国家环境保护局. GB 7484—1987 水质 氟化物的测定 离子选择电极法. 北京: 中国标准出版社, 1987.
[5] 华东理工大学化学系, 四川大学化工学院. 分析化学. 第5版. 北京: 高等教育出版社, 2006: 202-224.
[6] 付志军, 罗桂娟, 李雅妍, 张静, 曾波. 离子选择电极法测定水中氯化物. 环境监测管理与技术, 2014, 26 (1): 49-52.
[7] 高向阳. 新编仪器分析. 北京: 科学出版社, 2004.
[8] 许金生. 仪器分析. 南京: 南京大学出版社, 2002.
[9] 陈培榕, 邓勃. 现代仪器分析试验与技术. 北京: 清华大学出版社, 1999.
[10] 武汉大学化学系. 仪器分析. 北京: 高等教育出版社, 2001.

思考题与习题

一、判断题

1. 电化学分析法仅能用于无机离子的测定。 （　　）

2. 液接电位的产生是由于两相界面存在着电阻层。 （　　）

3. 参比电极必须具备的条件是只对特定离子有响应。 （　　）

4. 离子选择电极的电位与待测离子活度呈线性关系。 （　　）

5. 不对称电位的存在主要是由于电极制作工艺上的差异。 （　　）

6. 氟离子选择电极的晶体膜是由高纯LaF_3晶体制作的。 （　　）

7. 离子选择电极的选择性系数在严格意义上来说不是一个常数，仅能用来评价电极的选择性并估算干扰离子产生误差的大小。 （　　）

8. 用总离子强度调节缓冲溶液（TISAB），保持溶液的离子强度相对稳定，故在所有电位测定方法中都必须加入 TISAB。 （　　）

二、选择题

1. pH 玻璃电极的膜电位产生是由于测定时（　　）。

A. H^{+}穿过了玻璃膜　　　　　　　　B. 电子穿过了玻璃膜

C. Na^{+}与水化玻璃膜上Na^{+}的交换作用　　D. H^{+}与水化玻璃膜上H^{+}的交换作用

2. 玻璃电极不包括（　　）。

A. Ag-AgCl 内参比电极　　B. 一定浓度的 HCl 溶液　　C. 饱和 KCl 溶液　　D. 玻璃膜

3. 考虑F^{-}选择电极的膜特性，氟离子选择电极使用的合适 pH 值范围是（　　）。

A. pH=5～7　　B. pH=8～10　　C. pH=1～3　　D. pH=3～5

4. 玻璃电极产生的"酸差"和"碱差"是指（　　）。

A. 测Na^{+}时，产生"碱差"；测H^{+}时，产生"酸差"

B. 测 OH^- 时，产生"碱差"；测 H^+ 时，产生"酸差"

C. 测定 pH 值高时，产生"碱差"；测定 pH 值低时，产生"酸差"

D. 测 pOH 值，产生"碱差"；测 pH 值时，产生"酸差"

5. 电位法测得的是（　　）。

A. 物质游离离子的量　　B. 物质的总量　　C. 二者之和　　D. 物质的浓度

6. 氯离子选择电极与氯离子浓度符合能斯特方程，其电极电位随氯离子浓度的变化为（　　）。

A. 增加而增加　　B. 增加而减小　　C. 不变　　D. 减小而减小

7. 离子选择电极的电位选择系数可以用来估计（　　）。

A. 电极的检测极限　　B. 共存离子的干扰　　C. 二者均有　　D. 电极的响应时间

8. 测量 pH 值时，需要用标准 pH 值溶液定位，这是为了（　　）。

A. 避免产生酸差　　B. 避免产生碱差

C. 消除温度的影响　　D. 消除不对称电位和液接电位的影响

三、填空题

1. 无论是原电池还是电解池，发生氧化反应的电极都称为_____，发生还原反应的电极都称为_____。

2. 在两种溶液的接触界面存在着_____电位，这是出于不同离子经过界面时具有不同的_____所引起的。

3. 离子选择电极虽然有多种，但其基本结构由_____、_____和_____三部分组成。

4. 用玻璃电极测定溶液 pH 值的理论依据是_____。

5. 氟电极内有_____电极，电极管内溶液为_____和_____。

6. 由离子选择电极所作的标准曲线有时不大准确，这主要与_____、_____和_____等因素有关。

7. 如果向含有 Fe^{2+} 和 Fe^{3+} 的溶液中加入配位剂，若此配位剂只和 Fe^{3+} 配位，则铁电对的电极电位将_____，若此配位剂只和 Fe^{2+} 配位，则铁电对的电极电位将_____。

8. 测量溶液 pH 值时，使用_____电极为参比电极，_____电极为指示电极。

四、简答和计算

1. 电位分析法中什么是参比电极？什么是指示电极？

2. 简述离子选择电极的选择性系数的主要作用。

3. 计算电池 $Hg \mid Hg^{2+}$ （3.12×10^{-5} mol·L^{-1}）‖SCE 的电动势。

4. 测量过程中，膜电位的响应是否是离子或电子穿透了膜？

5. 用氟离子选择电极测定牙膏中 F^- 的含量，将 0.200g 牙膏加入 50mL TISAB 试剂，搅拌微沸冷却后移入 100mL 容量瓶中，用蒸馏水稀释至刻度，移取其中 25mL 于烧杯中测得其电位值为 0.155V，加入 0.10mL 0.50mg·mL^{-1} F^- 标准溶液，得电位值为 0.134V。该离子选择电极的斜率为 0.059，试计算牙膏中氟的质量分数。

6. 用电解法从 0.100mol·L^{-1} Cu^{2+} 和 0.100mol·L^{-1} Zn^{2+} 溶液中选择性沉积 Cu^{2+}，试问：

(1) 电极电位应控制在何值？

(2) 分离的效果如何？

7. 用 pH 计测定溶液 pH 值时，为什么必须使用标准缓冲溶液？如何测定？

8. 测得电池 $Pt \mid$（101325Pa），HP（0.010mol·L^{-1}），NaP（0.030mol·L^{-1}）$\mid$ SHE 的电动势 $E = 0.295V$，求弱酸 HP 的解离常数。

8 电解和库仑分析法

8.1 概述

电解分析是将试样溶液进行电解，使待测成分以金属单质或氧化物在阴极或在阳极上析出，与共存组分分离，然后再用重量法测定析出的物质。因此，电解分析法又称电重量分析法，是一种较为古老的分析方法，有时也作为一种分离的手段，方便地去除某些杂质。

库仑分析法是以测量电解过程中被测量物质在电极上发生电化学反应所消耗的电量为基础的分析方法，和电解分析不同，被测物质不一定在电极上沉积，但是要求电流效率为 100%。

8.2 电解分析法

电解过程是在外电源的作用下，电流通过电解池，使电解质溶液在电极上发生氧化还原反应而引起物质分解的过程，如图 8-1 所示。

如在 $0.1\text{mol} \cdot \text{L}^{-1}$ H_2SO_4 介质中，电解 $0.1\text{mol} \cdot \text{L}^{-1}$ $CuSO_4$ 溶液。在 $CuSO_4$ 溶液浸入两个 Pt 电极，此时并无电解反应发生。在外路上将一个电源的正、负极分别与两片 Pt 连接，电解开始时只有微小的电流通过电解池。当外加电压增加到接近分解电压时，只有少量的 Cu 和 O_2 在阴极和阳极上析出，Cu 电极和 O_2 电极构成另一个电池，该电池产生的电动势将阻止电解进行，称为反电动势。只有当两电极间有足够大的电压克服反电动势，电解才继续进行，电流才显著上升。此后再增大外加电压，电流将随外加电压的增加而直线上升，这种关系如图 8-2 所示。图中的 E_d 点就是开始电解所需的最小外加电压，称为分解电压。

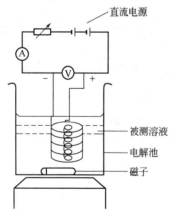

图 8-1 电解分析的基本装置

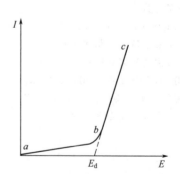

图 8-2 电解过程中外加电压
与电解电流关系曲线

在电场力作用下，Cu^{2+} 移向阴极，在阴极上得到电子被还原为金属铜（同时 H^+ 也移向阴极，但它较 Cu^{2+} 更难获得电子，不还原），而 SO_4^{2-} 和 OH^- 移向阳极，因为 OH^- 比 SO_4^{2-} 易放出电子，所以在阳极上由 OH^- 放出电子而产生 OH 基，OH 基不稳定，结合成水而放出 O_2。两电极上的电极反应为：

负极上，阴极反应 $\qquad\qquad\qquad Cu^{2+} + 2e^- \longrightarrow Cu\downarrow$

正极上，阳极反应 $\qquad\qquad 4OH^- \longrightarrow 2H_2O + O_2 + 4e^-$

这种由于电解池上施加外加直流电压，在电极上发生电极反应而引起物质分解的过程称为电解现象，简称电解。

从理论上讲，分解电压应等于电解池的理论分解电压，但是实验证明测得的分解电压要比电解池的理论分解电压大，实际测得的分解电压与理论分解电压的差值称为超电压。

对于电极来说，实际的析出电位也与平衡电位不相等，它们之间的偏差称为超电位。阳极超电位等于阳极析出电位减去阳极平衡电位；阴极超电位等于阴极析出电位减去阴极平衡电位。阳极与阴极超电位的差形成了超电压。

影响超电位大小的主要因素主要有以下四项。

① 电流密度。超电位随电流密度增加而增大，在同样的电流密度下，超电位与电极表面状态有关。表面光滑的电极的超电位比表面粗糙的要大，这是由于表面粗糙的电极的总表面积要大一些，实际上是降低了电流密度。

② 温度。通常温度升高，超电位则随之降低，多数电极超电位的温度系数为 $2mV \cdot ℃^{-1}$。

③ 电极材料。例如氢在一些"软金属"（如 Zn、Pb、Sn 等）特别是 Hg 上的超电位较大。

④ 析出物形态。析出物为气体时，超电位一般较大，析出物为金属时，则较小。

超电压是电极极化引起的，极化使阴极电位更负，阳极电位更正。电极的极化是指当有一定量电流通过电极时，电极电位将偏离平衡电极电位，亦简称平衡电位。电池的两个电极都可以发生极化。当电子从外电路大量流入金属相，破坏了原来金属与含该金属离子溶液两相间的平衡电位，使电极电位变得更负，这就是阴极的极化。如果外电路接通后，金属相的离子大量流失，同样破坏了原来的平衡电位，使电极电位变得更正，这就是阳极的极化。阳极超电位和阴极超电位之和，称为电极的总超电位。可用超电位的大小来衡量电极极化的程度。

通常根据产生极化现象的原因不同，将电极的极化现象分成两类，即浓差极化和电化学极化。

（1）浓差极化　用能斯特方程计算的平衡电极电位，取决于电极表面电活性物质的离子浓度而不是溶液本体中的离子浓度。电解时在阴极由于有电极反应：

$$M^{n+} + ne^- \longrightarrow M$$

使电极表面的离子浓度迅速降低，如果离子的扩散速率比较小，这种浓度降低不能由离子的扩散作用得到补偿。因此，阴极表面的离子浓度就要比本体溶液中的离子浓度小，这种差别称为浓差。因为电极表面的离子浓度减小，由能斯特方程可知，其电极电位将比平衡电位要负一些，即电位负移。随着电流密度的增大，则电极电位负移得更多。对于阳极反应，由于金属的溶解，使阳极表面的金属离子浓度比本体溶液大得多，而使阳极电位变得更正一些（正移）。这种由于浓差而引起的电极电位对平衡电位值的偏离现象，称为浓差极化。

（2）电化学极化　电化学极化是由于电极反应的速率较慢而引起的。很多电极反应不仅包括电子转移过程，还有一系列化学反应的过程，如果其中某一步过程的速率较慢，就限制总的电极反应的速率。在电化学极化的情况下，流过电极的电流受电极反应的速率限制，而在浓差极化时，电流是受传质过程的速率所限制的。

以阴极还原过程为例，在电流密度较大的情况下，单位时间内供给电极的电荷数量相当多，如果电极反应速率较快，则可在维持平衡电位不变的条件下，使金属离子被还原。相反，如果电极反应速率较慢，离子来不及与电极表面上过剩的电子结合，就将使电子在电极表面上积聚起来，从而使电极电位变负，这就是阴极极化。由于电化学极化而使电极电位与原来平衡电位产生的差值称为活化超电位。实验测得的超电位，一般是活化超电位和浓差超电位之和。如果剧烈搅拌溶液，则可将浓差超电位基本消除。不论哪种原因引起的极化，其结果都是使阴极电位变得更负，阳极电位变得更正。

电解分析具有以下特点。

① 不需要使用基准（标准）物质。因此可以避免基准物质本身存在的误差和多次测量过程中所达成的跃进，同时也可以解决基准物质缺乏的困难。

② 准确度高。相对误差一般为 0.1%，甚至可达 0.01%，所以它常被用作标准分析和仲裁分析法。

③ 特别适合于高含量成分分析。

根据电解时控制的条件不同，电解分析法可分为控制电位电解分析法和恒电流电解分析法。

8.2.1 控制电位电解分析法

由于各种离子的析出电位不同，当阴极电位控制为一定的和适当的数值进行电解时，可以选择性地使某一种离子在阴极上定量地析出，使其他共存离子完全不析出，从而对析出的元素进行定量测定。

如以 Pt 为电极，电解液为 $0.1 mol \cdot L^{-1}$ H_2SO_4 溶液，含有 $0.01 mol \cdot L^{-1}$ Ag^+ 和 $0.1 mol \cdot L^{-1}$ Cu^{2+}。

Cu^{2+} 的析出电位为：

$$E_{Cu} = E_0 + \frac{0.059}{2} lgCu^{2+} = 0.337V$$

Ag^+ 开始析出的电位为：

$$E_{Ag} = E_0 + 0.059 lgAg^+ = 0.681V$$

由于 Ag^+ 的析出电位较 Cu^{2+} 的正，所以 Ag^+ 在阴极析出。当其浓度低至 $10^{-6} mol \cdot L^{-1}$ 时，一般认为 Ag^+ 完全电解。

此时 Ag^+ 的电极电位为：

$$E_c = 0.799 + 0.059 lg10^{-6} = 0.445V$$

电解时阳极发生水的氧化反应析出 O_2：

$$E_a = 1.189 + 0.72 = 1.909V$$

电池的外加电压值为：

$$U_{外} = E_a - E_{Ag} = 1.909 - 0.681 = 1.228V$$

这时 Ag^+ 开始析出：

$$U_{外} = E_a - E_c = 1.909 - 0.445 = 1.464V$$

即 1.464V 时，电解完全，Cu^{2+} 开始析出的电压值为：

$$U = E_a - E_{Cu} = 1.909 - 0.337 = 1.572V$$

故，$U = 1.464V$ 时，Cu^{2+} 还没有析出。

但在实际电解过程中随着金属离子的析出，阴极电位不断变化，而阳极电位也并不完全恒定。由于电子浓度随电解的进行而下降，电池的电解电流也逐渐减小，应用控制外加电压的方式达不到好的分离效果，较好的方法是控制阴极电位。

要实现对阴极电位的控制，需要在电解池中插入一个参比电极，并通过运算扩大器的输出很好地控制阴极电位和参比电位差为恒定值。

电解测定 Cu^{2+} 时，Cu^{2+} 浓度从 $1.0mol \cdot L^{-1}$ 降到 $10^{-6} mol \cdot L^{-1}$ 时，阴极电位从 0.337V 降到 0.16V。只要不在该范围内析出的金属离子都能与 Cu^{2+} 分离。还原电位比 0.337V 更正的离子通过电解分离，比 0.16V 更负的离子留在溶液中。

控制阴极电位电解，开始时被测物质析出速率较快，随着电解的进行，浓度越来越小，电极反应的速率下降，因此电流也越来越小，当电流趋于 0 时，电解完成。

控制电位电解分析法的特点如下。

① 选择性好。可以在多组分溶液中对一种离子分离测定，也可以对数种离子进行分别测定。但是这些离子必须有较大的析出电位的差才行（一价离子相差 0.35V 以上，二价离子应相差 0.20V 以上）。

② 在电位允许范围内，开始可以采用较大的电流（较大的外加电压）进行电解，以加快分析速度。

③ 为了控制阴极电位为固定数值，需要不断调节外加电压并采用自动控制。

8.2.2　恒电流电解分析法

恒电流电解分析法是在恒定的电流下进行电解，使待测金属元素在电极上析出，然后直接称量电极上析出物的质量来进行分析。电解时用直流电源作为电解电源，以铂网作为阴极，螺旋形铂丝作为阳极兼作搅拌之用。

为了防止干扰，可使用去极化剂维持电位不变。如在铜铅混合液中，为防止铅在分离沉积铜时沉积，可加入硝酸根作去极化剂。硝酸根在阴极上形成铵离子，即：

$$NO_3^- + 10H^+ + 8e^- \Longrightarrow NH_4^+ + 3H_2O$$

其电位比铅正，量多，在铜电解完成前可防止铅在阴极上沉积。

类似的情况也可用于阳极，加入的去极化剂优先在阳极上氧化，可以维持阳极电位不变，加入的阳极去极化剂起还原剂作用。盐酸肼和盐酸羟胺是常用的阳极去极化剂。

肼在阳极氧化为氮气：

$$N_2H_5^+ \xrightarrow{\text{酸性或中性}} N_2 + 5H^+ + 4e^- \quad E = -0.17V$$

盐酸羟胺的反应为：

$$2NH_2OH \xrightarrow{\text{酸性}} N_2O\uparrow + 4H^+ + H_2O + 4e^-$$

恒电流电解分析法的特点如下：装置简单，操作方便；准确度高，但选择性不高；电解效率高，分析速度快；在酸性溶液中，恒电流电解分析法可以测定金属活动顺序表中氢以后的金属，如铜、汞、银等，另外铅、锡、镉、镍等在中性或碱性溶液中析出也可以用此法测定。若在酸性溶液中，氢前的金属不能析出，由此可在 Ni 存在时电解 Cu。

8.3 电解分析法在环境分析中的应用

8.3.1 测定电厂脱硫灰中 S^{2-} 含量

用石灰乳喷雾进行电厂烟道气脱硫所得的脱硫灰，其中含有多种价态的硫化物，如亚硫酸钙、硫酸钙、硫化钙等。对于不同价态硫化物的分析，将有助于烟道气脱硫条件的选择和脱硫工艺的完善。利用 S^{2-} 与 Cu^{2+} 生成盐的溶解特性，用已知过量铜盐沉淀 S^{2-}，剩余 Cu^{2+} 用电量分析法测定，可以间接计算 S^{2-} 含量。

(1) 测量原理 间接电重量分析法是用电重量分析法测定一定浓度和体积的铜盐溶液中铜的含量 (m_1)，再取此浓度同一体积的铜盐溶液与试样相混，在充分搅拌或经研磨浸溶后，使试样中硫化钙溶出并与 Cu^{2+} 生成 CuS 沉淀。此时由于试样中有过量氢氧化钙而使溶液呈碱性，这时虽可能形成氢氧化铜沉淀，但并不影响 S^{2-} 沉淀为硫化铜。之后用 $2mol \cdot L^{-1}$ 硫酸酸化以分解试样，使 S^{2-} 与 Cu^{2+} 反应完全，将内容物过滤，沉淀用硫酸或柠檬酸洗涤，未参与反应的剩余 Cu^{2+} 洗出后，用电重量分析法测其含量 (m_2)，则 $m_1 - m_2$ 为参与和 S^{2-} 结合的铜量，从而间接计算出试样中 S^{2-} 含量。

试样中 S^{2-} 含量的计算：

$$m_S^{2-} = \frac{A_{r_S}}{A_{r_{Cu}}}(m_1 - m_2)$$

$$w_S^{2-} = \frac{m_S^{2-}}{m_S}$$

式中，A_{r_S} 和 $A_{r_{Cu}}$ 分别为硫和铜的原子量；m_S 为试样质量。

(2) 测量方法 准确称取电厂脱硫灰 $0.5 \sim 2g$ 于 150mL 磨口锥形瓶中，加水 10mL，摇动使试样分散，加已知过量 $CuSO_4$ 10.00mL 和水 20mL，充分振荡并放置 $2 \sim 3min$，再加 $c(H_2SO_4) = 2mol \cdot L^{-1}$ 溶液 10mL，立即盖上瓶塞，继续振荡 $1 \sim 2min$，稍静置后将内容物过滤。滤液收集于 200mL 高型烧杯中。锥形瓶及沉淀用 $1\%H_2SO_4$ 或 $1\% \sim 2\%$ 柠檬酸洗涤，使容器和沉淀上未参与反应的 Cu^{2+} 均洗入滤液中。插入铂阳极和已知质量的铂网阴极，按常法在 $2.8 \sim 3.2V$ 电压和 $0.5 \sim 1.0A$ 电流下电解（电解后期可以适当增大电流强度以缩短电解时间），经约 45min 后，在不切断电源的情况下将电极对提离电解液，用水冲洗电极并将电极转入另一盛满蒸馏水的烧杯中，充分洗去电极上残留的电解液，切断电源，取下铂网置入无水乙醇中稍振荡后取出，用热风吹干，冷却至室温后称重，由铂网增重求出铜含量，并间接计算试样中 S^{2-} 含量。

8.3.2 测定固定污染源排气中的二氧化硫

利用定电位电解法测定固定污染源排气中二氧化硫浓度以及二氧化硫排放速度。

(1) 测量原理 烟气中二氧化硫（SO_2）扩散通过传感器渗透膜，进入电解槽，在恒电位工作电极上发生氧化反应：

$$SO_2 + 2H_2O \longrightarrow SO_4^{2-} + 4H^+ + 2e^-$$

由此产生极限扩散电流 i，在一定范围内，其电流大小与二氧化硫浓度成正比，即：

$$i = \frac{ZFSD}{\delta}c$$

在规定工作条件下，电子转移数 Z、法拉第常数 F、扩散面积 S、扩散系数 D 和扩散层厚度 δ 均为常数，所以二氧化硫浓度 c 可由极限电流 i 来测定。

（2）测量仪器　定电位电解法二氧化硫测定仪，带加热和除湿装置的二氧化硫采样管。

（3）测量方法

① 开机与标定零点。将仪器接通采样管及相应附件。定电位电解二氧化硫测定仪在开机后，通常要倒计时，为仪器标定零点。标定结束后，仪器自动进入测定状态。

② 测定。将仪器的采样管插入烟道中，即可启动仪器抽气泵，抽取烟气进行测定。待仪器读数稳定后即可读数。同一工况下应连续测定三次，取平均值作为测量结果。测量过程中，要随时监督来气流速有否变化，及时清洗、更换烟尘过滤装置。

③ 关机。测定结束后，应将采样管置于环境大气中，按仪器说明书要求，继续抽气吹扫仪器传感器，直至仪器二氧化硫浓度示值符合仪器说明书要求后，自动或手动停机。

二氧化硫排放速度（$kg \cdot h^{-1}$）的计算：

$$G = c' \times Q_{sn} \times 10^{-6}$$

式中，G 为二氧化硫排放速度，$kg \cdot h^{-1}$；c' 为干排气中二氧化硫浓度，$mg \cdot m^{-3}$；Q_{sn} 为标准状况下干排气流量，$dm^3 \cdot h^{-1}$。

当二氧化硫浓度以 $mg \cdot m^{-3}$ 表示时，其浓度 c 可按下式转化为标准状况下烟气二氧化硫浓度：

$$c' = \frac{64}{22.4} \times c$$

8.4　库仑分析法

通过测量电解完全时所消耗的电量，并以此计算待测物质含量的分析方法，称为库仑分析法。

8.4.1　库仑分析法基本原理和法拉第定律

（1）库仑分析法　是在电解分析法基础上发展起来的一种电化学分析法。此法是通过电解过程中消耗的电量对物质进行定量的方法。为了能准确进行电量测定，库仑分析时必须注意使通入电解池的电流 100% 地用于工作电极的反应，而没有漏电现象和其他副反应发生，即电极反应的电流效率为 100%，只有这样才能正确地根据所消耗的电量求得析出物质的量，这是库仑分析法测定的先决条件。

库仑分析法的基本理论是法拉第定律。

（2）法拉第定律　若在电解过程中物质在电极的反应是唯一的电极反应，那么电极反应所消耗的电量与参加电极反应的物质质量成正比；电解 B^{n+} 时，在电解液中每通入 1F 的电量，则析出的 B 物质的量为 1mol。则有：

$$m_B = \frac{QM_B}{F} = \frac{M_r}{nF} It$$

式中，m_B 为电极上析出待测物质 B 的质量，g；F 为法拉第常数，取 $96485C \cdot mol^{-1}$；M_B 为待测物质 B 的摩尔质量，$g \cdot mol^{-1}$；I 为电流，A；Q 为电量，C；t 为时间，s；M_r 为物质的分子量；n 为电极反应中电子转移数。

法拉第定律是自然科学比较严谨的科学定律之一，它不受湿度、温度、大气压、溶液浓度和电解池材料、形状、溶剂等外界条件影响。

电流效率是指电解池流过一定电量后，某一生成物的实际质量与理论生成质量之比。

库仑分析法可分为控制电位库仑分析法和恒电流库仑分析法。

8.4.2　控制电位库仑分析法

控制电位库仑法是在控制电极电位的情况下，将待测物质全部电解，测量电解所需消耗的总电量。根据法拉第定律，得出待测物质的量。

控制电位库仑法必须注意两个问题：第一，在所控制的电极电位下完成对待测物质的电解；第二，电解的电流效率必须是100%，即消耗的电量都用于待测物质的电解，无副反应。以上两个问题相互关联，只有电极电位控制适当，才能保证在此电位下待测物质在电极上完全电解，非待测物质不发生电解，电流效率为100%。

根据电解方程式 $U_外 = U_分 + IR = [\varphi_{平(阳)} + \eta_阳] - [\varphi_{平(阴)} + \eta_阴] + IR$，外加电压 $U_外$ 必须大于分解电压 $U_分$，电解池才能发生电解。但在实际电解过程中，电解开始时的电流较大，随着电解反应的进行，由于待电解离子浓度不断下降以及极化现象，阴极和阳极的电位不断发生变化，电解电流也逐渐降低。为使电极电位恒定，保证电解电流效率为100%，工作中一般不采用控制外加电压的方式，而是控制工作电极的电位。

为了使工作电极的电位保持恒定，电解过程中，必须不断减小外加电压，而使电流不断减小。当待电解物质电流趋于零（残余电流量）时停止电解。电解时，在电路上串联一个库仑计或电子积分仪，可指示出通过电解池的电量，测定结果准确性的关键是电量的测量。

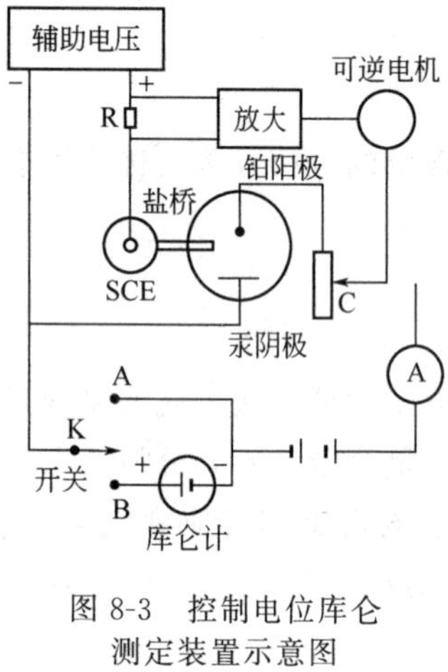

图8-3　控制电位库仑
测定装置示意图

图8-3是控制电位库仑测定装置。图中甘汞电极（SCE）为参比电极，工作时通过调整辅助电压可控制阴极电位使其处于被测物质适合的析出电位。加入一定量的试液于电解池中，开关倒向B，接入库仑计，记录流过的电量，进行电解，直至电解完全，由库仑计记录的电量计算被测物质的含量。

实际工作中，往往需要向电解液中通几分钟惰性气体，以除去溶解的氧气，有时整个电解过程都需在惰性气氛下进行。在加入试样以前，先在比测定时负0.3～0.4V的阴极电位下进行预电解，以除去电解液中可能存在的杂质，直到电解电流降至一个很小的数值（本底电流），再将阴极电位调整至对待测物质合适的电位值。在不切断电流的情况下加入一定体积的试样溶液，接入库仑计，再电解至本底电流，以库仑计测量整个电解过程中消耗的电量。

控制电位库仑分析法广泛地用于多种金属元素的测定及某些有机化合物如三氯乙酸、苦味酸等的测定。此外，该法还可用于电极过程反应机理方面的研究，作为极谱分析、光谱分析的辅助方法。

氢氧库仑计是一种气体库仑计，如图8-3所示，电解管置于恒温水浴中，内装 $0.5mol \cdot L^{-1}$ K_2SO_4 或 Na_2SO_4，当电流通过时，Pt 阳极上析出 O_2，Pt 阴极上析出 H_2。电解前后刻度管中液面之差为氢氧气体总体积。在标准状况下，每库仑电量相当于析出0.1741mL氢氧混合气体。若得到的气体体积为 V，则电解消耗的电量为：

$$Q = \frac{V}{0.1741}$$

$$m = \frac{MV}{0.1741 \times 96487 \times n}$$

【例题】 用控制电位库仑法测定溶液中 $Fe_2(SO_4)_3$ 的含量，使 Fe^{3+} 定量地在阴极上还原为 Fe^{2+}，当电解完毕时，库仑计中氢氧混合气体的体积为 39.3mL（23℃，765mmHg，1mmHg=133.322Pa），计算溶液中 $Fe_2(SO_4)_3$ 的毫克数。

解： 将混合气体体积换算成标准状况下的体积：

$$V = 39.3 \times \frac{765}{760} \times \frac{273}{296} = 36.5 \text{mL}$$

$$m = \frac{36.5 \times 400}{0.1741 \times 96487 \times 2} = 0.435 \text{g} = 435 \text{mg}$$

电子积分仪根据电解通过的电流，采用积分线路可求得总电量：

$$Q = \int_0^t It \, dt$$

Q 值可由装置读出。

作图法，在控制电位库仑分析中电流随着时间而衰减：

$$I_t = I_0 \times 10^{-kt} \qquad\qquad (8\text{-}1)$$

式中，I_0 为开始电流；t 为电解时间；k 为常数项（与电极面积、溶液体积、搅拌速度和电极反应有关）。

电解时消耗的电量可通过积分求得：

$$Q = \int_0^t I_0 \times 10^{-kt} \, dt = \frac{I_0}{2.303}(1 - 10^{-kt})$$

t 增大，10^{-kt} 减小，当 $kt > 3$ 时，10^{-kt} 可忽略不计，则：

$$Q = \frac{I_0}{2.303k} \qquad\qquad (8\text{-}2)$$

对式(8-1)取对数得：

$$\lg I_t = \lg I_0 - kt$$

以 $\lg I_t$ 对 t 作图，得一直线，直线的斜率为 $-k$，截距为 $\lg I_0$。将 I_0 和 k 代入式(8-2)，可求得 Q 值。

8.4.3 恒电流库仑分析法

恒电流库仑法亦称库仑滴定法。此法是在控制电解电流的基础上，在特定的电解液中，以电极反应的产物作为滴定剂与被测物质定量作用，借助于指示剂或电化学方法确定滴定终点，根据到达终点时产生滴定剂所耗的电量计算检测物质的含量。要保证有较高的准确度，关键在于在恒电流下电解，并确保电流效率为100%及指示终点准确。

库仑滴定装置如图8-4所示，它包括试剂

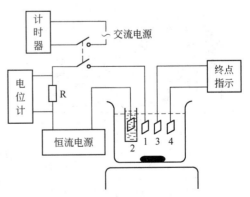

图 8-4　库仑滴定装置示意图
1—工作电极；2—辅助电极；3,4—指示电极

发生系统和指示系统两部分。前者的作用是提供要求的恒电流，产生滴定剂，并准确记录滴定时间等。后者的作用是准确判断滴定终点。

库仑滴定法是一种相当灵敏而准确的分析方法，不需要配制标准溶液或使用基准物质，用于各类滴定反应，它能滴定微量、痕量组分，并可实现自动化分析。

8.5　库仑分析法在环境分析中的应用

8.5.1　环境样品中微量水的测定

卡尔费休法测定微量水是库仑分析法的一个重要应用。卡尔费休法是 1935 年卡尔费休提出的，至今仍是测定水分最为准确的化学方法，包括卡尔费休容量滴定法和库仑法两种。而库仑法更为精确，可实现自动化和连续作业。

（1）测量原理　库仑分析原理如图 8-5 所示。基本原理是 I_2 氧化 SO_2 时需要定量水参与反应：

$$I_2 + SO_2 + 2H_2O \Longrightarrow H_2SO_4 + 2HI$$

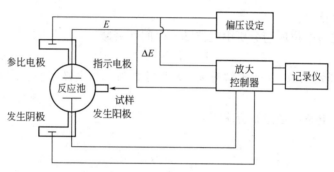

图 8-5　库仑分析原理

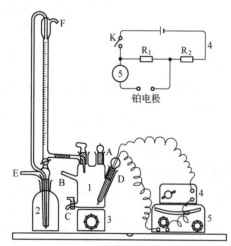

图 8-6　仪器装置示意图
（E、B、F 均需连接干燥器，
以防大气中潮气进入反应瓶）

1—反应瓶；2—滴定瓶；3—电磁搅拌器；
4—电路系统；5—检流计；A—进样口；
C—废液排出口；D—铂电极的磨口插口；
E—鼓气口；B，F—通大气口；K—开关；
R_1—8100Ω 电阻；R_2—2MΩ 电阻

反应是可逆的，当加入卡尔费休试剂时会打破这种平衡。卡尔费休试剂由 I_2、C_5H_5N、CH_3OH、SO_2 和 H_2O 按一定比例组成，其中的 C_5H_5N 是用来中和生成的 HI，反应为：

$$C_5H_5N \cdot I_2 + C_5H_5N \cdot SO_2 + C_5H_5N + H_2O \Longrightarrow$$
$$2C_5H_5N \cdot HI + C_5H_5N \cdot SO_3$$

卡尔费休试剂中的 CH_3OH 是为了防止副反应发生：

$$C_5H_5N \cdot SO_3 + CH_3OH \Longrightarrow$$
$$C_5H_5NHOSO_2 \cdot OCH_3$$

反应过程所需要的 I_2 由电解产生，消耗的电量由积分仪记录。

（2）仪器装置　仪器装置示意图如图 8-6 所示。如图 8-7 所示，反应瓶包括一个大的阳极室 A 和一个小的阴极室 C，用薄隔膜 D 分开，每个室均有一个铂电极 EA 及 EC 经过电池传递电流。水分测定在阳极室进行，当碘液中水分全部消耗后，过量的碘出现时，可从消耗的电流量计算出水的含量。向反应瓶中的阳极室充入阳极电解液，包括二氧化硫、合适的胺等。

阴极室中的电解液中不应有水存在，否则水会经过薄隔膜 D 渗透到阳极室，造成测定结果偏差，因此对取样器的水分要求十分严格。

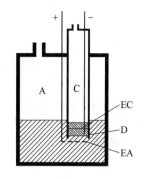

图 8-7　库仑法反应瓶
A—阳极室；EA—铂电极；
C—阴极室；EC—铂电极；
D—薄隔膜

（3）测量方法

① 开启电磁搅拌器，调节搅拌速度，闭合电路开关，把检流器中的分流器旋钮拨向 0.1 挡。

② 用针筒抽取 10～15mL 辅助试剂，从反应瓶的 B 管打进反应瓶，然后用 KF 试剂滴定至微黄棕色。此时调节检流计的另一调节旋钮，使检流计光点指示移动至刻度盘的 4/5 处，定为终点指示刻度，在此试液中可进行试剂的标定和样品含水量的测定。

③ 用微量针筒精确抽取 8～10mL 蒸馏水打进调节好终点的反应溶液中，溶液颜色变淡，用 KF 试剂滴定，使颜色返回至终点的颜色，检流计光点指示回至终点指示刻度，记录试剂毫升数。

$$试剂当量＝加入蒸馏水的量/滴定用的试剂的量$$

④ 测定样品含水量，用微量针筒抽取一定量的样品加入调节好终点的反应溶液中，用 KF 试剂滴定，使颜色返回至终点的颜色，记录 KF 试剂毫升数。样品含水量（$\mu g \cdot g^{-1}$）为：

$$H = \frac{VN}{W} \times 10^3$$

式中，W 为样品的质量，g，$W = V_样 d$；$V_样$ 为样品的体积，mL；d 为样品在测定温度下的密度，$g \cdot mL^{-1}$；V 为 KF 试剂的体积，mL；N 为试剂当量，$\mu g \cdot mL^{-1}$。

8.5.2　化学需氧量（COD）的测定

化学耗氧量（COD）是评价水质污染的重要指标之一。它是指在一定条件下，$1dm^3$ 水中可被氧化的物质（主要为有机物）氧化时所需要的氧。污水中的有机物往往是各种细菌繁殖的良好媒介，化学需氧量的测定是环境监测的一个重要项目。

其测定仪的工作原理是用一定量的 $KMnO_4$ 标准溶液与水样加热后，将剩余的 $KMnO_4$ 用电解产生的 Fe^{2+} 进行库仑滴定，反应为：

$$5Fe^{2+} + MnO^- + 8H^+ \Longrightarrow Mn^{2+} + 5Fe^{3+} + 4H_2O$$

根据产生 Fe^{2+} 所消耗的电量，可计算出溶液剩余 $KMnO_4$ 的量，再计算出水样的 COD。计算公式为：

$$COD = \frac{I(t_1 - t_2)}{96487V} \times \frac{32}{4} \times 10^{-3}$$

式中，I 为恒电流，mA；t_1 为电解产生 Fe^{2+} 标定 $KMnO_4$ 浓度所需的电解时间，s；t_2 为测定与水样作用后剩余的 $KMnO_4$ 所需的电解时间，s；V 为待测水样的体积，mL。

参 考 文 献

[1] 陈集，饶小桐. 仪器分析. 重庆：重庆大学出版社，2002.
[2] 刘约全. 现代仪器分析. 北京：高等教育出版社，2001.
[3] 王崇尧. 仪器分析. 北京：兵器工业出版社，1998.
[4] 高向阳. 新编仪器分析. 第 2 版. 北京：科学出版社，2004.
[5] 夏心泉. 仪器分析. 北京：中央广播电视大学出版社，1992.
[6] 刘志广. 仪器分析学习指导与综合练习. 北京：高等教育出版社，2005.

思考题与习题

一、判断题

1. 电解分析法是以测量沉积于电极表面的沉积物为基础的。（　　）
2. 库仑滴定法属于控制电流库仑分析法。（　　）
3. 电极电位偏离平衡电位的现象，称为电极的极化现象。一般来说，阳极极化时，其电极电位更负。（　　）
4. 在控制电位库仑分析法中，其电解电流随时间的变化趋势是指数衰减。（　　）
5. 通常情况下，析出金属离子的超电位与电极电位有关。（　　）
6. 在控制电位电解中，为了保持工作电极电位恒定，应保持外加电压不变。（　　）
7. 在控制电流电解中，电流应保持恒定，而外加电压变化较大。该种电解方式的选择性较控制阴极电位电解方式要差。（　　）
8. 利用库仑法进行分析时，要考虑温度、湿度、大气压等条件的影响。（　　）

二、选择题

1. 以测量沉淀在电极表面的物质的质量为基础的电化学分析法称为（　　）。
   A. 电位分析法　　B. 极谱分析法　　C. 电解分析法　　D. 库仑分析法
2. 在电解分析法中，在阴极上越容易被还原的物质是（　　）。
   A. 析出电位越正越容易　　　　　　　　B. 析出电位越负越容易
   C. 阴极电位越正，析出电位越负越容易　　D. 不确定
3. 电解分析法中，所需的实际分解电压不应包含（　　）。
   A. 理论分解电压　　　　　B. 由电极极化产生的超电位
   C. 电解池中的液接电位　　D. 电解池的电压降
4. 对一定体积的溶液来说，电解完全的程度与（　　）无关。
   A. 起始浓度　　B. 有效扩散层厚度　　C. 电极面积　　D. 电解时间
5. 在电解分析中，要求沉积在电极上的待测物质必须是纯净、致密、坚固地附着在电极上，可以采取以下措施，其中（　　）是错误的。
   A. 控制适当的 pH 值　　B. 控制适当温度
   C. 搅拌溶液　　　　　　　D. 反应的电流密度不宜过小
6. 法拉第定律的表达式中，不包含下列的（　　）。
   A. 电量　　B. 参与电极反应的电子数
   C. 电流　　D. 参与电极反应物质的摩尔质量
7. 在控制阴极电位库仑分析法的装置中，关键的部件是（　　）。
   A. 电压表　　B. 库仑计　　C. 工作电极和参比电极　　D. 电流表
8. 在相同条件下，电解池阴极沉淀出来的物质的量正比于（　　）。
   A. 电极间距离　　B. 通过电解池的电量　　C. 阴极的表面积　　D. 溶液中电解质浓度

三、填空题

1. 以测量沉积于电极表面的沉积物的质量为基础的方法称为_____。

2. 能使电流持续稳定地通过电解质，并使之开始电解时施加于电解池两极的最低电位（压），称为_____。

3. 使金属离子在阴极上不断电解而析出金属沉积物所需的最小阴极电位是_____。

4. 恒电流电解分析法所需要的外加电压变化较大，电解速率快，分析时间短，其主要的缺点是_____。

5. 在控制阴极电位电解时，通常采用_____装置，以_____为参比电极。

6. 电解完成的程度与_____、_____、_____、_____有关，而与待测物质的_____无关。

7. 用库仑法进行定量分析时，要取得准确分析结果关键在于：（1）保证电极反应的电流效率是100％和_____作用；（2）能准确地测量流过电解池的_____；（3）能准确地指示电解的_____。

8. 库仑分析法可分为两类：第一类是_____，待测物质直接在电极上氧化或还原；第二类是与某一电极反应产物定量地进行化学反应，称为_____。

四、简答与计算

1. 什么叫分解电压？什么叫析出电位？

2. 什么叫超电位？H_2 的超电位在金属析出时起什么作用？

3. 控制电位库仑分析法与恒电流电解分析法相比有什么特点？分离两种不同的金属其原理是什么？

4. 库仑分析以什么定律为理论基础？并叙述其内容。库仑分析的关键问题是什么？

5. 库仑滴定法的原理是什么？

6. 计算 $0.1 mol \cdot L^{-1}$ $AgNO_3$ 在 pH＝1 的溶液中的分解电压，已知 $\eta_{Ag}＝0$，$\eta_{O_2}＝0.40V$。

7. 有 Cu^{2+} 和 Ag^+ 的混合溶液，其浓度分别是 $1 mol \cdot L^{-1}$ 及 $0.01 mol \cdot L^{-1}$，以铂为电极进行电解，在阳极首先析出的是 Ag 还是 Cu？电解时两种金属离子能否分开？

8. 用标准甘汞电极作正极，氢电极作负极（$p_{H_2}＝101325Pa$），与待测的 HCl 溶液组成电池。在 25℃时，测得 $E＝0.342V$。待测溶液为 NaOH 溶液时，测得 $E＝1.050V$。取此 NaOH 溶液 20mL，用上述 HCl 溶液中和完全，需用 HCl 溶液多少毫升？

9 气相色谱法

9.1 色谱分析法

9.1.1 色谱分析法的简介

色谱法是一种极有效的分离技术，当其与适当的检测手段相结合时就构成了色谱分析方法。它的分离原理是，使混合物中各组分在两相间进行分配，其中一相是不动的，称为固定相，另一相是携带混合物流过此固定相的流体，称为流动相。当流动相中所含混合物经过固定相时，就会与固定相发生作用。由于各组分在性质和结构（溶解度、极性、蒸气压、吸附能力）上的差异，与固定相发生作用的大小、强弱也有差异（即有不同的分配系数），因此在同一推动力作用下，不同组分在固定相中的滞留时间有长有短，从而按先后不同的次序从固定相中流出。这种借助两相间分配系数的差异而使混合物中各组分分离，并对组分进行测定的方法，就是色谱分析法，简称色谱法（又称色层法、层析法）。

气相色谱和液相色谱（特别是高效液相色谱）都是普遍采用的分析方法。它们的分离原理相同，但气相色谱和液相色谱之间存在着许多不同之处，它们有不同的特性。这些不同的特性，决定了它们的应用范围也有所不同。

9.1.2 色谱分析法的分类

色谱在其发展过程中不断完善，其分类方法也很多，而且各类方法还在不断扩展。现将色谱主要分类方法简述如下。

9.1.2.1 按两相状态分类

以流动相的物态，色谱法可分为气相色谱法（gas chromatography，GC）、液相色谱法（liquid chromatography，LC）、超临界流体色谱法（supercritical fluid chromatography，SFC）；再以固定相的物态，气相色谱法又可分为气-固色谱法（gas solid chromatography，GSC）和气-液色谱法（gas liquid chromatography，GLC）；液相色谱法亦可分为液-固色谱法（liquid solid chromatography，LSC）和液-液色谱法（liquid liquid chromatography，LLC）。其中在超临界流体色谱中，流动相不是一般的气体或液体，而是临界点（临界压力和临界温度）以上高度压缩的气体，其密度比一般气体大得多，而与液体相似，又称高密度气相色谱法或高压气相色谱法。至今研究较多的是 CO 超临界流体色谱。

9.1.2.2 按固定相使用的形式分类

包括：柱色谱法（固定相装在色谱柱中），此色谱又分为填充柱色谱和开管柱色谱（毛细管柱色谱）；纸色谱法，此法以滤纸为固定相，把试样液体滴在滤纸上，用溶剂将它展开，根据其在纸上有色斑点的位置与大小，进行定性鉴定与定量测定；薄层色谱法，此法是将吸附剂涂布在玻璃板上或压成薄膜，用与纸色谱相类似的方法进行操作。

9.1.2.3 按分离过程的机制分类

包括：吸附色谱法（利用吸附剂表面对组分吸附强弱的差异来进行分离），如气-固吸附色谱法、液-固吸附色谱法；分配色谱法（利用组分在两相中溶解能力和分配系数的差异进行分离），如气-液分配色谱法、液-液分配色谱法；离子交换色谱法（利用固定相对各组分的离子交换能力的差异来进行分离）和排阻色谱法（利用多孔性物质对分子大小不同的各组分的排阻作用差异而进行分离），亦称凝胶色谱法等。

此外，还有离子对色谱、络合色谱、亲和色谱，尽管它们的分离原理不尽相同，但都是利用组分在两相间的分配系数不同而分离的。

由于色谱过程的特殊物理化学原理或特殊的操作方式，还可以给出其他一些色谱类型，如化学键合相色谱、制备色谱、裂解色谱、二维色谱。

9.1.3 色谱分析法的特点

9.1.3.1 高效能

由于色谱柱具有很高的板数，填充柱约为 1000 块·m^{-1}，毛细管柱可高达 $10^5 \sim 10^6$ 块·m^{-1}，在分离多组分复杂混合物时，可以高效地将各个组分分离成单一色谱峰。例如，一根长 30m、内径 0.32mm 的 SE-30 柱，可以把炼油厂原油分离出 150～180 个组分。

9.1.3.2 高灵敏度

色谱分析的高灵敏度表现在可检出 $10^{-14} \sim 10^{-11}$ g 的物质，因此在痕量分析中非常有用。例如，超纯气体中痕量杂质的检测，饮用水中痕量有机氯化物的检测，大气中污染物的检测，粮食、蔬菜、水果中农药残留物的检测。

9.1.3.3 高选择性

色谱法对那些性质相似的物质，如同位素、同系物、烃类异构体等，有很好的分离效果。例如，一个 2m 长装有有机皂土及邻苯二甲酸二壬酯的混合固定相柱，可以很好地分离邻位、间位、对位二甲苯。

9.1.3.4 分析速度快

色谱法特别是气相色谱法分析速度是较快的。一般分析一个试样只需几分钟或几十分钟便可完成。

9.2 气相色谱分析理论基础

9.2.1 色谱流出曲线——色谱图

当组分进样经固定相（吸附剂）的吸附分离后，经过色谱柱到达检测器所产生的响应信号（以电压或电流表示）对时间或载气流出体积的曲线称为色谱流出曲线，亦称色谱峰或色谱图，如图 9-1 所示。在适当的色谱条件下，样品中每个组分均有相应的色谱峰，且呈正态分布。色谱峰的区域宽度与组分的流出时间（或保留时间）一般呈线性关系，流出时间越长，色谱峰的区域宽度越宽，峰高与半峰高宽度之比随组分保留时间增加而减少。

色谱图是色谱分析的主要技术资料和色谱基本参数的基础。色谱图应标明流动相、固定相、操作条件、检测器的类型和操作参数、样品类型和有关说明等，从谱图上可以获得以下信息。

① 在一定的色谱条件下，可看到组分分离情况及组分的多少。

② 每个色谱峰的位置可由每个峰流出曲线最高点所对应的时间或保留体积表示，以此作为定性分析的依据，不同的组分，峰的位置也不同。

③ 每一组分的含量与这一组分相对应的峰高或峰面积有关，峰高或峰面积可以作为定量分析的依据。

④ 通常在色谱分析中，进样量很少，因此得到的色谱流出曲线多为正态分布曲线。可以通过观察峰的分离情况及扩展情况判断柱效好坏，色谱峰越窄，柱效越高，色谱峰越宽，柱效越低。

⑤ 色谱柱中仅有流动相通过时，检测器响应信号的记录值称为基线，稳定的基线应该是一条直线。可以通过观察基线的稳定情况来判断仪器是否正常。

⑥ 如果色谱峰的半峰高宽度不规则增大，则预示着在一个色谱峰中有一个以上组分。

9.2.2　色谱流出曲线常用术语

现以组分的流出色谱图（图 9-1）来说明有关色谱术语。

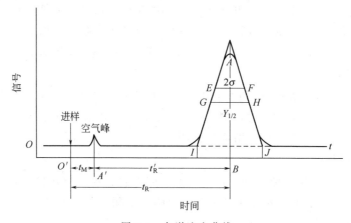

图 9-1　色谱流出曲线

（1）基线　在实验操作条件下，当色谱柱后没有组分进入检测器时所得到的信号-时间曲线称为基线，它反映检测器系统噪声随时间变化的情况。稳定的基线是一条直线，如图 9-1 中 Ot 所示的直线。

（2）基线漂移　指基线随时间定向的缓慢变化。这种变化是由于操作条件如温度、流动相速度或检测器及附属电子元件的工作状态的变更等引起的。

（3）基线噪声　指由各种未知的偶然因素如流动相速度、固定相的挥发、外界电信号干扰等所引起的基线起伏。漂移和噪声给准确测定带来了困难。

（4）保留值　表示试样中各组分在色谱柱中的滞留时间的数值。通常用时间或用将组分带出色谱柱所需载气的体积来表示。如前所述，被分离组分在色谱柱中的滞留时间主要取决于它在两相间的分配过程，因而保留值是由色谱分离过程中的热力学因素所控制的，在一定的固定相和操作条件下，任何一种物质都有一确定的保留值，这样就可用作定性参数。

9.2.3　色谱分离的基本理论

色谱理论的本质是研究色谱热力学、色谱动力学以及将热力学与动力学有机结合来寻求色谱分离的最佳化途径。色谱热力学研究试样中各组分在两相间的分配情况，这与各组分在两相间的分配系数、各物质（包括试样中组分、固定相、流动相）的分子结构和性质有关。各个色谱峰的保留值反映了各组分在两相间的分配情况。色谱动力学研究的是各组分在色谱柱中的运动情况，这与各组分在流动相和固定相两相之间的传质阻力有关。各个色谱峰的半峰高宽度就反映了各组分在色谱柱中运动的情况，要达到多组分复杂混合物的理想分离，就必须从热力学及动力学两方面考虑，找出最佳分离条件，也就是达到优化的目的，这样就形成了较完善的色谱理论。

（1）分配理论　物质在固定相和流动相（气相）之间发生的吸附、脱附和溶解、解析的过程，称为分配过程。被测组分按其溶解和解析能力（或吸附和脱附能力）的大小，以一定的比例分配在固定相和气相之间。在一定温度下组分在两相之间分配达到平衡时的浓度比称为分配系数 K。

$$K = \frac{\text{组分在固定相中的浓度}}{\text{组分在流动相中的浓度}} = \frac{c_s}{c_M} \tag{9-1}$$

一定温度下，不同物质在两相之间的分配系数是不同的。显然，具有小的分配系数的组分，每次分配后在气相中的浓度较大，因此就较早地流出色谱柱。而分配系数大的组分，则由于每次分配后在气相中的浓度较小，因而流出色谱柱的时间较迟。当分配次数足够多时，就能将不同的组分分离开来。由此可见，分配系数是色谱分离的依据。

在实际工作中，常应用分配比表征色谱分配平衡过程。分配比亦称容量因子或容量比，以 k 表示，是指在一定温度、压力下，在两相间达到分配平衡时，组分在两相中的质量比：

$$k = \frac{p}{q} \tag{9-2}$$

式中，p 为组分分配在固定相中的质量；q 为组分分配在流动相中的质量。k 与分配系数 K 的关系为：

$$K = \frac{c_s}{c_M} = \frac{\dfrac{p}{V_s}}{\dfrac{q}{V_M}} = k \frac{V_M}{V_s} = k\beta \tag{9-3}$$

式中，V_M 为色谱柱中流动相体积，即柱内固定相颗粒间的空隙体积；V_s 为色谱柱中固定相体积，对于不同类型色谱分析，V_s 有不同内容，例如在气-液色谱分析中它为固定液体积，在气-固色谱分析中则为吸附剂表面容量。V_M 与 V_s 之比称为相比，以 β 表示，它反映了各种色谱柱柱型的特点。例如，填充柱的 β 值为 $6 \sim 35$，毛细管柱的 β 值为 $50 \sim 1500$。由式(9-3) 可见以下几点。

① 分配系数是组分在两相中浓度之比，分配比则是组分在两相中分配总质量之比。它们都与组分及固定相的热力学性质有关，并随柱温、柱压的变化而变化。

② 分配系数只取决于组分和两相性质，与两相体积无关。分配比不仅取决于组分和两相性质，且与相比有关，亦即组分的分配比随固定相的量而改变。

③ 对于一给定色谱体系（分配体系），组分的分离最终取决于组分在每相中的相对量，而不是相对浓度，因此分配比是衡量色谱柱对组分保留能力的重要参数。k 值越大，保留时间越长，k 值为零的组分其保留时间即为死时间 t_M。

④ 若流动相（载气）在柱内的线速度为 u，即一定时间里载气在柱中流动的距离（单位为 $cm \cdot s^{-1}$），由于固定相对组分有保留作用，所以组分在柱内的线速度 u_s 将小于 u。则两速度之比称为滞留因子 R_s：

$$R_s = \frac{u_s}{u} \tag{9-4}$$

若某组分的 $R_s = 1/3$，表明该组分在柱内的移动速度只有流动相速度的 1/3，显然 R_s 亦可用质量分数表示：

$$R_s = \frac{q}{q+p} = \frac{1}{1+\dfrac{p}{q}} = \frac{1}{1+k} \tag{9-5}$$

组分和流动相通过长度为 L 的色谱柱，所需时间分别为：

$$t_R = \frac{L}{u_s} \tag{9-6}$$

$$t_M = \frac{L}{u} \tag{9-7}$$

由式(9-4)～式(9-7) 可得：

$$t_R = t_M(1+k) \tag{9-8}$$

$$k = \frac{t_R - t_M}{t_M} = \frac{t'_R}{t_M} \tag{9-9}$$

可见，k 值可根据式(9-9) 由实验测得。

(2) 塔板理论 1941 年詹姆斯（James）和马丁（Martin）提出半经验理论即塔板理论，并用数学模型描述了色谱分离过程。他们把色谱柱比作一个精馏塔，借用精馏塔中塔板的概念、理论来处理色谱过程，并用理论塔板数作为衡量柱效率的指标。

塔板理论把组分在流动相和固定相间的分配行为看成在精馏塔中的分离过程，柱中有若干块想象的塔板，一个塔板的长度称为理论塔板高度。当组分随流动相进入色谱柱后，在每一块塔板内很快地在两相间达到一次分配平衡，经过若干个假想塔板的多次分配平衡后，分配系数小的组分先离开色谱柱，分配系数大的组分后离开色谱柱。尽管这个概念并不完全符合色谱柱内的真实分离过程，但这个理论确实能说明一些问题，至今仍被人们广泛采用。塔板理论的基本假设有以下几点。

① 假设柱内径及柱内填料填充均匀，柱由若干小段组成，每段为一个理论塔板。塔板一部分为固定相占据，一部分为流动相占据。

② 在每块塔板上，组分瞬间在两相中达到平衡，且纵向扩散可以忽略（扩散不影响分配平衡）。

③ 流动相通过色谱柱不是连续的，而是脉冲式的间歇过程，每次只进一个板体积 ΔV 的流动相（每次进入和从一个塔板转移到另一个塔板的流动相体积为 ΔV）。

④ 溶质进样时都加在第 0 号塔板上（快速进样，进样量小，这种假设也接近实际）。

⑤ 分配系数和分配比在各塔板上是常数，与浓度无关。

为简单起见，设色谱柱由 5 块塔板（$n=5$，n 为柱子的塔板数）组成，并以 r 表示塔板编号，r 等于 $0,1,2,\cdots,n-1$，某组分的分配比 $k=1$，则根据上述假定，在色谱分离过程中该组分的分布可计算如下。

开始时，若有单位质量，即 $m=1$（mg 或 μg）的该组分加到第 0 号塔板上，分配达平衡后，由于 $k=1$，即 $p=q$，故 $p=q=0.5$。

当一个板体积（ΔV）的载气以脉动式进入 0 号板时，就将气相中含有 q 部分组分的载气顶到 1 号板上，此时 0 号板液相中 p 部分组分及 1 号板气相中的 q 部分组分将各自在两相间重新分配。故 0 号板上所含组分总量为 0.5，其中气液两相各为 0.25；而 1 号板上所含总量同样为 0.5，气液两相亦各为 0.25。

以后每当一个新的板体积载气以脉动式进入色谱柱时，上述过程就重复一次，如下所示：

塔板号 r	0	1	2	3
进样 $\begin{cases}q\\p\end{cases}$	$\dfrac{0.5}{0.5}$			
进气 $\Delta V\begin{cases}q\\p\end{cases}$	$\dfrac{0.25}{0.25}$	$\dfrac{0.25}{0.25}$		
进气 $2\Delta V\begin{cases}q\\p\end{cases}$	$\dfrac{0.125}{0.125}$	$\dfrac{0.125+0.125}{0.125+0.125}$	$\dfrac{0.125}{0.125}$	
进气 $3\Delta V\begin{cases}q\\p\end{cases}$	$\dfrac{0.063}{0.063}$	$\dfrac{0.063+0.125}{0.125+0.063}$	$\dfrac{0.125+0.063}{0.063+0.125}$	$\dfrac{0.063}{0.063}$

按上述分配过程，对于 $n=5$、$k=1$、$w=1$ 的体系，随着脉动式进入柱中板体积载气的增加，组分分布在柱内任一板上的总量（气相、液相总质量）见表 9-1。由表中数据可见，当 $n=5$ 时，即 5 个板体积载气进入柱子后，组分就开始在柱出口出现，进入检测器产生信号（图 9-2），图中纵坐标 x 为组分在柱出口出现的质量分数。

表 9-1　组分在 $n=5$、$k=1$、$w=1$ 柱内任一板上分配

体积数 n	组分					
	0 号板	1 号板	2 号板	3 号板	4 号板	柱出口
0	1	0	0	0	0	0
1	0.5	0.5	0	0	0	0
2	0.25	0.5	0.25	0	0	0
3	0.125	0.375	0.25	0	0	0
4	0.063	0.25	0.375	0.063	0.063	0
5	0.032	0.157	0.375	0.157	0.157	0
6	0.015	0.095	0.235	0.313	0.235	0.079
7	0.008	0.058	0.165	0.274	0.274	0.118
8	0.004	0.032	0.111	0.22	0.274	0.138
9	0.002	0.018	0.072	0.166	0.247	0.138
10	0.001	0.010	0.045	0.094	0.207	0.124
11	0	0.005	0.028	0.070	0.151	0.104
12	0	0.002	0.016	0.049	0.110	0.076
13	0	0.001	0.010	0.033	0.08	0.056
14	0	0	0.005	0.022	0.057	0.040
15	0	0	0.002	0.014	0.040	0.028
16	0	0	0.001	0.008	0.027	0.020

由图 9-2 可以看出，组分从具有 5 块塔板的柱中冲洗出来的最大浓度是在 n 为 8 和 9 时。流出曲线呈峰形但不对称，这是由于柱子的塔板数太少的缘故。当 $n>15$ 时就可以得到对称的峰形曲线。在气相色谱中，n 值是很大的，为 $10^8 \sim 10^9$，因而这时的流出曲线可趋近于正态分布曲线。这样，流出曲线上的浓度 c 与时间 t 的关系可由下式表示：

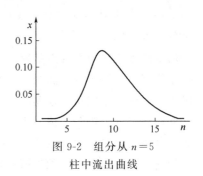

图 9-2　组分从 $n=5$ 柱中流出曲线

$$c = \frac{c_0}{\sigma \sqrt{2\pi}} e^{-\frac{(t-t_R)^2}{2\sigma^2}} \qquad (9\text{-}10)$$

式中，c_0 为进样浓度；t_R 为保留时间；σ 为标准偏差；c 为时间 t 时的浓度，此式称为流出曲线方程式。

以上讨论了单一组分在色谱柱中的分配过程。若试样为多组分混合物，则经过很多次的分配平衡后，如果各组分的分配系数有差异，则在柱出口处出现最大浓度时所需的载气板体积数亦将不同。由于色谱柱的塔板数相当多，因此分配系数有微小差异，仍可获得好的分离效果。

由塔板理论可导出 n 与色谱峰峰底宽度的关系为：

$$n = 5.54 \left(\frac{t_R}{Y_{\frac{1}{2}}}\right)^2 = 16 \left(\frac{t_R}{Y}\right)^2 \qquad (9\text{-}11)$$

而

$$H = \frac{L}{n} \qquad (9\text{-}12)$$

式中，L 为色谱柱的长度；t_R 及 $Y_{\frac{1}{2}}$ 或 Y 用同一单位（时间或距离）。由式(9-11) 及式(9-12) 可见，色谱峰越窄，塔板数 n 越多，理论塔板高度 H 就越小，此时柱效能越高，因而 n 或 H 可作为描述柱效能的一个指标。

由于死时间 t_M（或死体积 V_M）的存在，它包括在 t_R 中，而 t_M（或 V_M）不参加柱内的分配，所以往往计算出来的 n 很大，H 很小，但色谱柱表现出来的实际分离效能却并不好，特别是对流出色谱柱较早（t_R 较小）的组分更为突出。因而理论塔板数 n、理论塔板高度 H 并不能真实反映色谱柱分离的好坏。因此，提出了将 t_M 除外的有效塔板数 $n_{有效}$ 和有效塔板高度 $H_{有效}$ 作为柱效能指标。其计算式为：

$$n_{有效} = 5.54 \left(\frac{t'_R}{Y_{\frac{1}{2}}}\right)^2 = 16 \left(\frac{t'_R}{Y}\right)^2 \qquad (9\text{-}13)$$

$$H_{有效} = \frac{L}{n_{有效}} \qquad (9\text{-}14)$$

有效塔板数和有效塔板高度消除了死时间的影响，因而能较为真实地反映柱效能的好坏。应该注意，由于不同物质在同一色谱柱的分配系数不同，所以同一色谱柱对不同物质的柱效能是不一样的。因此，在说明柱效时，除注明色谱条件外，还应指出是用什么物质进行测量的。

色谱柱的理论塔板数越多，表示组分在色谱柱中达到分配平衡的次数越多，固定相的作用越显著，因而对分离越有利。但还不能预言并确定各组分是否有被分离的可能，因为分离的可能性取决于试样混合物在固定相中分配系数的差别，而不是取决于分配次数的多少，因此不应把 $n_{有效}$ 看成有无实现分离可能的依据，而只能把它看成是在一定条件下柱分离能力发挥的程度的标志。

塔板理论用热力学观点解释了溶质在色谱柱中的分配平衡和分离过程，导出了流出曲线的数学模型，在解释流出曲线的形状（呈正态分布）、浓度极大点的位置以及计算评价柱效能等方面都取得了成功。但是它的某些基本假设是不当的，色谱过程不仅受热力学因素影响，同时还与分子扩散、传质等动力学因素有关。因此塔板理论只能定性地给出塔板高度的概念，却不能给出影响塔板高度的因素，因而无法解释造成色谱扩散使柱效能下降的原因及不同流速下可以测得不同理论塔板数的事实。尽管如此，由于以 n 或 H 作为柱效能指标很直观，因而迄今仍为色谱工作者所接受。

（3）速率理论（范第姆特方程式） 1956 年荷兰学者范第姆特（van Deemter）等提出了色谱过程的动力学理论即速率理论。他们吸收了塔板理论中塔板高度的概念，并把影响塔板高度的动力学因素结合进去，指出理论塔板高度是色谱峰展宽的量度，导出了塔板高度 H 与载气线速度 u 的关系：

$$H = A + \frac{B}{u} + Cu \tag{9-15}$$

式中，A、B、C 为三个常数，其中，A 为涡流扩散项，B 为分子扩散系数，C 为传质阻力系数。上式即为范第姆特方程式的简化式。

下面分别讨论各项的意义。

① 涡流扩散项 A。载有试样组分分子的流动相碰到填充物颗粒时，不断地改变流动方向，使试样组分在气相中形成类似"涡流"的流动；填充物颗粒大小的不同及其填充的不均匀性，使组分分子通过色谱柱时的路径长短不同，因而，同时进入色谱柱的相同组分在柱内停留的时间不同，到达柱子出口的时间有先有后，引起色谱峰的扩张。其变宽的程度由下式 $A = 2\lambda d_p$ 决定，这表明 A 与填充物的平均颗粒直径 d_p（单位为 cm）的大小和填充的不均匀性 λ 有关，而与载气性质、线速度和组分无关，因此使用适当细粒度和颗粒均匀的担体，并尽量填充均匀，是减少涡流扩散、提高柱效的有效途径。对于空心毛细管柱，不存在涡流扩散，A 项为零。

② 分子扩散项 B/u（或称纵向扩散项）。由于试样组分被载气带入色谱柱后，是以"塞子"的形式存在于柱的很小一段空间中，在"塞子"的前后（纵向）存在着浓差而形成浓度梯度，因此使运动着的分子产生纵向扩散。而有：

$$B = 2\gamma D_g \tag{9-16}$$

式中，γ 为因载体填充在柱内而引起气体扩散路径弯曲的因数（弯曲因子），反映了填充物颗粒的几何形状对自由分子扩散的阻碍程度；D_g 为组分在气相中的扩散系数（单位为 $cm^2 \cdot s^{-1}$）。

纵向扩散与组分在柱内的保留时间有关，保留时间越长（相应于载气流速越小），分子扩散项对色谱峰扩张的影响就越显著。分子扩散项还与组分在载气流中的分子扩散系数 D_g 的大小成正比，而 D_g 与组分及载气的性质有关。分子量大的组分，其 D_g 小，D_g 反比于载气密度的平方根或载气分子量的平方根；D_g 随柱温增高而增加，但反比于柱压。因此，为了减小分子扩散项，可采用分子量较大的流动相，控制在较低的柱温等。

③ 传质项 Cu。对于气-液色谱，系数 C 包括气相传质阻力系数 C_g 和液相传质阻力系数 C_l 两项。

所谓气相传质过程是指试样组分从气相移动到固定相表面的过程，在这一过程中试样组分将在两相间进行质量交换，即进行浓度分配。这种过程若进行缓慢，表示气相传质阻力大，就引起色谱峰扩张。对于填充柱，则有：

$$C_g = \frac{0.01k^2}{(1+k)^2} \times \frac{d_p^2}{D_g} \tag{9-17}$$

式中，k 为容量因子。由上式可见，气相传质阻力与填充物粒度的平方成正比，与组分在载气流中的扩散系数成反比。因此采用粒度小的填充物和分子量小的气体（如氢气）作载气可使 C_g 减小，可提高柱效。

所谓液相传质过程是指试样组分从固定相的气液界面移动到液相内部，并发生质量交换，达到分配平衡，然后又返回气液界面的传质过程。这个过程也需要一定时间，在此时间内，气相中组分的其他分子仍随载气不断地向柱口运动，这也造成峰形的扩张。液相传质阻力系数 C_l 为：

$$C_l = \frac{2}{3} \times \frac{k}{(1+k)^2} \times \frac{d_f}{D_l} \tag{9-18}$$

因此，固定相的液膜厚度 d_f 薄，组分在液相的扩散系数 D_l 大，则液相传质阻力就小。

对于填充柱，固定液含量较高（早期固定液含量一般为 $20\% \sim 30\%$）。中等线速时，塔板高度的主要控制因素是液相传质项，而气相传质项数值很小，可以忽略。然而，随着快速色谱的发展，在用低固定液含量柱、高载气线速进行快速分析时，C_g 对 H 的影响不但不能忽略，甚至会成为主要控制因素。

将常数项的关系式代入简化式(9-15)得：

$$H = 2\lambda d_p + \frac{2\gamma D_g}{u} + \left[\frac{0.01k^2}{(1+k)^2} \times \frac{d_p^2}{D_g} + \frac{2}{3} \times \frac{k}{(1+k)^2} \times \frac{d_f^2}{D_l} \right] u \tag{9-19}$$

由上述讨论可见，范第姆特方程式对于分离条件的选择具有指导意义。它可以说明，填充均匀程度、担体粒度、载气种类、载气流速、柱温、固定相液膜厚度等对柱效、峰扩张的影响。

④ 载气线速度 u。速率方程式在塔板理论的基础上，引入了影响塔板高度的动力学因素，所以它综合了热力学及动力学两种因素对板高的影响。下面简要介绍载气线速度 u 对板高的影响。

a. 线速度 $u \to 0$ 时，传质阻力项可以忽略，范第姆特方程式为：

$$H = A + \frac{B}{u}$$

b. 当 $u \to \infty$ 时，分子扩散项可忽略，方程变为：

$$H = A + (C_l + C_g)u \tag{9-20}$$

c. 当范第姆特方程式的一阶导数等于零时，得：

$$\frac{dH}{du} = -\frac{B}{u^2} + (C_l + C_g) = 0 \tag{9-21}$$

最佳线速度为：

$$u_{opt} = \sqrt{B/(C_l + C_g)} \tag{9-22}$$

最小板高为：

$$H_{min} = A + 2\sqrt{B(C_l + C_g)} \tag{9-23}$$

结论：A 项与线速度无关，对板高影响为一常数；B 项与线速度成反比，当线速度小时，B 项成为影响板高的主要因素；C 项与线速度成正比，当线速度大时，C 项对板高起控制作用。

（4）分离度理论

① 分离度的定义。一个混合物能否为色谱柱所分离，取决于固定相与混合物中各组分分子间的相互作用的大小是否有区别（对气-液色谱）。但在色谱分离过程中各种操作因素的选择是否合适，对于实现分离的可能性也有很大影响。因此在色谱分离过程中，不但要根据所分离的对象选择适当的固定相，使其中各组分有可能被分离，而且还要创造一定的条件，

使这种可能性得以实现并达到最佳的分离效果。

两个组分要达到完全分离：首先是两组分的色谱峰之间的距离必须相差足够大；其次峰必须窄。若两峰间仅有一定距离，而每一个峰却很宽，会致使彼此重叠，如图 9-3(a) 的情况，则两组分仍无法完全分离。所以只有同时满足这两个条件时，两组分才能完全分离，如图 9-3(b) 所示。

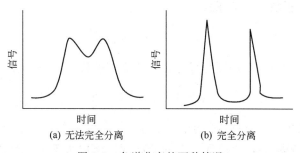

(a) 无法完全分离　　　　　(b) 完全分离

图 9-3　色谱分离的两种情况

为判断相邻两组分在色谱柱中的分离情况，常用分离度（R）也称分辨率作为柱的总分离效能指标。其定义为相邻两组分色谱峰保留值之差与两个组分色谱峰峰底宽度总和之半的比值，即：

$$R = \frac{t_{R(2)} - t_{R(1)}}{\frac{1}{2}(Y_1 + Y_2)} \tag{9-24}$$

式中，$t_{R(2)}$ 和 $t_{R(1)}$ 分别为两组分的保留时间（也可采用调整保留时间）；Y_1 和 Y_2 为相应组分的色谱峰的峰底宽度，与保留值用同样单位。R 值越大，就意味着相邻两组分分离得越好。两组分保留值的差别，主要取决于固定液的热力学性质，色谱峰的宽窄则反映了色谱过程的动力学因素。因此，分离度包括了两方面的因素，并定量地描述了混合物中相邻两组分的实际分离程度。

从理论上可以证明，若峰形对称且满足于正态分布，则当 $R<1$ 时，两峰总有部分重叠；当 $R=1$ 时，分离程度可达 94%；当 $R=1.5$ 时，分离程度可达 99.7%。因而可用 $R=1.5$ 来作为相邻两峰已完全分开的标志。

当两组分的色谱峰分离较差，峰底宽度难以测量时，可用半峰宽代替峰底宽度，并用下式表示分离度：

$$R' = \frac{t_{R(2)} - t_{R(1)}}{\frac{1}{2}\left[Y_{\frac{1}{2}(1)} + Y_{\frac{1}{2}(2)}\right]} \tag{9-25}$$

R' 与 R 的物理意义是一致的，但数值不同，$R=0.59R'$，应用时要注意所采用分离度的计算方法。

② 分离度与柱效能、选择性的关系。色谱分析中，对于多组分混合物的分离分析，在选择合适的固定相及实验条件时，主要针对其中难分离物质对来进行，这就是说要抓主要矛盾。对于难分离物质，由于它们的保留值差别小，可合理地认为 $Y_1 = Y_2 = Y$，$k_1 \approx k_2 \approx k$。由式(9-11) 得：

$$\frac{1}{Y} = \frac{\sqrt{n}}{4} \times \frac{1}{t_R} \tag{9-26}$$

将上式及式(9-8)代入式(9-24)，整理后可得：

$$R = \frac{1}{4}\sqrt{n}\left(\frac{\alpha-1}{\alpha}\right)\left(\frac{k}{1+k}\right) \tag{9-27}$$

上式称色谱分离基本方程式，它表明 R 随体系的热力学性质（α 和 k）的改变而变化，也与色谱柱条件（n 改变）有关。若用式(9-11)除以式(9-13)，并将式(9-8)代入，可得 n 与 $n_{有效}$（有效理论塔板数）的关系式为：

$$n = \left(\frac{1+k}{k}\right)^2 n_{有效} \tag{9-28}$$

将式(9-28)代入式(9-27)，则可得用有效理论塔板数表示的色谱分离基本方程为：

$$n = \frac{1}{4}\sqrt{n_{有效}}\left(\frac{\alpha-1}{\alpha}\right) \tag{9-29}$$

a. 分离度与柱效的关系（柱效因子）。分离度与 n 的平方根成正比。当固定相确定，亦即被分离物质对的 α 确定后，欲达到一定的分离度，将取决于 n。增加柱长可改进分离度，但增加柱长使各组分的保留时间增长，延长了分析时间并使峰产生扩展，因此在达到一定的分离度条件下应使用短一些的色谱柱。除增加柱长外，增加 n 值的另一办法是减小柱的 H 值，这意味着应制备一根性能优良的柱子，并在最优化条件下进行操作。

b. 分离度与容量比的关系（容量因子）。k 值大一些对分离有利，但并非越大越有利。观察表 9-2 数据，可见 $k>10$ 时，$k/(k+1)$ 的改变不大，对 R 的改进不明显，反而使分析时间大为延长。因此 k 值的最佳范围是 $1<k<10$，在此范围内，既可得到大的 R 值，亦可使分析时间不至于过长，使峰的扩展不会太严重而对检测发生影响。改变柱温和相比可以有效地控制 k 值。

表 9-2 k 值对 $k/(k+1)$ 的影响

k	0.5	1.0	3.0	5.0	8.0	10	30	50
$k+1$	0.33	0.50	0.75	0.83	0.89	0.91	0.97	0.98

c. 分离度与柱选择性的关系（选择因子）。α 是柱选择性的量度，α 越大，柱选择性越好，分离效果越好。在实际工作中，可由一定的 α 值和所要求的分离度，用式(9-29)计算柱子所需的有效理论塔板数。研究表明，α 的微小变化就能引起分离度的显著变化。因此，增大 α 值是提高分离度的有效办法。一般通过改变固定相和流动相的性质和组成或降低柱温可有效增大 α 值。

应用上述同样的处理方法可将分离度、柱效和选择性参数联系起来：

$$R = \frac{2[t_{R(2)}-t_{R(1)}]}{Y_1+Y_2} = \frac{2[t'_{R(2)}-t'_{R(1)}]}{Y_1+Y_2} = \frac{t'_{R(2)}-t'_{R(1)}}{Y}$$

$$Y = \frac{t'_{R(2)}-t'_{R(1)}}{R}$$

$$n_{有效} = 16\left(\frac{t'_{R(2)}}{Y}\right)^2 = 16\left(\frac{t'_{R(2)}R}{t'_{R(2)}-t'_{R(1)}}\right)^2 = 16R^2\left(\frac{\alpha}{\alpha-1}\right)^2 \tag{9-30}$$

$$L = 16R^2\left(\frac{\alpha}{\alpha-1}\right)^2 H_{有效} \tag{9-31}$$

因而只要已知两个指标，就可估算出第三个指标。

例如假设有一物质对，其 $\alpha=1.15$，要在填充柱上得到完全分离（$R\approx1.5$），所需有效理论塔板数为：

$$n_{有效}=16\times1.5^2\times\left(\frac{1.15}{1.15-1}\right)^2=2116$$

若用普通柱，一般的有效理论塔板高度为 $0.1\,cm$，所需柱长度应为：

$$L=2116\times0.1\approx2m$$

9.3　分离条件的选择

分离条件选择要根据样品性质和分析要求而定，主要是根据最难分离的物质对选择色谱条件，使其对被分离组分的作用力有足够差别。同时要选择合适的色谱操作条件，提高柱效，扩大分离组分与固定液之间作用力的差别，达到高效分离，对有些不适合直接进行气相色谱分析的试样，要进行样品的制备和处理。

9.3.1　最难分离物质对的确定

一般是针对试样中最难分离物质对选择色谱分离条件。最难分离物质是指结构、分子量或沸点相差很小的一对物质，可根据理论推测和试分离确定。

分离同系物时，彼此只相差一个次甲基（—CH_2），分子量越小，保留值越小。因此，难分离物质对可能是保留值最小的一对物质。如分离 $C_{12}\sim C_{20}$ 偶数碳脂肪酸甲酯，$C_{12}\sim C_{14}$ 酸甲酯最难分离。

同族化合物含有相同碳数，官能团不同，难分离物质对可能是分子量最小的一对物质。异构体混合物中，难分离物质对可能是沸点相差最小的一对物质。

9.3.2　分离操作条件的选择

9.3.2.1　载气流速及载气类型的选择

对一定的色谱柱和试样，有一个最佳的载气流速，此时柱效最高，根据式（9-15）：

$$H=A+\frac{B}{u}+Cu$$

用在不同流速下测得的塔板高度 H 对流速 u 作图，得 H-u 曲线图（图 9-4）。在曲线的最低点，塔板高度 H 最小（$H_{最小}$），此时柱效最高。该点所对应的流速即为最佳流速 $u_{最佳}$，$u_{最佳}$ 及 $H_{最小}$ 可由式（9-15）微分求得：

$$u_{最佳}=\sqrt{\frac{B}{C}}\qquad(9\text{-}32)$$

将式（9-32）代入式（9-15）得：

$$H_{最小}=A+2\sqrt{BC}\qquad(9\text{-}33)$$

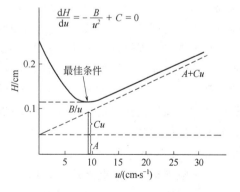

图 9-4　塔板高度与载气流速的关系

由图 9-4 可见，曲线最低点所对应的板高 H 最小，即该点所对应的柱效最高，此时的流速称为最佳流速。当 u 大于最佳流速时，式（9-15）中的 Cu 项起主导作用，板高 H 随载气流速 u 增大而增高，柱效降低。此时宜采用分子量较小的载气（H_2、He），组分在载气中有较大的扩散系数，可减小气相传质阻力，提高柱效。当 u 小于最佳流速时，B/u 项起主导作用，H 随 u 的增大而降低，柱效增高，此时应采用分子量较大的载气（N_2、Ar），使组分在载气中有较小的扩散系数。当 u 一定时，只有 A、B、C 较小时，H 才能较小，柱效才能较高；反之，则柱效降低，色谱峰变宽。此外，选择载气时还应考虑对不同检测器的适应性。

实际工作中，为了保证分析速度，缩短分析时间，很少选用最佳流速，而是稍高于最佳流速。填充柱一般用氢气和氦气作载气，线速度为 $15\sim20\mathrm{cm\cdot s^{-1}}$，用氮气和氩气作载气，线速度为 $10\sim12\mathrm{cm\cdot s^{-1}}$。为了使柱内线速度均匀，柱内载气压力降不宜过大，要求 $p_进/p_出<3$ 为宜。

9.3.2.2 柱温的选择

柱温是一个重要的操作变数，对分离度的影响比较复杂。柱温选择要兼顾热力学和动力学因素对分离度的影响，兼顾分离效能和分析速度两个方面。首先要考虑到每种固定液都有一定的使用温度。柱温不能高于固定液的最高使用温度，否则固定液挥发流失。

柱温对组分分离的影响较大，提高柱温使各组分的挥发靠拢，不利于分离，所以，从分离的角度考虑，宜采用较低的柱温。但柱温太低，被测组分在两相中的扩散速率大为减小，分配不能迅速达到平衡，峰形变宽，柱效下降，并延长了分析时间。选择的原则是：在使最难分离的组分能尽可能好地分离的前提下，尽可能采取较低的柱温，但以保留时间适宜，峰形不拖尾为度。根据实际经验、样品沸点、固定液用量、担体种类，选择柱温的大致规律如下。

① 气体，气态烃，低沸点试样。柱温选择在试样平均沸点附近或沸点以上，一般在室温到100℃左右［固定液用量（20～30）∶100，红色担体］。

② 沸点在100～200℃的试样。柱温可选在其平均沸点2/3左右［固定液用量（10～20）∶100，红色担体］。

③ 沸点较高，在200～300℃的试样。可在中等柱温下操作，柱温比平均沸点低50～100℃，即150～180℃［固定液用量（5～10）∶100，白色担体］。

④ 沸点在300～450℃至更高沸点的试样。在较低的柱温下分析，柱温在200～250℃［固定液用量（1～5）∶100，甚至更低，白色或玻璃担体］。为了改善液相传质速率，可使液膜薄一些，允许最大进样量减小，因此应采用氢火焰等高灵敏度检测器。

对于沸点范围较宽的试样，宜采用程序升温，即柱温按预定的加热速度，随时间作线性或非线性的增加。升温的速度一般常是呈线性的，即单位时间内温度上升的速度是恒定的，例如每分钟2℃、4℃、6℃等。在较低的初始温度，沸点较低的组分即最早流出的峰可以得到良好的分离。随柱温增加，较高沸点的组分也能较快地流出，并和低沸点组分一样也能得到分离良好的尖峰。

9.3.2.3 担体粒度和筛分范围的选择

担体粒度越小，填装越均匀，柱效就越高。但粒度过细，阻力和柱压也急剧增大，对操作不利。一般粒度直径以柱内径的 $1/25\sim1/20$ 为宜。

9.3.2.4 进样量和进样时间的选择

色谱柱有效分离样品量随色谱柱内径大小、固定液用量不同而不同。允许的最大进样量，应控制在峰面积或峰高与进样量呈线性关系的范围内。一般填充柱的进样量为：气体 $0.1\sim10\mathrm{mL}$，液体 $0.1\sim5\mu\mathrm{L}$，对微量组分，为降低最低检出浓度，有时需适当增加进样量。

此外，进样速度必须很快，这样可减小样品在载气中的扩散效应，有利于分离。一般用注射器或进样阀进样时，进样时间都在 1s 以内。

9.3.2.5　气化温度

进样后要有足够的气化温度，使液体试样迅速气化后被载气带入柱中。在保证试样不分解的情况下，适当提高气化温度对分离及定量有利，尤其当进样量大时更是如此。一般选择气化温度比柱温高 30～70℃。

9.3.2.6　柱长与柱内径选择

分离度与柱长的平方根成正比，增加柱长有利于提高分离度，但柱长增加，柱的渗透性下降，纵向扩散亦加大，组分保留时间即分析时间增长。一般应综合考虑两方面的因素，选择柱长和柱内径。填充柱长一般为 1～6m，内径为 3～6mm，毛细管柱长为 20～50m，内径为 0.2～0.5mm。

9.4　气相色谱分析法

气相色谱法出现于 1952 年，已经经历了半个多世纪的发展，使其成为较为成熟、应用广泛、运行最容易的一种最有效的分离分析方法。气相色谱法是以气体为流动相，以涂渍在惰性载体（担体）或柱内壁上的高沸点有机化合物（称为固定液）或表面活性吸附剂为固定相的柱色谱分离技术。它具有以下几个特点。

① 分离效率高，分离速度快，操作简便，容易自动化。由于气体黏度小，用其作为流动相时样品组分在两相之间可很快进行分配；气体通过盛有固定相管柱的阻力小，因此分离速度快，一次分析一般只要几分钟到几十分钟。一根长 1～2m 的色谱柱，一般可有几千个理论塔板，对于长柱，甚至有一百多万个理论塔板，这样就可使一些分配系数很接近的、难以分离的物质，经过多次分配平衡得到分离。

② 样品用量少，检测灵敏度高。由于样品是在气态下分离和在气体中进行检测的，有许多高灵敏度的检测器可供使用，即使样品用量少也能检测出来。气相色谱可以检测出 $10^{-13} \sim 10^{-11}$ g 的物质。

③ 选择性好。可选择对样品组分有不同作用力的液体、固体作为固定相，在适当操作温度下，使组分的分配系数有较大差异，从而将物理、化学性质相近的组分分离开。

④ 应用范围广。可以分析气体、易挥发液体以及可转化为易挥发物质的液体和固体。除分析有机物外，亦可分析部分无机物、高分子和生物大分子等，还可用于超纯（色谱纯）试剂的制备、工艺流程的控制等。

9.4.1　气-固色谱分析和气-液色谱分析的基本原理

色谱柱有两种：一种是将固定液均匀地涂敷在毛细管的内壁的，称为毛细管柱；另一种是内装固定相的，称为填充柱。在填充柱内填充的固定相分两类，即气-固色谱固定相和气-液色谱固定相。

气-固色谱分析中的固定相是表面具有吸附活性的吸附剂，它具有多孔性及较大比表面积等特点。试样由载气携带进入柱子时，立即被吸附剂所吸附。载气不断流过吸附剂时，吸附着的被测组分又被洗脱下来，这种洗脱下来的现象称为脱附。脱附的组分随着载气继续前进时，又可被前面的吸附剂所吸附。随着载气的流动，被测组分在吸附剂表面进行多次反复的物理吸附、脱附过程。由于吸附剂对各组分吸附能力不同，越难被吸附的组分越容易被脱附，也就越先流出色谱柱。这样经过一定时间，即通过一定量的载气后，试样中的各个组分最终彼此得到分离。

气-液色谱分析中的固定相是涂渍在具有化学惰性的载体（担体）表面上使混合物获得分离且在使用温度下呈液态的物质，称为固定液。在气-液色谱柱内，试样中各组分的分离是基于各组分在固定液中溶解度的不同。当载气携带试样进入色谱柱，和固定液接触时，气相中的被测组分就溶解到固定液中去。载气连续流经色谱柱，溶解在固定液中的被测组分会从固定液中挥发到气相中去。随着载气的流动，挥发到气相中的被测组分分子又会溶解在前面的固定液中，此过程称为解析。这样混合组分在气、液两相中经过反复多次的溶解、解析过程，最后获得分离。在固定液中溶解度大的组分，其解析所需时间要长，停留在柱中的时间就长，较晚流出色谱柱；反之亦然。

9.4.2　样品处理

有些试样不宜于直接进行气相色谱测定，需要进行预处理。这主要包括：除去样品中腐蚀性物质，如无机强酸、溴、氯等；除去某些高分子量的物质和气化的无机物，如天然产品中的油脂、胶状物、矿物质等，以免注入色谱仪，造成气化室、气体管路、检测器的堵塞和污染；初步分离富集，提高样品中痕量组分浓度，达到检测浓度范围；采用衍生技术，制备成适合一定色谱方法分离和一定检测技术的衍生物。

一般来说，分子量小于500或沸点在500℃以下的物质，可以用气相色谱分析。在大气压下的气体、低沸点化合物（包括永久性气体、无机气体、低分子碳氢化合物）总是采用气相色谱分析。

有些物质，由于极性很强，挥发性很低，不适合直接进行气相色谱分析，这类化合物可通过化学反应（硅烷化反应、酰化反应、酯化反应、烷基化反应和生成螯合物反应等）定量转化成挥发性衍生物，以降低极性和沸点。由于衍生物的制备，进一步扩大了气相色谱应用范围，提高了检测灵敏度和分离选择性。

9.5　气相色谱仪仪器简介

气相色谱仪是完成气相色谱分离分析检测的仪器设备，主要包括分离和检测两部分，按结构也可分为气路系统和电路系统。气路系统亦称为分析单元，电路系统称为显示记录单元。色谱气体流动、样品的分离、检测都在气路中进行。电路系统主要包括电源、温度控制仪器、信号放大、记录、数据处理等部分。气路系统包括气源，气体净化、气体流速控制和测量装置，进样器，气化室，色谱柱和柱箱，检测器。气路系统的要求是气密性好、稳定性好、计量准确、控制方便、柱效优异和检测灵敏等。

9.5.1　气相色谱仪流程简介

图9-5是一台气相色谱仪的示意图。其简单流程如下：载气由高压钢瓶供给，经减压阀减压后，进入载气净化干燥管以除去载气中的水分。由针形阀控制载气的压力和流量，流量计和压力表用以指示载气的柱前流量和压力。再经过进样器（包括气化室），试样就在进样器注入（如为液体试样，经气化室瞬间气化为气体）。由载气携带试样进入色谱柱，将各组

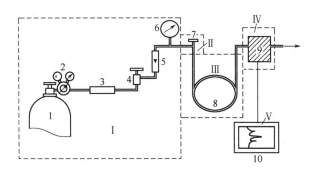

图 9-5　气相色谱仪流程

1—高压钢瓶；2—减压阀；3—载气净化干燥管；4—针形阀；5—流量计；6—压力表；

7—进样器；8—色谱柱；9—检测器；10—记录仪

分分离，各组分依次进入检测器后放空。检测器信号由记录仪记录，就可得到色谱图。图中出现几个峰代表混合物中含几个组分。

9.5.2　气相色谱仪各组成部分的作用及要求

9.5.2.1　气路系统

（1）载气系统　载气系统包括气源、气体净化、气体流速控制和测量。载气的性质、净化程度及流速对色谱柱的分离效能、检测器的灵敏度、操作条件的稳定性均有很大影响。

① 载气选择。载气是气相色谱分析中的流动相，要求纯度较高，流速保持稳定，所以一般是用高压钢瓶盛装。最常用的是氦气、氢气、氮气、氩气及二氧化碳等气体。选用何种载气主要取决于所用的检测器、色谱柱和分析要求。

② 载气净化。载气净化的目的是保证基线的稳定性及提高仪器的灵敏度。净化程度主要取决于使用的检测器及分析要求（常量或微量分析），对于一般检测器，净化是使用一根装有硅胶、分子筛、活性炭等吸附剂的净化管，载气经过时可以除去微量的水分、杂质氧、烃类组分及油等。这些净化管一般用内径 $30 \sim 50 \mathrm{mm}$、长度 $150 \sim 200 \mathrm{mm}$ 的玻璃管、铜管、不锈钢或其他金属管。

③ 流速控制。在气相色谱中对流速控制的要求很高，主要是保证操作条件的稳定性。

（2）进样系统　进样系统包括气化室和气体进样阀。前者用于液体、固体溶液、气体的进样，后者只用于气体定量进样。

对于液体样品，一般采用注射器、自动进样器进样。对于气体样品，常用六通阀进样。对于固体样品，一般溶解于常见溶剂转变为溶液进样。对于高分子固体，可采用裂解法进样。

① 气化室。气化室亦称为进样口。除了直接注射气体样品外，在分析液体样品时，可以将样品瞬间气化为蒸气，再由载气带入色谱柱。对气化室的设计要求是：密封好，热容量大，死体积小，无催化效应，不使样品分解。常用金属块制成气化室。由于温度高于 $250 \sim 300 ℃$ 时金属管表面会有催化效应，致使某些试样分解（新型色谱仪采用玻璃插入管气化室），所以应注意所分析试样的性质，避免发生此状况。

② 气体进样阀。气体样品亦可用平面六通阀和推拉六通阀进样。平面六通阀的结构如图 9-6 所示。阀体用不锈钢制成，阀瓣用聚四氟乙烯制成，有三个气槽，旋转阀瓣可改变阀体气孔连通通道，达到气体定量进样。

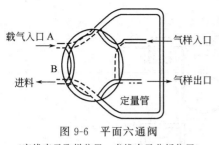

载气入口 A

气样入口

B

进料

气样出口

定量管

图 9-6　平面六通阀

(实线表示取样位置，虚线表示分析位置)

（3）色谱柱和柱箱　色谱柱是色谱仪的核心，色谱柱的选择是完成分析的关键。

色谱柱主要分为填充柱和毛细管柱两大类。填充柱是将固定相均匀、紧密地装填在柱内，填充柱长为 0.5～10m，内径为 2～4mm。柱管的形状有 U 形、螺旋形，一般采用不锈钢、玻璃两种材质。当分析某些易分解或易发生结构转化的化合物时，如甾族化合物、氨基酸等，多使用更加惰性的玻璃柱。

毛细管柱又称开管柱，一般采用石英玻璃柱。它是将液体固定相涂在色谱柱内壁。柱内径通常为 0.1～0.5mm，柱管长度为 30～300m。由于这种柱是空心柱，所以渗透性好，分离效能高。

对柱箱的要求是：使用温度范围宽，控温精度高，热容小，升温、降温速度快，保温好。

（4）检测器　气相色谱检测器是把流经色谱柱后流出物质的浓度转换成电信号的一种装置，是色谱仪的重要组成部分。气相色谱检测器的种类比较多。原则上说，被测组分和载气在性质上的任何差异，都可以用作检测方法的依据。然而在实际应用中要求检测器灵敏度高，线性范围宽，稳定性好，操作简单，所以真正具有普遍使用价值的检测器为数并不多。

9.5.2.2　电路系统

气相色谱仪的电路系统由电源、温度控制器、记录单元等组成。对电路系统的基本要求是：结构简单，使用方便，灵敏度高，性能稳定，谱图逼真等。

9.6　气相色谱检测器

气相色谱检测器是一种用于感知并测定柱后载气中各分离组分及其浓度变化的装置，是气相色谱仪中的主要组成部分。检测作用的基本原理是：利用样品组分与载气的物化性质之间的差异，当流经检测器的组分及浓度发生改变时，检测器则产生相应的响应信号。

检测器可分为浓度型检测器和质量型检测器两种。浓度型检测器测量的是载气中某组分浓度瞬间的变化，即检测器的响应值和组分的浓度成正比，如热导池检测器和电子捕获检测器等。质量型检测器测量的是载气中某组分进入检测器的速度变化，即检测器的响应值和单位时间内进入检测器某组分的质量成正比，如氢火焰离子化检测器、火焰光度检测器和氮磷检测器等。

9.6.1　检测器的性能指标

色谱分析对检测器的基本要求是：死体积小，响应快，便于进行快速分析；灵敏度高，稳定性好，便于进行微量和痕量分析；线性范围宽，便于进行定量分析；对操作条件变化不敏感，便于应用程序技术；应用范围广，结构简单，使用安全。它是评价检测器性能好坏的基础，也是制定检测器性能指标的依据，现将检测器的主要指标分述如下。

9.6.1.1 灵敏度

灵敏度是指在检测器线性范围内，响应信号变化 ΔR 与进样量变化 ΔQ 之比，以 S 表示。定义为其数学表达式为：

$$S = \frac{\Delta R}{\Delta Q} \qquad (9\text{-}34)$$

实验表明，一定浓度或一定质量的试样进入检测器后，就产生一定的响应信号 R。如果以进样量 Q 对检测器响应信号作图，就可得到一条直线，如图 9-7 所示。图中直线的斜率就是检测器的灵敏度 S，Q_L 为最大允许进样量，超过此量时进样量与响应信号将不呈线性关系。

由于各种检测器作用机理不同，灵敏度的表示方式也有所不同。

（1）浓度型检测器 该类检测器的灵敏度通式为：

$$S_c = \frac{A u_2 F_c}{u_1 m} \qquad (9\text{-}35)$$

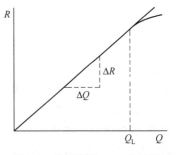

图 9-7 检测器的 R-Q 关系图

式中，S_c 为浓度型检测器灵敏度，下标 c 表示浓度型；A 为检测器响应的峰面积，cm^2 或 mm^2；u_2 为记录仪灵敏度，$mV \cdot cm^{-1}$ 或 $mV \cdot mm^{-1}$；u_1 为记录仪纸速，$cm \cdot min^{-1}$ 或 $mm \cdot min^{-1}$；m 为进样量，mg 或 mL；F_c 为流动相的体积流速，$mL \cdot min^{-1}$。由式 (9-35) 可见，进样量与峰面积成正比，当进样量一定时，峰面积与流速成反比。前者是色谱定量的基础，后者要求定量时要保持载气流速恒定。

液体、固体样品量一般用质量表示，单位为 mg，此时浓度型检测器的灵敏度用 S_g 表示，单位是 $mV \cdot mL \cdot mg^{-1}$，即每毫升载气中有 1mg 试样时在检测器所能产生的响应信号大小。即有：

$$S_g = \frac{1.065 A u_2 F_c}{u_1 m} \qquad (9\text{-}36)$$

实际工作中，峰面积一般是用色谱峰高乘以半峰高宽度求得的，这样标得的峰面积只有实际峰面积的 0.94 倍，因而需要乘以大于 1 的系数 1.065。

气体样品量用体积单位（mL）表示时，灵敏度用 S_v 表示，单位是 $mV \cdot mL \cdot mL^{-1}$。其公式为：

$$S_v = S_g \frac{M}{22.4} \qquad (9\text{-}37)$$

式中，M 为分子量。

（2）质量型检测器 该类检测器的灵敏度取决于单位时间内进入检测器某组分的量，用 1min 内 1g 样品通过检测器产生的信号大小来表示，单位为 $mV \cdot s \cdot g^{-1}$。计算式为：

$$S_m = \frac{1.065 \times 60 A \times u_2}{u_1 m} \qquad (9\text{-}38)$$

式中，S_m 为质量型检测器灵敏度，下标 m 表示质量型；60 表示每分钟 60s。由此式可见，峰面积与进样量成正比，进样量一定时，峰面积与流速无关。浓度型与质量型检测器的灵敏度之所以有差别，主要是由于前者对载气有响应，而后者则对载气没有响应的缘故。

灵敏度是评价检测器好坏的重要性能指标。同一检测器，随操作条件和检测样品种类的变化其值发生变化。为评价检测器性能，一般在最佳条件下用苯测定灵敏度。

9.6.1.2 检测限

检测限又称敏感度，它的物理意义是使检测器产生恰好能够鉴别的信号时，单位时间或单位体积引入检测器的最小物质量（单位为 g），以 D 表示。它能弥补灵敏度在全面评价检测器性能方面的不足，能更准确地反映检测器性能，检测限越小越好。定义为信噪比等于 2 时，该信号所代表的物质的质量（浓度）。其公式为：

$$D = \frac{2N}{S} \tag{9-39}$$

式中，N 为检测器的噪声，指基线在短时间内左右偏差的响应数值，mV；S 为检测器的灵敏度。一般来说，D 值越小，说明仪器越敏感。由于不同类型的检测器有不同的灵敏度表示方式，相应的敏感度也有不同表示方式。

9.6.1.3 最小检测量

最小检测量是指检测器恰能产生和噪声相鉴别的信号时所需进入色谱柱的最小物质量（或最小浓度），以 m_{min} 表示。

由于 $A = 1.065 Y_{1/2} h$，h 为峰高（单位为 cm）。

式(9-38)可写作：

$$m = \frac{1.065 C_2 Y_{1/2} C_1 h}{S_m} \times 60 \tag{9-40}$$

因为 $C_1 h = 2N$（单位为 mV），并以时间（单位为 s）表示色谱峰的半宽度，所以对质量型检测器而言，最小检测量 m_{min} 为：

$$m_{min} = 1.065 Y_{1/2} D \tag{9-41}$$

对于浓度型检测器可得：

$$m_{min} = 1.065 Y_{1/2} F_0 D \tag{9-42}$$

由式(9-41)及式(9-42)可见，m_{min} 与检测器的检测限成正比，但检测限和最小检测量是两个不同的概念，两者不能混淆。D 只与检测器性能有关，m_{min} 不仅与仪器性能有关，而且和色谱操作条件、色谱峰区域宽度有关，色谱峰越窄，m_{min} 越小。

9.6.1.4 最低检测浓度

最低检测浓度是指在色谱条件下，最小检测量与进样量（质量或体积）之比，以 c_{min} 表示，它与检测器性能、色谱条件、允许进样量有关。即有：

$$c_{min} = \frac{m_{min}}{V} \tag{9-43}$$

式中，c_{min} 为最低检测浓度；V 为进样体积。

9.6.1.5 响应时间

气相色谱检测器响应时间定义为样品进入检测器到输出 63.2% 真实信号所需的时间，用 τ 表示，它用来衡量检测器对洗出色谱峰快速变化的检测能力。

9.6.1.6 线性范围

当检测器的响应与其浓度（质量）呈线性关系，即灵敏度保持不变时，最大进样量与最小进样量的比值称为线性范围。这个范围越大，越有利于准确定量。

9.6.1.7 基流、噪声和基线漂移

① 基流（I_b）。是指在操作条件下，纯载气通过检测器时所给出的信号。

② 噪声（R_N）。是指无样品通过检测器时，由于仪器本身和工作条件所造成的基线起伏信号，表现为基线呈无规则毛刺状，常以 mV 表示，如图 9-8(a) 所示。

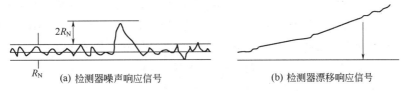

图 9-8　噪声及基线漂移

③ 基线漂移（R_d）。是指基线向一个方向有规律性的移动，如图 9-8(b) 所示，单位为 mV·h^{-1}。它是检测器噪声的一种形式。产生漂移的原因可能是柱温或载气缓慢变化、电子元器件性质变坏、固定液的轻微流失等。噪声影响检测器稳定性，直接影响检测器最小检出量。噪声通常用在指定灵敏度下，以记录仪满量程的电压值来表示，国产色谱仪噪声一般在 $0.01 \sim 0.05$ mV。

9.6.2　热导池检测器

热导池检测器（thermal conductivity detector），常用 TCD 表示。它结构简单，灵敏度适宜，稳定性较好，线性范围宽，不破坏样品，易于和其他检测器联用，而且对所有物质都有响应，是应用最广、最成熟的一种通用型气相色谱检测器。热导池检测器的最小检出量达 10^{-8} g，线性范围为 10^5，几乎所有的商品仪器都配有该检测器。

9.6.2.1　热导池检测器的结构

热导池检测器主要由池体和热敏元件构成。热导池池体常采用不锈钢或黄铜制成。池体上开有两个大小相同、形状完全对称的池孔，在池孔的内部安装了相同的热敏元件。为了提高检测器的灵敏度，一般选用电阻率高、电阻温度系数（即温度每变化 1℃，导体电阻的变化值）大的金属丝或半导体热敏电阻作热导池的热敏元件。金属丝常用作热导池的热敏元件，如钨丝、铂丝、铂铱丝、铼钨丝等。

9.6.2.2　热导池检测器的基本原理

不同的物质具有不同的热导率，热导池检测器就是基于样品中各组分的热导率与载气的热导率不同的原理制成的。热导池是由两个固定电阻和一对阻值相等的钨丝组成的惠斯顿电桥。其中一个臂为参比池，另一臂为测量池，如图 9-9 所示。参比池仅通过纯载气，样品经色谱柱分离后随载气通过测量池。

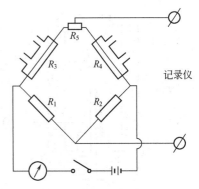

图 9-9　热导池电路原理

热敏元件未通电时，电阻 $R_1 = R_2$、$R_3 = R_4$，故 $R_1R_4 = R_2R_3$。通电后温度上升，在未进试样时，通过热导池两个池孔（参比池和测量池）的都是载气。由于载气的热传导作用，使热敏元件的温度下降，电阻减小。在载气流速恒定时，两个池孔中热敏元件温度下降和电阻减小的数值是相同的，即 R_1 与 R_2 增加的阻值 ΔR_1 与 ΔR_2 相同。因此，在惠斯顿电桥中：

$$\frac{\Delta R_1 + R_1}{R_3} = \frac{\Delta R_2 + R_2}{R_4}$$

此时电桥平衡，电流输出为零，没有信号产生，记录的是一条平直的基线。在进入样品组分以后，载气流经参比池，而载气带着样品组分流经测量池。由于被测组分与载气组成的二元热导率与纯载气的热导率不同，因而测量池中热敏元件的散热情况就发生变化，其温度随之发生变化。因热敏元件具有随温度而改变电阻值的特性，使两个池孔中的两热敏元件的电阻值增量有了差异，即 ΔR_1 与 ΔR_2 不再相等。因此，则在惠斯顿电桥中：

$$\frac{\Delta R_1 + R_1}{R_3} \neq \frac{\Delta R_2 + R_2}{R_4}$$

于是惠斯顿电桥失去平衡，而输出一个电信号，记录仪上出现色谱峰。载气中被测组分的浓度越大，测量池热敏元件的电阻值改变亦越显著，因此检测器所产生的响应信号，在一定条件下与载气中组分的浓度存在定量关系，这就是热导池检测器用作定量分析的依据。设电桥的总电流为 I，载气的热导率为 λ，组分与载气热导率之差为 $\Delta\lambda$，则产生的输出信号为：

$$\Delta E \propto I \frac{\Delta\lambda}{\lambda^2}$$

由此可见，输出信号的大小和组分的热导率有关，载气和组分的热导率差值越大，产生的信号越大；组分浓度越大，产生信号越大；加在热丝上的电流越大，产生信号越大。

在使用热导池检测器时，宜采用轻载气（氢气和氦气），且保持载气流速稳定；选用较大的桥电流，以便提高灵敏度。

9.6.3 氢火焰离子化检测器

氢火焰离子化检测器（flame ionization detector，FID），简称氢焰检测器，是一种质量型检测器。它只对含碳的有机物有信号，主要用于有机物分析。

氢火焰离子化检测器的特点是：灵敏度高，比热导池检测器的灵敏度高几个数量级，能检测 $10^{-12}\text{g} \cdot \text{g}^{-1}$ 的痕量物质，故适宜于痕量有机物的分析；线性范围宽，在 10^7 以上；死体积小，响应快，特别适合于连接毛细管柱；结构简单，造价低；操作条件变化对灵敏度影响小，对载气要求不苛刻，载气中微量水及二氧化碳对载气无影响，受温度和压力的影响最小。

9.6.3.1 氢火焰离子化检测器的结构

氢火焰离子化检测器主要部分是一个离子室。离子室的结构形式很多，但差别不大，主要由氢火焰喷嘴、极化电极、收集电极、点火线圈等组成，如图9-10所示。

喷嘴由不锈钢或石英制成。喷嘴内径决定气体通过喷嘴的运动速度和样品分子到达解离区的平均扩散距离，是影响检测器性能的重要参数。从色谱柱流出的载气和燃烧氢气在喷嘴前混合，这样可避免火焰扰动。空气由喷嘴周围导入，这样可保持层流，避免湍流，提高火焰稳定性。氢气在空气的助燃下经引燃后进行燃烧，燃烧所产生的高温（约2100℃）火焰为能源，使被测有机物组分电离成正负离子。

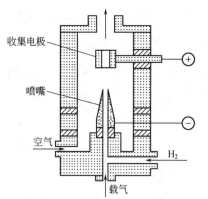

图9-10 氢火焰离子化检测器

收集电极

喷嘴

空气

H_2

载气

喷嘴附近装有极化电极（负极），上方装收集电极（正极），两电极间加 $150 \sim 300\text{V}$ 的极化电压，形成一直流电场。产生的离子在收集电极和极化电极的外电场作用下定向运动而形成电流。两电极间距可调，为了把微弱的离子流完全收集下来，要控制收集电极和喷嘴之间的距离。通常收集电极与喷嘴之间的距离不超过 10mm。

点火线圈装在喷嘴旁边，常用铂丝组成，通过 3～5V 交流电点火。因点火线圈仅在点火瞬间使用，可以与极化电极共用一个电极，加切换开关改变工作电压。

电离的程度与被测组分的性质有关，有机物在火焰中的电离效率是很低的，一般为 0.01%～0.05%，收集电极上只能形成 10^{-14}A 左右的微弱电流。产生的微电流大小与进入离子室的被测组分含量有关，含量越大，产生的微电流就越大，这二者之间存在定量关系。通常需把微电流通过高电阻转变成电压，作为直流放大器的输入信号，才能在记录仪上得到色谱峰。高电阻阻值越大，电压降越大，从而提高放大器输入电压信号，使检测器灵敏度升高。图9-11为氢火焰离子化检测器电路。

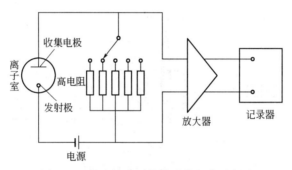

图 9-11　氢火焰离子化检测器电路示意图

氢火焰离子化检测器有两种形式：一种是单气路单火焰；另一种是双气路双火焰，后一种形式特别适用于程序升温技术。

9.6.3.2　氢火焰离子化检测器工作原理

PID 以氢气在空气中燃烧生成的火焰为能源，当有机物进入火焰时，发生自由基反应而被电离，生成正负离子。有机物 C_nH_m 发生裂解而产生含碳自由基·CH：

$$C_nH_m \longrightarrow \cdot CH（自由基）$$

然后进入反应层，与外面扩散进来的激发态原子或分子氧发生反应，生成 CHO^+ 及 e^-：

$$\cdot CH + O^* \longrightarrow CHO^+（正离子）+ e^-（电子）$$

形成的 CHO^+ 与火焰中大量水蒸气碰撞发生分子-离子反应，产生 H_3O^+：

$$CHO^+ + H_2O \longrightarrow H_3O^+（正离子）+ CO$$

化学电离产生的正离子（CHO^+、H_3O^+）和电子（e^-）在外加 150～300V 直流电场作用下向两极定向运动而产生微电流，经静电放大、直流放大，得到放大信号，由记录仪记录下来，该信号大小就代表了火焰中燃烧的样品量。

9.6.4　电子捕获检测器

电子捕获检测器（electron capture detector，ECD）是应用广泛的一种选择性、高灵敏度的浓度型检测器。它的选择性是指它只对具有电负性的物质有响应，如卤素化合物，含氧、硫、磷的有机物，及甾族化合物、金属有机化合物、金属螯合物、多环芳烃等。电负性越强，灵敏度越高。高灵敏度表现在能测出 $10^{-14}\text{g}\cdot\text{mL}^{-1}$ 的电负性物质。电子捕获检测器对非电负性化合物（一般烷烃等）响应很小，如测定四氯化碳比测定正己烷的灵敏度高 1×10^6 倍，这种明显的选择性能作为鉴定物质的手段，可根据在电子捕获检测器中的响应情况，判断化合物的类型。由于电子捕获检测器具有高灵敏度、高选择性，其应用范围日益扩大。它经常用于痕量的具有特殊官能团的组分的分析，如食品、农副产品中农药残留量的分析，环保检测中大气、水中含卤素、硫、磷、氮等有害痕量污染物分析等。电子捕获检测器的主要缺点是线性范围比较小，容易出现非线性响应。

　　检测器由电离室、放射源、收集电极组成。它的结构主要有两种形式：一种是平行电极；另一种是圆筒状同轴电极。图 9-12 是典型的同轴电极电子捕获检测器。中心轴是不锈钢棒正极，圆筒状 β 放射源（^{3}H 或 ^{63}Ni）作为负极，电极距离 4～10mm，两极间施加一直流或脉冲电压。检测器要求有很好的气密性和绝缘性。

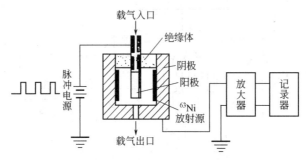

图 9-12　电子捕获检测器结构示意图

　　电子捕获检测器用超纯氮或氩加 5% 的甲烷作载气，在 β 射线作用下电离（以高纯氮为例）：

$$N_2 \longrightarrow N_2^+ + e^-$$

　　生成的正离子和慢速低能量的电子，在恒定电场作用下向极性相反的电极运动。由于电子质量小，运动速度快，所以与正离子复合的概率很小，自由电子到达阳极并被收集下来，形成恒定的电流即基流，一般为 $10^{-9}\sim10^{-8}$ A。在一定放射源和电场下，电子定向运动和复合过程处于平衡状态，使检测室中电子密度稳定，形成稳定的基流 I_b。当具有电负性的组分进入检测器时，它俘获了检测器中的电子而产生带负电荷的分子离子并放出能量：

$$AB + e^- \longrightarrow AB^- + E$$

$$AB + e^- \xrightarrow{\text{较低温度}} AB^- + E \text{（非解离型）}$$

$$AB + e^- \xrightarrow{\text{较高温度}} A\cdot + B^- - E \text{（解离型）}$$

　　带负电荷的分子离子和载气电离产生的正离子复合成中性化合物，被载气携出检测器外：

$$AB^- + N_2^+ \longrightarrow N_2 + AB$$

$$AB^- + N_2^+ \longrightarrow AB{-}N_2$$

$$B^- + N_2^+ \longrightarrow B + N_2$$

　　这样电离室内的自由电子数目就减少了，因而使得基流下降，产生一个信号 I。信号 I 实际上代表的是阳极收集下来的剩余电子，因为从上式可知被电负性物质捕获的自由电子是无法收集的，只能测定基流的降低值 $\Delta I = I_b - I$，ΔI 表示了检测器对样品的响应，得到的样品流出曲线是一倒峰。组分浓度越高，倒峰越大。检测器所获得的微弱离子流经过放大后，由记录仪记录下来。

9.6.5 火焰光度检测器

火焰光度检测器（flame photometric detector，FPD）是对含磷、含硫的化合物有高选择性和高灵敏度的一种色谱检测器，主要用于有机硫、磷化合物的测定，在环保检测中广泛应用。

9.6.5.1 火焰光度检测器的结构

火焰光度检测器结构如图 9-13 所示，由氢火焰和光度计两部分组成。氢火焰部分有火焰喷嘴、遮光槽、点火器等。光电部分包括石英窗、滤光片、散热片和光电倍增管。辅助电子系统有 700～800V 高压电源和静电计。为了使光学系统绝热，在石英窗和滤光片之间装有金属散热片或水冷却管以及绝热器。石英窗用来保护滤光片免受水汽和燃烧产物的腐蚀。当有机磷、硫化合物进入富氢火焰中燃烧时，在遮光槽上部的火焰余辉中，产生 HPO^* 或 S_2^* 碎片，发射出不同波长的分子光谱，通过石英窗感光片而投射到光电倍增管的阴极，光电流经静电放大后输至记录仪，它的最小检测限为 $10^{-11}g$，但线性范围较窄。

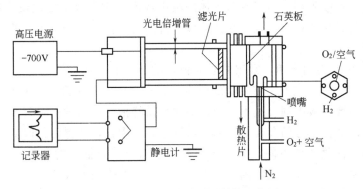

图 9-13　火焰光度检测器结构示意图

使用火焰光度检测器首先要保证火焰为富氢火焰，否则无激发光线产生，灵敏度很低。在操作过程中，为延长光电倍增管寿命，防止损坏，点火之前不要开高压电源。检测器恒温箱低于 100℃时不要点火，以免检测器积水受潮。

9.6.5.2 火焰光度检测器的工作原理

火焰光度检测器实际上是一个简单的发射光谱仪，用一个温度 200～300K 的富氢火焰（$H_2 : O_2 = 3 : 1$）作发射源。当含有硫（或磷）的试样进入氢焰离子室，在富氢空气中燃烧时，有下述反应：

$$RS + 空气 + O_2 \longrightarrow SO_2 + CO_2$$

$$SO_2 + H \longrightarrow S + H_2O$$

亦即有机硫化物首先被氧化成 SO_2，然后被氢还原成 S 原子，S 原子在适当温度下生成激发态的 S_2^* 分子，当其跃迁回基态时发射出 350～430nm 的特征分子光谱。

磷与硫的检测机理不同，硫除还原成硫原子外，还需一个适当的温度环境，生成化学发光的 S_2^*。而磷只需还原成化学发光的 HPO^* 就能检测，它以 HPO^* 碎片的形式发射出

526nm 波长的特征光。这些发射光通过滤光片而照射到光电倍增管上，将光转变为光电流，经放大后在记录器上记录下硫或磷化合物的色谱图。至于含碳有机物，在氢焰高温下进行电离而产生微电流，经收集电极收集，放大后可同时记录下来。因此火焰光度检测器可以同时测定硫、磷和含碳有机物，即火焰光度检测器、氢焰检测器联用。

9.7　固定相及其选择

在气相色谱分析中，混合物在色谱柱内分离，主要是由于各组分在固定相和流动相间分配系数的差别。气相色谱中常用的载气为永久性气体，各组分与之作用力较小且差别不大。但各组分与固定相作用力差别很大，分配系数的差别主要是组分与固定相作用力的差别。因此，某一多组分混合物中各组分能否完全分离开，主要取决于固定相选择得是否适当，因此选择适当的固定相就成为色谱分析中的关键问题。

9.7.1　气-固色谱固定相

在气相色谱分析中，气-液色谱法的应用范围广，选择性好，但在分离常温下的气体及气态烃类时，因为气体在一般固定液中溶解度甚小，还没有一种令人满意的固定液能分离它们。若采用固定相作吸附剂，由于其对气体的吸附性能差别较大，加之没有固定液的流失，高温下柱稳定性好且化学稳定性好，往往可以获得高柱效，取得令人满意的分离效果，而且气-固色谱容易操作。

在气-固色谱中作为固定相，常用的有非极性的活性炭、弱极性的氧化铝、强极性的硅胶和分子筛等（表 9-3）。优点是有较大的比表面积，有较好的选择性，有良好的热稳定性，而且价廉。缺点主要是吸附剂表面不均匀，造成色谱峰拖尾或前伸；吸附剂一般具有催化活性，不宜在高温及活性组分的存在下使用；活性中心易中毒，使保留值改变；重现性差，吸附剂的品种不同，活化条件不同，甚至同一种但来源于不同批次的产品，其色谱行为也不同，这就给分析条件的选择造成了困难。近年来，通过对吸附剂表面进行物理化学改性，研制出表面结构均匀的吸附剂（例如石墨化炭黑），不但使极性化合物的色谱峰不致拖尾，而且可以成功地分离一些顺、反式空间异构体。另外随着合成技术的不断发展，许多新型合成固定相也可作为气-固色谱的吸附剂，如苯乙烯和二乙烯苯交联共聚产物（GDX），还有聚偏二氯乙烯热解产物（TDX），又称碳分子筛，这些优良的固体吸附剂广泛应用于气体、低沸点液体以及微量水的分析。

表 9-3　气-固色谱法常用的几种吸附剂及其性能

吸附剂	主要化学成分	最高使用温度/℃	性质	活化方法	分离对象
活性炭	C	＜300	非极性	粉碎过筛，用苯浸泡几次，以去除其中的硫黄、焦油等杂质；然后在350℃下通入水蒸气，吹至乳白色物质消失为止；最后，在 180℃烘干备用	分离永久性气体及低沸点烃类，不适于分离极性化合物
石墨化炭黑	C	＞500	非极性	粉碎过筛，用苯浸泡几次，以去除其中的硫黄、焦油等杂质；然后在 350℃下通入水蒸气，吹至乳白色物质消失为止；最后，在 180℃下烘干备用	分离气体及烃类，对高沸点有机化合物也能获得较对称峰形

吸附剂	主要化学成分	最高使用温度/℃	性质	活化方法	分离对象
硅胶	$SiO_2 \cdot xH_2O$	<400	氢键型	粉碎过筛后,用 6mol·L^{-1} HCl 浸泡 1～2h,然后用蒸馏水洗到没有氯离子为止;在 180℃烘箱中烘 6～8h;装柱后于使用前在 200℃下通载气活化 2h	分离永久性气体及低级烃
氧化铝	Al_2O_3	<400	弱极性	200～1000℃下烘烤活化	分离烃类及有机异构体,在低温下可分离氢的同位素
分子筛	$xMO \cdot yAl_2O_3 \cdot zSiO_2 \cdot nH_2O$	<400	极性	粉碎过筛,用前在 350～550℃下活化 3～4h,或在 350℃真空下活化 2h	特别适用于永久性气体及惰性气体的分离
GDX	多孔共聚物	<200	聚合时原料不同,极性亦不同	170～180℃下烘去微量水分后,在 H_2 或 N_2 中活化处理 10～20h	分离气体和液体中水、CO、CO_2、CH_4、低级醇以及 H_2S、SO_2、NH_3、NO_2 等

9.7.2 气-液色谱固定相

9.7.2.1 气-液色谱载体（担体）

担体（载体）是承担固定液的固体材料。把固定液涂渍在担体表面上，形成均匀薄膜，就构成气-液色谱的填充物。担体和吸附剂同属于构成色谱柱填充物的固体材料，所以它们的颗粒直径、颗粒的均匀度和比表面积等对柱效的影响是相当的。然而，它们在柱内所起的作用却不同，担体只承担固定液，本身不与试样发生分配作用，吸附剂直接作为固定相，与试样发生分配作用。担体应是一种化学惰性、多孔性的固体颗粒，它的作用是提供一个大的惰性表面，用以承担固定液，固定液以薄膜状态分布在其表面上，使液体固定相具有比较大的物质交换面，样品易于在气液间建立分配平衡。

作为色谱专用的担体，应符合下述要求。

① 担体表面应是化学和物理惰性的，即与固定液或样品不起任何化学反应，无吸附作用，无催化活性。

② 担体表面孔径分布均匀，具有较大的比表面积，使固定液与样品的接触面较大，一般比表面积不小于 $1m^2 \cdot g^{-1}$。热稳定性好，机械强度高，不易破碎或结块。

③ 担体粒度细小、均匀，使柱效提高。但颗粒过细，使柱压降增大，对操作不利。一般选用 40～60 目、60～80 目或 80～100 目等。

气-液色谱中所用担体可分为硅藻土型和非硅藻土型两类。

（1）硅藻土担体 硅藻土担体以天然硅藻土为原料，主要成分是二氧化硅和少量无机盐，它又可分为红色担体和白色担体两种，它们都是天然硅藻土经煅烧而成，所不同的是白色担体在煅烧前于硅藻土原料中加入少量助熔剂，如 2% 的碳酸钠。

① 红色担体。硅藻土和黏结剂（黏土）混合，在 900℃煅烧而成，由于担体中存在氧化铁而呈红色。红色担体表面孔穴密集，孔径较小，比表面积大（比表面积为 $4.0m^2 \cdot g^{-1}$），平均孔径为 $1\mu m$。由于比表面积大，能负荷较多的固定液，柱效极高。此外，由于结构紧密，因而机械强度较好。缺点是表面有吸附活性中心，分析极性物质时易产生拖尾峰。如与非极性固定液配合使用，影响不大，分析非极性试样时也比较令人满意；然而与极性固定液配合使用时，可能会造成固定液分布不均匀，从而影响柱效，故一般适用于分析非极性（如

烃类）或弱极性物质。常用的红色担体有 6201、202、201、Chromosorb P 红色担体和 C-22 保温砖等。

②白色担体。硅藻土加少量助熔剂（如 Na_2CO_3），在 900℃烧结而成。在助熔剂的作用下，原来氧化态的铁变成无色的铁硅酸钠配合物，使浅灰色的硅藻土变成白色。白色担体具有较大疏松的颗粒，表面孔径较大，为 $8 \sim 9\mu m$，比表面积较小，比表面积只有 $1.0m^2 \cdot g^{-1}$，其机械强度较红色担体低。但表面极性中心显著减少，吸附性和催化性小，故适宜于分析各种极性化合物。如国产的 101、102 白色担体和国外的 Chromosorb W 等就属此类。

担体表面的活性吸附是造成吸附峰拖尾的主要原因。硅藻土担体表面含有相当数量的硅醇基团 $—\overset{|}{\underset{|}{Si}}—OH$ 以及 $\overset{\diagdown}{Al}—O—$、$\overset{\diagdown}{Fe}—O—$ 等基团，具有细孔结构，晶格具有不均匀性，并呈现一定的 pH 值，因而表面既有催化活性作用点，又有吸附活性点。虽然担体为固定液覆盖，但由于固定液用量少或固定液涂渍不均匀，总有部分担体表面未被固定液覆盖而与分离组分直接接触产生吸附或发生化学反应，从而引起色谱峰拖尾。因此，在分析试样时，担体需加以处理，以改进担体孔隙结构，屏蔽活性中心，提高柱效率。改进的措施是，可用酸洗、碱洗、硅烷化及添加减尾剂等方法处理担体，掩盖其活性中心。

①酸洗、碱洗。即用浓盐酸、氢氧化钾、甲醇溶液分别浸泡，以除去铁等金属氧化物杂质及表面的氧化铝等酸性作用点。

②硅烷化。用硅烷化试剂和担体表面的硅醇、硅醚基团起反应，生成硅烷醚，以消除担体表面的氢键结合能力，从而改进担体的性能。如硅烷化担体用于分析易生成氢键的组分，如水、醇、胺等。常用的硅烷化试剂有二甲基二氯硅烷和六甲基二硅烷胺等。

③在制备固定液含量低的柱子时，有时需要使用减尾剂，以减少峰的拖尾程度。通常将极性减尾剂与固定液一起涂渍到担体上，其目的是钝化担体的活性中心，使极性组分得到对称色谱峰。

（2）非硅藻土担体　非硅藻土担体主要有氟担体、玻璃微球担体、高分子多孔微球等。这类担体仅在一些特殊分析对象中使用，如氟担体用于极性样品和强腐蚀性物质 HF、Cl_2 等分析，但由于表面具有非浸润性，其柱效低。

担体的选择往往对色谱分离很有影响。例如，分析试样中含有 $10^{-8}g \cdot \mu L^{-1}$ 的 4 个有机磷农药，若用未处理的担体，涂 3%OV-1 固定液则不出峰；用白色硅烷化担体，出三个峰，柱效很低；用酸洗 DMCS 硅烷化（二甲基二氯硅烷化）的担体，出四个峰，且柱效很高。但若固定液含量在 10% 左右，进行常量分析，则未处理的白色担体效果也很好。选择担体的大致原则如下。

①当固定液含量大于 5% 时，可选用硅藻土（白色或红色）担体。

②当固定液含量小于 5% 时，应选用处理过的担体。

③对于高沸点组分，可选用玻璃微球担体。

④ 对于强腐蚀性组分，可选用氟担体。

9.7.2.2 气-液色谱固定液

（1）固定液的基本要求　气-液色谱法中，被分离组分在载气与固定液之间进行分配，这时如果不考虑担体的吸附效应，则固定液直接影响到样品的分离。因此，对固定液的基本要求如下。

① 挥发性小，在操作温度下有较低蒸气压，以免固定液流失。

② 热稳定性好，有较宽的温度范围，在操作温度下不发生分解，在操作温度下呈液体状态。

③ 对试样各组分有适当的溶解能力，否则易被载气带走而起不到分配作用，对载体表面有一定浸润能力。

④ 具有高的选择性，能使样品中各组分的分配系数产生较大差别，即对沸点相同或相近的不同物质有尽可能高的分离能力。

⑤ 化学稳定性好，不与被测物质起化学反应。

为了满足第一、第二个要求，固定液一般都是高沸点的有机化合物，而且各有其特定的使用温度范围，特别是最高使用温度极限。可用作固定液的高沸点有机物很多，现在已有上千种固定液，而且数量还在增加。为了满足第三、第四、第五个要求，就必须针对被测物质的性质选择合适的固定液。

（2）组分与固定液的相互作用　在气-液色谱分析中，组分的分离微观上是由于不同的组分与固定液分子间相互作用力不同引起的。被测组分和固定液两种分子之间相互作用力的大小决定了其在固定液中溶解度或分配系数的大小。这些作用力并不像分子内的化学键那么强，而是分子间一种较弱的吸引力，它包括定向力（极性分子之间的取向力）、诱导力（极性分子与非极性分子之间的作用力）、色散力（非极性分子之间的作用力）和氢键作用力（活性氢原子和电负性较高的 N、O、F 原子之间的作用力）。组分的分离可能是由于一种或几种力共同作用的结果，究竟是属于哪种力，要具体分析组分与固定液分子的结构方可确定。

① 定向力（静电力）。这种力是由于极性分子的永久偶极间存在静电作用而引起的。在极性固定液柱上分离极性试样时，分子间的作用力主要就是静电力。被分离组分的极性越大，与固定液间的相互作用力就越强，因而该组分在柱内滞留的时间就越长。因为静电力的大小与热力学温度成反比，所以在较低柱温下依靠静电力有良好选择性的固定液，在高温时选择性就变差，亦即升高柱温对分离不利。

② 诱导力。极性分子和非极性分子共存时，由于在极性分子永久偶极的电场作用下，非极性分子极化而产生诱导偶极，此时两分子相互吸引而产生诱导力，这个作用力一般是很小的。在分离非极性分子和可极化分子的混合物时，可以利用极性固定液的诱导效应来分离这些混合物。例如苯和环己烷的沸点很相近（80.10℃和80.81℃），若用非极性固定液（例如液体石蜡）是很难将它们分离的。但苯比环己烷容易极化，所以用一个中等极性的邻苯二甲酸二辛酯固定液，使苯产生诱导偶极，苯的保留时间是环己烷的1.5倍，若选用强极性的β,β'-氧二丙腈固定液，则苯的保留时间是环己烷的6.3倍，这样就很易分离了。

③ 色散力。非极性分子间虽没有静电力和诱导力相互作用，但其分子却具有瞬间的周期变化的偶极矩（由于电子运动、原子核在零点间的振动而形成的），只是这种瞬间偶极矩的平均值等于零，在宏观上显示不出偶极矩而已。这种瞬间偶极矩带有一个同步电场，能使

周围的分子极化，被极化的分子又反过来加剧瞬间偶极矩变化的幅度，产生所谓色散力。

对于非极性和弱极性分子而言，分子间作用力主要是色散力。例如非极性的角鲨烷固定液分离 $C_1 \sim C_4$ 烃类时，它的色谱流出次序与色散力大小有关。由于色散力与沸点成正比，所以组分基本按沸点顺序分离。

④ 氢键力。也是一种定向力，当分子中一个 H 质子和一个电负性（原子的电负性是原子吸引电子的能力，电负性越大，吸引电子的能力越强）很大的原子（以 X 表示，如 F、O、N 等）构成共价键时，它又能和另一个电负性很大的原子（以 Y 表示）形成一种强有力的有方向性的静电吸引力，这种能力就称为氢键作用力。这种相互作用关系表示为"X—H⋯Y"，X、H 之间的实线表示共价键，H、Y 之间的点线表示氢键。X、Y 的电负性越大，也即吸引电子的能力越强，氢键作用力就越强。同时，氢键的强弱还与 Y 的半径有关，半径越小，越易靠近 X—H，因而氢键越强。氢键的类型和强弱次序为 F—H⋯F＞O—H⋯O＞O—H⋯N＞N—H⋯N＞N≡C—H⋯O。

因为—CH_2 中的碳原子电负性很小，因而 C—H 键不能形成氢键，即饱和烃之间没有氢键作用力存在。固定液分子中含有—OH、—COOH、—COOR、—NH_2、＝NH 官能团时，对含氟、含氧、含氮化合物常有显著的氢键作用力，作用力强的在柱内保留时间长。氢键型基本上属于极性类型，但对氢键作用力更为明显。

（3）固定液的特性　固定液的特性，亦称为极性或选择性，是含有不同官能团的固定液与样品组分中的官能团之间相互作用能力（或程度）的标志。固定液的品种很多，要描述固定液的特征，完成固定液的相互替代，用少数常见的固定液来完成绝大多数常见分析任务，必须先完成对固定液的评价，找出固定液之间的相互联系，用相对极性和特征常数去表示。

① 相对极性。1959 年，罗什那德（Rohrschneider）提出用相对极性 P 来表征固定液的分离特征。分子间的相互作用力是与分子的极性有关的，相对极性是按某些物质对在固定液上的相对保留值确定的，常用物质对有苯-环己烷、正丁烷-丁二烯等。首先规定强极性固定液 β,β'-氧二丙腈的极性为 100，非极性固定液角鲨鱼烷的极性为 0，然后测定物质对在上述两种固定液和待测固定液上的相对保留值，并取对数。表示如下式：

$$P_x = 100 - \frac{100(q_1 - q_x)}{q_1 - q_2} \tag{9-44}$$

$$q = \lg \frac{t'_{R(丁二烯)}}{t'_{R(正丁烷)}} \tag{9-45}$$

式中，下标 1、2 和 x 分别表示 β,β'-氧二丙腈、角鲨烷及欲测固定液。这样测得的各种固定液的相对极性均在 $0 \sim 100$ 之间，为了便于在选择固定液时参考，又将其分为五级，每 20 为一级，P 在 $0 \sim +1$ 间的为非极性固定液，$+1 \sim +2$ 为弱极性固定液，$+3$ 为中等极性固定液，$+4 \sim +5$ 为强极性固定液，非极性亦可用"—"表示。

② 保留指数增量（固定液的特征常数、选择性常数）。应用相对极性 P_x 表征固定液性质，显然未能全面反映被测组分和固定液分子间的全部作用力。为能更好地表征固定液的分离特性，1966 年罗胥耐德（L. Rohrschneider，罗氏）及麦克雷诺（W. O. McReynolds，麦氏）在上述相对极性概念的基础上提出了改进的固定液特征常数即保留指数增量（ΔI）作为评价固定液极性的依据。

a. 罗胥耐德常数。由于固定液的相对极性并不能反映出组分和固定液分子间的全部作用力，所以罗胥耐德提出，用五种性质不同的化合物作为标准物质来测定固定液的极性，并用物质在某一固定液和非极性固定液上保留指数的差值作为相对极性的量度。这五种物质是苯（电子给予体，易极化）、乙醇（质子给予体，形成氢键）、甲乙酮（定向偶极力，接受氢键）、硝基甲烷（电子接受体，接受氢键）、吡啶（质子接受体，易极化，接受氢键）。

b. 麦克雷诺常数。在罗氏工作的基础上，麦克雷诺在 25 种固定液上测定了 68 种组分的 I 值。通过这些数据的回归分析，从中选出了 10 种性质不同的组分作为标准物质，测定了 226 种固定液与角鲨烷之间的 ΔI 值。

麦克雷诺及后来许多人都认为，五种化合物苯、丁醇、2-戊酮、硝基丙烷、吡啶已足以代表固定液的相对极性，故把前五种 ΔI 值之和称为总极性，其平均值称为平均极性。这样，固定液的总极性越大，则极性越强。表 9-4 列出了部分固定液的麦氏常数。麦氏常数比罗氏常数更详尽，应用起来更方便。

表 9-4　麦氏常数

序号	固定液	型号	苯 X'	丁醇 Y'	2-戊酮 Z'	硝基丙烷 U'	吡啶 S'	平均极性	总极性 $\Sigma \Delta I$	最高使用温度 /℃
1	角鲨烷	SQ	0	0	0	0	0	0	0	100
2	甲基硅橡胶	SE-30	15	53	44	64	41	43	217	300
3	苯基(10%)甲基聚硅氧烷	OV-3	44	86	81	124	88	85	423	350
4	苯基(20%)甲基聚硅氧烷	OV-7	69	113	111	171	128	118	592	350
5	苯基(50%)甲基聚硅氧烷	DC-710	107	149	153	228	190	165	827	225
6	苯基(60%)甲基聚硅氧烷	OV-22	160	188	191	283	253	219	1075	350
	苯二甲酸二癸酯	DDP	136	255	213	320	235	232	1159	175
7	三氟丙基(50%)甲基聚硅氧烷	QF-1	144	233	355	463	305	300	1500	250
	聚乙二醇十八醚	Emulphor ON-270	202	396	251	395	345	318	1589	200
8	氰乙基(25%)甲基硅橡胶	XE-60	204	381	340	493	367	357	1785	250
9	聚乙二醇-20000	PEG-20M	322	536	368	572	510	462	2308	225
10	己二酸二乙二醇聚酯	DEGA	378	603	460	665	658	553	2764	200
11	丁二酸二乙二醇聚酯	DEGS	492	733	581	833	791	686	3504	200
12	三(2-氰乙氧基)丙烷	TCEP	593	857	752	1028	915	829	4145	175

固定液常数反映固定液对各种类型化合物的分离选择性，也代表固定液的平均极性。按罗氏常数或麦氏常数大小顺序排列，能将固定液有次序地分类。例如 SE-30 和 OV-1，它们的常数相近，说明其色谱性能相同，可互相代用。根据固定液常数，李力从 226 种固定液中用切近法选出 12 种择优固定液（表 9-4）。他认为用择优固定液可代替固定液常数相同或相近的许多固定液，大大减小选择固定液的范围。固定液常数也可用来测试新固定液的性能和适用范围。只要测定新固定液的罗氏常数或麦氏常数，与已知固定液比较，就可找到它的排列位置，从而预测其分离选择性。固定液常数还能用于指导固定液的选择。

（4）固定液选择　选择的固定液，应使混合试样各组分达到所需分离度。因此，选择的固定液力求与各组分的分子间力具有较大差别，从而产生较大的相对保留值，以提高分离度和分析速度。

首先根据样品沸点范围，选择合适温度使用范围的固定液，每种固定液有最高使用温度，超过这个温度，将引起固定液流失。在具体选择时，一般根据"结构相似"和"相似相溶"的原则，即选择的固定液要与被分离组分结构相似、性质相似。实际试样中组分往往比较复杂，因此还得通过实验确定。人们在长期实践中，总结出选择固定液的一般规律，可供选择固定液参考。

① 分离非极性物质，一般选用非极性固定液，物质间相互作用力是色散力。这时试样各组分按沸点次序先后流出色谱柱，沸点低的先出峰，沸点高的后出峰。

② 分离极性物质，选用极性固定液，组分与固定液间存在定向力，组分按极性顺序流出，极性小的先流出色谱柱，极性大的后流出色谱柱。

③ 分离非极性和极性混合物时，一般选用极性固定液，这时非极性组分先出峰，极性组分（或易被极化的组分）后出峰。如分离卤代烷，可用极性的酯类固定液。分离 $C_1 \sim C_5$ 醇类混合物，可用癸二酸二酯或聚乙二醇己二酸酯。

④ 对于能形成氢键的试样，如醇、酚、胺和水等的分离。一般选择具有特殊选择性的极性或氢键型的固定液，这时试样中各组分按与固定液分子间形成氢键的能力大小先后流出，不易形成氢键的先流出，最易形成氢键的最后流出。如分析低分子量的伯胺、仲胺、叔胺时，采用三乙醇胺作固定液，由于三乙醇胺与胺形成氢键，但伯胺、仲胺、叔胺形成氢键的能力不同，从而得到分离。再如用硝酸银和苯乙腈分离烷烃和烯烃，由于烯烃与固定液中的硝酸银形成 π 配合物，烯烃在烷烃后流出，从而被分离。

⑤ 用单一固定液难以分离的样品，应选用混合固定液。大量实验结果表明，化合物在混合固定液上的保留值具有加和性，通过在单一固定液上的保留值或相对保留值，用作图法求得混合固定液配比。

⑥ 分离酸性或碱性化合物。用强极性固定液，并加酸性或碱性添加剂。如分离有机酸，用聚乙二醇丁二酸酯加癸二酸或硬脂酸、磷酸；分离有机胺类，用聚乙二醇加氢氧化钾。

⑦ 根据固定液选择常数选择固定液。固定液常数（麦氏常数或罗氏常数）能较好地反映固定液对不同类型化合物的分离选择性，以克服相似相溶原理的局限性，固定液常数可在常用色谱手册中查到。例如，欲分离组分为乙醇（沸点为 78℃）和乙酸乙酯（沸点为 77℃）的混合物，根据相似相溶原理，则固定液应为醇类或酯类，比较聚乙二醇十八醚、苯二甲酸二癸酯和聚乙二醇-20000 的麦氏常数（表 9-4），若将乙醇比拟为丁醇探测物、乙酸乙酯比拟为 2-戊酮探测物，它们相应在醚类固定液上 Y' 与 Z' 比值为 1.6，在酯类固定液上为 1.2，在醇类固定液上为 1.5，其结果反而是醚类固定液分离效果好。从这一例子中可显示麦氏常数在固定液选择上的作用。再比如，有一对组分是正丁基乙醚和正丙醇，沸点分别为 91℃ 和 97℃，比较接近，根据具体情况决定让哪一个先流出柱子。如果让醇先流出柱子，就应该选择 Z' 值大于 Y' 值的固定液，即选择具有高 Z'/Y' 比值的固定液。否则两者都被滞留，仍不能很好分离。从表 9-4 中查得 QF-1 的 Z' 值为 355，Y' 值为 233，若用 QF-1 作固定液，醚在醇之后流出。如果要求流出次序相反，则应该选样具有高 Y'/Z' 值的固定液，如胺-220，它的 Y'/Z' 值为 380/181。

对试样中微量杂质测定，一般应使微量杂质在主要成分前流出，以防止主要成分掩盖微量组分峰。例如，欲测定氮杂环中微量醇或酮，应选择高 S' 值，低 Y'、Z' 值的固定液，使醇或酮在氮杂环前流出。

对于试样性质不够了解的情况，一种较简便且实用的方法是由前述提出的 12 种固定液（表 9-4）中选出，一般选用 4 种固定液（SE-30、DC-710、PEG-20M、DEGS），以适当的操作条件进行色谱初步分离，观察未知样分离情况，然后进一步按 12 种固定液的极性顺序做适当调整或更换，以选择较适宜的一种固定液。

应该注意的是，固定液的选择并没有一个较严格的规律可循。上述讨论的是根据作用力来进行选择的一个概念性问题，这对实际应用有参考意义，但在应用时还应根据情况加以考虑。例如对于分离高沸点或挥发性较小的组分时，实际上不宜选择与样品很相似的固定相，否则将造成出峰时间过长、实验操作温度过高等一系列问题。

9.8 气相色谱定性方法

色谱定性分析与定量分析，是以色谱图为依据，根据图中色谱峰的保留值与各色谱峰之间相对峰面积的大小来实现的。保留值取决于在两相中的分配系数，它与组分的性质有关，是色谱定性的依据；峰面积大小取决于试样中组分的相对含量，是色谱定量的依据。

近年来，气相色谱与质谱、光谱等联用，这样既充分利用了色谱的高效分离能力，又利用了质谱、光谱的高鉴别能力，加上电子计算机对数据的快速处理及检索，为未知物的定性分析打开了一个广阔的前景。

9.8.1 根据色谱保留值进行定性分析

（1）与已知物对照定性　依照保留值，用已知纯物质与未知样品对照定性，是色谱的主要定性方法，也是最可靠的方法。理论分析和实验表明，在一定色谱系统和操作条件下，每种物质都有确定的保留值，在同一条件下，比较已知物和试样各组分保留值，就可以鉴定每个色谱峰代表的是哪种物质。这种方法应用简便，不需其他仪器设备，但由于不同化合物在相同的色谱条件下往往具有近似或甚至完全相同的保留值，因此这种方法的应用有很大的局限性，仅限于当未知物通过其他方面的考虑（如来源、其他定性方法的结果等）已被确定可能为某几个化合物或属于某种类型时做最后的确证，其可靠性不足以鉴定完全未知的物质。

保留值可以是保留时间，也可以是保留距离或保留体积。在同一条件下，保留值相同的不一定为同一物质。如果未知物与标准样品的保留值相同，但峰形不同，仍然不能认为是同一物质。进一步的检验方法是将两者混合起来进行色谱分析，比较加入标样前后的色谱图进行色谱定性。如果发现有新峰或在未知峰上有不规则的形状出现，例如峰略有分叉等，则表示两者并非同一物质；如果混合后峰增高而半峰宽并不相应增加，则表示两者很可能是同一物质。利用保留值可以帮助初步定性。应该注意的是，此方法只有在柱效高的情况下才具有高的可靠性，应采用重现性较好和较少受到操作条件影响的保留值。保留时间或保留体积受柱长、固定液含量、载气流速等操作条件的影响较大，因此一般宜采用仅与柱温有关而不受操作条件影响的相对保留值 r_{12} 作为定性指标。

对于较简单的多组分混合物，如果其中所有待测组分均为已知，它们的色谱峰也能一一分离，则为了确定各个色谱峰所代表的物质，可将各个保留值与各相应的标准样品在同一条件下所测得的保留值进行对照比较。但更多的情况是需要对色谱图上出现的未知峰进行鉴定。这时，首先充分利用对未知物了解的情况（如来源、性质等）估计出未知物可能是哪几种化合物，再从文献中找出这些化合物在某固定相上的保留值，与未知物在同一固定相上的保留值进行粗略比较，以排除一部分，同时保留少数可能的化合物，然后将未知物与每一种可能化合物的标准样品在相同的色谱条件下进行验证，比较两者的保留值是否相同。

保留指数，又称 Kováts 指数，是一种重现性较其他保留数据都好的定性参数，可根据所用固定相和柱温直接与文献值对照而不需标准样品。

保留指数 I 是把物质的保留行为用两个紧靠近它的标准物质（一般是两个正构烷烃）来

标定，并以均一标度（即不用对数）来表示。某物质的保留指数可由下式计算而得：

$$I = 100 \left[\frac{\lg X_{Ni} - \lg X_{NZ}}{\lg X_{N(Z+1)} - \lg X_{NZ}} + Z \right] \tag{9-46}$$

式中，X_N为保留值，可以用调整保留时间t'_R、调整保留体积V'_R或相应的记录纸的距离表示；i为被测物质，Z、$Z+1$代表具有Z个和$Z+1$个碳原子数的正构烷烃；被测物质的X_N值应恰在这两个正构烷烃的X_N值之间，即$X_{NZ} < X_{Ni} < X_{N(Z+1)}$。正构烷烃的保留指数则人为地定为它的碳数乘以100，例如正戊烷、正己烷、正庚烷的保留指数分别为500、600、700。因此，欲求某物质的保留指数，只要与相邻的正构烷烃混合在一起（或分别的），在给定条件下进行色谱实验，然后按式(9-46)计算其保留指数。

现以乙酸正丁酯在阿皮松L柱上，柱温为100℃时的保留指数为例来加以说明。选正庚烷、正辛烷两个正构烷烃，乙酸正丁酯的峰在此两个正构烷烃峰的中间（图9-14）。

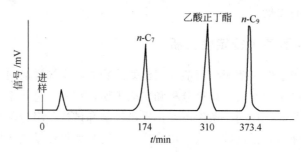

图9-14　保留指数测定示意图

设相当于调整保留时间的记录纸距离为：正庚烷（n-C_7），$X_{NZ} = 174.0$mm，lg174.0 = 2.2405；乙酸正丁酯，$X_{Ni} = 310.0$mm，lg310.0 = 2.4914；正辛烷（n-C_8），$X_{N(Z+1)} = 373.4$mm，lg373.4 = 2.5722。$Z = 7$，将上述数据代入式(9-46)得：

$$I = 100 \times \left(\frac{2.4914 - 2.2405}{2.5722 - 2.2405} + 7 \right) = 775.64$$

同一物质在同一柱上，其I值与柱温呈直线关系，这就便于用内插法或外推法求出不同柱温下的I值。保留指数的有效数字为三位，其准确度和重现性都很好，误差小于1%，因此只要柱温和固定液相同，就可用文献上发表的保留指数进行定性鉴定，而不必用纯物质。

（2）双柱定性　对一个不清楚其组成的混合物样品，在一根色谱柱上用保留值鉴定组分有时不一定可靠，有时会发生错误。这是由于分离条件选择不合适时，不同的组分也有可能在同一色谱柱上有相同的保留值，所以应采用双柱或多柱法进行定性分析，即采用两根或多根性质（极性）不同的色谱柱进行分离，显示保留值的差别，观察未知物和标准样品的保留值是否始终重合，这样可提高定性的准确性。

（3）利用保留值经验规律定性

① 碳数规律。人们通过大量实验总结出如下规律，即在一定的温度下，同系物的保留值的对数和组分分子中的碳原子数呈线性关系：

$$\lg R = A_1 + B_1 n \tag{9-47}$$

式中，R可分别用t'_R、V'_R、k等表示；A_1、B_1对给定色谱系统和同系物是常数；n是分子中碳原子数。当知道了某一同系物中几个物质的保留值后，就可根据式(9-47)推知同系物中其他物质的保留值，最后和所得色谱图对照进行定性。

② 沸点规律。同系物或同族化合物的保留值的对数与其沸点呈线性关系，即：

$$\lg V'_R = A_2 + B_2 T \tag{9-48}$$

式中，V'_R 为调整保留体积，也可是比保留体积、净保留体积等；A_2、B_2 对给定色谱体系和同系物为常数；T 是组分的沸点。根据这个规律，可按同族化合物沸点求出其保留值或根据保留值求出沸点，从而对各组分定性。

当已知样品为同一系列，可利用上述两个规律定性。

（4）文献值对照定性　科学工作者在多年的实践中积累了大量有机化合物在不同柱子、不同柱温下的保留数据。文献值对照定性法，就是利用已知物的文献保留值与实验测得的未知物的保留值进行对照来确定被测组分，这些保留值有相对保留值和保留指数，其中保留指数应用最多。这是因为保留指数仅与柱温、固定液性质有关，与色谱条件无关。而且保留指数测得的重现性较好，可达到的精度为 ±0.03 个指数单位。在使用文献数据时，要注意实验测定时所使用的固定液及柱温应和文献记载的一致。

利用文献保留数据定性，仍需要首先知道未知物属于哪一类，然后再根据类别查找文献中规定分离该类物质所需固定相与柱温条件，测得未知物的保留值，并与文献中的保留值对照。

9.8.2　与其他方法结合的定性分析法

9.8.2.1　利用检测器的选择性响应定性

不同类型的检测器对各种组分的选择性和灵敏度是不相同的，利用这一特点，将两种不同类型的检测器联用，根据色谱峰响应信号的差别，可得到化合物类型或结构信息，对未知物大致分类定性。该法是色谱定性的辅助方法之一。

在气相色谱定性分析中，常采用的检测器组合如下。

（1）氢火焰与热导池检测器联用　前者只对有机物有响应，后者则是通用型检测器，对所有能用气相色谱分析的物质均有响应，因而可鉴别样品中存在的无机化合物和有机化合物。

（2）氢火焰与电子捕获检测器联用　后者只对具有高电负性的组分有较高响应，可用于鉴别含有卤素、氧、氮等电负性强的物质。

（3）氢火焰与火焰光度检测器联用　后者只对含磷、硫的化合物有很高响应，能鉴别试样中有机硫、有机磷化合物。

9.8.2.2　与化学方法配合进行定性分析

带有某些官能团的化合物，经一些特殊试剂处理，发生物理变化或化学反应后，其色谱峰将会消失、提前或移后，比较处理前后色谱图的差异，就可初步辨认试样含有哪些官能团。因此在色谱系统进行化学反应也是一种辅助定性手段，常用的方法有以下几种。

（1）柱前反应　化合物中的官能团与某些官能团试剂反应，生成相应衍生物，使该组分色谱峰保留值发生变化，比较反应前后的色谱图，能得到化合物的结构信息。例如，含有醇的混合物与硼酸反应得到的色谱图与未和硼酸反应得到的色谱图比较，确认在反应后，醇消失而代之生成了酯。

（2）柱后反应　在色谱柱后装 T 形毛细管分流器，将分离各组分导入官能团试剂反应管，利用官能团反应对组分定性。

9.8.2.3　与质谱、红外光谱等仪器联用

现代色谱仪备有样品收集系统，可以很方便地收集复杂混合物经色谱柱分离后的各个分

离组分，然后采用质谱、红外光谱或核磁共振等仪器进行定性鉴定。其中以色谱与质谱联用最有效。色谱分离后的样品进入质谱仪检测，可以得到有关试样元素组成、分子量和分子碎片的结构等信息，是目前解决复杂未知物定性问题的最有效工具之一。

9.9 气相色谱定量方法

在一定操作条件下，分析组分 i 的质量（m_i）或其在载气中的浓度是与检测器的响应信号（色谱图上表现为峰面积 A_i 或峰高 h_i）成正比的，可写作：

$$m_i = f'_i A_i \tag{9-49}$$

这就是色谱定量分析的依据。由上式可见，在定量分析中需要准确测量峰面积；准确求出比例常数 f'_i（称为定量校正因子）；根据上式正确选用定量计算方法，将测得的组分的峰面积换算为百分含量。

9.9.1 峰面积测量法

峰面积的测量直接关系到定量分析的准确度，根据峰形的不同，常用而简单的峰面积测量方法有如下几种。

9.9.1.1 对称峰形面积的测量——峰高乘半峰宽法

根据等腰三角形的计算方法，可以近似认为峰面积等于峰高乘以半峰宽：

$$A = h Y_{1/2} \tag{9-50}$$

这样测得的峰面积为实际峰面积的 0.94 倍，实际上峰面积应为：

$$A = 1.065 h Y_{1/2} \tag{9-51}$$

显然，在做绝对测量时（如测灵敏度），应乘以 1.065，但在相对计算时，1.065 可约去。

9.9.1.2 不对称峰形面积的测量——峰高乘平均峰宽法

对于不对称色谱峰使用峰高乘半峰宽法误差较大，因此采用峰高乘平均峰宽法。所谓平均峰宽是指在峰高 0.15～0.85 处分别测峰宽，然后取其平均值：

$$A = h \times \frac{Y_{0.15} + Y_{0.85}}{2} \tag{9-52}$$

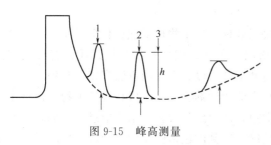

图 9-15　峰高测量

应用以上两种测定方法测定峰面积时，首先应进行峰高的测量。峰高可直接从色谱图量出。基线到峰顶点的距离为峰高，若基线漂移，由峰的起点和终点作图对基线校正。如图 9-15 中峰 1 和峰 3 以箭头所示点定峰高，稳定而平直的基线，是获得高准确度的条件。一般来说，峰高测量的准确度高于峰面积，峰高很少受相邻部分交叠的影响，在痕量组分定量测定中几乎都用峰高定量。

9.9.1.3 积分仪法

自动积分仪是测量峰面积最方便的工具，速度快，线性范围宽，精度一般可达 0.2%～2%，对小峰或不对称峰也能得出较准确的结果。数字电子积分仪能以数字的形式把峰面积和保留时间打印出来。

9.9.1.4 剪纸称重法

对于不对称或分离不完全的色谱峰，如记录仪纸厚薄均匀，可将色谱峰剪下来称重，用峰重量进行定量计算。

随着微处理机技术在分析仪器上的广泛应用，近年来，许多先进的色谱仪器已实现了微机化，除能自动对分析数据进行数学处理，自动显示分析结果外，还能自动控制操作过程，选择最佳分析方法和分析条件等，使测定的精度、灵敏度、稳定性和自动化程度都大为提高。

9.9.2 定量校正因子

色谱定量分析是基于被测物质的量与其峰面积的正比关系。但事实证明，同一物质在不同检测器上有不同的响应值，不同物质在同一检测器上响应值也不同。为了使检测器产生的响应值能真实地反映出物质的含量，就要对响应值进行校正而引入"定量校正因子"。

在一定的操作条件下，进样量（m_i）与响应信号（峰面积 A_i）成正比：

$$m_i = f'_i A_i$$

或写作：

$$f'_i = \frac{m_i}{A_i} \tag{9-53}$$

式中，f'_i 为绝对质量校正因子，也就是单位峰面积所代表物质的质量。f'_i 主要由仪器的灵敏度所决定，它既不易准确测定，也无法直接应用，所以在定量工作中都是用相对校正因子，即某物质与一标准物质的绝对校正因子的比值，我们平常所指的校正因子都是相对校正因子。常用的标准物质，对热导池检测器是苯，对氢焰检测器是正庚烷。按被测组分使用的计量单位的不同，可分为质量校正因子、摩尔校正因子和体积校正因子（通常把相对二字略去）。

9.9.2.1 质量校正因子

这是一种最常用的定量校正因子，以 f_m 表示，即：

$$f_m = \frac{f'_{i(m)}}{f'_{s(m)}} = \frac{A_s m_i}{A_i m_s} \tag{9-54}$$

式中，下标 i、s 分别代表被测物质和标准物质。

9.9.2.2 摩尔校正因子

如果以摩尔数计量，以 f_M 表示，则：

$$f_M = \frac{f'_{i(M)}}{f'_{s(M)}} = \frac{A_s m_i M_s}{A_i m_s M_i} = f_m \frac{M_s}{M_i} \tag{9-55}$$

式中，M_i、M_s 分别为被测物质和标准物质的分子量。

9.9.2.3 体积校正因子

如果以体积计量（气体样品），则体积校正因子就是摩尔校正因子，以 f_V 表示，这是因为 1mol 任何气体在标准状态下其体积都是 22.4L。对于气体分析，使用摩尔校正因子可得体积分数：

$$f_V = \frac{f'_{i(V)}}{f'_{s(V)}} = \frac{A_s m_i M_s \times 22.4}{A_i m_s M_i \times 22.4} = f_M \tag{9-56}$$

9.9.2.4 相对响应值

相对响应值是物质 i 与标准物质的响应值（灵敏度）之比以 S' 表示，单位相同时，它与校正因子互为倒数，即：

$$S' = \frac{1}{f'} \tag{9-57}$$

S' 和 f' 只与试样、标准物质以及检测器类型有关，而与操作条件和柱温、载气流速、固定液性质等无关，因而是一个能通用的常数。表 9-5 列出了一些化合物的校正因子。

表 9-5　一些化合物的校正因子

化合物	沸点/℃	分子量	热导池检测器		氢焰电离检测器
			f_M	f_m	f_m
甲烷	−160	16	2.80	0.48	1.03
乙烷	−89	30	1.96	0.59	1.03
丙烷	−42	44	1.55	0.68	1.02
丁烷	−0.5	58	1.18	0.68	0.91
乙烯	−104	28	2.08	0.59	0.98
乙炔	−83.6	26			0.94
苯	80	78	1.00	0.78	0.89
甲苯	110	92	0.86	0.79	0.94
环己烷	81	84	0.33	0.74	0.99
甲醇	65	32	1.82	0.58	4.35
乙醇	78	46	1.39	0.64	2.18
丙酮	56	58	1.16	0.68	2.04
乙醛	21	44	1.54	0.68	
乙醚	36	74	0.91	0.67	
甲酸	100.7				1.00
乙酸	118.2				4.17
乙酸乙酯	77	88	0.9	0.79	2.64
氯仿		119	0.93	1.10	
吡啶	115	79	1.0	0.79	
氢气	33	17	2.38	0.42	
氮气		28	2.38	0.67	
氧气		32	2.5	0.80	
CO_2		44	2.08	0.92	
CCl_4		154	0.93	1.43	
水	100	18	3.03	0.55	

校正因子的测定方法是，准确称量被测组分和标准物质，将两者配制成已知比例的混合试样，在一定色谱条件下进行分析（注意进样量应在线性范围之内），分别测量相应的峰面积，由式(9-54)、式(9-55)计算质量校正因子、摩尔校正因子。如果数次测量数值接近，可取其平均值。测定条件最好与分析样品时的色谱条件相近，对于同一种检测器，相对定量校正因子在不同实验室具有通用性。因而也可以从手册中查找。

9.9.3　几种常用的定量计算方法

9.9.3.1　归一化法

归一化法是常用的一种简便、准确的定量方法，这种方法要求样品中所有组分都出峰，且含量都在相同数量级上。

假设试样中有 n 个组分，每个组分的量为 $m_1, m_2, \cdots, m_n$，以各组分含量的总和 m 为 100%，其中组分 i 的百分含量 C_i 可按下式计算：

$$C_i = \frac{m_i}{m} \times 100\% = \frac{m_i}{m_1 + m_2 + \cdots + m_i + \cdots + m_n} \times 100\%$$

$$= \frac{A_i f_i}{A_1 f_1 + A_2 f_2 + \cdots + A_i f_i + \cdots + A_n f_n} \times 100\% \tag{9-58}$$

若 f_i 为质量校正因子，得质量分数；如为摩尔校正因子，得摩尔分数；如为体积校正因子，得体积分数（气体）。

若各组分的 f 值相近或相同，例如同系物中沸点接近的各组分，则上式可简化为：

$$C_i = \frac{A_i}{A_1 + A_2 + \cdots + A_i + \cdots + A_n} \times 100\%$$ (9-59)

对于狭窄的色谱峰，也有用峰高代替峰面积来进行定量测定。当各种操作条件保持严格不变时，在一定的进样量范围内，峰的半宽度是不变的，因此峰高就直接代表某一组分的量。这种方法快速简便，最适合于工厂和一些具有固定分析任务的化验室使用。此时：

$$C_i = \frac{h_i f''_i}{h_1 f''_1 + h_2 f''_2 + \cdots + h_i f''_i + \cdots + h_n f''_n} \times 100\%$$ (9-60)

式中，f''_i 为峰高校正因子，此值需自行测定，测定方法同峰面积校正因子，不同的是用峰高来代替峰面积。

归一化法的优点是定量分析时不必称量和定量进样，分离条件在一定范围内变化，对定量准确度影响较小，计算简单，特别适用于多组分混合物的常规分析。

9.9.3.2 内标法

当被分析组分含量很小，不能应用归一化法，或者是被分析样品少，并非所有组分都出峰，只要所要求的组分出峰时就可以用内标法。

所谓内标法是将一定量的纯物质作为内标物，加入准确称取的试样中，根据被测物和内标物的质量及其在色谱图上相应的峰面积比，求出某组分的含量。例如要测定试样中组分 i（质量为 m_i）的百分含量 C_i，可于试样中加入质量为 m_a 的内标物，试样质量为 m，则：

$$m_i = f_i A_i$$

$$m_a = f_a A_a$$

$$\frac{m_i}{m_a} = \frac{A_i f_i}{A_a f_a}$$

$$m_i = \frac{A_i f_i}{A_a f_a} m_a$$

$$C_i = \frac{m_i}{m} \times 100\% = \frac{A_i f_i}{A_a f_a} \times \frac{m_a}{m} \times 100\%$$ (9-61)

一般常以内标物为基准，则 $f_a = 1$，此时计算式可简化为：

$$C_i = \frac{A_i}{A_a} \times \frac{m_a}{m} f_a \times 100\%$$ (9-62)

由上述计算式可以看到，此法是通过测量内标物及欲测组分的峰面积的相对值来进行计算的，因而由于操作条件变化而引起的误差，都将同时反映在内标物及欲测组分上而得到抵消，所以可得到较准确的结果。这是内标法的主要优点，在很多仪器分析方法上得到应用。

对内标物的要求如下：加入的内标物是试样中不存在的纯物质，最好是色谱纯或者是已知含量的标准物质；内标物加入的量应接近于被测组分，加入后所产生的峰面积大致和被测组分峰面积相当；内标物出峰最好在被测物峰的附近，或几个被测组分色谱峰的中间，并与这些组分完全分离；内标物与欲测组分的物理及物理化学性质（如挥发度、化学结构、极性以及溶解度等）相近，这样当操作条件变化时，更有利于内标物及欲测组分做匀称的变化。

内标法要求使用分析天平准确称量内标物及样品的质量，因此，比较费时，不宜于做快速控制分析。但是此法的准确性较好，不像归一化法有使用上的限制，在科研中普遍使用。

9.9.3.3 内标标准曲线法

为了减少称样和计算数据的麻烦，适于工厂控制分析的需要，可用内标标准曲线法进行定量测定，这是一种简化的内标法。由式（9-61）可见，若称量同样量的试样，加入恒定量的内标物，则此式中 $(f_im_a/f_am)\times100\%$ 为一常数，此时：

$$C_i = \frac{A_i}{A_a} \times 常数 \tag{9-63}$$

亦即被测物的百分含量与 A_i/A_a 呈正比关系，以 C_i 对 A_i/A_a 作图将得一直线（图 9-16）。

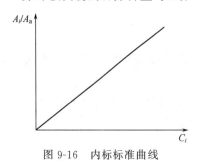

图 9-16 内标标准曲线

制作标准曲线时，先将欲测组分的纯物质配成不同浓度的标准溶液。取固定量的标准溶液和内标物，混合后进样分析，测 A_i 和 A_a，以 A_i/A_a 对标准溶液浓度作图。分析时，取和制作标准曲线时所用量同样的样品和内标物，测出其峰面积比，从标准曲线上查出被测物的含量。若各组分相对密度比较接近，可用量取体积代替称量，则方法更为简便。此法不必测出校正因子，消除了某些操作条件的影响，也不需严格定量进样，适合于液体试样的常规分析。

9.9.3.4 外标法（又称定量进样-标准曲线法）

外标法与在分光光度分析中的标准曲线法是相同的。用待测组分的纯物质配成不同浓度的标样进行色谱分析，获得各种浓度下对应的峰面积（峰高），绘出峰面积（峰高）与浓度的标准曲线。分析时，在相同色谱条件下，进同样量分析样品，根据所得峰面积（峰高），从标准曲线上查出待测组分的浓度。

此法的优点是操作简单，计算方便，但对操作条件控制要求较严，色谱条件的稳定性及进样精度都会影响定量分析的准确度。应用此法时，只要待测组分能洗出色谱峰就行。

当被测样品中各组分浓度变化范围不大时，可不必绘制标准曲线，而用单点校正法。即配制一个和被测组分含量十分接近的标准溶液，定量进样，由被测组分和外标组分峰面积比或峰高比来求被测组分的含量：

$$\frac{C_i}{C_a} = \frac{A_i}{A_a}$$

$$C_i = \frac{A_i}{A_a}C_a$$

由于 C_a 与 A_a 均为已知，故可令 $K_i = C_a/A_a$ 得：

$$C_i = A_iK_i \tag{9-64}$$

式中，K_i 为组分 i 的单位面积百分含量校正值。这样，测得 A_i，乘以 K_i 即得被测组分含量。此法假定标准曲线是通过坐标原点的直线，因此可由一点决定这条直线，K_i 即直线的斜率，因而称为单点校正法。

9.10 毛细管柱气相色谱法

毛细管柱气相色谱法是用毛细管柱作为气相色谱柱的一种高效、快速、高灵敏的分离分析方法，是 1957 年由戈雷（M. J. B. Golay）在填充柱气相色谱法基础上首先提出的。他用内壁涂渍一层极薄而均匀的固定液膜的毛细管柱代替填充柱，解决组分在填充柱中由于受到大小不均匀载体颗粒的阻碍而造成色谱峰扩展、柱效降低的问题。这种色谱柱的固定液涂布在内壁上，中心是空的，故称开管柱（open tubular column），习惯称毛细管柱。由于毛细管柱窄孔、空心、柱长，使其柱效比填充柱要高约 2 个数量级，具有很高的分辨能力。毛细管柱的应用大大提高了气相色谱法对复杂物质的分离能力，可以解决原来填充柱色谱法不能解决或很难解决的问题，主要用来分离多组分难分离的混合物。

9.11 气相色谱分析在环境分析中的应用

9.11.1 概述

气相色谱法出现于 1952 年，至今已经经历了半个多世纪，成为分离科学中较为成熟、使用最普遍、运行最容易的一种分离分析方法。气相色谱法既可以应用于分析气体试样，也可分析易挥发或可转化为易挥发的液体和固体，不仅可分析有机物，也可分析部分无机物。当前气相色谱在分离速度、柱效、检出灵敏度和自动化等方面都达到了相当高的程度，广泛用于大气、水质、土壤、生物、食品等环境样品的分析，在环境分析特别是有机物分析中已占有主导地位。

今天，有机污染物分析的特点是以色谱为中心的各种技术联用，最有代表性的是 GC-MS，质谱仪作为色谱的一个检测器，而出现了色质联用。此外，还有色谱-原子吸收（原子荧光）光谱 GC-AA（AF）、色谱-傅里叶变换红外光谱（GC-FTIR）、色谱-等离子发射光谱（GC-ICP）以及液相色谱、薄层色谱和各种检测器的联用等。到目前，已有几十种检测器可以和色谱联机，气相色谱的分析领域也因此而大为扩展。

气相色谱法对有机化合物的分离分析起了不可估量的作用已众所周知，气相色谱法所具有的高分离效率和高灵敏度以及仪器简单、使用方便等优点都适于无机分析的需要，特别是 20 世纪 70 年代环境科学的兴起，环境分析化学处于重要的地位，气相色谱法在此也发挥了作用，如大气、水、土壤、生物乃至月球上的样品中许多元素已用气相色谱法得出了很好的结果，测定铍的最低检出量能达到 10^{-14} g；又如研究污染物质的毒性、迁移转化规律等，对砷、汞、铅、硒等的氢化物和烷基化合物的分离测定，在大气污染问题中的气体分析等，用气相色谱法都是很有效的。

气相色谱法用于无机物分析主要是两个方面：一是无机气体分析，如永久气体，稀有气体，碳、氮、硫的含氧化物或氢化物等；二是可形成挥发性无机化合物的分析，包括阳离子和阴离子分析。

近年来由于新的衍生剂的发展，如三甲基硅烷、叔丁基二甲基硅烷、苯基化物（卤代苯、酚类、五氟苯甲酰卤化物、苯胺）、烷基酯等，使一些阴离子如 SiO_4^{2-}、AsO_4^{2-}、NO_2^-、CN^-、SO_4^{2-}、PO_4^{3-}、卤化物等生成稳定的挥发性衍生物，具备了色谱测定条件，提高了某些阴离子测定的选择性，使数个阴离子可以同时进行测定。如水中卤素离子衍生为 $C_8H_{10}OHX$ 后同时测定分解放出的 HCl、HBr、HI；用丁酯衍生物可同时测定 Br^-、I^-、SCN^-、NO_2^- 及磷酸和硫酸。由于灵敏、特效、选择的新型检测器的发展，使阴离子分析适合于环境微量分析的要求。如电子捕获检测器对卤素、硝基等电负性强的化合物特别灵敏，最低浓度可测至 ng·g^{-1} 级，火焰光度检测器对含硫、磷的化合物有强的选择性，碱焰离子检测器对含氧、磷的化合物能特效检测，离子选择性电极检测器测定卤化物很灵敏，光电离检测器和硫敏电化学检测器对硫极其敏感，可用于微量硫化物分析。

无机气相色谱发展至今步调虽不快，但现今气相色谱技术的进展很大，研究了许多新的惰性担体、高温稳定的固定液、检测器及毛细管技术等，为无机气相色谱的应用创造了条件，只要有更多力量从事这方面的工作，深入研究去发展它，可以期望气相色谱在无机分析领域内也将会和有机气相色谱一样成为必不可少的普遍应用的分析手段。

9.11.2 气相色谱分析在环境分析中的应用

9.11.2.1 在大气、降水、废气等监测中的应用

美国公共卫生协会（APHA）规定以 GC 法作为下列大气或废气中污染物的分析方法（或试行方法）：烃类、总烃、甲烷、酚类、一氧化碳、氧气、氮气、二氧化碳、硫化氢、二氧化硫、甲硫醇、甲硫醚、芳族胺、双氯甲醚、对硫磷、低分子脂肪醛、过氧化乙酰硝酸酯（PAN）、多环芳烃（PAH）和苯甲酸等。

20 世纪 80 年代初，我国采用 GC 法分析大气中一氧化碳、总烃、非甲烷烃和三氯乙醛以及可同时测定废气中的苯等 10 种有机化合物。1990 年版《空气和废气监测分析方法》将 GC 法列为下列化合物的分析方法，即空气中一氧化碳、二硫化碳、总烃及非甲烷烃、芳香烃（苯系物等）、苯乙烯、甲醇、低分子量醛、丙酮、酚类化合物、硝基苯、吡啶、丙烯腈、氯乙烯、氯丁二烯、环氧氯丙烷、甲基对硫磷、偏二甲基肼和废气中苯系物、有机硫化合物（硫醇、硫醚）等（包括试行或推荐方法），共列入 20 个分析方法，GC 法在空气中有机污染物分析方法中占 72.7％。从而标志着从 1990 年开始 GC 法在我国空气监测污染物的方法中占有重要地位。

气相色谱法在大气、降水、废气、民用生活乃至外层空间的监测方面取得了重要的成果。如在飘尘中主要检出多环芳烃（PAH）、硝基多环芳烃、正构烷烃等有机物；在大气中主要检出碳氢化合物、苯系物和有机硫化合物等；在废气和民用生活中主要检出碳氢化合物，芳香族的烃、醇、醛、酮、酸，和 PAH、氯代二苯并二噁英、氯代二苯并呋喃（PCDD、PCDF）等；在降水中检出一些阴离子、阳离子及 SO_2、NO_2、有机酸等化合物；在外层空间监测中测定月球、火星和金星的大气气体组成。

使用双机联用（如 GC-MS、GC-FTIR）、多维色谱技术（多柱）和多机组合（如 GC、GC-MS）等技术可从环境样品中获得丰富的信息，正如 Shuetzle 从柴油机烟尘中分离测定 150 多种的 PAH 及其衍生物，徐晓白则检测了 50 多种硝基多环芳烃，使用 GC-FTIR 联用检出汽油中添加剂甲基叔丁醚（MTBE）等 12 种氧化产物。

9.11.2.2 在水质监测中的应用

1979 年美国 EPA 公布了水中 129 种优先检测的污染物，其中的 114 种有机污染物推荐使用 GC 或 GC-MS 法进行定性和定量分析。1989 年我国确定了"中国环境优先监测污染物黑名单"，共 68 种有毒污染物，其中有 58 种有机污染物，显然色谱法占有主导地位。

我国将 GC 法定为水中六六六、DDT 的分析方法和标准分析方法。1989 年规定 GC 法为水中硒、苯系物、挥发性卤代烃、氯苯类、六六六、DDT、有机磷农药、有机磷农药总量（试行）、三氯乙醛（试行）和硝基苯类等污染物的分析方法。最近又将测定水中的苯系物列为标准法。

双机联用、多机组合和多维技术的组合，可卓有成效地分离测定水和废水中数百种有机污染物。其中系统分析法已普遍引起人们的兴趣，如 Coleman 利用反渗透富集法富集水中有机物。富集物经乙醚萃取后，用萃取和柱色谱的方法，将有机物分为五组和七个子组，用毛细管色谱完成了 700 多种化合物的分离，并对其中 460 种进行了鉴定。我国在长江水（江阴段）、太湖水、京津地下水、煤气化废水等调查中，也采用了系统分析方法。一般通过调

节不同的 pH 值和以不同的溶剂萃取进行分组，地表水和地下水中检出 100 多种有机污染物，煤气化废水中检出了 300 多种有机污染物。Resott 等使用一根 SE-54 熔融石英毛细管（FSOT）柱，可同时对美国 EPA 公布的 114 种优先检测的有机污染物进行分离测定，试图建立一种标准化的检测方法。

9.11.2.3　在土壤、底质、食品、生物等监测中的应用

我国已将 GC 法分析土壤、植物、底质中的六六六、DDT 有机氯农药列入监测分析方法。利用色谱法测定大气中的 $C_1 \sim C_5$ 烃，水、土、生物等样品中的有机汞、黄曲霉毒素，废水中有机氯及有机磷，农药、焦化废水中的苯系物，TNT 酸性废水中的三硝基甲苯，污水中的三氯乙醛、PCB 等，均获得成功，分析灵敏度一般可达 $\mu g \cdot g^{-1}$ 或 $ng \cdot g^{-1}$ 级。

20 世纪 60 年代以来，气相色谱法（GC）测硒引起了人们的注意。其原理是利用含氮（或氧、硫）配位原子的有机试剂与硒（Ⅳ）反应生成有机硒配合物，经过溶剂萃取、进样、升温、过柱分离，然后用电子捕获鉴定器测定。GC 测硒的灵敏度大致与荧光法相当，专属性高，许多元素不干扰，且易于分离出不同价态的硒，已应用于水、土壤、食品、饲料、生物材料和有机硒化物中硒的分析。

气相色谱法特别是毛细管柱气相色谱法，可以用以分析对映异构体。气相色谱法测定铜、镍的氨基酸螯合物，最小检测限达 $ng \cdot g^{-1}$ 级，已在环境污染物的分析中应用。

色谱法在土壤、底质、食品和生物等方面的监测成果如下。从土壤和底泥中主要检出有机氯化合物、农药、杂环和 PAH 等化合物；从古老沉积岩和油页岩中主要检出氨基酸和脂肪酸。Repley 使用一根 SE-30 毛细管色谱对 194 种农药的保留值进行测定。可用毛细管色谱和三个检测器（FPD、ECD、NPD）测定了 59 种（66 个组分）农药及其代谢物。使用 HPLC 法成功地分离测定粮油中的黄曲霉毒素（AFT）的四种异构体（B_1、B_2、G_1、G_2），赵振华测定了人尿中的 BaP、BkF、芘，从而为生物监测指标提供了依据。

9.11.2.4　海洋油污染监测中的应用

由于毛细管色谱法具有分辨率高的特点，越来越多地被用于鉴别油污染源的监测中。美国海岸警卫法中已将毛细管色谱法与红外法、荧光法并列为鉴别油污染的官方方法。采用先进的毛细管色谱法分离鉴定，依据不同油类的正构烷烃谱峰轮廓与特征峰、生物标记物峰的比值的方法，可以辨别海面油迹污染是否与附近轮船有关。我国已有多家监测机构应用了这一先进技术，为执行中华人民共和国环境污染防治法做出了贡献。

9.11.2.5　航天领域

在人类早期（20 世纪 60 年代）飞往外层空间飞行器上，配备的科研仪器中大多有气相色谱仪，这些色谱仪小巧而灵敏。由于科研目的明确，分析目的物少，仪器的质量控制在 6kg 以内，使用固定的几种色谱柱，柱温采用恒温形式（以便节省能源，也有采用程序升温的）。应用过的检测器有：放电检测（1962 年），用来监测月球上有无气体、水、烃类和有机物；质谱检测器，分析火星土壤样品（1965 年）和分析火星上大气成分（1970 年）；微型热导池（1966 年），测定火星大气中的成分；截面检测器（1966 年），用于分析飞行器和宇航服里的永久气体、水和烃类。

9.11.3　具体应用实例（气相色谱法测定环境中苯系物）

9.11.3.1　环境样品的采集

（1）水样采集　取水样应采用玻璃瓶，使样品充满容器，不留空间，并加盖密封，样品应在水箱中保存，7 天内处理完毕，14 天内分析完。或者可用具翻口橡胶塞的盐水瓶装入

100~300mL 水样，橡胶塞用聚四氟乙烯塑料薄膜裹后塞紧，尽快运回实验室，当天测定瓶内顶部空气。

（2）气样采集

① 针筒采样。可用 100mL 全玻璃注射器抽取浓度高的废气 100mL。如车间生产废气、污染事故现场空气等，用耐油胶帽封注射器口，蔽光保存，尽快送实验室当天分析完毕。

② 吸附管采样。活性炭吸附管制作方法如下：取长 120mm、内径 4mm 玻璃管，洗净烘干，每支装入预先在马弗炉中 300℃下烘 2h 的活性炭 0.5g（活性炭 CP，20~50 目）分成 A、B 两段，中间用玻璃棉隔开，A 段约 0.4g，B 段 0.1g，两端用玻璃棉堵住，套上胶皮小帽，放干燥器内备用。采样管中填料也可用 200mg Tenax-GC 代替。采样时将采样管 B 端和采样器进口用乳胶管相连，使 A 端垂直向上，处于采样位置。开启采样泵，以 0.5L·min^{-1} 流量采集 5~100min。采样后，采样管两端套紧胶帽，低温保存，10 天内分析完。该方法适用于采集浓度低的样品，如居民区空气及未污染空气，另外需要长途运输不能当天测定的样品也可用该方法采样。

③ 低温吸附法。将采样管置于冷阱、冷凝浴或半导体制冷器中，空气通过采样管，被测组分即冷凝于采样管内，通常水和 CO_2 等亦被冷凝，故一般在采样管前装有烧碱石棉、过氯酸锰等吸除装置。冷阱中常用冷冻剂有冰-盐水（－10℃）、干冰-丙酮（－78℃）、液氮（－190℃）。

（3）土样采集　将现场的土样装满棕色广口玻璃瓶，尽快运回实验室，当天处理样品，以防土壤活性物质降解苯系物等。

9.11.3.2　样品处理

（1）水样处理

① 二硫化碳萃取法。取 250mL 水样置于 500mL 分液漏斗中，用 5.00mL 经净化处理过的 CS_2 萃取。用微量注射器吸取 1~5μL 萃取液上气相色谱仪测定。

② 顶空法。将已采样的盐水瓶置于 25~30℃ 的恒温下平衡 15min，用玻璃注射器刺过胶皮塞抽取顶空瓶上方气体 1~5mL，打入气相色谱仪测定。

③ 直接进样法。对于高浓度的废水样可直接用微量注射器抽取 1~5μL 水样上气相色谱仪测定。

（2）气体样品处理

① 直接进样法。将采有气样的针筒连接到色谱仪的气体进样阀上，注入气样，转动进样阀将气样送入色谱仪测定。

② 热脱附法。加热吸附柱，被吸附的苯系物脱附，将脱附气通过气体进样阀送入色谱仪测定。

③ 二硫化碳洗脱法。将已采样的活性炭管中 A 段和 B 段的活性炭分别倒入两个 10mL 具塞试管中，加入 1.00mL 已经净化处理过的 CS_2，浸泡 15min，活性炭中吸附的苯系物被洗脱至 CS_2 中，用微量注射器吸取 1~5μL 洗脱液进入气相色谱仪测定。

（3）土样处理

① 水蒸气蒸馏法。称取一定量土样放在蒸馏烧瓶中，用水蒸气蒸馏法将苯系物从土样中挥发出来，与水蒸气一起冷凝到收集瓶中，再用 CS_2 萃取冷凝液。用微量注射器抽取 1~5μL 萃取液进行气相色谱仪测定。

② 顶空气相色谱法。称取一定量土样置于顶空瓶中，加热至适当温度，平衡 15min，取土壤上方气体进色谱仪测定。

9.11.3.3　测定苯系物的色谱柱

国家环保局编制的《水和废水监测分析方法》和《空气和废气监测分析方法》中采用长

3m、内径4mm不锈钢柱或玻璃柱，内填3%有机皂土/101白色载体＋2.5% DNP/101白色载体，柱温65℃，气化室及检测器温度150℃，载气流速40mL·min^{-1}，氮气，检测器FID，其他资料报道采用SP-1200＋Bentone 34 2m柱或Bentone 34＋DIDP 2m柱测定苯系物，随着毛细管色谱法的发展，现在也采用SE-54 30m柱测定苯系物。现将用这些色谱柱测定标准样品的谱图列于下面（图9-17～图9-26）。

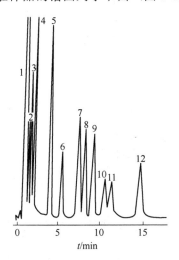

图9-17　DNP＋Bentone 34 3m柱苯系物各组分色谱图

1—二硫化碳；2—丙酮；3—乙酸乙酯；4—苯；5—甲苯；
6—乙酸丁酯；7—乙苯；8—对二甲苯；9—间二甲苯；
10—邻二甲苯；11—乙酸戊酯；12—苯乙烯

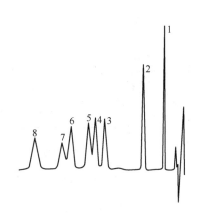

图9-18　DNP＋Bentone 34 3m柱苯
系物的标准色谱图

1—苯；2—甲苯；3—乙苯；4—对二甲苯；5—间二
甲苯；6—邻二甲苯；7—异丙苯；8—苯乙烯

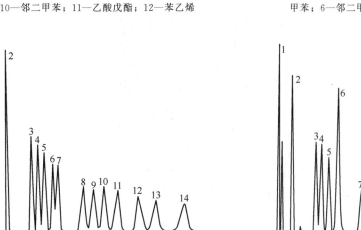

图9-19　SP-1200＋Bentone 34柱对烷基苯的分离

1—苯；2—甲苯；3—乙苯；4—对二甲苯；5—间二甲苯；
6—邻二甲苯；7—异丙苯；8—正丙苯；9—对乙基甲苯；
10—间乙基甲苯；11—邻乙基甲苯；12—1,3,5-三甲苯；
13—1,2,4-三甲苯；14—1,2,3-三甲苯

分析条件：柱为SP-1200 5%＋Bentone 34 1.7%，
Chromosorb W AW DMCS，80～100目，ϕ3mm×2m
玻璃柱，温度为柱60℃，入口150℃，
载气为N$_2$ 60mL·min^{-1}

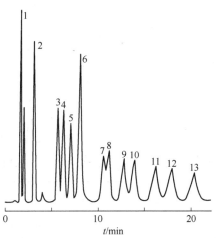

图9-20　Bentone 34＋DIDP柱对烷基苯的分离

1—苯；2—甲苯；3—乙苯；4—对二甲苯；5—间二甲苯；
6—邻二甲苯＋异丙苯；7—正丙苯；8—对乙基苯；
9—间乙基甲苯；10—邻乙基甲苯；11—1,3,5-三甲苯；
12—1,2,4-三甲苯；13—1,2,3-三甲苯

分析条件：柱为Bentone 34 5%＋DIDP 3%，
Chromosorb W AW，80～100目，ϕ3mm×2m
（SUS），温度为柱75℃，入口150℃，
载气为N$_2$ 40mL·min^{-1}

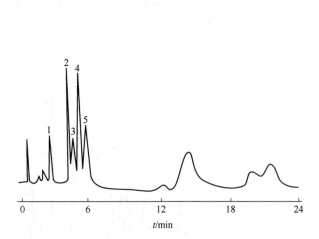

图 9-21　电机厂排放废水顶空色谱图

1—甲苯；2—乙苯；3—对二甲苯；

4—间二甲苯；5—邻二甲苯

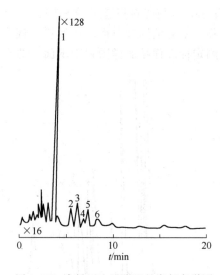

图 9-22　涂料厂边界附近的臭气色谱图

1—甲苯；2—正壬烷；3—乙苯；4—对

二甲苯；5—间二甲苯；6—邻二甲苯

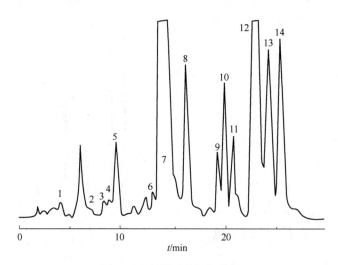

图 9-23　印刷厂排气色谱图

1—丁烷；2—戊烷；3—2-甲基戊烷；4—3-甲基戊烷；5—正己烷；6—甲基乙丁基甲酮；

7—三氯乙烯；8—甲苯；9—乙苯；10—间（对）二甲苯；11—邻二甲苯；

12—间（对）乙基甲苯；13—邻乙基甲苯；14—1,2,4-三甲苯

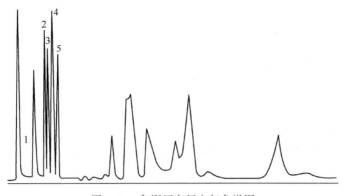

图 9-24　印刷厂车间空气色谱图

1—甲苯；2—乙苯；3—对二甲苯；4—间二甲苯；5—邻二甲苯

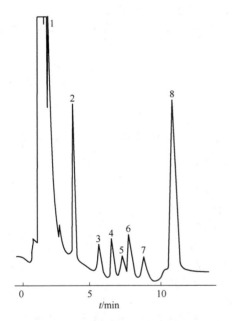

图 9-25　造船厂内空气色谱图

1—苯；2—甲苯；3—正壬烷；4—乙苯；5—对二甲苯；

6—间二甲苯；7—邻二甲苯；8—苯乙烯

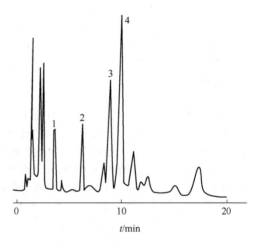

图 9-26　某树脂厂排气色谱图

1—甲苯；2—乙苯；3—异丙苯；4—苯乙烯

参 考 文 献

[1]　叶宪曾，张新祥，等. 仪器分析教程. 第 2 版. 北京：北京大学出版社，2007.

[2]　刘志广，张华，李亚明. 仪器分析. 大连：大连理工大学出版社，2004.

[3]　朱明华. 仪器分析. 第 2 版. 北京：高等教育出版社，1993.

[4]　董慧茹. 仪器分析. 北京：化学工业出版社，2000.

[5]　孙其志. 色谱分析及其他分析法. 北京：地质出版社，1994.

思考题与习题

一、选择题

1. 以下各项不属于描述色谱峰宽的术语是（　　　）。

A. 标准差　　B. 半峰宽　　C. 峰宽　　D. 容量因子

2. 不影响两组分相对保留值的因素是（　　）。

A. 载气流速　　B. 柱温　　C. 检测器类型　　D. 固定液性质

3. 常用于评价色谱分离条件选择是否适宜的参数是（　　）。

A. 理论塔板数　　B. 塔板高度　　C. 分离度　　D. 死时间

4. 不影响速率方程式中分子扩散项大小的因素有（　　）。

A. 载气流速　　B. 载气分子量　　C. 柱温　　D. 柱长

5. 衡量色谱柱选择性的指标是（　　）。

A. 理论塔板数　　B. 容量因子　　C. 相对保留值　　D. 分配系数

6. 衡量色谱柱柱效的指标是（　　）。

A. 理论塔板数　　B. 分配系数　　C. 相对保留值　　D. 容量因子

7. 根据 van Deemter 方程式，下面说法（　　）是正确的。

A. 最佳流速时理论塔板高度最大　　B. 最佳流速时理论塔板数最大

C. 最佳理论塔板高度时流速最大　　D. 最大理论塔板数时理论塔板高度最大

8. 某组分在固定相中的质量为 $m_A(g)$，浓度为 $c_A(g \cdot mL^{-1})$，在流动相中的质量为 $m_B(g)$，浓度为 $c_B(g \cdot mL^{-1})$，则此组分的分配系数是（　　）。

A. m_B/m_A　　B. c_B/c_A　　C. $m_A/(m_A+m_B)$　　D. c_A/c_B

9. 下列途径（　　）不能提高柱效。

A. 降低担体粒度　　B. 减小固定液液膜厚度

C. 调节载气流速　　D. 将试样进行预分离

10. 用分配柱色谱法分离 A、B 和 C 三组分的混合样，已知它们的分配系数 $K_A>K_B>K_C$，则其保留时间的大小顺序应为（　　）。

A. A<C<B　　B. B<A<C　　C. A>B>C　　D. A<B<C

11. 对同一样品，程序升温色谱与恒温色谱比较，正确说法是（　　）。

A. 程序升温色谱图中的色谱峰数与恒温色谱图中的色谱峰数相同

B. 程序升温色谱图中的色谱峰数大于恒温色谱图中的色谱峰数

C. 改变升温程序，各色谱峰保留时间改变但峰数不变

D. 使样品中的各组分在适宜的柱温下分离，有利于改善分离

12. 为了测定某组分的保留指数，气相色谱法一般采用的基准物是（　　）。

A. 苯　　B. 正庚烷　　C. 正构烷烃　　D. 正丁烷和丁二烯

13. 毛细管柱气相色谱比填充柱色谱具有更高的分离效率，从速率理论来看，这是由于毛细管色谱柱中（　　）。

A. 不存在分子扩散　　B. 不存在涡流扩散

C. 传质阻力很小　　D. 载气通过的阻力小

14. 与分离度直接相关的两个参数是（　　）。

A. 色谱峰宽与保留值差　　B. 保留时间与色谱峰面积

C. 相对保留值与载气流速　　D. 调整保留时间与载气流速

15. 载气分子量的大小对（　　）两项有直接影响。

A. 涡流扩散项和分子扩散项　　B. 分子扩散项和传质阻力项

C. 保留时间与分离度　　D. 色谱峰宽与柱效

16. 为了提高两组分的分离度，可采用增加柱长的方法。若分离度增加 1 倍，柱长应为原来的（　　）。

A. 2 倍　　B. 4 倍　　C. 6 倍　　D. 8 倍

二、填空题

1. 在气相色谱法中，调整保留值实际反映了_____之间的相互作用。

2. 在气-液色谱中，固定液的选择一般根据_____原则。被分离组分分子与固定液分子的性质越相近，则它们之间的作用力越_____，该组分在柱中停留的时间越_____，流出的越_____。

3. 气相色谱分析的基本程序是从_____进样，气化了的样品在_____分离，分离后的各组分依次流经_____，它将各组分的物理或化学性质的变化转换成电量变化，输给记录仪，描绘成色谱图。

4. 色谱柱的分离效率用 a 表示。a 越大，则在色谱图上两峰的距离_____，表明这两个组分_____分离，通常当 a 大于_____时，即可在填充柱上获令人满意的分离。

5. 色谱定性的依据是_____，定量的依据是_____。

6. 载气线速度较低时，速率方程式中的_____项是引起色谱峰扩展的主要因素，此时宜采用分子量_____的气体作载气，以提高柱效。

7. 载气线速度较高时，速率方程式中的_____项是控制因素，宜采用分子量_____的气体作为载气，此时组分在载气中有_____的扩散系数，可_____气相传质阻力，提高柱效。

8. 对于沸点范围较宽的问题，宜采用_____，即柱温按预定的加热速度随时间作线性或非线性的增加。

9. 利用_____定性是色谱定性分析最基本的方法，它反映了各组分在两相间的分配情况，它由色谱过程中的_____所控制。

10. 色谱法的核心部件是_____，它决定了色谱_____性能的高低。

11. 试样中的各组分具有不同的 K 值是分离的基础，某组分的 $K =$_____时，即不被固定相保留，最_____流出色谱柱。

12. 氢火焰离子化检测器是典型的_____型检测器，对有机化合物具有很高的灵敏度，但对_____等物质灵敏度低或不响应。

13. 速率理论的核心方程表达式为_____，三项分别称为_____、_____和_____。该方程式对于_____的选择具有指导意义。

14. 色谱定量方法中使用归一化公式的前提条件是_____。

15. 电子捕获检测器属于_____型检测器，它的选择性是指它只对具有_____的物质有响应，_____越强，灵敏度越高。

16. 塔板理论在解释_____的形状（呈_____分布）、_____的位置以及评价_____等方面都取得了成功。

三、简答题

1. 色谱法作为分析法的最大特点是什么？

2. 为什么可用分离度 R 作为色谱柱的总分离效能指标？

3. 对担体和固定液的要求分别是什么？

4. 试述热导池检测器的工作原理。有哪些因素影响热导池检测器的灵敏度？

5. 色谱定性的依据是什么？主要有哪些定性方法？

6. 有哪些常用的色谱定量方法？试比较它们的优缺点及适用情况。

7. 简要说明气相色谱分析的分离原理。

8. 在气相色谱分析中，为测定下列组分，宜选用哪种检测器？

（1）农作物中含氯农药的残留量；（2）酒中水的含量；（3）啤酒中微量硫化物；（4）苯与二甲苯的异构体。

9. 什么是最佳载气流速？实际分析中是否一定要选用最佳流速？为什么？

10. 柱温是最重要的色谱操作条件之一。柱温对色谱分析有何影响？实际分析中应如何选择柱温？

四、计算题

1. 在一个 3.0m 的色谱柱上，分离一个样品的结果如下图：

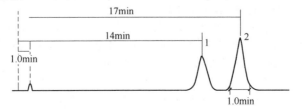

计算：(1) 两组分的调整保留时间 $t'_{R(1)}$ 及 $t'_{R(2)}$；

(2) 用组分 2 计算色谱柱的有效塔板数 $n_{有效}$ 及有效塔板高度 $H_{有效}$；

(3) 两组分的容量因子 k_1 及 k_2；

(4) 它们的分配系数比 α 及分离度；

(5) 若使两组分的分离度为 1.5 所需要的最短柱长（已知死时间和两组分色谱峰的峰宽均为 1.0min）。

2. 已知组分 A 和 B 的分配系数分别为 7.6 和 9.3，当它们通过相比 $\beta=90$ 的填充柱时，能否达到基本分离？

解题思路：首先，应明确相比和分配系数的关系，$k=K/\beta$，$\alpha=K_B/K_A$；其次，基本分离意味着 $R=1$。

3. 某一气相色谱柱，速率方程中 A、B 和 C 的值分别为 0.08cm、0.36cm$^2 \cdot$ s^{-1} 和 4.3×10^{-2} s，计算最佳线速度和最小塔板高度。

4. 气相色谱法测定某试样中水分的含量。称取 0.0186g 内标物到 3.125g 试样中进行色谱分析，测得水分和内标物的峰面积分别为 135mm^2 和 162mm^2。已知水和内标物的相对校正因子分别为 0.55 和 0.58，计算试样中水分的含量。

5. 用气相色谱法分析某一试样组分，得到如下数据：死时间为 1.2min，保留时间为 5.8min，固定液体积为 2.6mL，载气的平均体积流量为 47mL · min^{-1}。计算：

(1) 该组分的分配比（容量因子）和分配系数；

(2) 死体积，保留体积，调整保留体积。

6. 在 2m 色谱柱上，用 He 为载气，在三种流速下测得结果如下表：

甲烷 t_R/s	正十八烷	
	t_R/s	W_b/cm
18.2	2020.0	223.0
8.0	888.0	99.0
5.0	558.0	68.0

计算：(1) 三种流速下的线速度 u_1、u_2 和 u_3；

(2) 三种不同线速度下的 n 及 H；

(3) van Deemter 方程中 A、B 和 C 三个参数；

(4) $H_{最小}$ 和 $u_{有效}$。

7. 某色谱柱中流动相体积为 2.0mL，组分 A 在柱中阻滞因数（保留比）为 0.10，问当流动相速率为 10mL · min^{-1} 时，组分 A 在固定相中保留时间为多少？若固定相体积为 0.50mL，组分 A 的分配系数为多少？

8. 测定一根 3.0m 长的聚乙二醇-400 色谱柱的柱效，用 2-戊酮为标准。甲烷的保留时间为 104s，2-戊酮的保留时间为 406s，其半峰宽为 21s，在此色谱柱分析一个两组分的混合物，已知两组分的分配系数比为 1.21。

计算：(1) 色谱柱的有效塔板高度；

(2) 在相同柱效下，至少需要多长的色谱柱才能使两组分达到完全分离（$R=1.5$）？

9. 在一已知有 8100 片理论塔板的色谱柱上，分离异辛烷与正辛烷，它们的保留时间分别为 800s 与 815s。

计算：(1) 两组分通过该柱时的分离度是多少？

(2) 假如两组分保留时间不变，要使分离度达到 1.0，需要的理论塔板数是多少？

10. 在二甲基环丁砜（DMS）作固定相的色谱柱上，柱温为 50℃，测得组分 x 的调整保留时间为 1.99min，戊烷和庚烷的调整保留时间分别为 1.00min 和 2.45min。计算组分 x 的保留指数。

11. 实验条件：柱温为 80℃；气化室与氢焰检测室温度为 120℃；载气为 N$_2$，30～40mL · min^{-1}；H$_2$：N$_2$=1：1；H$_2$：空气=1：5～1：10；样品为 0.050%（体积分数）苯的二硫化碳溶液（浓度需准确配制）；进样量为 0.50μL，进样三次。已知苯的密度为 0.88mg·μL^{-1}。测得：噪声 $2N=0.020$mV，峰面积积分值为 417.24mV·s。求检测器的灵敏度 S 及检测限 D。

12. 冰醋酸的含水量测定，内标物为 AR 甲醇 0.3156g，冰醋酸 47.95g，H_2O 峰高为 15.27cm、半峰宽为 0.132cm，甲醇峰高为 11.00cm、半峰宽为 0.208cm，用内标法计算该冰醋酸中水的质量分数（峰高表示的 $f_水=0.224$，$f_{甲醇}=0.340$；峰面积表示的 $f_水=0.55$，$f_{甲醇}=0.58$）。

10 高效液相色谱法

高效液相色谱法（high pressure liquid chromatography）又称高压液相色谱法，简写为 HPLC，是 20 世纪 70 年代迅速发展起来的具有高效、快速、高灵敏度、适应范围宽、工作容量大等特点的一种新型分离分析技术。由于气相色谱法对于离子型化合物、分子量很大的化合物、受热易分解的物质以及许多有生物活性物质的分析无能为力，而生命科学、生物工程技术的发展，迫切需要解决上述复杂混合物的分离分析课题，这种需要推动人们致力于液相色谱的研究。

高压液相色谱法是在借鉴了气相色谱的成功经验，克服经典液相色谱的缺点的基础上发展起来的。采用细粒度、筛分窄、高效能的固定相以提高柱效；采用高压泵加快液体流动相的流动速率；设计灵敏度高、死体积小的检测器、自动记录和数据处理装置，从而使其具有分析速度快、分离效率高和操作自动化等一系列可与气相色谱相媲美的特点。同时还保持了液相色谱对样品适应范围宽、流动相改变灵活性大的优点。因此，HPLC 在分析和分离技术各领域中有广泛的应用。

目前，高效液相色谱发展集中在三个方面：高效填料、高效柱在色谱领域备受关注，是专业厂商争夺的战场；使用微柱（柱径小于 1mm）可使溶剂用量非常少，既降低成本，又减少污染，但为配合微柱使用，进样装置、检测器以及泵都要小，仪器制造困难；发展更通用、灵敏度更高的检测器。

10.1 高效液相色谱法的特点

（1）高压 液相色谱法以液体作为流动相（称为载液），液体流经色谱柱时，受到的阻力较大，为了能迅速地通过色谱柱，必须对载液施加高压。在现代液相色谱法中供液压力和进样压力都很高，一般可达到 $(150 \sim 350) \times 10^5 \, Pa$。高压是高效液相色谱法的一个突出特点。

（2）高速 高效液相色谱法所需的分析时间较之经典液相色谱法少得多，一般都小于 1h，例如分离苯的烃基化合物七个组分，只需要 1min 就可完成。载液在色谱柱内的流通较之经典液体色谱法高得多，一般可达 $1 \sim 10 \, mL \cdot min^{-1}$。

（3）高效 气相色谱法的分离效能很高，柱效约为 2000 塔板·m^{-1}；而高效液相色谱法的柱效更高，约可达 3 万塔板·m^{-1} 以上。这是由于近年来研究出了许多新型固定相（如化学键合固定相），使分离效率大大提高。

（4）高灵敏度 高效液相色谱已广泛采用高灵敏度的检测器，进一步提高了分析的灵敏度。如紫外检测器的最小检测量可达纳克数量级（$10^{-9} \, g$），荧光检测器的灵敏度可达 $10^{-11} \, g$。高效液相色谱的高灵敏度还表现在所需试样很少，微升数量级的试样就足以进行全分析。

高效液相色谱法由于具有上述优点，因而在色谱文献中又将它称为现代液相色谱法、高压液相色谱法或高速液相色谱法。

与气相色谱法相比较，高效液相色谱法在以下几个方面具有优越性。

① 分离对象上，气相色谱法虽具有分离能力好、灵敏度高、分析速度快、操作方便等优点，但是受技术条件的限制，气相色谱不适用于不挥发物质和对热不稳定物质的分析。而高效液相色谱却不受样品的挥发性和热稳定性的限制。例如，有些样品因为难以气化而不能通过柱子，热不稳定的物质受热会发生分解，不适用于气相色谱法，这使气相色谱法的使用范围受到了限制。高效液相色谱非常适合于高沸点、热稳定性差、分子量大（在 400 以上）的有机物（这些物质几乎占有机物总数的 75%～80%）的分离分析，例如生物、医药有关的大分子和离子型化合物，不稳定的天然产物，种类繁多的其他高分子，及不稳定的化合物。

② 对于很难分离的样品，用高效液相色谱常比用气相色谱容易完成分离，主要有以下三个方面的原因：高效液相色谱中，由于流动相也影响分离过程，这就对分离的控制和改善提供了额外的因素，而气相色谱中的载气一般不影响分配，也就是说，在高效液相色谱中，有两个相与样品分子发生选择性的相互作用；高效液相色谱中具有独特效能的柱填料（固定相）的种类较多，这样就使固定相的选择余地更大，从而增加了分离的可能性；高效液相色谱使用较低的分离温度，分子间的相互作用在低温时更为有效，因此降低温度一般会提高色谱分离效率。

③ 和气相色谱相比，高效液相色谱对样品的回收比较容易，而且是定量的，样品的各个组分很容易被分离出来。因此，在很多场合，高效液相色谱不仅作为一种分析方法，而且可以作为一种分离手段，用以提纯和制备具有中等纯度的单一物质。在气相色谱中所分离出的各样品组分虽也可以回收，但一般都不太方便，而且定量性差。

10.2 高效液相色谱法的分类及其分离原理

根据分离机制的不同，高效液相色谱法可分为下述几种类型：液-液分配色谱法、液-固吸附色谱法、离子交换色谱法、离子对色谱法、离子色谱法和空间排阻色谱法等。

10.2.1 液-液分配色谱法

液-液分配色谱（partition chromatography，PC）是根据各组分在固定相与流动相中的相对溶解度（分配系数）的差异进行分离的。其流动相和固定相都是液体，固定相是通过化学键合的方式固定在基质（惰性载体）上的。从理论上说，流动相与固定相之间应互不相容，两者之间有一个明显的分界面，即固定液对流动相来说是一种很差的溶剂，而对样品组分却是一种很好的溶剂。其分离模型如图 10-1 所示。样品溶于流动相，并在其携带下通过色谱柱，样品组分分子穿过两相界面进

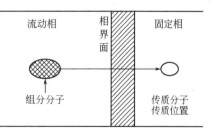

图 10-1　液-液分配色谱分离模型

入固定液中，进而很快达到分配平衡。由于各组分在两相中溶解度、分配系数的不同，使各组分获得分离，分配系数大的组分保留值大，最后流出色谱柱。图中只画出一个方向传质过程，实际上这个过程在平衡状态下是可逆的。气-液色谱法与液-液分配色谱法有很多相似之处，但前者的流动相的性质对分配系数影响不大，后者流动相的种类对分配系数却有较大的影响。

根据所用固定液与流动相液体极性的差异，液-液分配色谱可分为正相色谱和反相色谱。在正相色谱中，固定相的极性大于流动相的极性，组分在柱内的洗脱顺序按极性从小到大流出。在反相色谱中，固定相是非极性的，流动相是极性的，组分的洗脱顺序和正相色谱相反，极性大的组分先流出，极性小的组分后流出。

液-液分配色谱是液相色谱中最精确的技术之一，主要优点是填充物重现性好，色谱柱使用上重现性好，比其他类型色谱法具有更广泛的适应性；同时有较多的相体系可供选用，可用惰性担体；适用于低温，避免了液-固吸附色谱中样品水解、异构或气相色谱中热分解等问题。

液-液分配色谱技术的关键是相体系选择。如采用正相色谱，则应采用对组分有较强保留能力的固定相和对组分有较低溶解度的流动相。另外，可通过调节流动相的极性，来获得良好的柱效和缩短分析时间。

液-液分配色谱可用于几乎所有类型化合物，极性的或非极性的、有机物或无机物、大分子或小分子物质的分离，只要官能团不同或者官能团数目不同或者是分子量不同，均可获得令人满意的分离。

在色谱分离过程中由于固定液在流动相中有微量溶解，以及流动相通过色谱柱时的机械冲击，固定液会不断流失而导致保留行为变化、柱效和分离选择性变坏等不良后果。为了更好地解决固定液从载体上流失的问题，将各种不同有机基团通过化学反应共价键合到硅胶（载体）表面的游离羟基上，代替机械涂液的液体固定相，从而产生了化学键合固定相，为色谱分离开辟了广阔的前景。自 20 世纪 70 年代末以来，液相色谱分析工作有 $70\% \sim 80\%$ 是在化学键合固定相上进行的，它不仅用于反相色谱法、正相色谱法，还部分用于离子交换色谱法、离子对色谱法等色谱技术上，其中特别是反相色谱法，由于操作系统简单，色谱分离过程稳定，加之分离技术的灵活多变性，已成为高效液相色谱法中应用最广泛的一个分支（化学键合相色谱法）。

应当强调的是，随着梯度淋洗技术以及各种溶质性能检测器（紫外、氢焰离子化等）的使用，采用流动相程序变速技术，可大大缩短分离时间。在制备色谱中可以采用多孔担体，大直径制备柱，加大进样量，在短时间内进行宽范围物质的分离。

10.2.2　液-固吸附色谱法

液-固吸附色谱（liquid solid adsorption chromatography，LSAC），固定相是吸附剂，流动相是以非极性烃类为主的溶剂。它是根据混合物中各组分在固定相上吸附能力的差异进行

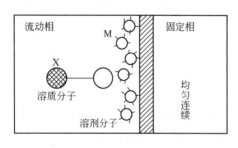

图 10-2　液-固吸附色谱竞争吸附

分离的。当混合物在流动相（移动相或淋洗液）携带下通过固定相时，固定相表面对组分分子和流动相分子吸附能力不同，有的被吸附，有的脱附，产生一个竞争吸附，这样导致各组分在固定相上的保留值不同而达到最终分离。其作用机制是溶质分子（X）和溶剂分子（S）对吸附剂活性表面的竞争吸附（图 10-2），可用下式表示：

$$X_m + nS_a \Longrightarrow X_a + nS_m$$

式中，X_m 和 X_a 分别表示在流动相中和被吸附的溶质分子；S_a 代表被吸附在表面上的溶剂分子；S_m 表示在流动相中的溶剂分子；n 是被吸附的溶剂分子数。溶质分子 X 被吸附，

将取代固定相表面上的溶剂分子，这种竞争吸附达到平衡时，可用下式表示：

$$K = \frac{[X_a][S_m]^n}{[X_m][S_a]^n} \tag{10-1}$$

式中，K 为吸附平衡系数，亦称分配系数。上式表明，如果溶剂分子吸附性更强，则被吸附的溶质分子将相应减少。显然，分配系数大的组分，吸附剂对它的吸附力强，保留值就大。

组分与吸附剂性质相近时，易被吸附，具有高保留值；吸附剂表面具有刚性结构，组分分子构型与吸附剂表面活性中心的刚性几何结构相适应时，易于吸附，有高的保留值。在吸附色谱中如果采用极性吸附剂（如硅胶或矾土），则极性分子对吸附剂作用能力较强。由此可知，决定相对吸附作用的主要因素是官能团。官能团差别大的组分，在液-固吸附色谱上可得到良好的选择性分离。对同系物的选择性分离弱。

液-固色谱法具有传质快、分离速度快、分离效率高、易自动化等优点，适用于分离分子量中等（＜1000）、低挥发性化合物和非极性或中等极性的、非离子型的油溶性样品，对具有不同官能团的化合物和异构体有较高的选择性。凡能用薄层色谱法成功地进行分离的化合物，亦可用液-固色谱法进行分离，它可用于定量分析，也可用于在线分析和制备色谱中。它的缺点是由于非线性等温吸附常引起峰的拖尾现象。液-固吸附色谱技术的应用受到下述的限制：难以获得具有良好重现性的吸附剂；吸附剂由于不可逆吸附或催化作用，使样品变性或损失；吸附剂由于可逆吸附使含水量变化或失活等，造成不稳定的柱效；试样容量小，需配用高灵敏度的检测器。

10.2.3 离子交换色谱法

离子交换色谱法（IEC）是各种液相色谱法中最先得到广泛应用的现代液相色谱法，是在 20 世纪 60 年代初期随着氨基酸分析的出现而发展起来的。

离子交换色谱以离子交换树脂作为固定相，树脂上具有固定离子基团和可电离的离子基团。其中，能解离出阳离子的树脂称为阳离子交换树脂，能解离出阴离子的树脂称为阴离子交换树脂。当流动相携带组分离子通过固定相时，离子交换树脂上可电离的离子基团与流动相中具有相同电

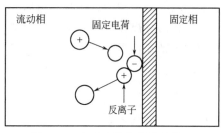

图 10-3　离子交换色谱分离模型

荷的溶质离子进行可逆交换，依据这些离子对交换剂具有不同的亲和力而将它们分离。它可用于分离测定离子型化合物，原则上凡是在溶剂中能够电离的物质通常都可以用离子交换色谱法来进行分离。

离子交换色谱分离模型如图 10-3 所示。这种方法只能分离在溶剂中能解离成离子的组分，固定相是带有固定电荷的活性基团的交换树脂，其离子交换平衡可表示如下。

阳离子交换：

$$M^+ + (Na^{+-}O_8S\text{-树脂}) \Longleftrightarrow (M^{+-}O_8S\text{-树脂}) + Na^+ \tag{10-2}$$
溶剂中　　　　　　　　　　　　　　　　　　　　　　　溶剂中

阴离子交换：

$$X^- + (Cl^{-+}R_4N\text{-树脂}) \Longleftrightarrow (X^{-+}R_4N\text{-树脂}) + Cl^- \tag{10-3}$$
溶剂中　　　　　　　　　　　　　　　　　　　　　　　溶剂中

从式(10-2)可以看到，溶剂中的阳离子 M^+ 与树脂中的 Na^+ 交换以后，溶剂中的 M^+ 进入树脂，而 Na^+ 进入溶剂里，最终达到平衡。同样，在式(10-3)中，溶剂中的阴离子 X^- 与树脂中的 Cl^- 进行交换，达平衡后，服从下式：

$$K = \frac{[-NR_4^+ X^-][Cl^-]}{[-NR_4^+ Cl^-][X^-]} \tag{10-4}$$

分配系数 K 表示了离子交换过程达到平衡后的组分离子和洗脱液中离子在两相中的分配情况。K 值越大，组分离子与交换剂的作用越强，组分的保留时间也越长。因此，在离子交换色谱中可以通过改变洗脱液中离子种类、浓度以及 pH 值来改变离子交换的选择性和交换能力。

离子交换色谱法主要用来分离离子或可解离的化合物，它不仅应用于无机离子的分离，例如碱、盐类、金属离子混合物和稀土化合物及各种裂变产物；还用于有机物的分离，例如有机酸、同位素、水溶性药物及代谢物。20 世纪 60 年代前后，它已成功地分离了氨基酸、核酸、蛋白质等，在生物化学领域得到了广泛的应用。制备型离子交换色谱已广泛地应用于分离药物与生化物质、合成超细化合物等。

10.2.4　离子对色谱法

各种强极性的有机酸、有机碱的分离分析是液相色谱法中的重要课题。利用吸附或分配色谱法一般需要强极性的洗脱液，并容易发生严重的拖尾现象。利用离子交换色谱法需要选择合适的 pH 值条件，此外以高分子材料为基体的树脂性填料一般不能耐受高压，传质性能也较差，若利用离子对色谱法，则分离效能高、分析速度快、操作简便，因此近年来这种方法已逐渐取代了离子交换色谱法传统的应用领域，发展十分迅速。

离子对色谱法是将一种（或多种）与溶质分子电荷相反的离子（称为对离子或反离子）加到流动相或固定相中，使其与溶质离子结合形成离子对化合物，从而控制溶质离子的保留行为。在色谱分离过程中，流动相中待分离的有机离子 X^+（也可以是带负电荷的离子）与固定相或流动相中带相反电荷的对离子 Y^- 结合，形成离子对化合物 $X^+ Y^-$，然后在两相间进行分配：

$$X^+_{水相} + Y^-_{水相} \xleftrightarrow{\quad K_{XY} \quad} X^+ Y^-_{有机相}$$

K_{XY} 是其平衡常数：

$$K_{XY} = \frac{[X^+ Y^-]_{有机相}}{[X^+]_{水相}[Y^-]_{水相}} \tag{10-5}$$

根据定义，溶质的分配系数 D_X 为：

$$D_X = \frac{[X^+ Y^-]_{有机相}}{[X^+]_{水相}} = K_{XY}[Y^-]_{水相} \tag{10-6}$$

这表明，分配系数与水相中对离子 Y^- 的浓度 K_{XY} 有关。

离子对色谱法，根据流动相和固定相的性质可分为正相离子对色谱法和反相离子对色谱法。在反相离子对色谱法中（这是一种更为常用的离子对色谱法），采用非极性的疏水固定相（例如十八烷基键合相），含有对离子 Y^- 的甲醇-水（或乙腈-水）溶液作为极性流动相。试样离子 X^+ 进入柱内以后，与对离子 Y^- 生成疏水性离子对 $X^+ Y^-$，后者在疏水性固定相表面分配或吸附。此时待分离组分 X^+ 在两相中的分配系数符合式(10-6)，其容量因子 k 为：

$$k = D_X \frac{V_s}{V_M} = K_{XY}[Y^-]_{水相}\frac{1}{\beta} \tag{10-7}$$

式中，β 为相比，可见保留值随 K_{XY} 和 $[Y^-]_{水相}$ 的增大而增大。平衡常数 K_{XY} 取决于对离子和有机相的性质。对离子的浓度是控制反相离子对色谱溶质保留值的主要因素，可在较大范围内改变分离的选择性。

离子对色谱法，特别是反相离子对色谱法，解决了以往难分离混合物的分离问题，诸如酸、碱和离子、非离子的混合物，特别是对一些生化样品如核酸、核苷、儿茶酚胺、生物碱以及药物等的分离。另外，还可借助离子对的生成给样品引入紫外吸收或发荧光的基团，以提高检测的灵敏度。

10.2.5 离子色谱法

离子色谱法是 20 世纪 70 年代才发展起来的一项新的液相色谱法。在这种方法中用离子交换树脂为固定相，电解质溶液为流动相。通常以电导检测器为通用检测器，为消除流动相中强电解质背景离子对电导检测器的干扰，设置了抑制柱。图 10-4 为典型的双柱型离子色谱仪的流程。样品组分在分离柱和抑制柱上的反应原理与离子交换色谱法相同。例如在阴离子分析中，样品通过阴离子交换树脂时，流动相中待测阴离子（以 Br^- 为例）与树脂上的 OH^- 交换。洗脱反应则为交换反应的逆过程：

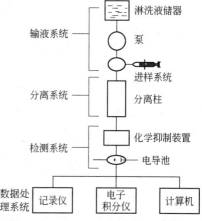

图 10-4　双柱型离子色谱仪流程

$$R-OH^- + Na^+Br^- \underset{洗脱}{\overset{交换}{\rightleftharpoons}} R-Br^- + Na^+OH^-$$

式中，R 代表离子交换树脂。在阴离子分离中，最简单的洗脱液是 NaOH，洗脱过程中 OH^- 从分离柱的阴离子交换位置置换待测阴离子 Br^-。当待测阴离子从柱中被洗脱下来进入电导池时，要求能检测出洗脱液中电导的改变。但洗脱液中 OH^- 的浓度要比样品阴离子浓度大得多才能使分离柱正常工作。因此，与洗脱液的电导值相比，由于样品离子进入洗脱液而引起电导的改变就非常小，其结果是用电导检测器直接测定试样中阴离子的灵敏度极差。若使分离柱流出的洗脱液通过填充有高容量 H^+ 型阳离子交换树脂的抑制柱，则在抑制柱上将发生两个非常重要的交换反应：

$$R-H^+ + Na^+OH^- \longrightarrow R-Na^+ + H_2O$$
$$R-H^+ + Na^+Br^- \longrightarrow R-Na^+ + H^+Br^-$$

由此可见，从抑制柱流出的洗脱液中，洗脱液（NaOH）已被转变成电导值很小的水，消除了本底电导的影响；样品阴离子则被转变成其相应的酸，由于 H^+ 的离子淌度 7 倍于 Na^+，这就大大提高了所测阴离子的检测灵敏度。

在阳离子分析中，也有相似的反应。此时以阳离子交换树脂作分离柱，一般用无机酸为洗脱液，洗脱液进入阳离子交换柱洗脱分离阳离子后，进入填充有 OH^- 型高容量阴离子交换树脂的抑制柱，将酸（即洗脱液）转变为水：

$$R-OH^- + H^+Cl^- \longrightarrow R-Cl^- + H_2O$$

同时，将样品阳离子 M^+ 转变成其相应的碱：

$$R-OH^- + M^+Cl^- \longrightarrow R-Cl^- + M^+OH^-$$

因此，抑制反应不仅降低了洗脱液的电导，而且由于 OH^- 的离子淌度为 Cl^- 的 2.6 倍，从而提高了所测阳离子的检测灵敏度。

上述双柱型离子色谱法又称化学抑制型离子色谱法。如果选用低电导的洗脱液（流动相），如 $1 \times 10^{-4} \sim 5 \times 10^{-4} \, mol \cdot L^{-1}$ 的苯甲酸盐或邻苯二甲酸盐等稀溶液，不仅能有效地分离、洗脱分离柱上的各个阴离子，而且背景电导较低，能显示样品中痕量 F^-、Cl^-、NO_3^- 和 SO_4^{2-} 等阴离子的电导。这称为单柱型离子色谱法，又称非抑制型离子色谱法，其分析流程类似于通常的高效液相色谱法，其分离柱直接联结电导检测器而不采用抑制柱。阳离子分离可选用稀硝酸、乙二胺硝酸盐稀溶液等作为洗脱液。洗脱液的选择是单柱法中最重要的问题，除与分析的灵敏度及检测限有关外，还决定着能否将样品组分分离。

离子型化合物的阴离子分析长期以来缺乏快速灵敏的方法。离子色谱法是目前唯一能获得快速、灵敏、准确和多组分分析效果的方法，因而受到广泛重视并得到迅速的发展。检测手段已扩展到电导检测器之外的其他类型的检测器，如电化学检测器、紫外光度检测器等。可分析的离子正在增多，从无机和有机阴离子到金属阳离子，从有机阳离子到糖类、氨基酸等均可用离子色谱法进行分析。

10.2.6 空间排阻色谱法（凝胶色谱法）

溶质分子在多孔填料表面上受到的排斥作用称为排阻（exclusion）。空间排阻色谱法（size exclusion chromatography，SEC）的固定相是化学惰性的多孔性物质（凝胶）。根据所用流动相的不同，凝胶色谱可分为两类：用水溶液作流动相的称为凝胶过滤色谱；用有机溶剂作流动相的称为凝胶渗透色谱。

空间排阻色谱法的分离机理与其他色谱法完全不同。它类似于分子筛的作用，但凝胶的孔径比分子筛要大得多，一般为数纳米到数百纳米。在排阻色谱中，组分和流动相、固定相之间没有力的作用，分离只与凝胶的孔径分布和溶质的流体力学体积或分子大小有关。当被分离混合物随流动相通过凝胶色谱柱时，大于凝胶孔径的组分大分子，因不能渗入孔内而被流动相携带着沿凝胶颗粒间隙最先淋洗出色谱柱；组分的中等体积分子能渗透到某些孔隙，但不能进入另一些更小的孔隙，它们以中等速度淋洗出色谱柱；小体积的组分分子可以进入所有孔隙，因而被最后淋洗出色谱柱，由此实现分子大小不同的组分的分离。分离过程示于图 10-5。因此，分子大小不同，渗透到固定相凝胶颗粒内部的程度和比例不同，被滞留在柱中的程度不同，保留值不同。洗脱次序将取决于分子量的大小，分子量大的先洗脱。分子的形状也同分子量一样，对保留值有重要的作用。例如利血平（一种药物）的实际分子量为608，而实验校正曲线上所表示的却是相应于分子量为 410 的洗脱体积，这是由于它有紧密的结构，在溶剂中分子显得小了。

图 10-6 是空间排阻色谱分离情况的示意图。图中下部分为各具有不同分子量聚合物标准样品的洗脱曲线。上部分表示洗脱体积和聚合物分子量之间的关系（即校正曲线）。由图可见，凝胶有一个排斥极限（A 点），凡是比 A 点相应的分子量大的分子，均被排斥于所有的胶孔之外，因而将以一个单一的谱峰 C 出现，在保留体积 V_0 时一起被洗脱，显然，V_0 是柱中凝胶填料颗粒之间的体积。另一方面，凝胶还有一个全渗透极限（B 点），凡是比 B 点相应的分子量小的分子都可完全渗入凝胶孔穴中。同理，这些化合物也将以一个单一的谱峰 F 出现，在保留体积 V_M 时被洗脱。可预期，分子量介于上述两个极限之间的化合物，将按

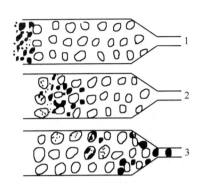

图 10-5　凝胶色谱分离过程模型

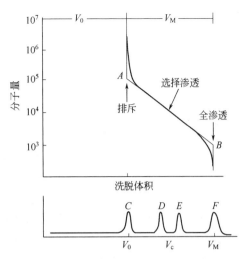

图 10-6　空间排阻色谱分离示意图

分子量降低的次序被洗脱。通常将 $A < V_0 < B$ 这一范围称为分级范围，当化合物的分子大小不同而又在此分级范围内时，它们就可得到分离。

空间排阻色谱法是高效液相色谱中最易操作的一种技术，不必用梯度淋洗，出峰快，峰形窄，可采用灵敏度较低的检测器，柱寿命长。它可以分离分子量为 $100 \sim 8 \times 10^5$ 的任何类型化合物，只要能溶于流动相即可，如分离大分子蛋白质、核酸等，测定合成高聚物分子量的分布等。在分离低分子量物质时，其分离度更大。对于同系物来说，分子量大的先流出色谱柱，分子量小的后流出色谱柱，可实现按分子量大小顺序的分离。其缺点是不能分辨分子大小相近的化合物，分子量差别必须大于 10％或分子量相差 40 以上才能得以分离。

10.2.7　高效液相色谱分离类型的选择

高效液相色谱每种分离类型都有其自身的特点和适用范围，没有一种类型可以通用于所有领域，它们往往互相补充。一般情况下，选择最有效的分离类型，应考虑样品来源、样品的性质（分子量、化学结构、极性、化学稳定性、溶解度参数等化学性质和物理性质）、分析目的要求、液相色谱分离类型的特点及应用范围、实验室条件（仪器、色谱柱等）等一系列因素。

标准的液相色谱类型（液-固色谱、液-液色谱、离子交换色谱、离子对色谱、离子色谱等）适用于分离分子量为 $200 \sim 2000$ 的样品，而大于 2000 的则宜用空间排阻色谱法，此时可判定样品中具有高分子量的聚合物、蛋白质等化合物，以及做出分子量的分布情况。因此在选择时应了解、熟悉各种液相色谱类型的特点。

了解样品在多种溶剂中的溶解情况，有利于分离类型的选用，例如对能溶解于水的样品可采用反相色谱法。若溶于酸性或碱性水溶液，则表示样品为离子型化合物，以采用离子交换色谱法、离子对色谱法或离子色谱法为佳。

对非水溶性样品（很多有机物属此类），弄清它们在烃类（戊烷、己烷、异辛烷等）、芳烃（苯、甲苯等）、二氯甲烷或氯仿、甲醇中的溶解度是很有用的。如可溶于烃类（如苯或异辛烷），可选用液-固吸附色谱；如溶于二氯甲烷或氯仿，则多用正相色谱和吸附色谱；如溶于甲醇等，则可用反相色谱。一般用吸附色谱来分离异构体，用液-液分配色谱来分离同系物，空间排阻色谱可适用于溶于水或非水溶剂、分子大小有差别的样品，表 10-1 所列可供在选择分离类型时参考。

表 10-1　液相色谱分离类型选择参考

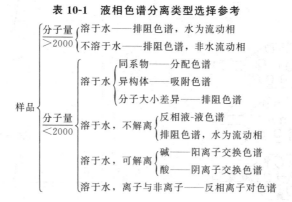

10.3　液相色谱法固定相

高效色谱柱是高效液相色谱的"心脏"，而其中最关键的是固定相及其填装技术。高效液相色谱采用小颗粒、高效能的固定相，高压注入的高流速流动相，从而克服了经典液相色谱中流动相扩散系数小、传质慢、柱效低的缺点。一般要求色谱柱填充剂应具有以下特点：颗粒度小且均匀（数微米至数十微米）；筛分范围窄，便于填充均匀；表面孔径浅，便于迅速传质；机械强度好，可承受高压。

目前，高效液相色谱采用的固定相，根据担体孔径深浅、表面性质和结构特性可分为两类：薄壳型微球担体和全多孔型微球担体。

（1）薄壳型微球担体　由一个实心的硬质玻璃球或硅球（直径在 $30\sim50\mu m$ 之间），外表包一层极薄的（1pm 左右）多孔性材料形成的外壳（如硅胶、氧化铝、聚酰胺或离子交换树脂等）所构成。因此，又称表面多孔型担体。这种表面多孔型担体的优点是多孔层很薄，孔穴浅，组分传质速率快，力学性能好，易于填充紧密以降低涡流扩散，提高柱效，相对死体积小，出峰快，粒径大，渗透性好，用于梯度洗脱，孔内外可以很快平衡。它的缺点是柱容小，即样品容量小。

（2）全多孔型微球担体　由直径只有 $5\sim10\mu m$ 的全多孔硅胶微球所构成。担体全多孔、粒径小、孔穴浅，使组分在固定相间或固定相与流动相间的运动距离缩短，传质速率快，柱效高。表面多孔型担体色谱柱效率较经典柱色谱高 $50\sim100$ 倍，而这种全多孔型微球担体柱效率较经典柱色谱高 $500\sim2000$ 倍，也适用于梯度洗脱，孔内外亦可很快平衡，这种担体可用于多组分与痕量组分的分离和测定。其缺点是不易填充，需要很高的柱压。

现按液相色谱法的几种类型所用固定相分述如下。

10.3.1　液-液色谱法及离子对色谱法固定相

液-液分配色谱的固定相可以由担体上涂渍一层固定液构成。担体可采用表面多孔及全多孔型吸附剂如硅胶、氧化铝、分子筛、聚酰胺、新型合成固定相等。所用固定液为有机液体，应不与流动相作用，并能用于梯度淋洗技术，可选用的固定液为数不多。从原则上讲，气相色谱用的固定液，只要不和流动相互溶，就可用作液-液色谱固定液。但考虑到在液-液色谱中流动相也影响分离，故在液-液色谱中常用的固定液只有极性不同的几种，如强极性的 β,β'-氧二丙腈，中等极性的聚酰胺（PAM）、三亚甲基二醇、羟乙基聚硅氧烷、聚乙二醇-400、聚乙二醇-600、聚乙二醇-750、聚乙二醇-40000（PEG），和非极性的阿匹松、角鲨烷等。

液-液色谱法及离子对色谱法所用的担体可分为如下几类。

10.3.1.1 全多孔型担体

高效液相色谱法早期使用的担体与气相色谱法相类似，是颗粒均匀的多孔球体，例如由氧化硅、氧化铝、硅藻土制成的直径为 $100\mu m$ 左右的全多孔型担体。如前所述，由于分子在液相中的扩散系数要比气相中小 4～5 个数量级，所以填料的不规则性和较宽的粒度范围所形成的填充不均匀性成为色谱峰扩展的一个明显原因。另外，由于孔径分布不一，并存在"裂隙"，在颗粒深孔中形成滞留液体（液坑），溶质分子在深孔中扩散和传质缓慢，这样就进一步促使色谱峰变宽。

为了克服上述缺点，应减小填料的颗粒，改进装柱技术，使之能装填出均匀的色谱柱，达到很高的柱效。20 世纪 70 年代初期出现了直径小于 $10\mu m$ 的全多孔型担体，它是由 nm 级的硅胶微粒堆聚而成为 $5\mu m$ 或稍大的全多孔小球。由于其颗粒小，传质距离短，因此柱效高，柱容量也不小。

10.3.1.2 表层多孔型担体

又称薄壳型微珠担体，它是直径为 $30～40\mu m$ 的实心核（玻璃微珠），表层上附有一层厚度为 $1～2\mu m$ 的多孔表面（多孔硅胶）。由于固定相仅是表面很薄一层，因此传质速率快，加上是直径很小的均匀球体，装填容易，重现性较好，因此在 20 世纪 70 年代前期得到较广泛使用。但是由于比表面积较小，因此试样容量低，需要配用较高灵敏度的检测器。随着近年来对全多孔微粒担体的深入研究和装柱技术的发展，目前已出现用全多孔微粒担体取代表层多孔固定相的趋势。

10.3.1.3 化学键合固定相

兼有液-固吸附及液-液分配两种作用，与气-液色谱键合相类似，仅是将固定液键合在担体上。将固定液机械地涂敷在担体上以组成固定相，在实践中反映出一系列的问题：流动相容易把部分固定液冲洗出来，发生流失现象，不能采用高速载液；机械涂敷的不均匀性影响色谱柱的分离；不能采用梯度洗提等。

为弥补上述缺陷，在 20 世纪 60 年代后期发展了一种新型的固定相——化学键合固定相，即用化学反应的方法通过化学键把有机分子结合到担体表面。根据在硅胶表面（具有 $\equiv$Si—OH 基团）的化学反应不同，键合固定相可分为以下三种。

（1）硅酯型键合相（$\equiv$Si—O—C$\equiv$）　硅球表面羟基（即硅醇基）具有一定酸性，可与醇类发生酯化反应，生成硅酯型键合相，其反应为：

$$\equiv\text{Si—OH} + \text{HO—R} \longrightarrow \equiv\text{Si—O—R} + \text{H}_2\text{O}$$

如 3-羟基丙腈（HO—CH$_2$—CH$_2$—CN）、正辛醇〔HO—(CH$_2$)$_2$—CH$_3$〕分别与硅球酯化，即可制得氧丙腈-硅球、正辛烷-硅球。

（2）硅氧烷型键合相（$\equiv$Si—O—Si$\equiv$）　硅胶、玻璃微球与硅烷化试剂二氯有机硅烷反应：

$$\equiv\text{Si—OH} + \text{R}_2\text{SiCl}_2 \longrightarrow \equiv\text{Si—O—}\overset{\displaystyle R}{\underset{\displaystyle R}{\text{Si}}}\text{—Cl} + \text{HCl}$$

（3）硅碳型键合相（≡Si—C≡） 利用格氏反应使硅球上硅与R—基直接键合：

$$\equiv Si-OH+SOCl_2 \longrightarrow \equiv Si-Cl+SO_2+HCl$$

$$\equiv Si-Cl+RMgCl \longrightarrow \equiv Si-R+MgCl_2$$

化学键合固定相具有如下一些特点：表面没有液坑，比一般液体固定相传质快得多；无固定液流失，增加了色谱柱的稳定性和寿命；由于可以键合不同官能团，能灵活地改变选择性；有利于梯度洗提，也有利于配用灵敏的检测器和馏分的收集。

由于存在着键合基团覆盖率问题，化学键合固定相的分离机制既不是全部吸附过程，亦不是典型的液-液分配过程，而是双重机制兼而有之，只是按键合量的多少而各有侧重。

液-液分配色谱常用固定相列于表 10-2 中。

表 10-2　液-液分配色谱常用固定相

类型	基团	粒度/μm	国内外型号
表面多孔型（薄壳型）	十八烷基硅烷	25～37	Permsphase ODS/Corasil 薄壳玻珠-烷基
		30～44	Vydac Reverse Phase
		37～50	Bondapak Dig/Corasil，Durapak ODS/Corasil
	醚基	25～37	Permsphase ETH 薄壳玻珠-醚基
	氰基硅烷	25～37	薄壳玻珠-氰基
	氨基硅烷	25～37	薄壳玻珠-氨基
	聚乙二醇	37～50	Durapak-Carbowax400/Corasil
全多孔型	十八烷基硅烷	约 10	Micropak-CN
			Partisil-10ODS
	氰基硅烷	约 10	Micropak-CN，Partisil-10PAC
	氨基硅烷	约 10	Micropak-NH$_2$
	烷基苯基硅烷	13±5	Auyl-Silx-I

10.3.2　液-固吸附色谱法固定相

10.3.2.1　吸附剂固定相

液-固吸附色谱中固定相为吸附剂，其结构也有表面多孔型和全多孔型两类。吸附剂起固定相作用，应满足以下要求。

① 应具有适宜的吸附力，比表面积大，为粉末状或纤维状，一般应加热除水活化。

② 吸附作用应可逆，即被吸附组分易于洗脱。

③ 吸附剂应纯净无杂质。

10.3.2.2　常用固体吸附剂

根据吸附剂的极性可分为以下两类。

（1）极性吸附剂　如硅胶、氧化铝、氧化镁，目前较常使用的是 5～10μm 的硅胶微粒（全多孔型）。极性强的组分在这类吸附剂上吸附力强，随着组分降低，吸附力递减。硅胶对各种组分的吸附能力顺序为：羧酸＞醇≈胺＞酮＞醛≈酯＞醚＞硫化物＞芳香族化合物≈有机卤化物＞烯烃＞饱和烃。

氧化铝、氧化镁除能吸附一般组分外，对某些组分有特殊的吸附性。氧化铝适于分离芳烃异构物及其相应的卤代物，氧化镁能分离开平面分子和非平面分子。

（2）非极性吸附剂　如活性炭、石墨化炭黑、炭质分子筛。组分在非极性吸附剂上保留规律与上述不同，主要由分子极化度控制分离，适用于芳香族与脂肪族化合物的分离。

10.3.2.3　新型固体吸附剂

随着色谱技术的发展，人工合成的性能良好的新型固体吸附剂有高分子多孔微球和化学键合固定相、球形多孔硅胶（硅珠），后者可作为化学键合固定相的骨架。

10.3.3　离子交换色谱法固定相

离子交换色谱的固定相为离子交换树脂。它由苯乙烯-二乙烯苯交联共聚形成具有网状结构的基质，同时在网格上引入各种酸性或碱性的可交换的离子基团。离子交换树脂也分为表面多孔型和全多孔型两种，前者应用较为广泛。这两种树脂按结合基团不同又分为以下几类。

10.3.3.1　阳离子交换树脂

树脂上具有与样品中阳离子交换的基团，按解离常数分为强酸性与弱酸性两种。强酸性阳离子交换树脂所带的基团为磺酸基（$-SO_3^- H^+$），能从强酸盐、弱酸盐以及强碱和弱碱中吸附阳离子。弱酸性阳离子交换树脂所带的基团为羧基（$-COO^- H^+$），仅能从强碱和中强碱中交换阳离子。

10.3.3.2　阴离子交换树脂

树脂上具有与样品中阴离子交换的基团，按其解离常数分为强碱性及弱碱性两种。强碱性阴离子交换树脂所带的基团为季铵盐型（$-CH_2NR_3^+ Cl^-$），能从强酸和弱酸或强碱盐和弱碱盐中交换阴离子。弱碱性阴离子交换树脂所带基团为氨基（$-NH_3^+ Cl^-$），仅能从强酸中交换阴离子。

通常可将约1％的离子交换树脂直接涂渍于玻璃微球上，构成薄壳型离子交换树脂固定相；在玻璃微球上先涂以薄层硅胶，之后再涂渍离子交换树脂，构成全多孔型离子交换树脂固定相。近几年，化学键合型离子交换树脂固定相（用化学反应将离子交换基团键合在惰性担体表面）也已出现。一种是键合薄壳型，担体是薄壳玻珠；另一种是键合微粒担体型离子交换树脂，它的担体是微粒硅胶。后者具有键合薄壳型离子交换树脂的优点，室温下即可分离，柱效高，且试样容量较前者大。如将季铵离子的固定液以 $\equiv Si-O-Si-C \equiv$ 键式化学键合于担体表面，对硅胶表面的羟基进行硅烷化将离子交换基团键合上去，后者的键合反应为：

$$\equiv Si-OH + HO-\overset{\overset{\displaystyle R^1}{|}}{\underset{\underset{\displaystyle R^2}{|}}{Si}}-R^3 \longrightarrow \equiv Si-O-\overset{\overset{\displaystyle R^1}{|}}{\underset{\underset{\displaystyle R^2}{|}}{Si}}-R^3 + H_2O$$

此反应形成了 $\equiv Si-O-Si \equiv$ 键，它不水解，热稳定性好。如果$-R^3$选用$-CH=CH_2$基时，可得到乙烯基化的硅胶，聚合上苯乙烯之后再经磺化，则制得下列离子交换硅胶：

$$\equiv Si-O-\overset{\overset{\displaystyle R^1}{|}}{\underset{\underset{\displaystyle R^2}{|}}{Si}}-(CH-CH_2)_2-\bigcirc\!\!\!\!\bigcirc-SO_3H$$

离子交换树脂作固定相，传质快，有利于加快分析速度，提高柱效，但柱容太低。强酸（碱）性树脂适于做无机离子分析，而弱酸（碱）性树脂适用于有机物分析。但由于强酸（碱）性树脂比弱的稳定，且可适用于宽的 pH 值范围，因此在高效液相色谱中也常采用强酸（碱）性树脂分析有机物。例如，可用强酸性阳离子树脂分析生物碱、嘌呤，用强碱性阴离子树脂分析有机酸、氨基酸、核酸等。常用的离子交换色谱固定相列于表 10-3 中。

表 10-3　常用的离子交换色谱固定相

类型	基团	粒度/μm	强度	国内外相应型号
薄壳阳离子树脂	$-SO_3^-H^+$	约 40 25～37 30～44	强酸 强酸 强酸	Pollicular Cation Zipax SCX Vydac Cation Exchange
薄壳阴离子树脂	$-NR^+$	约 40 44～53 25～37	强碱 强碱 强碱	Pollicular Anion，Vadac Anion Exchange Zipax AAX Zipak WAX
多孔阳离子树脂	$-SO_3^-H^+$	18 ± 3 13 ± 2	强酸 强酸	Durum DC 1A Aminex A5
多孔阴离子树脂	$-NR^+$	20 ± 5 17.5 ± 2 7～11	强碱 强碱 强碱	Durum CA-X$_4$ Aminex A-Series A-27 Aminex A-Series A-28
全孔担体	$-SO_3^-H^+$ $R_4N^+Cl^-$	10 10	强酸 强碱	YWG-$-SO_3^-H^+$（津试 2）Partisil 10SCX YWC-$R_4N^+Cl^{-1}$（津试 2）Partisil 10SAX

10.3.4　空间排阻色谱法固定相

空间排阻色谱法所用固定相凝胶是含有大量液体（一般是水）的柔软而富于弹性的物质，是一种经过交联而具有立体网状结构的多聚体，有一定形状和稳定性。根据交联程度和含水量的不同，分为软胶、半硬胶及硬胶三种。

10.3.4.1　软质凝胶（软胶）

通常用的有交联葡聚糖凝胶类、琼脂糖凝胶类、聚苯乙烯凝胶类、聚丙烯酸盐凝胶类等。这种凝胶交联度低，溶胀度大，溶胀后的体积是干体的许多倍，不耐压。它们适用于水溶性溶剂作流动相，一般用于分子量小的物质的分析，不适宜用在高效液相色谱中。

10.3.4.2　半硬质（半刚性）凝胶（半硬胶）

常用的有聚苯乙烯凝胶类、聚甲基丙烯酸甲酯凝胶类、聚丙烯酰胺凝胶类、琼脂糖-聚丙烯酰胺凝胶类，还有磺化聚苯乙烯微珠、苯乙烯-二乙烯苯交联共聚凝胶等。溶胀能力低，容量中等，渗透性较高，可耐较高压力，其孔隙大小范围很宽，适用于小分子到大分子物质的分离。主要适用于有机溶剂流动相，当用于高效液相色谱时，流速不宜过大。

10.3.4.3　硬质（刚性）凝胶（硬胶）

由实心玻璃珠制成，为一种多孔的无机材料，具有恒定的孔径和较窄的粒度分布，易于填充均匀，膨胀度小，不可压缩，渗透性好，受流动相溶剂体系（水或非水溶剂）、压力、流速、pH 值或离子强度等影响较小，适于高压下使用。

在选择柱填料时首先要考虑分子量排阻极限（即无法渗透而被排阻的分子量极限）。每种商品填料都给出了它的分子量排阻极限位，可以参考有关资料。常用的有多孔硅胶凝胶、多孔玻璃、可控孔径玻璃珠、苯乙烯-二乙烯苯共聚刚性凝胶类等。

凝胶色谱固定相列于表 10-4 中。

表 10-4　凝胶色谱固定相

类型	材料	国内外型号	备注
软胶	葡萄糖 聚苯乙烯(低交联度)	Sephadax Bio-Bead-S	适于以水作溶剂,用于凝胶过滤色谱 适于有机溶剂,用于凝胶渗透色谱
半硬胶	聚苯乙烯	Styragel	适于有机溶剂,用于凝胶渗透色谱
硬胶	玻璃珠 多孔硅胶 不规则形硅胶	CPG bcads Porasil Merck-O-Sel_Si	适于有机溶剂,用于凝胶渗透色谱 适于有机溶剂,用于凝胶渗透色谱 适于有机溶剂,用于凝胶渗透色谱

10.4　液相色谱法流动相

液相色谱中与气相色谱的流动相对各自柱效的影响有所不同。在液相色谱中，当固定相选定后，选择合适的流动相对色谱分离是十分重要的问题。一般情况下，流动相的选择需考虑以下几个方面。

① 流动相纯度。要保证一定的纯度，一般采用分析纯试剂，必要时需进一步纯化以除去有干扰的杂质。因为流过色谱柱的溶剂是大量的，如溶剂不纯，杂质在柱中累积，影响柱性能以及组分收集的馏分纯度，增加噪声。同时还应易清洗除去，易于更换、安全、廉价。

② 溶剂与固定液不互溶，不发生不可逆作用，不能引起柱效能和保留特性的变化，不妨碍柱的稳定性。例如在液-固色谱中，硅胶吸附剂不能使用碱性溶剂（胺类）或含有碱性杂质的溶剂，同样，氧化铝吸附剂不能使用酸性溶剂，在液-液色谱中流动相应与固定相不互溶（不互溶是相对的）。否则，造成固定相流失，使柱子的保留特性变化。

③ 对试样要有适宜的溶解度，否则，在柱头易产生部分沉淀，但不与样品发生化学反应。

④ 溶剂黏度要小，以避免样品中各组分在流动相中扩散系数及传质速率下降。同时，在同一温度下，柱压随溶剂黏度增加而增加，柱效能亦降低。但黏度太小，沸点亦低，在流路中将会形成气泡，这会造成较大噪声。

⑤ 应与检测器相匹配。例如对紫外线度检测器而言，不能用对紫外线有吸收的溶剂；用荧光检测器时，不能用含有发生荧光物质的溶剂；用差示折光检测器时，选用的溶剂应与组分的折射率有较大差别。

溶剂选择的主要依据还是相对极性大小，兼顾其他物理化学性质。为了获得合适的溶剂强度（极性），常采用二元或多元组合的溶剂系统作为流动相。通常根据所起的作用，采用的溶剂可分成底剂及洗脱剂两种。底剂决定基本的色谱分离情况；而洗脱剂则起调节试样组分的滞留并对某几个组分具有选择性的分离作用。因此，流动相中底剂和洗脱剂的组合选择直接影响分离效率。正相色谱中，底剂采用低极性溶剂如正己烷、苯、氯仿等；而洗脱剂则根据试样的性质选取极性较强的针对性溶剂如醚、酯、酮、醇和酸等。在反相色谱中，通常以水为流动相的主体，以加入不同配比的有机溶剂作调节剂。常用的有机溶剂是甲醇、乙腈、四氢呋喃等。

在选用溶剂时，溶剂的极性显然仍为重要的依据。例如在正相液-液色谱中，可先选中等极性的溶剂为流动相。若组分的保留时间太短，表示溶剂的极性太大，改用极性较弱的溶剂；若组分保留时间太长，表示溶剂的极性太小，则再选极性在上述两种溶剂之间的溶剂；如此多次实验，以选得最适宜的溶剂。

常用溶剂的极性顺序排列如下：水（极性最大）、甲酰胺、乙腈、甲醇、乙醇、丙醇、丙酮、二氧六环、四氢呋喃、甲乙酮、正丁醇、乙酸乙酯、乙醚、异丙醚、二氯甲烷、氯仿、溴乙烷、苯、氯丙烷、甲苯、四氯化碳、二硫化碳、环己烷、己烷、庚烷、煤油（极性最小）。

10.4.1 液-固吸附色谱的流动相

液-固吸附色谱，是组分分子与溶剂（流动相）分子对吸附剂的一种竞争吸附过程，其相对极性控制了吸附平衡。所以，流动相选择是否合适，直接影响分离效果。流动相的性能可用溶剂强度参数 ε^0 来表征，ε^0 为溶剂在单位标准吸附剂上的吸附能。ε^0 值大说明流动相极性大，溶剂强度大，洗脱能力大。根据 ε^0 值即溶剂在吸附剂上吸附强度和洗脱能力大小将溶剂按次序排列，称为流动相（溶剂）的洗脱序列。

选择流动相时，一般先选用中等极性的，若流动相极性弱（k 值太大），再改用较强的；若流动相极性强（k 值太小），则改用较弱的。为得到适当淋洗强度和洗脱效果，也可使用梯度淋洗和二元混合溶剂，这需要通过实验。在高压液相色谱中往往用薄层色谱选择流动相。

二元混合组分溶剂的强度与组成之间无线性关系，ε^0 相同而组成不同的二元混合溶剂对组分选择性不同。如何在 ε^0 相同的情况下，选择较适宜的流动相，以提高对组分的选择性，则主要从溶剂组分的偶极矩及给出或接受质子能力来考虑。

10.4.2 液-液分配色谱的流动相

液-液分配色谱中，极性组分使用极性固定液与非极性或弱极性流动相，非极性组分使用非极性固定液与极性流动相可得到较好的 k 值。当选定固定液后，可改变流动相组成调节 k 值。如果样品极性增强，固定液极性应适当减弱，或者适当增强流动相极性。弱极性样品也可采用非极性固定液（如角鲨烷）、强极性流动相（如甲醇或水），即反相色谱。此时，极性强的组分先出峰。

选用不同强度的溶剂作流动相，是液相色谱的一个重要手段。选择流动相可参照溶剂洗脱序列，可以选用混合溶剂，以实现最佳分离。例如，分离棉红铃虫诱杀剂 4 个异构体时，采用苯作为流动相，4 个组分可得到完全分离，但第 3、第 4 组分滞后，保留时间太长，分离一个样品约需 30min，若采用苯中加 2.5%乙醚作为流动相，则显著地调整保留时间，分离一个样品只需 15min。

10.4.3 离子交换色谱的流动相

离子交换色谱分析主要在含水介质中进行，可保持离子交换树脂及试样的解离状态。选择流动相 pH 值格外重要，常用缓冲体系，这样既可保持 pH 值，又可维持离子强度。增加缓冲液浓度，流动相洗脱能力也随之增加，组分保留值减小。通常强酸性及强碱性离子交换树脂在较宽 pH 值范围内都能解离，而弱酸性阳离子交换树脂在酸性介质中不解离，只能采用中性或碱性流动相，同样，弱碱性阴离子交换树脂也只能采用中性或酸性流动相。流动相 pH 值最好选择在样品组分的 pH 值附近，同样，保留值依赖于洗脱溶液的离子性质，树脂对洗脱溶液离子亲和力大，组分保留值就小。增加盐的浓度会导致保留值降低，但盐的浓度增加，流动相黏度也增加，柱压相应要提高。

离子交换色谱也可采用梯度洗脱，一是 pH 值梯度，二是离子强度梯度，以便将不同保留值的组分在保证适宜分离度的情况下，在较短时间内洗脱下来。

由于流动相离子与交换树脂相互作用力不同，因此流动相中的离子类型对试样组分的保留值有显著的影响。在常用的聚苯乙烯-二乙烯苯树脂上，各种阴离子的滞留次序为柠檬酸离子 $> SO_4^{2-} > C_2O_4^{2-} > I^- > NO_3^- > CrO_4^{2-} > Br^- > SCN^- > Cl^- > HCOO^- > CH_3COO^- > OH^- > F^-$，所以用柠檬酸离子洗脱要比用氟离子快。阳离子的滞留次序大致为 $Ba^{2+} > Pb^{2+} > Ca^{2+} > Ni^{2+} > Cd^{2+} > Cu^{2+} > Co^{2+} > Zn^{2+} > Mg^{2+} > Ag^+ > Cs^+ > Rb^+ > K^+ > NH_4^+ > Na^+ > H^+ > Li^+$。由于阳离子大小及电荷特性变化较小，故在阳离子系列中，各组分离子保留值的变化较小。可根据样品中各组分与树脂结合力的强弱，选用不同的流动相。对阳离子交换柱，流动相 pH 值增加，使保留值降低，在阴离子交换柱中，情况相反。

通常用的流动相有水、水与甲醇混合液、钠、钾、铵的柠檬酸盐、磷酸盐、硼酸盐、甲酸盐、乙酸盐与它们相应的酸混合成酸性缓冲液或与氢氧化钠混合成碱性缓冲液。

10.4.4　空间排阻色谱的流动相

空间排阻色谱所用流动相可采用水或非水溶剂。溶剂必须与凝胶本身非常相似，对其有湿润性并防止它的吸附作用。当采用软质凝胶时，溶剂必须能溶胀凝胶，因为软质凝胶的孔径大小是溶剂吸留量的函数。溶剂的黏度是重要的，因为高黏度将限制扩散作用而损害分辨率。对于具有相当低的扩散系数的大分子来说，这种考虑更为重要。为提高分离效率，多采用低黏度、与样品折射率相差大的流动相，但应对固定相无破坏作用。一般情况下，对分离高分子有机化合物，采用的溶剂主要是四氢呋喃、甲苯、间甲苯酚、N,N-二甲基甲酰胺等，生物物质的分离主要用水、缓冲盐溶液、乙醇及丙酮等。

10.4.5　流动相的预处理

高效液相色谱所用的流动相，均需经过纯化、脱气等处理。流动相不纯会带来很多危害，如腐蚀金属部件，干扰分离，影响试剂的稳定性，有杂质的试剂不稳定，如二氯甲烷和乙酸乙酯会生成结晶，影响组分纯度，影响检测器的灵敏度和稳定性，如用紫外检测器，试剂的杂质还可影响检测波长和检测范围。纯化试剂可保证柱性能良好及延长柱的使用寿命，使检测器响应范围扩大，并能降低噪声。

常用的纯化方法如下：①过滤除去颗粒状杂质，可以事先过滤或用在线过滤器过滤，如水可用 $2 \sim 5 \mu m$ 的烧结玻璃过滤器或用 $0.22 \mu m$ 孔径的滤膜；②离子交换除去阴离子、阳离子杂质；③萃取法除去极性与溶剂不同的杂质；④蒸馏法；⑤利用吸附剂除去极性不同的杂质，如用氧化铝柱除去烷烃杂质，还可用硅胶柱或混合柱。

流动相中含有气体，进入柱和检测器后，影响仪器正常工作。易造成基线漂移，导致检测器灵敏度降低。

常用脱气办法有加热脱气法和真空脱气法。

10.5 高效液相色谱仪

近年来，高效液相色谱技术得到了极其迅猛的发展。高效液相色谱仪包括下列七个部件：流动相储罐、高压输液泵、梯度淋洗装置、进样器、色谱柱、检测器及记录器（图 10-7）。总体可分为三大部分：流动相供输系统、进样装置和色谱柱、检测和记录系统。先进的色谱仪还配有显示记录单元和数据处理系统。从图 10-7 可见，流动相储罐中储存的载液（常需除气）经过过滤后由高压泵输送到色谱柱入口。当采用梯度洗提时一般需用双泵系统来完成输送。样品由进样器注入载液系统，而后送到色谱柱进行分离。分离后的组分由检测器检测，输出信号供给记录仪或数据处理装置。如果需收集馏分做进一步分析，则在色谱柱一侧出口将样品馏分收集起来。高效液相色谱仪通常是在室温下操作，在特殊情况下，也可在 30～40℃ 下操作。样品一般不需处理，操作简便。

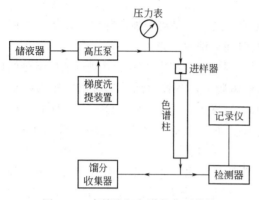

图 10-7　高效液相色谱仪典型结构

10.5.1　流动相供输系统

10.5.1.1　流动相储罐

流动相储罐由不锈钢或玻璃制成，储存淋洗液用。如果应用梯度淋洗装置，可设多路溶剂储罐。通常作为流动相的淋洗液需要脱气预处理，再经过滤器被吸进高压输液泵中。

（1）脱气　通常采用不锈钢瓶或聚四氟乙烯瓶装溶剂，用真空泵或水泵脱除溶剂中的气体，为加快除气速度，也可使用超声波发生器脱气。脱气的目的主要是消除流动相从色谱柱到达检测器时（即从高压到常压）由气泡释放产生的电噪声干扰。

（2）过滤　高压泵由于在高压力下操作，柱塞、密封垫必须精密配合才能保证不漏液。因此，流动相在使用之前必须过滤除去微小的固体颗粒，这种微粒可磨损泵的活塞、密封垫、单向阀，堵塞柱头垫片的微孔，损坏泵并降低柱效，缩短柱的寿命。

10.5.1.2　高压输液泵

高压输液泵是 HPLC 仪器中最关键的设备，用来输送流动相（载液）。高压泵将储罐中的流动相连续地送入液路系统，携带样品使之在色谱柱中完成分离，并且进入检测器。由于 HPLC 所用色谱柱柱径较细（1～6mm），采用的填充剂固定相粒径又很小（几微米至几十微米），流动相的黏度又较大，因此，色谱柱对流动相的阻力很大，为达到快速、高效的分离，必须有很高的柱前压力，以获得高速的液流。对高压输液泵来说，一般要求压力为 $(150～350)×10^5\,Pa$。对泵的要求是：无脉动，压力的不稳和脉动的变化，对很多检测器来说是很敏感的，它会使检测器的噪声加大，仪器的最小检测量变差；流速恒定，它不仅影响柱效能，而且直接影响到峰面积的重现性和定量分析的精密度，还会引起保留值和分辨能力的变化；流量可调，载液的流速是分离条件之一；耐腐蚀；便于实现程序控制、梯度淋洗和流动相的更换。另外，要求泵的死体积小，便于测压、调整及维护。

目前，应用于高效液相色谱仪中的输液泵，有恒流泵及恒压泵两种。恒流泵提供无脉动、流量恒定的流动相，与色谱柱阻力等外界条件无关，注射式螺杆泵、往复式柱塞泵与往复式隔膜泵均属此类。恒压泵提供无脉动、压力不变的流动相，但不能保证在任何时刻的流速都保持不变，与柱性质有关，气动放大泵属此类。

10.5.1.3　梯度淋洗装置

梯度淋洗装置是使流动相中所含两种（或两种以上）不同极性的溶剂在分离过程中，按一定比例连续改变组成，从而使流动相强度按一定程序变化，以达到改变分离组分的分配比即 k 值，提高分离效果和分辨能力，缩短分析时间的一种装置。实现梯度洗脱主要依赖于泵系统，根据溶剂混合时所受压力，一般分为两种类型，即低压梯度（也称外梯度）和高压梯度（也称内梯度）。

（1）低压梯度（或外梯度）装置　低压梯度是溶剂在常压下按一定配比混合，然后用高压泵将其送至柱系统中。这种方法简单，只需一个泵，经济实用。用两个或多个储液罐分别装不同极性的溶剂，再通过控制开关来调节配比进行混匀入泵。多路梯度可适用于多元混合物分析，但实现自动程序控制较难，重现性差，反应速度慢。低压梯度是在常压下先混合后进泵，故又称外梯度。

实现低压梯度的最好方法是使用时间比例电磁阀，通过微处理机控制溶剂输入电磁阀的开关频率，以控制泵输出的溶剂组成，溶剂低压梯度方框图如图 10-8 所示。

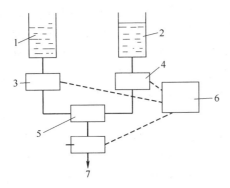

图 10-8　溶剂低压梯度方框图

1—溶剂 A；2—溶剂 B；3，4—电磁阀；
5—混合室；6—电子控制系统；7—泵

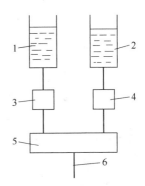

图 10-9　溶剂高压梯度方框图

1—溶剂 A；2—溶剂 B；3，4—高压泵；
5—混合室；6—溶剂出口

（2）高压梯度（或内梯度）装置　高压梯度一般使用两台高压输液泵，每台泵输送一种溶剂，配比由设定的程序控制（图 10-9）。多种溶剂混合前分别由泵增压泵入梯度混合室，混匀后进入柱系统。因增压在混合前，又称内梯度。高压梯度所用溶剂应是互溶的，这限制了梯度范围。但其优点是易于得到任意类型的梯度曲线，混合后即可进入分离系统，故反应迅速，也容易实现梯度自动控制。由于需要多个泵，价格较高。对于高压梯度，混合室应便于清洗，利于多种溶剂充分混合，体积尽量小，以缩短从混合室到柱入口处出现梯度的时间。

所用的泵应考虑对梯度洗脱的适应性，低压梯度可配用往复式柱塞泵，高压梯度可配用恒流泵。

应用梯度淋洗技术可改变分离度，提高分辨能力，改善色谱峰形，减少拖尾，增加柱效，提高分析精度，但换液清洗十分不便。

10.5.2 进样装置和色谱柱

10.5.2.1 进样装置

在高效液相色谱中，进样方式及样品体积对柱效有很大的影响。要获得良好的分离效果和重现性，需要将样品"浓缩"地瞬时注入色谱柱上端柱担体的中心成一个小点。进样装置就是一种无论柱头压力多大都能将待测样品不被稀释又不使流动相泄漏，准确地送入色谱柱系统的装置。进样装置有微量注射器和进样阀两种。

（1）微量注射器　这种进样方式同气相色谱法一样，样品用微量注射器刺进装有弹性隔膜的进样器，针尖直达上端固定相或多孔不锈钢滤片，然后迅速按下注射器芯，样品以小滴的形式到达固定相床层的顶端。微量注射器有 1mL、50μL、10μL 数种规格，可任意选择，装置简单，较为方便。缺点是不能承受高压，在压力超过 $150×10^5Pa$ 后，由于密封垫的泄漏，带压进样实际上成为不可能。故采用双层隔膜，中间夹有微孔的不锈钢板，以使隔膜承受极小的压力。隔膜应耐高压，不被溶剂和样液溶解，亦无化学反应，一般用硅橡胶、氯丁橡胶、氟橡胶制成。

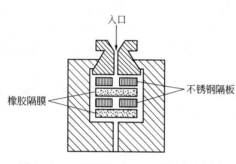

图 10-10 为一种双层隔膜高压进样装置。也可采用停流进样的方法，这时打开流动相泄流阀，使柱前压力下降至零，注射器按前述方法进样后，关闭阀门使流动相压力恢复，把样品带入色谱柱。由于液体的扩散系数很小，样品在柱顶的扩散很缓慢，故停流进样的效果同样能达到不停流进样的要求，但停流进样方式无法取得精确的保留时间，峰形的重现性亦较差。

图 10-10　双层隔膜高压进样装置示意图

（2）高压定量进样阀　是通过进样阀直接向压力系统内进样而不必停止流动相流动的一种进样装置。常用的有旋转式六通阀和滑动式进样阀，可在高压下进入较大量样品。前者构造和气相色谱用的六通阀相似；后者也有六个通口和两个切换位置，一个是取样位置，一个是进样位置。

滑动式进样阀适于小体积进样，旋转式进样阀可用于小量也可用于大量进样。进样体积是由定量管的体积严格控制的，所以进样准确，重现性好，适于做定量分析。更换不同体积的定量管，可调整进样量。也可采用较大体积的定量管进少量样品，进样量由注射器控制，样品不充满定量管，而只是填充其一部分的体积。

注射器进样与进样阀比较，注射器进样对色谱峰展宽影响小。

10.5.2.2 色谱柱

目前液相色谱法色谱柱由内壁抛光的不锈钢柱制成。当样品对不锈钢有腐蚀时，可用铜柱、铝柱或聚四氟乙烯柱。一般用直型柱，柱长为 10～100cm，分析型柱内径为 2～5mm，制备型柱内径为 6～10mm。填料颗粒度为 5～10μm，柱效以理论塔板数计为 7000～10000。液相色谱柱发展的一个重要趋势是减小填料颗粒度（3～5μm）以提高柱效，这样可以使用更短的柱（数厘米），达到更快的分析速度。另一方面是减小柱径（内径小于 1mm，空心毛细管液相色谱柱的内径只有数十微米），既大为降低溶剂用量，又提高检测浓度，然而这对仪器及技术将提出更高的要求。

高效液相色谱柱的获得，主要取决于柱填料的性能，但也与柱床的结构有关，而柱床结构直接受装柱技术的影响。因此，装柱质量对柱性能有重大的影响。

液相色谱柱的装柱方法有干法和湿法两种。填料粒度大于 $20\mu m$ 的可用和气相色谱柱相同的干法装柱；粒度小于 $20\mu m$ 的填料不宜用干法装柱，这是由于微小颗粒表面存在着局部电荷，具有很高的表面能，因此在干燥时倾向于颗粒间的相互聚集，产生宽的颗粒范围并黏附于管壁，这些都不利于获得高的柱效。目前，对微小颗粒填料的装柱只能采用湿法完成。

湿法也称匀浆法，即以一种合适的溶剂或混合溶剂作为分散介质，使填料微粒在介质中高度分散，形成匀浆，然后，用加压介质在高压下将匀浆压入柱管中，以制成具有均匀、紧密填充床的高效柱。

10.5.3　检测和记录系统

高效液相色谱对检测器的要求和气相色谱相似，应具有敏感度好、线性范围宽、应用范围广、重复性好、定量准确、对温度及流量的敏感度小、死体积小等特点。高效液相色谱仪所配用的检测器有 30 余种，但常用的不多，主要有下面五种，现简要介绍它们的基本原理及其特性。

10.5.3.1　紫外光度检测器

紫外-可见分光光度检测器（ultraviolet-visible detector，UVD）是目前高效液相色谱仪中应用最广泛的检测器，它噪声低、灵敏度高、结构简单。它是一种灵敏度和检测精度都较高的选择性浓度型检测器，适用于在紫外-可见光区有吸收的样品。它的作用原理是基于被分析样品组分对特定波长紫外线的选择性吸收，组分浓度与吸光度的关系遵守比尔（Beer）定律。当一束紫外线通过样品池时，入射光的一部分被样品组分吸收，吸光度与组分浓度及光程长度有如下关系：

$$A=\ln\frac{I_0}{I}=\ln\frac{1}{T}=\varepsilon bc \tag{10-8}$$

式中，I_0 为入射光强度；I 为透射光强度；ε 为摩尔吸光系数；b 为检测器光程长度；c 为组分物质的量浓度；A 为组分吸光度；T 为组分透光率。

紫外光度检测器有固定波长（单波长和多波长）和可变波长（紫外分光和紫外-可见分光）两种，它们的代表性光路图如图 10-11 和图 10-12 所示。固定波长检测器用低压汞灯作

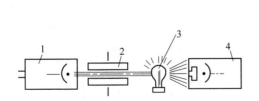

图 10-11　单波长紫外检测器光路图
1—测量光电管；2—样品池；
3—低压汞灯；4—参考光电管

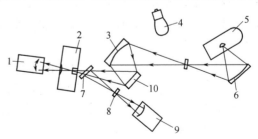

图 10-12　可变波长检测器光路图
1—测量光电池；2—流通池；3,6—非球面聚焦镜；
4—钨丝灯；5—氘灯；7—光束分离器；8—孔阀；
9—参比光电池；10—光栅

光源，波长在254nm附近，光源所发射其他波长的光经过滤光片消除。可变波长检测器采用氘灯和钨丝灯组合光源，波长在190～800nm范围内可调，从而增加了检测器的灵敏度和选择性，扩大了检测器的应用范围。

紫外-可见检测器灵敏度高，最小检测浓度可达 $10^{-8} g \cdot mL^{-1}$；使用范围广，凡是有 π 键和孤对电子的物质，如烯烃、芳烃以及含有 $\overset{\diagdown}{\underset{\diagup}{C}}{=}S$、$\overset{\diagdown}{\underset{\diagup}{C}}{=}O$、$-N{=}O$、$-N{=}N-$ 基团的化合物，在紫外区都有吸收；选择性好，对柱温控制精度要求不高，对流动相流速变化不敏感，适用于梯度洗脱，对样品无破坏性，线性范围宽。另外，此检测器还能获得分离组分的紫外吸收光谱。即当样品组分通过流通池时，短时间中断液流进行快速扫描，以得到紫外吸收光谱，为定性分析提供信息，或据此选择最佳检测波长。其缺点是：对压力变化敏感，要求用无脉冲泵；对在紫外-可见光区无强吸收的组分，需要经过衍生化，才可用紫外-可见检测器，如糖类、氨基酸、类酯化物等；不能用在紫外-可见光区有吸收的溶剂作流动相。

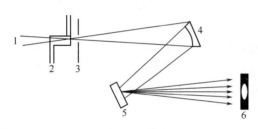

图 10-13　光电二极管阵列检测器光路图
1—光源；2—流通池；3—入射狭缝；4—反射镜；
5—光栅；6—二极管阵列

近年来随着光电二极管阵列元件和计算机技术的发展，出现了光电二极管阵列检测器（photo-diode array detector，PAD），它是紫外-可见光度检测器的一个重要进展。在这类检测器中采用光电二极管阵列作检测元件，阵列由 211 个光电二极管组成，每一个二极管宽 $50 \mu m$，各自测量一窄段的光谱。由图 10-13可见，在此检测器中先使光源发出的紫外线或可见光通过液相色谱流通池，在此被流动相中的组分进行特征吸收，然后通过入射狭缝进行分光，使所得含有吸收信息的全部波长聚焦在阵列上同时被检测，并用电子学方法及计算机技术对二极管阵列快速扫描采集数据。PAD 的优点是可获得样品组分的全部光谱信息，可很快地定性判别或鉴定不同类型的化合物，同时，对未分离组分可判断其纯度。尽管 PDA 已具有较高的灵敏度，但其灵敏度和线性范围不如单波长吸收检测器，主要是单波长检测器可采用效率极高的光敏元件和光电倍增管。

10.5.3.2　差示折光检测器

差示折光检测器又称折射率检测器（refractive index detector，RID），是一种浓度型通用检测器。它是根据流动相中出现组分时，流动相折射率发生变化而设计的。溶液的折射率为流动相折射率与其物质的量浓度的乘积和组分折射率与其物质的量浓度乘积之和：

$$n_{溶液} = n_1 c_1 + n_2 c_2 \tag{10-9}$$

式中，n_1、n_2 分别为流动相和组分的折射率；c_1、c_2 分别为流动相和组分的物质的量浓度。因此，可利用纯流动相和含有组分的流动相二者折射率的差值来确定组分的浓度。差示折光检测器是以纯溶剂作参比，连续监测柱后洗脱物折射率的变化，并根据变化的差值确定样品中各组分的量。凡具有与流动相折射率不同的组分，均可使用这种检测器，可用以连续监测通过检测器样品池溶液折射率的变化，应用也比较广泛。

按检测原理，差示折光检测器可分为如下三类：反射式、折射式（偏转式）和干涉式。下面简单介绍折射式差示折光检测器。

当介质中的成分发生变化时，其折射率随之发生变化，如入射角不变（一般选 45°），则光束的偏转角是介质（例如流动相）中成分变化（例如有试样流出）的函数。因此，利用测量折射角偏转值的大小，便可以测定试样的浓度。图 10-14 是一种偏转式差示折光检测器的光路图。光源 1 射出的光线由透镜 2 聚焦后，从遮光板 4 的狭缝射出一条细窄光束，经反射镜 5 反射以后，由透镜 6 汇聚两次，穿过工作池 7 和参比池 8，被平面反光镜 9 反射出来，成像于棱镜 11 的棱口上，然后光束均匀分解为两束，到达左右两个对称的光电管 12 上。如果工作池和参比池皆通过纯流动相，光束无偏转，左右两个光电管的信号相等，此时输出平衡信号。如果工作池中有试样通过，由于折射率改变，造成了光束的偏移，从而使到达棱镜的光束偏离棱口，左右两个光电管所接收的光束能量不等，因此输出一个代表偏转角大小也就是试样浓度的信号而被检测。红外隔热滤光片 3 可以阻止那些容易引起流通池发热的红外线通过，以保证系统工作的热稳定性。平面细调透镜 10 用来调整光路系统的不平衡。

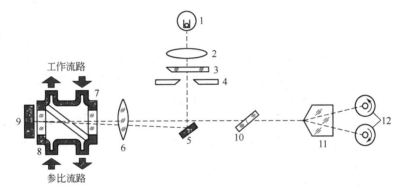

图 10-14　偏转式差示折光检测器光路图

1—钨丝灯光源；2—透镜；3—滤光片；4—遮光板；5—反射镜；6—透镜；7—工作池；
8—参比池；9—平面反光镜；10—平面细调透镜；11—棱镜；12—光电管

差示折光检测器最大的特点是对所有的物质都有响应，因此是通用型检测器，如同气相色谱仪的热导池一样，灵敏度可达到 10^{-7} g·mL^{-1}。主要缺点在于它对温度变化很敏感，折射率的温度系数为 10^{-4} BIU·℃$^{-1}$（BIU 为折射率单位），因此检测器的温度控制精度应为 $\pm 10^{-3}$℃。此检测器不能用于梯度洗提。

10.5.3.3　电导检测器

电化学检测器（electrochemical detector，ED）是根据电化学分析方法而设计的。电化学检测器主要有两种类型：一类是根据溶液的导电性质，通过测定离子溶液电导率的大小来测量离子浓度；另一类是根据化合物在电解池中工作电极上所发生的氧化还原反应，通过电位、电流和电量的测量，确定化合物在溶液中的浓度。电导检测器属于电化学检测器，是离子色谱法中使用最广泛的检测器。

电导检测器是根据被测组分被淋洗下来后，流动相电导率发生变化的原理而设计的。它仅适用于水溶性流动相中离子型化合物的检测，也是一种选择性检测器。其缺点是灵敏度不高，对温度敏感，需配以好的控温系统，且不适于梯度淋洗。

图 10-15 是这种检测器的结构。电导池内的检测探头由一对平行的铂电极（表面镀铂黑以增加其表面积）组成，将两电极构成电桥的一个测量臂。图 10-16 是其检测线路图。电桥可用直流电源，也可用高频交流电源。电导检测器的响应受温度的影响较大，因此要求严格控制温度。一般在电导池内放置热敏电阻进行监测。

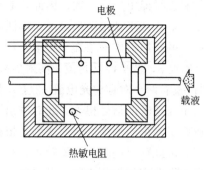

图 10-15　电导检测器结构示意图

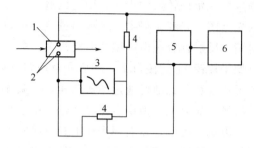

图 10-16　电导检测器检测线路图

1—检测器池体；2—电极；3—电源；4—电阻；

5—相敏检波器；6—记录仪

10.5.3.4　荧光检测器

荧光检测器（fluorescence detector，FD）是基于物质经紫外线照射后，发射出较原激发光波长长的二次荧光。在一定条件下荧光的强度与溶液中产生荧光物质的浓度成正比。荧光检测器为选择性检测器，有两种类型的化合物可用其检测。它们自身发射荧光或者通过衍生的方法使原来不发射荧光的化合物发射荧光，很多生物活性物质、药物制品、环境污染物自身都能发射荧光。荧光检测器由于具有很高的灵敏度和选择性，因而成为液相色谱常用检测器之一，但其适用范围窄，应用有一定局限性。

10.5.3.5　极谱检测器

极谱检测器是基于被测组分可在电极上发生电氧化还原反应而设计的一种检测器，属于电化学检测器。可用于测定具有极性活性的物质，如药物、维生素、有机酸、苯胺类等。它的优点是灵敏度高，可作为痕量分析。其缺点是不具有通用性，是一种选择性检测器。

10.6　高效液相色谱法在环境分析中的应用

10.6.1　概述

1903 年自 Tswett 开创色谱法以来，Tames 和 Martin、Kirkland 和 Small 相继报道了气相色谱法（GC）、高效液相色谱法（HPLC）和离子色谱法（IC）。在已知存在的约 300 万种化合物中，适于气相色谱有效地进行分析的挥发性、热稳定的化合物占 20％左右，而适于高效液相色谱法分析的挥发性低、易受热分解、离子型或大分子（分子量在 300 以上）的化合物占 80％左右。离子色谱法可同时测定多种阴离子、阳离子和有机阴离子，优于电化学法和原子吸收法。20 世纪 60 年代以来，由于色谱法广泛用于大气、水质、土壤、生物、食品等方面的监测，因而色谱法在环境监测分析中已占有主导地位。

10.6.2　在大气、降水、废气等监测中的应用

大气中的污染物来源于工业废气、汽车尾气等，其中严重影响人体健康的有机污染物主要为多环芳烃类化合物，如萘、蒽、菲、苯并芘等，以及醛、酮类化合物等，这些化合物都可用 HPLC 检测。

美国公共卫生协会（APHA）确定高效液相色谱法 HPLC 法用于测定大气颗粒物中 75

种芳香族碳氢化合物，其中有 29 种多环芳烃，13 种芴及其同系物、衍生物，11 种环状碳氢化合物多氯衍生物，12 种吲哚、咔唑及芳香醛。我国将 HPLC 法作为空气中苯并 $[a]$ 芘的测定方法（推荐法）。

美国环境保护局（EPA）规定离子色谱法 IC 法为干湿沉降物中 Cl^-、PO_4^{3-}、NO_3^-、SO_4^{2-} 等离子的标准分析方法。我国用 IC 法作为空气中硫酸盐化速率、氯化氢和降水中 SO_4^{2-}、NO_2^-、NO_3^-、Cl^-、F^- 的监测分析方法以及废气中氯化氢、甲醛、硫酸烟雾的分析方法。

色谱法在大气、降水、废气等监测中取得了重要的成果。

在大气飘尘中主要检出多环芳烃（PAH）、硝基多环芳烃、邻苯二甲酸酯类化合物（PEs）、正构烷烃、碳氢化合物、胺类、苯系物和有机硫化合物等有机物。例如可用 HPLC-FLD 以草原为清洁对照区，测定区域大气中的蒽、芘、苯并 $[a]$ 芘、苯并 $[ghi]$ 芘等 7 种 PAH 的含量。同时可采用氨基甲酸乙酯泡沫和玻璃纤维滤膜采集大气中气态和颗粒物样品，并且用 HPLC 和 GC 分别测定蒽、芘、苯并芘等有机污染物的含量，总结冬夏两季颗粒物和气态中有机污染物的分布规律。另外，可用超声波提取飘尘中 PAH，采用 HPLC-FLD 对大气颗粒物中 4 种 PAH 进行检测，4 种 PAH 的回收率（$n=10$）可达 $93.5\%\sim95.8\%$，CV 为 $1.9\%\sim3.4\%$，满足环境监测的要求。还可用 GC-MS 和 HPLC 对燃煤城市空气中的多环芳烃类化合物进行定性定量分析，鉴定气相中的 17 种主要芳烃、54 种颗粒物。

用玻璃纤维滤膜采集涂料厂空气中的邻苯二甲酸酐，$0.2mol \cdot L^{-1}$ NaOH 解吸并水解生成邻苯二甲酸，随后用 HPLC-UV（254nm）检测，C_{18} 柱，检出限为 $1mg \cdot L^{-1}$。HPLC 还可以快速、准确地测定每种苯胺类化合物的含量。例如，用 ODS 不锈钢柱，甲醇为流动相（$0.7mL \cdot min^{-1}$），柱温为 30℃，可测定空气中的苯胺。

高效液相色谱法是目前美国环境保护局（EPA）采用的室内空气中甲醛测定法。采用 2,4-二硝基苯肼采样，二氯甲烷萃取后进行色谱分析。国内有人以 0.05% 2,4-二硝基苯肼的酸性乙腈溶液吸收空气中的甲醛，并同时形成了甲醛的衍生物，吸收效率为 $98\%\sim100\%$。使用 Beckman 340 型 HPLC-UVD，可检测空气中 $\mu g \cdot kg^{-1}$ 级的甲醛。柱温为 25℃；流动相乙腈-水（35:65，体积比），流速为 $1.0mL \cdot min^{-1}$；方法检测限为 $0.05\mu g \cdot 5mL^{-1}$，当采样体积为 15L 时，其最低检出浓度为 $0.0033mg \cdot m^{-3}$；线性范围为 $0.0067\sim6.7mg \cdot m^{-3}$；回收率为 $95\%\sim100\%$；CV＜5%。国外有人用 LC-DAD 系统，Nucleosil 100-C_{18} 分离柱，以乙腈和水进行梯度淋洗，有效分离了丙醛、丙酮、丙烯醛及芳香族醛的 DNPH 产物。也可用 LC-UV（360nm）系统，RP-180DS 分离柱，甲醇-水（73:27）淋洗，可分离烟道气和汽车排气中的低分子醛类化合物。

在降水中检出一些阴离子、阳离子及 SO_2、NO_2、有机酸等化合物。

使用双机联用（如 GC-MS、GC-FTIR）、多维色谱技术（多柱）和多机组合（如 GC、GC-MS、HPLC）等技术可从环境样品中获得丰富的信息，正如 Shuetzle 从柴油机烟尘中分离测定 150 多种的 PAH 及其衍生物，徐晓白则检测了 50 多种硝基多环芳烃。使用 GC-FTIR 联用检出汽油中添加剂甲基叔丁醚（MTBE）等 12 种氧化产物。

10.6.3　在水质监测中的应用

近年来，高效液相色谱法（HPLC 法）在水体和废水的监测中获得了较为广泛的应用，并将 HPLC 法列为标准分析方法或监测分析方法。例如，美国环境保护局（EPA）采用 HPLC 法作为饮用水中 16 种 PAH 和涕灭威、虫螨威等 18 种农药以及 N-氨基甲酸酯、N-氨基甲酰肟等 10 种杀虫剂的检测方法。在城市和工业废水有机物的分析中，也使用 HPLC 法作为联苯胺、3,3-二氯联苯胺、16 种 PAH 的分析方法。近年来，我国首次将 HPLC 法列为水中 16 种 PAH 的监测分析方法。美国公共卫生协会（APHA）将离子色谱法 IC 法定为水中 Br^-、Cl^-、F^-、SO_3^{2-}、SO_4^{2-}、NO_2^-、NO_3^- 的标准检验法，我国则将 IC 法作为水中 NO_2^-、NO_3^-、Cl^-、F^-、SO_4^{2-}、磷等的试行分析方法。

采用高效液相色谱还可对废水中的苯酚、间苯二酚、对甲酚、3,5-二甲酚、邻硝基酚、2,4-二氯酚、五氯酚七种酚类化合物进行分离测定，流动相为乙腈-水-乙酸（53∶47∶1）；流速为 $1.0mL \cdot min^{-1}$；λ 为 254nm；水样用 GDX 树脂富集。此法适用于地表水和工业废水中含酚类化合物的测定。

苯胺类化合物在我国也被列为环境中的重点污染物并制定了最高容许排放浓度，它存在于化工、印染、制药、杀虫剂、高分子材料和炸药等工业废水中。用 HPLC 测定时，常采用液-液萃取法或吸附萃取法对样品进行预处理。萃取剂有乙醚、二氯甲烷、三氯甲烷等，吸附剂可用 XAD-4 树脂，也有用两性表面活性剂十二烷基硫酸钠和十六烷基三甲基溴化铵来富集苯胺类化合物。采用正相 HPLC 和反相 HPLC 的方法均可。如用乙醚为提取相，提取前先经碱化，提取后加酸使苯胺成盐，吹去乙醚，用 HPLC 法测定苯胺类化合物。选择甲醇与水为流动相，十二烷基磺酸钠（SDS）为离子对试剂，采用反相离子对色谱可实现苯胺、邻硝基苯胺、对硝基苯胺的快速分离。柱温为 60℃；波长为 230nm；流动相为甲醇 $0.2mmol \cdot L^{-1}$；色谱柱为不锈钢柱 C_{18}（150mm×4mm）。国外有人在带有紫外检测器的液相色谱仪上，用己烷-氯仿（80∶20）作流动相测定了邻甲苯胺、间甲苯胺、对甲苯胺和苯胺，最低检出浓度低于此类物质在水中的允许浓度。

染化工业废水中含有许多有毒有害有机物和微量分散染料，这些物质分子量大，较难气化，不宜用 GC-MS 分析。有人采用 HPLC 和 X 射线衍射法两种手段分析染化废水中微量分散染料混合物和染料晶体，并在此基础上建立了染化废水监测体系。

苯氧乙酸及其衍生物具有很强的生物活性，是一类常用的农田除草剂，对人畜有一定的毒、副作用，且能在土壤、环境水、作物秸秆及果实中残留。可采用高效液相色谱法，测定苯氧乙酸和 2,4-二氯苯氧乙酸，并用于环境水样的分析。样品预处理选用 Sep-Pack C_{18} 小柱进行固相萃取，操作简单方便，溶剂量很少。而采用固相萃取（SPE）技术，以 HPLC 检测水环境中痕量藻毒素也能取得满意结果。

我国合成洗涤剂的品种以阴离子表面活性剂即直链烷基苯磺酸钠（LAS）为主，占生产总量的 65%～80%，对环境污染日趋严重。可采用反相高压液相色谱（HPLC）荧光法测定合成洗涤剂废水中的直链烷基苯磺酸钠（LAS），激发波长为 232nm，发射波长为 290nm，使用国产 C_{18} 柱，甲醇-水体系作流动相，水样经微孔膜过滤后直接进入高效液相色谱仪分析。还可采用紫外-分光光度法、萃取荧光法和直接荧光法进行鉴定，采用十八烷基官能团为基础的键合相作固定相的 ODS 微径色谱柱。用甲醇和水作流动相，使 LAS 形成 1 个峰在溶剂之前流出，测定 LAS 总量；用甲醇和含氯酸钠的水溶液作流动相，可分离和测定 LAS 的烷基同系物，可测 LAS 含量。以乙基紫（EV）与十二烷基苯磺酸根形成离子对化合物，苯萃取富集，浓盐酸破坏离子对化合物后，乙基紫进入水相，蒸去苯后用甲醇定容，以反相高效液相色谱法测定，可用于自来水中 10^{-9} 数量级的十二烷基苯磺酸钠的含量的测定。

10.6.4 在土壤、农产品污染物监测中的应用

目前，HPLC 技术有了很大发展，已广泛用于农药及其降解产物、代谢产物的分析，除用紫外、电化学、荧光、二极管阵列检测器外，液质联用（LC-MS）也已用于实际农药分析，尤其适用于农药残留的快速检测。如利用 HPLC 测定新磺酰脲除草剂单嘧磺隆的残留，检测戊菌隆在棉花和土壤中的残留量，测定土壤中莠去津、氰草津的残留量等。对于酸性农药残留物质二氯吡啶酸及三氯吡氧乙酸和强极性物质草甘膦及其主要代谢产物氨甲基膦酸也可以用 HPLC 分析。Repley 使用一根 SE-30 毛细管色谱对 194 种农药的保留值进行测定。有人用毛细管色谱和三个检测器（FPD、ECD、NPD）测定了 59 种（66 个组分）农药及其代谢产物。可用反相高效液相色谱法测定土壤中微量灭多威（氨基甲酸酯类），以乙酸乙酯为提取液，蒸发除去乙酸乙酯，加水先后用石油醚、正己烷、氯仿萃取，蒸去氯仿再用甲醇定容，经 $0.45\mu m$ 的滤膜过滤后进样分析。测定土壤中灭多威的检测限为 0.1ng，线性范围为 $1.0\sim20\mu g \cdot mL^{-1}$，高、中、低 3 种浓度的平均加标回收率为 96.1%～100.2%，CV<5%。色谱柱 μ-Bondapak C_{18}（100mm×8mm）；流动相为甲醇-水（1∶1，体积比）；流速为 $1.0mL \cdot min^{-1}$；λ 为 233nm。在此基础上研究采用超声波提取，反相高效液相色谱测定土壤中灭多威与硫双威。与传统的萃取法相比，超声波提取具有方便、快速的特点。有机磷农药是国内广泛使用的高毒低残留农药。可用甲醇提取，离心除去固体物的前处理和反相高效液相色谱对土壤样品中残留的对硫磷和甲基对硫磷进行定量分析。样品添加回收率为 82%～86%，最小检测浓度为 $0.1mg \cdot kg^{-1}$，色谱柱 Nucleosil C_{18}（250mm×4.6mm）；流动相为甲醇-水（80∶20，体积比）；流速为 $1.0mL \cdot min^{-1}$；UVD λ 为 274nm。

随着食物中毒事件发生频率的上升，农产品中污染物及残留农药的检测越来越受重视。以往多用气相色谱法，但 HPLC 法近来逐渐表现出其独特的优越性。如将糙米用丙酮提取，经活性炭、中性氧化铝色谱柱进一步净化，用液相色谱可测其中烯虫酯的残留量。牛、羊肉中敌草隆、绿麦隆和阿特拉津的残留量也可用 HPLC 法同时测定。藻毒素是湖泊富营养化后，水华过程中释放的一类单环七肽物质，可能在鱼体内积累。鱼肉中藻毒素的含量可用反相高效液相色谱法分析。苯并［a］芘（Bap）对人体极为有害，用 HPLC 法可检测其在食用植物油中的含量。乙基硫脲（ETU）是乙基双二硫代氨基甲酸酯类农药代森类杀菌剂的代谢产物，具有致癌和致畸作用，而且是强极性化合物，难以直接用气相色谱法分析。如可采用高效液相色谱法测定西瓜、瓜叶和瓜田土壤中的 ETU 残留量并可取得满意的结果，使用 HPLC 法分离测定粮油中的黄曲霉毒素（AFT）的四种异构体（B1、B2、G1、G2）。真菌毒素对农产品的污染是一个越来越受人关注的问题，采用一种快速高效液相色谱法可定量测定玉米中真菌毒素玉米赤霉。

HPLC 技术还在不断发展，研制微孔高效色谱柱（高达 70 万～100 万片理论塔板）为发展高分辨 HPLC 奠定了基础；新型检测器不断出现（如 20 世纪 80 年代出现的紫外-可见二极管阵列检测器），以及各种联用技术的应用（如 HPLC-MS 等），都将促使 HPLC 技术在环境分析中得到越来越广泛的应用，成为许多实验室必备的分析手段。其在化学生态学方面的应用将主要集中于植物与植物、植物与动物、植物与微生物以及动物与动物之间的化学关系的研究，揭示作用于这些关系中的化学本质。我国加入 WTO 后，对于农业生产环境的纯净健康和农产品的食用安全性都提出了更高的要求。因此，HPLC 将成为监测农业生产环境和农产品安全性的常用技术之一。

10.6.5　应用实例

10.6.5.1　多环芳烃的分析

多环芳烃（PAH）是数量最多、分布最广的一类环境致癌物质，在现已发现的 1000 多种致癌物中，多环芳烃及其衍生物占 1/3 以上。空气、水、土壤、植物等都可能受到 PAH 的污染。有代表性的是苯并［a］芘，它与肺癌、胃癌的发病率和死亡率有一定相关性。HPLC 测定 PAH 的主要步骤为采样、提取（富集）、预分离、鉴别与定量。样品在进入仪器前先进行预分离，除去其中的杂质，否则将影响分离并毒化色谱柱，使柱寿命降低。预分离的方法有柱分离、薄层分离、纸薄层分离等。用 Varian 8500 型液相色谱仪测定了飘尘样品中的 PAH。色谱柱是 φ0.2cm×25cm 不锈钢柱，以 Micropak C-H 10μm 为固定相，使用荧光检测器，甲醇-水-二氧六环（5∶4∶1，体积比）为流动相，流速为 0.5mL·min⁻¹。PAH 标准色谱图和飘尘样品色谱图如图 10-17、图 10-18 所示。

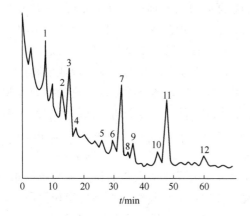

图 10-17　多环芳烃混合物标准色谱图

1—菲；2—蒽；3—荧蒽；4—芘；5—苯并［a］蒽＋蒽；6—䓛＋苯并［c］芘；7—苯并［b］荧蒽；8—苯并［k］荧蒽；9—苯并［a］芘；10—苯并［ghi］芘；11—茚并［1,2,3-cd］芘；12—晕苯

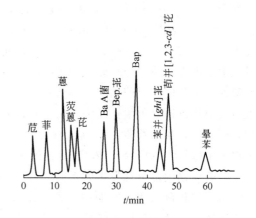

图 10-18　飘尘样品的多环芳烃色谱图

最低检测限均为 10^{-12}g 级，如荧蒽为 $0.34×10^{-12}$g，苯并［a］芘为 $0.57×10^{-12}$g，茚并［1,2,3-cd］芘为 $0.27×10^{-12}$g。

10.6.5.2　农药的分析

在农业生产方面，由于农药的大量应用，对自然界生态平衡和人体健康带来许多不良后果。一些农药不仅具有毒性，还有致癌作用，或者可以引起生理上的畸变。测定土壤、生物体中农药的残留量是环境分析的重要任务之一。中国农科院植保所用日本岛津-杜邦 830 型液相色谱仪，3.2mm×12.5cm 不锈钢柱，国产 YWG-CH（10μm）固定相，配制不同比例的甲醇-水和乙腈-水溶液作为流动相，用 UV-202 分光检测器分析了灭菌丹、西维因、伏草隆、敌稗、狄氏剂、艾氏剂等七十二种农药，最低检测限为 10^{-9}g 或更低。有机氯杀虫剂和均三氮苯类除草剂的色谱图如图 10-19、图 10-20 所示。

10.6.5.3　酚类化合物的分析

酚是常见的污染物，是一种公认的致癌物质。在水与空气污染分析中，酚类化合物的分

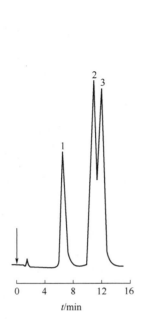

图 10-19　有机氯杀虫剂的分离

（流动相为 70％甲醇-30％水；流速为

0.5mL·min⁻¹；检测器为 UV-220nm）

1—p′,p′-DDD；2—p′,p′-DDT；

3—o′,p′-DDT

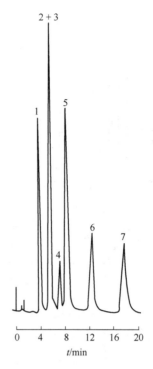

图 10-20　均三氮苯类除草剂的分离

（流动相为 50％甲醇-50％水；流速为

0.6mL·min⁻¹；检测器为 UV-220nm）

1—西玛津；2＋3—阿特拉津，西草净；

4—敌菌灵；5—莠灭净；6—扑草净；

7—抑草津

离鉴定十分重要。Gyace Kung-Jou Chao 等采用 Hewlett-Packard 1084B 型液相色谱仪（带有二元溶剂系统、自动进样器和数据处理装置），用 254nm 固定波长 UV 检测器和250mm×4.6mm、5μm Utrasphere 辛基柱，柱温为 35℃，流速为 2mL·min⁻¹，进样量为 10μL，流动相中溶剂 A 是水和 1％的乙酸，溶剂 B 是乙腈和 1％的乙酸，梯度从 10％B 开始，15min 后增加到 25％B，20min 后增加到 60％B，30min 后增加到 100％B，然后在 5min 内降回至 10％B。在下次进样前用 10％B 冲洗 5min。酚类化合物标准色谱图如图 10-21 所示。

10.6.5.4　芳香胺的分析

芳香胺是制造染料、尿素和甲氨酸酯农药的中间体，在橡胶产品和许多其他工业品中用作抗氧化剂和抗臭氧化剂。许多芳香胺是有毒的，并有致癌作用，或能导致基因突变。A. S. Narang 等使用 Waters LC/GPC 266 型液相色谱仪，氰丙基键合相柱（Zorbax CN，ϕ4.6mm×25cm）440 型固定波长（254nm）UV 检测器，异丙醇-己烷（14∶86）为流动相，流速为 1mL·min⁻¹，同时测定了空气样品中的 9 种芳香胺，其

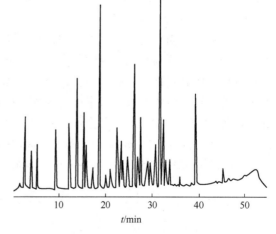

图 10-21　酚类化合物标准色谱图

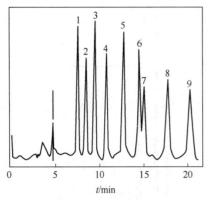

图 10-22 芳香胺混合物的液相色谱图

1—4-氯-2-硝基苯胺，2.9ng；2—2-硝基苯胺，
2.9ng；3—4-甲氧基-3-硝基苯胺，4.4ng；
4—2-氯-4-硝基苯胺，7.3ng；5—3-硝基
苯胺，2.9ng；6—2-甲氧基-4-硝基苯胺，
5.9ng；7—4-甲基-3-硝基苯胺，2.9ng；
8—2-甲基-4-硝基苯胺，8.8ng；
9—4-硝基苯胺，11.8ng

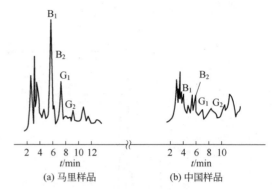

图 10-23 花生粉中黄曲霉毒素 B_1、B_2、
G_1、G_2 的色谱图

色谱图如图 10-22 所示。

10.6.5.5 霉菌毒素的分析

目前已知的霉菌毒素有 100 种以上，其中一部分是致癌的。黄曲霉是粮食中常见的污染菌种，分布很广，在气候湿热地区的花生和玉米中污染最为严重。黄曲霉产生的毒素及其衍生物有近 20 种，其中致癌性最强的是黄曲霉毒素 B_1，其次是 G_1、M_1 和 B_2。用 HPLC 分析黄曲霉毒素的方法有两大类：一类是用多孔硅胶柱（5~10μm）的正相色谱；另一类是用 C_{18} 烷基键合柱的反相分配色谱。中科院环化所用德国 KNAUER 液相色谱仪，Lichrosorb Si60 ϕ4mm×25cm 柱，紫外-可见光分光检测器，波长为 355nm，流动相为饱和水的 $CHCl_3$ 和 CH_3OH（100∶0.8），流速为 1mL·min^{-1}，在室温下对花生粉中黄曲霉毒素 B_1、B_2、G_1、G_2 进行了分离测定，最低检测量 B_1 为 $3.7×10^{-9}$g，B_2 为 $4.2×10^{-9}$g，G_1 为 $6.5×10^{-9}$g，G_2 为 $7.7×10^{-9}$g。其色谱图如图 10-23 所示。

10.6.5.6 合成洗涤剂的测定

目前，烷基苯磺酸盐是世界上使用最多的洗涤剂，这类化合物排入水中后不易分解，能给鱼类和人体带来不利影响。这类化合物还可能具有促使致癌物质向体内渗透的作用。我国的环境分析工作者根据亚甲基蓝-十二烷基苯磺酸盐的配合物能在强酸条件下解离成亚甲基蓝和十二烷基苯磺酸的特点，对水样富集浓缩后，用日立 635A-R 高效液相色谱仪测定了河水和工厂排放废水中的十二烷基苯磺酸盐，检测器为紫外-可见光扫描检测器，波长为 222nm，色谱柱为 ϕ2.1mm×200mm 不锈钢柱，固定相为 YQG-CH 10μm（天津试剂二厂），流动相为甲醇，流速为 1mL·min^{-1}，最小检出限为 0.04μg。

参 考 文 献

[1] 叶宪曾，张新祥，等．仪器分析教程．第 2 版．北京：北京大学出版社，2007.

[2] 刘志广，张华，李亚明．仪器分析．大连：大连理工大学出版社，2004.

[3] 朱明华. 仪器分析. 第2版. 北京：高等教育出版社，1993.

[4] 董慧茹. 仪器分析. 北京：化学工业出版社，2000.

[5] 孙其志. 色谱分析及其他分析法. 北京：地质出版社，1994.

思考题与习题

一、选择题

1. 液相色谱适宜的分析对象是（　　）。

A. 低沸点小分子有机化合物　　B. 高沸点大分子有机化合物　　C. 所有有机化合物　　D. 所有化合物

2. HPLC与GC比较，可忽略纵向扩散项，这主要是因为（　　）。

A. 柱前压力高　　B. 流速比GC快　　C. 流动相黏度较小　　D. 柱温低

3. 在分配色谱法与化学键合相色谱法中，选择不同类别的溶剂（分子间作用力不同），以改善分离度，主要是（　　）。

A. 提高分配系数比　　B. 容量因子增大　　C. 保留时间增长　　D. 色谱柱柱效提高

4. 分离结构异构体，在下述四种方法中最适当的选择是（　　）。

A. 吸附色谱　　B. 反离子对色谱　　C. 亲和色谱　　D. 空间排阻色谱

5. 吸附作用在下面哪种色谱方法中起主要作用（　　）。

A. 液-液色谱法　　B. 液-固色谱法　　C. 键合相色谱法　　D. 离子交换色谱法

6. 如果样品比较复杂，相邻两峰间距离太近或操作条件不易控制稳定，要准确测量保留值有一定困难时，可选择以下方法（　　）定性。

A. 利用相对保留值定性　　　　B. 加入已知物增加峰高的办法定性

C. 利用文献保留值数据定性　　D. 与化学方法配合进行定性

7. 高压、高效、高速是现代液相色谱的特点，采用高压主要是由于（　　）。

A. 可加快流速，缩短分析时间　　B. 高压可使分离效率显著提高

C. 采用了细粒度固定相所致　　　　D. 采用了填充毛细管柱

8. 不同类型的有机物，在极性吸附剂上的保留顺序是（　　）。

A. 饱和烃、烯烃、芳烃、醚　　B. 醚、烯烃、芳烃、饱和烃

C. 烯烃、醚、饱和烃、芳烃　　D. 醚、芳烃、烯烃、饱和烃

9. 液相色谱中不影响色谱峰扩展的因素是（　　）。

A. 涡流扩散项　　B. 分子扩散项　　C. 传质扩散项　　D. 柱压效应

10. 在液相色谱中，常用作固定相又可用作键合相基体的物质是（　　）。

A. 分子筛　　B. 硅胶　　C. 氧化铝　　D. 活性炭

二、填空题

1. 高效液相色谱仪一般可分为_____、_____、_____、_____和_____等部分。

2. 高压输液泵是高效液相色谱仪的关键部件之一，按其工作原理分为_____和_____两大类。

3. 色谱操作时，如果超载，即进样量超过柱容量，则柱效迅速_____，峰变_____。

三、简答题

1. 何谓梯度淋洗？适用于哪些样品的分析？与程序升温有什么不同？

2. 在空间排阻色谱法中，由于色谱柱昂贵，分离的优化也主要是通过改变流动相的极性来实现的。这种说法对吗？为什么？

3. 与气相色谱法相比较，高效液相色谱法具有哪些优越性？

4. 何谓正相液相色谱？何谓反相液相色谱？

5. 色谱柱填充剂应具备哪些特点？

6. 什么是化学键合固定相？它的突出优点是什么？

7. 液相色谱流动相的选择需考虑哪些方面？

8. 指出下列各种色谱法最适宜分离的物质：

（1）液-液分配色谱法；（2）液-固吸附色谱法；（3）离子交换色谱法；（4）离子对色谱法；（5）离子

色谱法；（6）化学键合色谱法；（7）空间排阻色谱法。

9. 对下列试样，用液相色谱分析，应采用哪一种检测器：

（1）长链饱和烷烃的混合物；（2）水源中多环芳烃化合物。

四、计算题

用 25cm 长的 ODS 柱分离两个组分，已知在实验条件下，测得苯的保留时间 $t_R=4.65$min，半峰宽 $W_{1/2}=0.77$mm；萘的保留时间 $t_R=7.37$min，半峰宽 $W_{1/2}=1.15$mm，记录走纸速度为 5.0mm·min^{-1}，计算柱效与分离度。

11 质谱分析法

11.1 概述

质谱分析法（mass spectrometry）是通过对被测样品离子的质荷比的测定来进行分析的一种分析方法。被分析的样品首先要离子化，然后利用不同离子在电场或磁场中运动行为不同，把离子按质荷比（m/z）分开而得到质谱，通过样品的质谱和相关信息，可以得到样品的定性和定量结果。

从 J. J. Thomson 制成第一台质谱仪，到现在已有近 90 年了，早期的质谱仪主要是用来进行同位素测定和无机元素分析，20 世纪 40 年代以后开始用于有机物分析，60 年代出现了气相色谱-质谱联用仪，使质谱仪的应用领域大大扩展，开始成为有机物分析的重要仪器。计算机的应用又使质谱分析法发生了飞跃变化，使其技术更加成熟，使用更加方便。质谱分析法就成为鉴定有机物结构的重要方法。相比于核磁共振、红外和紫外光谱法，质谱分析法具有以下两个突出的优点。

① 质谱分析法的灵敏度远远超过其他方法，样品的用量也不断降低。

② 质谱分析法是可准确确定分子结构式的方法，而分子式对推测结构至关重要。

20 世纪 80 年代以后又出现了一些新的质谱技术，如快原子轰击离子源、基质辅助激光解吸电离源、电喷雾电离源、大气压化学电离源，以及随之而来的比较成熟的液相色谱-质谱联用仪、电感耦合等离子体质谱仪、傅里叶变换质谱仪等。这些新的电离技术和新的质谱仪使质谱分析又取得了长足进展。目前质谱分析法已广泛地应用于化学、化工、材料、环境、地质、能源、药物、刑侦、生命科学、运动医学等各个领域。

11.2 质谱分析法基本原理

11.2.1 质谱法测量原理

质谱分析法主要是通过对样品离子的质荷比的分析而实现对样品进行定性和定量的一种方法。质谱分析的基本原理是很简单的：使所研究的混合物或单体形成离子（带电荷的原子、分子或分子碎片，有分子离子、同位素离子、碎片离子、重排离子、多电荷离子、亚稳离子、负离子和离子-分子相互作用产生的离子），如 M 通过离子源形成 M^+，然后使形成的离子按质量，确切地讲按质荷比（m/z）进行分离。因此，质谱仪都必须有电离装置把样品电离为离子，有质量分析装置把不同质荷比的离子分开，经检测器检测之后可以得到样品的质谱图。

11.2.2 质谱的基本方程

样品经由离子源发生的离子束在加速电极电场（800～8000V）的作用下，使质量为 m 的正离子获得 v 的速度，以直线运动，其动能为：

$$zU = \frac{1}{2}mv^2 \tag{11-1}$$

式中，z 为离子电荷数；U 为加速电压。显然，在一定的加速电压下，离子的运动速度与质量 m 有关。

当具有一定动能的正离子进入垂直于离子速度方向的均匀磁场（质量分行器）时，正离子在磁场力（洛仑兹力）的作用下，将改变运动方向（磁场不能改变离子的运动速度）作圆周运动。设离子作圆周运动的轨道半径（近似为磁场曲率半径）为 R，则运动离心力 mv^2/R 必然和磁场力 Hzv 相等，故：

$$Hzv = \frac{mv^2}{R} \tag{11-2}$$

式中，H 为磁场强度。将式(11-1) 带入式(11-2) 中，可得：

$$m/z = \frac{H^2R^2}{2U} \tag{11-3}$$

上式称为质谱方程式，是设计质谱仪器的主要依据。由此式可见，离子在磁场内运动半径 R 与 m/z、H、U 有关。因此只有在一定的 U 及 H 的条件下，某些具有一定质荷比（m/z）的正离子才能以运动半径为 R 的轨道到达检测器。

若 H、R 固定，$m/z \propto 1/U$，只要连续改变加速电压（电压扫描），或 U、R 固定，$m/z \propto H^2$，连续改变 H（磁场扫描），就可使具有不同 m/z 的离子顺序到达检测器发生信号而得到质谱图。

11.2.3 质谱仪的性能参数

质谱仪的主要性能参数包括质量范围、分辨率、灵敏度、质量稳定性和质量精度等。

11.2.3.1 质谱测定范围

质谱仪的质量测定范围表示质谱仪所能够进行分析的样品的原子量（或分子量）范围，通常用原子质量单位进行度量。测定气体用的质谱仪，一般质量测定范围在 $2 \sim 100$，而有机质谱仪一般可达几千，现代质谱仪甚至可以研究分子量达几十万的生化样品。

11.2.3.2 分辨率

分辨率是指质谱仪分开相邻质量数离子的能力。分辨率（R）是质谱仪性能的一个重要指标，它反映仪器对质荷比相邻的两个质谱峰的分辨能力。对质荷比相邻的两个单电荷离子的质谱峰（单电荷离子是离子源中主要的生成离子，其质荷比数值与其质量相同），其质量分别为 m、$m + \Delta m$，当两峰峰谷的高度等于或小于峰高的 10% 时，这两个峰即认为可以被区分开（图 11-1）。仪器的分辨率通常表示为：

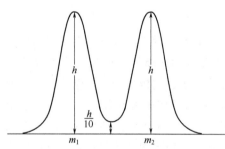

图 11-1　质谱仪 10％峰谷分辨率

$$R = \frac{m}{\Delta m} \quad (\Delta m \leqslant 1) \tag{11-4}$$

而在实际工作中，有时很难找到相邻的且峰高相等的两个峰，同时峰谷又为峰高的 10%。在这种情况下，可任选一单峰，测其峰高 5% 处的峰宽 $W_{0.05}$，即可当作上式中的 Δm，此时分辨率定义为：

$$R = \frac{m}{W_{0.05}} \tag{11-5}$$

分辨率只为 500 左右的质谱仪可以满足一般有机分析的要求，而 $R \geqslant 10^4$ 时为高分辨率质谱仪，高分辨率质谱仪可测量离子的精确质量。

11.2.3.3 灵敏度

质谱仪的灵敏度有绝对灵敏度、相对灵敏度和分析灵敏度等几种表示方式。绝对灵敏度是指仪器可以检测到的最小样品量；相对灵敏度是指仪器同时检测的大组分和小组分的含量之比；分析灵敏度是指输入仪器的样品量与仪器输出信号之比。

11.2.3.4 质量稳定性

质量稳定性主要是指仪器在工作时质量稳定的情况，通常用一定时间内质量漂移的质量单位来表示。例如，某仪器的质量稳定性为 0.1amu/12h，意思是该仪器在 12h 之内，质量漂移不超过 0.1amu（atomic mass unit，原子质量单位）。

11.2.3.5 质量精度

质量精度是质谱仪的实测分子量和理论分子量的接近程度，指质量测定的精确程度，常用相对百分比表示。例如，某化合物的质量为 1520473amu，用某质谱仪多次测定该化合物，测得的质量与该化合物理论质量之差在 0.003amu 之内，则该仪器的质量精度为百万分之二十（20×10^{-6}）。质量精度是高分辨质谱仪的一项重要指标，对低分辨质谱仪没有太大意义。

11.2.4 质谱术语

11.2.4.1 基峰

质谱图中离子强度最大的峰，规定其相对强度（relative intensity，RI）或相对丰度（relative abundance，RA）为 100。丙酮的质谱图如图 11-2 所示。

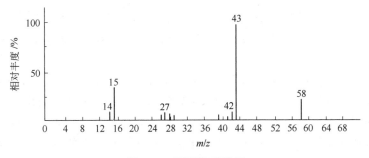

图 11-2 丙酮的质谱图

11.2.4.2 质荷比

离子的质量与所带电荷数之比，用 m/z 或 m/e 表示。m 为组成离子的各元素同位素原子核的质子数目和中子数目之和，如 H 为 1，C 为 12、13，O 为 16、17、18，Cl 为 35、37等。质谱中的质荷比依据的是单个原子的质量，所以质谱中测得的原子质量为该元素某种同位素的原子质量，而不是通常化学中用的平均原子质量。z 或 e 为离子所带正电荷或所丢失的电子数目，通常 z（或 e）为 1。质荷比是质谱图的横坐标，质荷比是质谱定性分析的基础。

11.2.4.3 精确质量

低分辨质谱中离子的质量为整数，高分辨质谱给出分子离子或碎片离子的不同程度的精确质量。分子离子或碎片离子的精确质量的计算基于精确原子质量。由精确原子质量表可计算出精确原子质量，例如，CO 为 27.9949，N_2 为 28.0062，C_2H_4 为 28.0313，三个物质的分子质量相差很小，但用精确的高分辨质谱就可以把它们区分开来。

11.2.4.4 离子丰度

离子丰度（abundance of ions）是指检测器检测到的离子信号强度。离子相对丰度（relative abundance of ions）是指以质谱图中指定质荷比范围内最强峰为 100%，其他离子峰对其归一化所得的强度。标准质谱图均以离子相对丰度值为纵坐标，谱峰的离子丰度与物质的含量相关，因此是质谱定量的基础。

11.2.4.5 真空度

真空度是表示质谱仪真空状态的参数，单位为 Pa；质谱仪要求的真空度为 $1.33 \times 10^{-6} \sim 1.33 \times 10^{-3}$ Pa。质谱仪之所以要在真空下工作，是为了尽量减少离子-分子之间的碰撞（即得到最大平均自由程）。首先碰撞可能导致离子偏离所期望的轨迹（由离子源到四极杆检测器）；其次碰撞可能导致产生意外的离子或带来副反应，平均自由程，101325Pa 约为 10^{-6} m，1.33×10^{-2} Pa 约为 0.5m；另外较好的真空度可以防止在高电压（用于某些离子聚焦）下生成电弧，并减少污染及化学噪声。

11.2.4.6 氮规则

氮规则（nitrogen rule）是有机质谱分析中判断分子离子峰遵循的一条规则。当化合物不含氮或含偶数个氮原子时，该化合物的分子量为偶数，当化合物含奇数个氮原子时，该化合物的分子量为奇数。API（atmospheric pressure ionization）电离方式使用氮规则时，要将准分子离子还原成分子后再使用。

11.2.5 主要离子峰的类型

（1）分子离子峰 由样品分子丢失一个电子而生成的带正电荷的离子，$z = 1$ 的分子离子的 m/z 就是该分子的分子质量。分子离子是质谱中所有离子的起源，它在质谱图中所对应的峰为分子离子峰。

在质谱中，分子离子峰的强度和化合物的结构有关。环状化合物比较稳定，不易碎裂，因而分子离子较强。支链较易碎裂，分子离子峰就弱，有些稳定性差的化合物经常看不到分子离子峰。一般规律是，化合物分子稳定性差，键长，分子离子峰弱，有些酸、醇及支键烃的分子离子峰较弱甚至不出现，相反，芳香化合物往往都有较强的分子离子峰。分子离子峰强弱的大致顺序是：芳环＞共轭烯＞烯＞酮＞不分支烃＞醚＞酯＞胺＞酸＞醇＞高分支烃。

分子离子是化合物分子失去一个电子形成的，因此，分子离子的质量就是化合物的分子量，所以分子离子在化合物质谱的解释中具有特殊重要的意义。

（2）碎片离子峰 由分子离子裂解产生的所有离子，碎片离子与分子解离的方式有关，可以根据碎片离子来推断分子结构。

（3）重排离子峰 经过重排反应产生的离子，其结构并非原分子中所有。在重排反应中，化学键的断裂和生成同时发生，并丢失中性分子或碎片。

（4）同位素离子峰 当分子中有同种元素不同的同位素时，此时的分子离子由多种同位素离子组成，不同同位素离子峰的强度与同位素的丰度成正比。

（5）多电荷离子峰　一个分子丢失一个以上电子形成的离子称为多电荷离子。在正常电离条件下，有机化合物只产生单电荷或双电荷离子。在质谱图中，双电荷离子出现在单电荷离子的 1/2 质量处。

（6）准分子离子峰　用 CI 电离法，常得到比分子质量多（或少）1 质量单位的离子，称为准分子离子，如 $(M+H)^+$、$(M-H)^+$ 等。在醚类化合物的质谱图中出现的 $(M+1)$ 峰为 $(MH)^+$。

（7）亚稳离子峰　在电离、裂解或重排过程中所产生的离子，都有一部分处于亚稳态，这些亚稳离子同样被引出离子室。例如在离子源中生成质量为 m_2 的离子，当被引出离子源后，在离子源和质量分析器入口处之间的无场飞行区漂移时，由于碰撞等原因很易进一步分裂失去中性碎片而形成质量为 m_2 的离子，由于它的一部分动能被中性碎片夺走，这种 m_2 离子的动能要比在离子源直接产生的 m_2 小得多，所以前者在磁场中的偏转要比后者大得多，此时记录到的质荷比要比后者小，这种峰称为亚稳离子峰。

11.3　质谱仪仪器组成

由于有机样品、无机样品和同位素样品等具有不同形态、性质和不同的分析要求，所以，所用的电离装置、质量分析装置和检测装置有所不同。但是，不管是哪种类型的质谱仪，其基本组成是相同的，都包括进样系统、离子源、质量分析器、检测器和真空系统（图 11-3）。本节主要介绍有机质谱仪的仪器组成。

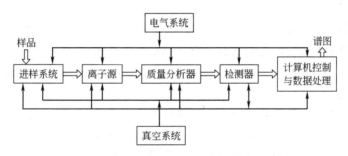

图 11-3　质谱仪工作原理方框图

11.3.1　进样系统

质谱仪对进样系统的要求主要有重复性、不引起真空度降低。进样方式包括间歇式进样和直接探针进样，间歇式进样适用于气体、沸点低且易挥发的液体、中等蒸气压固体，直接探针进样适用于高沸点液体及固体样品。探针杆通常是一根规格为 $25cm \times 6mm$ 的柱，末端有一装样品的黄金杯（坩埚），将探针杆通过真空闭锁系统引入样品。

11.3.2　离子源或电离室

离子源或电离室的作用是将欲分析样品电离，得到带有样品信息的离子，其原理与结构如图 11-4 所示。质谱仪的离子源种类很多，现将主要的离子源介绍如下。

11.3.2.1　电子电离源

电子电离源（electron ionization，EI）又称 EI 源，是应用最为广泛、发展最成熟的电

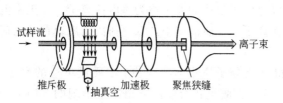

图 11-4　电离室原理与结构示意图

离方法，它主要用于挥发性样品的电离。

按照德布罗意（de Broglie）关系式：

$$\lambda = \frac{h}{mv} \qquad (11\text{-}6)$$

式中，λ 是动量为 mv 的粒子的波长；h 为普朗克（Planck）常数。

当电子被加速到几十电子伏时，其波长为分子大小的数量级，当这样的波紧靠分子而过或通过分子时，它可分解为一系列复杂的波，其中之一可与分子中的某一电子同相位，从而可使该电子激发而逐出。

一般采用 70V 来加速电子，故电子能量为 70eV。此能量下得到的离子流比较稳定，质谱图的再现性好，所有的标准质谱图都是在 70eV 下做出的。在 70eV 电子碰撞作用下，有机物分子可能被打掉一个电子形成分子离子，也可能会发生化学键的断裂形成碎片离子。由分子离子可以确定化合物分子量，由碎片离子可以得到化合物的结构。对于一些不稳定的化合物，在 70eV 的电子轰击下很难得到分子离子。为了得到分子量，可以采用 10～20eV 的电子能量，不过此时仪器灵敏度将大大降低，需要加大样品的进样量。而且，得到的质谱图不再是标准质谱图。

离子源中进行的电离过程是很复杂的过程，有专门的理论对这些过程进行解释和描述。在电子轰击下，样品分子可能有四种不同途径形成离子：样品分子被打掉一个电子形成分子离子；分子离子进一步发生化学键断裂形成碎片离子；分子离子发生结构重排形成重排离子；通过分子离子反应生成加合离子。

此外，还有同位素离子。这样，一个样品分子可以产生很多带有结构信息的离子，对这些离子进行质量分析和检测，可以得到具有样品信息的质谱图。

电子电离源主要适用于易挥发有机物样品的电离，气相色谱与质谱联用仪中都有这种离子源。

其优点是易于实现，工作稳定可靠，所得质谱图再现性好，有标准质谱图可以检索，便于谱图相互对比；含有较多的碎片离子信息，为推测未知结构提供必要的丰富的结构信息。缺点是只适用于易气化的有机物样品分析，并且，对有些化合物得不到分子离子。

为克服碎片离子峰太多而分子离子峰强度太低甚至缺少的缺点，有的离子源可快速切换 EI 和 CI，因而能得到全面的信息。总之，当 EI 谱中分子离子峰的强度太低时，我们就需要软电离的数据相配合。

11.3.2.2　化学电离源

有些化合物稳定性差，用 EI 方式不易得到分子离子，因而也就得不到分子量。为了得到分子量，可以采用化学电离（chemical ionization，CI）方式。EI 电离是电子直接与样品分子作用，而 CI 电离时，样品分子的电离是经过离子-分子反应而完成的。CI 和 EI 在结构上没有多大差别，或者说主体部件是共用的，其主要差别是 CI 源工作过程中要引进一种反应气体。EI 电离工作压强约为 1.3×10^{-4} Pa，而 CI 电离时因有反应气，压强约为 1.3×10^{2} Pa，反应气可以是甲烷、甲醇、异丁烷、氨等。反应气的量比样品气要大得多。灯丝发出的电子首先将反应气电离，然后反应气离子与样品分子进行离子-分子反应，并使样品气电离。现以甲烷作为反应气为例，说明化学电离的过程，部分反应如下：

$$CH_4 + e^- \longrightarrow CH_4^+ \cdot + 2e^-$$

$$CH_4^+ \cdot + CH_4 \longrightarrow CH_5^+ + CH_3 \cdot$$
$$CH_5^+ + M \longrightarrow CH_4 + MH^+$$

上面式子中，M 代表被分析的样品分子，由它生成了准分子离子 MH^+。事实上，以甲烷作为反应气，除 $(M+1)^+$ 之外，还可能出现 $(M+17)^+$、$(M+29)^+$ 等离子，同时还出现大量的碎片离子。化学电离源是一种软电离方式，有些用 EI 方式得不到分子离子的样品，改用 CI 后可以得到准分子离子，因而可以求得分子量。对于含有很强的吸电子基团的化合物，检测负离子的灵敏度远高于正离子的灵敏度，因此，CI 源一般都有正 CI 和负 CI，可以根据样品情况进行选择。由于 CI 得到的质谱不是标准质谱，所以不能进行库检索。CI 谱中碎片离子峰少，强度低。总的来讲，CI 谱和 EI 谱构成较好的互补关系。

EI 和 CI 源主要用于气相色谱-质谱联用仪，适用于易气化的有机物样品分析。

11.3.2.3　快原子轰击源

自 20 世纪 80 年代以来，快原子轰击（fast atomic bombardment，FAB）是另一种常用的离子源，它主要用于极性强、分子量大的样品分析。快原子轰击用重的原子，如氙或氩，有时也用氦。惰性气体的原子首先被电离，然后电位加速，使之具有较大的动能。在原子枪内进行电荷交换反应，低能量的离子被电场偏转引出，高动能的原子则对靶物进行轰击。

以氩为例，氩气在电离室依靠放电产生氩离子，高能氩离子经电荷交换得到高能氩原子流，氩原子打在样品上产生样品离子。样品置于涂有底物（如甘油、硫代甘油、三乙醇胺和聚乙二醇等）的靶上。靶材为铜，原子氩打在样品上使其电离后进入真空，并在电场作用下进入分析器。电离过程中不必加热气化，因此适合于分析大分子量、难气化、热稳定性差的样品，例如肽类、低聚糖、天然抗生素、有机金属配合物等。FAB 源得到的质谱不仅有较强的准分子离子峰，而且有较丰富的结构信息。但是，它与 EI 源得到的质谱图很不相同。其一是它的分子量信息不是分子离子峰 M，而往往是 $(M+H)^+$ 或 $(M+Na)^+$ 等准分子离子峰；其二是碎片峰比 EI 谱要少。基质分子也会产生相应的峰，以甘油为例，会有 m/z 93、185、277 等。

FAB 源主要用于磁式双聚焦质谱仪。

11.3.2.4　场电离和场解吸

当样品蒸气邻近或接触带高的正电位的金属针时，由于高曲率半径的针端处产生很强的电位梯度，样品分子可被电离，这称为场电离（field ionization）。场电离要求样品分子处于气态，灵敏度又低，因而应用逐渐减少。

场解吸（field desorption）的原理与场电离相同，但样品是沉积在电极上。为增加离子的产率，电极上有很多微针。在电场的作用下或再辅以温和的加热，样品分子不经气化而直接得到准分子离子，因而场解吸适合于难气化、热不稳定的样品，如肽类化合物、糖、高聚物、有机酸的盐和有机金属化合物等。由场解吸所得的质谱中准分子离子峰强，碎片离子很少，为得到较多的结构信息需进行碰撞诱导断裂（collision induced dissociation，CID）。

11.3.2.5　电喷雾源

电喷雾源（electron spray ionization，ESI）是近年来出现的一种新的电离方式，它主要应用于液相色谱-质谱联用仪。它既作为液相色谱仪和质谱仪之间的接口装置，同时又是电离装置。它的主要部件是一个多层套管组成的电喷雾喷嘴。最内层是液相色谱流出物，外层是喷射气，喷射气常采用大流量的氮气，其作用是使喷出的液体容易分散成微滴。另外，在喷嘴的斜前方还有一个补助气喷嘴，补助气的作用是使微滴的溶剂快速蒸发。在微滴蒸发过程中表面电荷密度逐渐增大，当增大到某个临界值时，离子就可以从表面蒸发出来。离子产生后，借助于喷嘴与锥孔之间的电压，穿过取样孔进入分析器。

加到喷嘴上的电压可以是正，也可以是负。通过调节极性，可以得到正或负离子的质谱。其中值得一提的是电喷雾喷嘴的角度，如果喷嘴正对取样孔，则取样孔易堵塞。因此，有的电喷雾喷嘴设计成喷射方向与取样孔不在一条线上，而错开一定角度。这样溶剂雾滴不会直接喷到取样孔上，使取样孔比较干净，不易堵塞。产生的离子靠电场的作用引入取样孔，进入分析器。

电喷雾电离源是一种软电离方式，即便是分子量大、稳定性差的化合物，也不会在电离过程中发生分解，它适合于分析极性强的大分子有机化合物，如蛋白质、肽、糖等。电喷雾电离源的最大特点是容易形成多电荷离子。这样，一个分子量为10000的分子若带有10个电荷，则其质荷比只有1000，进入了一般质谱仪可以分析的范围之内。根据这一特点，目前采用电喷雾电离，可以测量分子量在300000以上的蛋白质。

11.3.2.6 大气压化学电离源

大气压化学电离（atmospheric pressure chemical ionization，APCI）主要应用于高效液相色谱仪和质谱仪联机时的电离方法。它的结构与电喷雾源大致相同，不同之处在于APCI喷嘴的下游放置一个针状放电电极，通过放电电极的高压放电，使空气中某些中性分子电离，产生 H_3O^+、N_2^+、O_2^+ 和 O^+ 等离子，溶剂分子也会被电离，这些离子与分析物分子进行离子-分子反应，使分析物分子离子化，这些反应过程包括由质子转移和电荷交换产生正离子、由质子脱离和电子捕获产生负离子等。

大气压化学电离源主要用来分析中等极性的化合物。有些分析物由于结构和极性方面的原因，用ESI不能产生足够强的离子，可以采用APCI方式增加离子产率，可以认为APCI是ESI的补充。APCI主要产生的是单电荷离子，所以分析的化合物分子量一般小于1000。用这种电离源得到的质谱很少有碎片离子，主要是准分子离子。

以上两种电离源主要用于液相色谱-质谱联用仪。

11.3.2.7 激光解吸源

激光解吸源（laser description，LD）是利用一定波长的脉冲式激光照射样品使样品电离的一种电离方式。被分析的样品置于涂有基质的样品靶上，激光照射到样品靶上，基质分子吸收激光能量，与样品分子一起蒸发到气相并使样品分子电离。激光电离源需要有合适的基质才能得到较好的离子产率。因此，这种电离通常称为基质辅助激光解吸电离（matrix assisted laser description ionization，MALDI）。MALDI特别适合于飞行时间质谱仪（TOF），组成MALDI-TOF。MALDI属于软电离技术，它比较适合于分析生物大分子，如肽、蛋白质、核酸等。得到的质谱主要是分子离子、准分子离子，碎片离子和多电荷离子较少。MALDI常用的基质有2,5-二羟基苯甲酸、芥子酸、烟酸、α-氰基-4-羟基肉桂酸等。

以上简要对几个离子源的结构、工作原理及应用做了简要介绍，其中几个主要离子源特点的对比见表11-1。

表11-1　主要离子源特点

基本类型	离子源	离子化能量	特点及主要应用
气相	电子轰击(EI)	高能电子	适合挥发性样品,灵敏度高,重现性好,特征碎片离子,标准谱库,适用于分子结构判定
	化学电离(CI)	反应气离子	适合挥发性样品、准分子离子、分子量确定

基本类型	离子源	离子化能量	特点及主要应用
解吸	快原子轰击(FAB)	高能原子束	适合难挥发、极性大的样品,生成准分子离子和少量碎片离子
	电喷雾(ESI)	高电场	生成多电荷离子,碎片少,适合极性大分子分析,也用作 LC-MS 接口
	基质辅助激光解吸(MALDI)	激光束	适合高分子及生物大分子分析,主要生成准分子离子

11.3.3 质量分析器

质量分析器是质谱仪器的核心,它的作用是将离子源产生的离子按 m/z 顺序分开并排列成谱(图 11-5)。用于有机质谱仪的质量分析器有单聚焦质量分析器(图 11-6)和双聚焦质量分析器(图 11-7)、四极杆质量分析器、离子阱质量分析器、回旋共振分析器、飞行时间质量分析器等。质量分析器的不同构成了不同种类的质谱仪器,由于不同类型的质谱仪器有不同的原理、功能、指标和应用范围,因此需要对各种质量分析器进行了解。

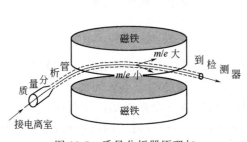

图 11-5 质量分析器原理与
结构示意图

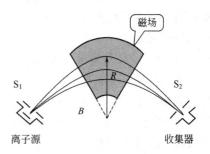

图 11-6 单聚焦质量分析器原理
与结构示意图

11.3.3.1 单聚焦质量分析器和双聚焦质量分析器

单聚焦质量分析器(single-focusing)使用扇形磁场,双聚焦质量分析器(double-focusing)使用扇形电场及扇形磁场。

单聚焦质量分析器的主体是处在磁场中的扇形真空腔体。离子进入分析器后,由于磁场的作用,其运动轨道发生偏转改作圆周运动。其运动轨道半径 R 可由下式表示:

$$R = \frac{\left[2V(m/ze)\right]^{\frac{1}{2}}}{B} \qquad (11-7)$$

或

$$m/z = \frac{R^2 B^2 e}{2V} \qquad (11-8)$$

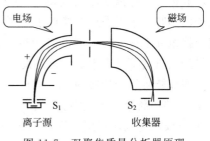

图 11-7 双聚焦质量分析器原理
与结构示意图

式中,m 为离子质量;ze 为离子所带电荷(e 为所带电荷量,z 为正整数);V 为加速电压,V;B 为磁感应强度,T。

由上式可知,在一定的 B、V 条件下,不同 m/z 的离子其运动半径不同,这样,由离子源产生的离子,经过分析器后可实现质量分离,如果检测器位置不变(即 R 不变),连续改变 V 或 B 可以使不同 m/z 的离子顺序进入检测器,实现质量扫描。由于加速电压高时,仪器的分辨率和灵敏度高,因而易采用尽可能高的加速电压,因此一般取 V 为定值,通过

对 B 的扫描，顺次记录下各质荷比离子的强度，从而得到所有 m/z 离子的质谱。

单聚焦质量分析器磁场可以是 $180°$ 的，也可以是 $90°$ 或其他角度的，其形状像一把扇子，因此又称磁扇形质量分析器。单聚焦质量分析器结构简单，操作方便，但其分辨率很低，不能满足有机物分析要求，目前只用于同位素质谱仪和气体质谱仪。单聚焦质谱仪分辨率低的主要原因在于，它不能克服离子初始能量分散对分辨率造成的影响。在离子源产生的离子当中，质量相同的离子应该聚在一起，但由于离子初始能量不同，经过磁场后其偏转半径也不同，而是以能量大小顺序分开，即磁场也具有能量色散作用，这样就使得相邻两种质量的离子很难分离，从而降低了分辨率。

为了消除离子能量分散对分辨率的影响，通常在扇形磁场前加一扇形电场，扇形电场是一个能量分析器，不起质量分离作用。质量相同而能量不同的离子经过静电电场后会彼此分开，即静电场有能量色散作用。如果设法使静电场的能量色散作用和磁场的能量色散作用大小相等而方向相反，就可以消除能量分散对分辨率的影响。只要是质量相同的离子，经过电场和磁场后可以会聚在一起，改变离子加速电压可以实现质量扫描。这种由电场和磁场共同实现质量分离的分析器，同时具有方向聚焦和能量聚焦作用，称为双聚焦质量分析器。双聚焦质量分析器的优点是分辨率高，缺点是扫描速度慢，操作、调整比较困难，而且仪器造价也比较昂贵。

11.3.3.2　四极杆质量分析器

四极杆质量分析器（quadrupole mass analyzer）由四根棒状电极组成。电极材料是镀金陶瓷或钼合金。相对两根电极间加有电压（$V_{dc} + V_{rf}$），另外两根电极间加有 $-(V_{dc} + V_{rf})$。其中 V_{dc} 为直流电压，V_{rf} 为射频电压。四个棒状电极形成一个四极场。在保持 V_{dc}/V_{rf} 不变的情况下改变 V_{rf} 值，对应于一个 V_{rf} 值，四极场只允许一种质荷比的离子通过，其余离子则振幅不断增大，最后碰到四极杆而被吸收，通过四极杆的离子到达检测器被检测。改变 V_{rf} 值，可以使另外质荷比的离子顺序通过四极场实现质量扫描。设置扫描范围实际上是设置 V_{rf} 值的变化范围。当 V_{rf} 值由一个值变化到另一个值时，检测器检测到的离子就会从 m_1 变化到 m_2，也即得到 m_1 至 m_2 的质谱。

V_{rf} 的变化可以是连续的，也可以是跳跃式的。所谓跳跃式扫描是只检测某些质量的离子，故称为选择离子监测（select ion monitoring，SIM）。当样品量很少，而且样品中特征离子已知时，可以采用选择离子监测。这种扫描方式灵敏度高，而且，通过选择适当的离子使干扰组分不被采集，可以消除组分间的干扰。SIM 适合于定量分析，但因为这种扫描方式得到的质谱不是全谱，因此不能进行质谱库检索和定性分析。

四极杆质量分析器的优点比较突出。

① 结构简单，体积小，重量轻，价格便宜，清洗方便，操作容易。

② 仅用电场而不用磁场，无磁滞现象，扫描速度快，这使得它适合与色谱联机，特别如气相毛细管色谱，也适合于跟踪快速化学反应等场合。

③ 操作时的真空相对较低，因而特别适合同液相色谱联机。

四极杆质量分析器也有缺点。

① 分辨率不够高。

② 对较高质量的离子有质量歧视效应。

11.3.3.3　离子阱质量分析器

离子阱的主体是一个环电极和上下两端盖电极，环电极和上下两端盖电极都是绕 z 轴旋转的双曲面，并满足 $r_0^2 = 2Z_0^2$（r_0 为环形电极的最小半径，Z_0 为两个端盖电极间的最短距离）。直流电压 U 和射频电压 V_{rf} 加在环电极和两端盖电极之间，两端盖电极都处于低电位。

与四极杆质量分析器类似，离子在离子阱内的运动遵守所谓马蒂厄微分方程，也有类似四极杆质量分析器的稳定图。在稳定区内的离子，轨道振幅保持一定大小，可以长时间留在阱内，不稳定区的离子振幅很快增长，撞击到电极而消失。对于一定质量的离子，在一定的 U 和 V_{rf} 下，可以处在稳定区。改变 U 或 V_{rf} 的值，离子可能处于非稳定区。如果在引出电极上加负电压，可以将离子从阱内引出，由电子倍增器检测。因此，离子阱的质量扫描方式与四极杆类似，是在恒定的 U/V_{rf} 下，扫描 V_{rf} 获取质谱。

离子阱具有如下优点。

① 单一的离子阱可实现多级串联质谱。

② 结构简单，重量轻，价格低，性价比高。

③ 灵敏度高，较四极杆质量分析器高 10～1000 倍。

④ 被测样品的质量范围大。

离子阱的缺点为所得质谱与标准质谱图有一定差别，这是由于离子阱中生成的离子有较长的停留时间，可能发生离子-分子反应。为克服该缺点，故采用外加离子源，且采用外加离子源之后，离子阱也便于作为质量分析器与色谱仪器联机。

11.3.3.4　傅里叶变换离子回旋共振分析器

傅里叶变换离子回旋共振分析器（Fourier transform ion cyclotron resonance analyzer，FTICR）是在原来回旋共振分析器的基础上发展起来的。因此，首先叙述一下离子回旋共振的基本原理。假定质荷比为 m/z 的离子进入磁感应强度为 B 的磁场中，由于受磁场力的作用，离子作圆周运动，如果没有能量的损失和增加，圆周运动的离心力和磁场力相平衡，即：

$$\frac{mv^2}{R} = Bzv \tag{11-9}$$

将等式整理后得：

$$\frac{v}{R} = \frac{Bz}{m} \quad \text{或} \quad x = \frac{Bz}{m}$$

式中，x 为离子运动的回旋频率，$rad \cdot s^{-1}$。由式 $x = \dfrac{Bz}{m}$ 可以看出，离子的回旋频率与离子的质荷比呈线性关系，当磁场强度固定后，只需精确测得离子的共振频率，就能准确地得到离子的质量。测定离子共振频率的办法是外加一个射频辐射，如果外加射频频率等于离子共振频率，离子就会吸收外加辐射能量而改变圆周运动的轨道，沿着阿基米德螺线加速，离子收集器放在适当的位置就能收到共振离子。改变辐射频率，就可以接收到不同的离子，但普通的回旋共振分析器扫描速度很慢，灵敏度低，分辨率也很差。傅里叶变换离子回旋共振分析器采用的是线性调频脉冲来激发离子，即在很短的时间内进行快速频率扫描，使很宽范围的质荷比的离子几乎同时受到激发。因而扫描速度和灵敏度比普通回旋共振分析器高得多。

分析室是一个立方体结构，它是由三对相互垂直的平行板电极组成的，置于高真空和由超导磁体产生的强磁场中。样品离子引入分析室后，在强磁场作用下被迫以很小的轨道半径作回旋运动，由于离子都是以随机的非相干方式运动，因此不产生可检出的信号。如果在发射极上施加一个很快的扫频电压，当射频频率和某离子的回旋频率一致时，共振条件得到满足。离子吸收射频能量，轨道半径逐渐增大，变成螺旋运动，经过一段时间的相互作用以后，所有离子都作相干运动，产生可被检出的信号。作相干运动的正离子运动至靠近接收极的一个极板时，吸收此极板表面的电子，当其继续运动到另一极板时，又会吸引另一极板表面的电子，这样便会感生出"相电流"。相电流是一种正弦形式的时间域信号，正弦波的频率和离子的固有回旋频率相同，其振幅则与分析室中该质量的离子数目成正比。如果分析室中各种质量的离子都满足共振条件，那么，实际测得的信号是同一时间内作相干轨道运动的各种离子所对应的正弦波信号的叠加。将测得的时间域信号重复累加，放大并经模数转换后输入计算机进行快速傅里叶变换，便可检出各种频率成分，然后利用频率和质量的已知关系，便可得到常见的质谱图。

傅里叶变换离子回旋共振分析器的优点主要有：分辨率极高，远远超过其他质量分析器；可完成多级串联质谱的操作；便于与色谱仪器串联；灵敏度高，被测样品质量范围宽，速度快，性能可靠等。

11.3.3.5 飞行时间质量分析器

飞行时间质量分析器（time of flight analyzer）的核心部分是一个离子漂移管。质量分析的原理为用一个脉冲将离子源中的离子瞬间引出，经加速电压加速，它们具有相同的动能而进入离子漂移管，质荷比最小的离子具有最快的速度，因而首先到达检测器，质荷比最大的离子则最后到达检测器。

飞行时间质量分析器的特点是质量范围宽，扫描速度快，既不需电场也不需磁场。但是，长时间以来一直存在分辨率低这一缺点，造成分辨率低的主要原因在于离子进入漂移管前的时间分散、空间分散和能量分散。这样，即使是质量相同的离子，由于产生时间的先后、产生空间的前后和初始动能的大小不同，到达检测器的时间就不相同，因而降低了分辨率。目前，通过采取激光脉冲电离方式，离子延迟引出技术和离子反射技术，可以在很大程度上克服上述三个原因造成的分辨率下降。现在，飞行时间质谱仪的分辨率可达 20000 以上，最高可检质量超过 300000，并且具有很高的灵敏度。目前，这种分析器已广泛应用于气相色谱-质谱联用仪、液相色谱-质谱联用仪和基质辅助激光解吸飞行时间质谱仪中。

11.3.4 检测器和真空系统

11.3.4.1 检测器

质谱仪的检测器（detecter）主要使用电子倍增器，也有的使用光电倍增管。由四极杆出来的离子打到高能极产生电子，电子经电子倍增器产生电信号，记录不同离子的信号即得质谱。信号增益与倍增器电压有关，提高倍增器电压可以提高灵敏度，但同时会降低倍增器的寿命，因此，应该在保证仪器灵敏度的情况下采用尽量低的倍增器电压。由倍增器出来的电信号被送入计算机存储，这些信号经计算机处理后可以得到色谱图、质谱图及其他各种信息。

11.3.4.2 真空系统

为了保证离子源中灯丝的正常工作，保证离子在离子源和分析器正常运行，消减不必要的离子碰撞、散射效应、复合反应和离子-分子反应，减小本底与记忆效应，质谱仪的离子源和分析器都必须处在优于 10^{-5} mbar（1bar＝10^5 Pa）的真空中才能工作。也就是说，质谱仪都必须有真空系统（vacuum system）。一般真空系统由机械真空泵和扩散泵或涡轮分子泵组成。机械真空泵能达到的极限真空度为 10^{-3} mbar，不能满足要求，必须依靠高真空泵。扩散泵是常用的高真空泵，其性能稳定可靠，缺点是启动慢，从停机状态到仪器能正常工作所需时间长；涡轮分子泵则相反，仪器启动快，但使用寿命不如扩散泵。但由于涡轮分子泵使用方便，没有油的扩散污染问题，因此，近年来生产的质谱仪大多使用涡轮分子泵。涡轮分子泵直接与离子源或分析器相连，抽出的气体再由机械真空泵排到体系之外。

以上是一般质谱仪的主要组成部分。当然，若要仪器能正常工作，还必须要有供电系统、数据处理系统等，因为没有特殊之处，不再叙述。

这样，一个有机化合物样品，由于其形态和分析要求不同，可以选用不同的电离方式使其离子化，再由质量分析器按离子的 m/z 将离子分开并按一定顺序排列成谱，经检测器检测即得到样品的质谱。质谱图的横坐标是质荷比 m/z，纵坐标是各离子的相对强度。通常把最强的离子的强度定为 100，称为基峰，其他离子的强度以基峰为标准来确定。对于一定的化合物，各离子间的相对强度是一定的，因此，质谱具有化合物的结构特征。

11.4 质谱定性分析法

11.4.1 同位素峰相对强度法

拜诺（Beynon）等计算了分子量在 500 以下，只含 C、H、O、N 的化合物的同位素离子峰 $(M+2)^+$、$(M+1)^+$ 与分子离子峰 M^+ 的相对强度（以 M^+ 峰的强度为 100），编制成表，称为 Beynon 表。表 11-2 是 Beynon 表中 M＝126 的部分。只要质谱图中 $(M+1)^+$、$(M+2)^+$ 峰能准确测量，计算它们与 M^+ 的相对强度，由 Beynon 表便可确定分子式。

表 11-2 Beynon 表中 M＝126 的部分

分子式	M+1	M+2	分子式	M+1	M+2
$C_5H_8N_3O$	6.72	0.35	$C_6H_8NO_2$	7.01	0.62
$C_3H_{10}N_4$	7.09	0.22	$C_7H_{10}O_2$	7.80	0.66
$C_6H_6O_3$	6.70	0.79	$C_8H_2N_2$	9.44	0.44

如 M^+ 的 m/z＝126，且 $(M+1)^+$、$(M+2)^+$ 峰相对于 M^+ 峰的强度分别为 6.71％、0.81％，则可能的分子式为 $C_5H_8N_3O$ 和 $C_6H_6O_3$。由于 $C_5H_8N_3O$ 不符合氮数规律，所以分子式应为 $C_6H_6O_3$。

当同位素离子峰［尤其是 $(M+2)^+$］的强度很小时，不易准确测定，这样得到的分子式还应由质谱的碎片离子峰或红外光谱、核磁共振谱等数据进一步确证。

11.4.2 高分辨质谱法

各元素的分子量是以 ^{12}C 的分子量 12.000000 作为基准，如精确到小数点后 6 位数字，大多数元素的分子量不是整数。例如：
$$A_r(^1H)=1.007825 \quad A_r(^{14}N)=14.003074 \quad A_r(^{16}O)=15.994915$$
这样，由不同数目的 C、H、O、N 等元素组成的各种分子式中，其分子量整数部分相同的可能有很多，仅其小数部分不会完全相同。

Beynon 等列出了不同数目 C、H、O、N 组成的各种分子式的精密分子量表（精确到小数点后 3 位数字）。高分辨质谱能给出精确到小数点后 4～6 位数字的分子量，用此分子量与 Beynon 表进行核对，就可能将分子式的范围大大缩小，再配合其他信息，即可从少数可能的分子式中得到最合理的分子式。目前，高分辨质谱仪一般都与电子计算机联用，这种数据对照与分子式的检索可由电子计算机完成。

如高分辨质谱测定某未知物的分子量为 126.0328000（注意这是由纯同位素 ^1H、^{12}C、^{16}O 等组成的化合物的分子量，而常见的分子量是由各种同位素按其天然丰度组成的化合物得出的，后者比前者略大）。电子计算机给出其可能的分子式为：①C_9H_4ON 126.0328016；②$C_2H_2ON_6$ 126.0327962；③$C_4H_4O_2N_3$ 126.0327976；④$C_6H_6O_3$ 126.0327989。

其中①、③不符合氮数规律，②很难写出一个合理的结构式，该化合物最合理的分子式应为 $C_6H_6O_3$。此结论得到了该化合物 NMR 谱的证实。

同理，高分辨质谱通过测量每个碎片离子峰 m/z 的精确值，也能给出每个碎片离子的元素组成，这对推证化合物的结构具有非常重要的意义。

11.5 质谱图分析

11.5.1 确定分子量

当对化合物分子用离子源进行离子化时，对那些能够产生分子离子或质子化（或去质子化）分子离子的化合物来说，用质谱法测定分子量是目前最好的方法。它不仅分析速度快，而且能够给出精确的分子量。

显然，只要确定质谱图中分子离子峰或与其相关的离子峰，就可以测得样品的分子量。但是，分子离子峰的强度与分子的结构及类型等因素有关。对某些不稳定的化合物来说，当使用某些硬电离源（如 EI 源）后，在质谱图上只能看到其碎片离子峰，看不到分子离子峰。另外，有些化合物的沸点很高，它们在气化时就被热分解，这样，得到的只是该化合物热分解产物的质谱图。因此，实际分析时必须加以注意。

在纯样品质谱图中，判断分子离子峰时应注意的问题如下。

① 原则上除同位素峰外它是最高质量的峰。即分子离子峰应位于质谱图的最右端，但有些分子会形成质子化分子离子峰（M+1)$^+$ 或去质子化分子离子峰（M−1)$^+$。

② 分子离子峰必须符合氮律。即在含有 C、H、N、O 等的有机化合物中，若有偶数（包括零）个氮原子存在时，其分子离子峰的 m/z 值一定是偶数；若有奇数个氮原子时，其分子离子峰的 m/z 值一定是奇数。这是因为组成有机化合物的主要元素 C、H、O、N、S、卤素中，只有氮的化合价是奇数（一般为 3）而质量数是偶数，因此出现氮律。

③ 当化合物中含有氯或溴时，可以利用 M 与 M+2 峰的比例来确认分子离子峰。通常，若分子中含有一个氯原子时，则 M 和 M+2 峰强度比为 3∶1，若分子中含有一个溴原子时，则 M 和 M+2 峰强度比为 1∶1。

④ 分子离子峰与邻近峰的质量差要合理，如有不合理的碎片峰，就不是分子离子峰。例如，分子离子不可能裂解出两个以上的氢原子和小于一个甲基的基团，故分子离子峰的左边不可能出现比分子离子峰质量小 3～14 个质量单位的峰；若出现质量差 15 或 18，这是由于裂解出 $\cdot CH_3$ 或一分子水，这些质量差是合理的。

⑤ 设法提高分子离子峰的强度。通常，降低电子轰击源的电压，碎片峰逐渐减小甚至消失，而分子离子（和同位素）峰的强度增加。

⑥ 对那些非挥发或热不稳定的化合物应采用软电离源解离方法，如化学电离、大气压化学电离、电喷雾电离等，以加大分子离子峰的强度。

11.5.2 质谱中的反应和机理

11.5.2.1 裂解反应中电子转移方式

（1）均裂 当一个单键（σ键）断裂时，构成该键的两个电子回到原来提供电子的原子上，并生成两个自由基的裂解称为均裂。

$$X\frown Y \longrightarrow X \cdot + Y \cdot$$

用鱼钩形的半箭头表示一个电子的转移。发生均裂时正电荷保持在原来位置上称为电荷保留。

（2）异裂（又称非均裂） σ键的两个电子向同一方向转移的断裂称为异裂（非均裂）。在异裂中正电荷转移的方向与电子转移的方向相反，两个电子留在同一碎片上形成阴离子，另一碎片形成阳离子。

$$X\frown Y \longrightarrow X^+ + Y\colon \text{ 或 } X\frown Y \longrightarrow X\colon + Y^+$$

用整箭头形式表示一对电子向一个方向转移，发生异裂时正电荷转移称为电荷转移。

（3）半异裂 已电离的σ键的裂解称为半异裂，一个电子转移到碎片上成为自由基，另一碎片则成为阳离子。

$$X \overset{\frown}{+} Y \longrightarrow X^+ + Y \cdot$$

11.5.2.2 裂解反应

（1）σ断裂 已被电离的单电子的σ键发生裂解的过程称为σ断裂。一个电子转移到碎片上成为自由基，另一碎片成为阳离子，故又称半异裂，可表示为：

$$OE^+ \cdot \longrightarrow EE^+ + R \cdot$$
$$AB + CD \longrightarrow AB \cdot + CD^+ \text{ 或 } AB^+ + CD \cdot$$

（2）α断裂 在奇电子离子（OE^+）中定域的自由基位置有强烈的电子配对的倾向，它提供孤电子与毗邻（α位置）的原子上的电子形成新键，导致α原子的另一个键断裂称为α断裂。该键断裂时两个碎片各得一个电子，又称均裂，可表示为：

$$OE^+_\cdot \longrightarrow EE^+ + R \cdot \text{ 丢失自由基}$$
$$AB \frown C \overset{\frown}{\longrightarrow} D^+_\cdot \overset{\alpha}{\longrightarrow} AB \cdot + C = D^+$$

在同一个分子离子或碎片离子上，以同一种碎裂机制（α断裂）进行反应时，若有好几个位置，α断裂倾向于失去较大的烷基。

当分子中含有几种杂原子时，这些杂原子提供电子形成新键的能力随其电负性递增而减小，即 N＞S＞O＞Cl。但是烷基取代上氢后可增强正电荷的稳定性，则导致上述次序的改变。

（3）i碎裂 在奇电子离子（OE^+）或偶电子离子（EE^+）中，由于正电荷的诱导效应，吸引某个键的一对电子导致该键断裂，称为i诱导断裂。该键断裂时，一对电子同时转移到一个碎片上，故又称异裂，可表示为：

$$OE^{\ddagger} \longrightarrow EE^+ + R \cdot \text{ 丢失自由基}$$
$$EE^+ \longrightarrow EE^+ + N \text{ 丢失中性分子}$$

$$OE^{\ddagger} \quad AB\!-\!\overset{\frown}{C}\ D \overset{i}{\longrightarrow} AB^+ + \cdot CD$$
$$AB\!-\!C\!=\!\overset{..}{D} \overset{i}{\longrightarrow} AB^+ + \cdot CD$$
$$EE^+ \quad AB\!-\!C\!=\!\overset{+}{D} \overset{i}{\longrightarrow} AB^+ + C\!=\!D$$
$$AB\!-\!\overset{\frown}{C}\!=\!D \overset{i}{\longrightarrow} AB^+ + C\!=\!D$$

　　i诱导断裂与α断裂两者是相互竞争的反应。i断裂顺序为卤素＞O、S≫N、C，而α断裂顺序为N＞S＞O＞Cl，因此含N的化合物一般进行α断裂，而含卤素的化合物易发生i诱导断裂。当化合物不含O、N等杂原子，也没有π键时，只能发生σ断裂。

11.5.2.3　氢重排

　　它是由自由基中心引发，自由基通过空间向分子的某个部位攻击，通过六元环过渡态，发生两个键的断裂，脱去中性分子同时发生氢重排的过程，称为氢重排。

　　（1）麦氏（Mclafferty）重排　麦氏重排又称γ氢重排，是质谱中最重要的断裂方式之一。经过六元环过渡态，丢失中性分子的重排，是γ氢转移。凡是在化合物中有不饱和基团及γ位置上氢原子，都能发生麦氏重排，其通式为：

$$(X = O, N)$$
$$(Y = H, R, OH, OR, NH_3)$$

　　其产物离子如果继续满足麦氏重排结构要求，还可能发生连串重排。

　　（2）氢重排到杂原子上　氢重排到饱和的杂原子上并伴随邻键断裂。一些含饱和官能团的化合物为醇、硫醇、卤代烷等，其氢原子可通过饱和环空间排列的过渡态转移到杂原子上，接着发生消除反应，失去稳定性较高的中性小分子，如H_2O、HF、HCl、HBr等，通式表示如下：

　　醇类一般经过四元环和六元环过渡态，发生1,4（或1,3）脱水产生$(M-18)^+$峰。

　　（3）双氢重排　双氢重排是酯和具有类似官能团化合物的特征分解反应，这种重排提供酯、硫酯、酰胺和磷酸酯的特征峰。

11.5.2.4　置换反应

　　这是非氢重排反应，其反应是离子内部的两部分（其中一部分常常是自由基中心）互相作用形成新键，与此同时另一部分键断裂而失去，通式为：

$$R \overbracket{}^{\gamma d} \overset{+}{Y}-R' \xrightarrow{\gamma d} \cdot C_2H_5 + \overset{+}{Y}-R'$$

11.5.2.5 消除反应

非氢重排的过程，其反应是离子发生两个键的断裂而消除离子的中段碎片，通式如下：

$$R \overbracket{} R'Y \xrightarrow{\gamma e} + + R\!-\!R'\overset{\oplus}{Y}$$

$$\text{ABCD}^+ \text{(OE}^+ \text{ 或 EE}^+ \text{)} \longrightarrow \text{AD}^+ + \text{BC}$$

11.5.2.6 影响裂解反应的因素

（1）反应产物的稳定性 质谱中裂解反应产物有带电荷的奇电子离子、偶电子离子、自由基和分子等，这些产物的稳定性是影响反应方向的主要因素。

① 生成稳定的正离子，包括生成碳正离子或具有共振结构的正离子。

② 生成中性小分子。由于中性小分子是极稳定的产物，消去中性小分子的断裂较容易发生。

（2）键的稳定性 当产物离子有相近的稳定性时，键的稳定性成为决定裂解方向的重要因素。以 $I\!-\!CH_2\!-\!\langle\!\!\!\bigcirc\!\!\!\rangle\!-\!CH_2\!-\!Br$ 为例，该分子中 C—I 键远比 C—Br 键弱，因此 I 比 Br 更易失去，因此在质谱中主要观测到的是碘的丢失。

（3）最大烷基自由基的丢失 这个规则适用于 α 断裂反应：羰基 $O\!=\!C\!\!\diagdown$ 有 2 个 α 键；醇 $OH\!-\!\overset{|}{C}\!-$ 或伯胺 $H_2N\!-\!\overset{|}{C}\!-$ 有 3 个 α 键；叔胺 $N\!\!\equiv\!(C\!-)_3$ 有 9 个 α 键。在这些 α 键断裂反应中，丢失最大烷基自由基而得到的产物正离子的相对丰度反比于它们的质量。

（4）空间因素 在质谱反应过程中对过渡态往往有一定的立体化学结构的要求。例如麦氏重排中要求形成六元环过渡态才能发生，当产物离子稳定性相差很小，那么重排过渡的环大小在更大程度上取决于空间因素。在烷基氯和烷基溴中，失去 HCl 和 HBr 是以 1,3 消去（五元环）为主；而在醇中，失去 H_2O 则以 1,4 消去（六元环）为主。

"邻位效应"即芳环上邻位基团之间的反应，邻位两个取代基团通过六元环过渡态进行反应；而处于间位和对位的取代基，不太可能具备反应所要求的构象，发生反应概率甚小。

11.5.3 常见官能团的裂解模式

11.5.3.1 烷烃

（1）直链烷烃 直链烷烃的质谱有以下特点。

① 直链烷烃显示弱的分子离子峰。

② 直链烷烃的质谱由一系列峰簇组成，峰簇之间差 14 个质量单位。峰簇中的最高峰元素组成为 C_nH_{2n+1}，其余有 C_nH_{2n}、C_nH_{2n-1} 等。

③ 各峰簇的顶端形成一平滑曲线，最高点在 C_3 或 C_4，其形成原因是各个 C—C 键的断裂均有一定概率，断裂后，离子亦可进一步再断裂，最后使得 C_3 或 C_4 离子的丰度最高。

④ 比 M^+ 峰质量数低的下一个峰簇顶点是（M－29），而有甲基分支的烷烃将有（M－15），这是直链烷烃与带甲基分支的烷烃相区别的重要标志。

（2）支链烷烃 直链烷烃和支链烷烃之间的差别如下。

① 支链烷烃的分子离子峰强度较直链烷烃降低。

② 各峰簇顶点不再形成一平滑曲线，因在分支处易断裂，其离子强度增加。

③ 在分支处的断裂，伴随有失去单个氢原子的倾向，产生较强的 C_nH_{2n} 离子，有时它可强于相应的 C_nH_{2n+1} 离子。

④ 由于有分支甲基，因此有（M—15）。

一般来讲，当分支烷烃的分支较多时，分子离子峰消失。

(3) 环烷烃　环烷烃的质谱有以下特点。

① 由于环的存在，分子离子峰的强度相对增加。

② 通常在环的支链处断开，给出 C_nH_{2n-1} 峰，也常伴随氢原子的失去，因此该 C_nH_{2n-2} 峰较强。

③ 环的碎化特征是失去 C_2H_4（也可能失去 C_2H_5）。

④ 环烷烃常给出较多的偶质量数的峰。

11.5.3.2　烯烃

① 双键的加入，可增加分子离子峰的强度。

② 仍形成间隔 14 个质量单位的一系列峰簇，但峰簇内最高峰为 C_nH_{2n-1}。

③ 当相对双键 γ-C 原子上有氢时，可发生 McLafferty 重排。

④ 顺式、反式烯烃的质谱很类似。

11.5.3.3　芳烃

① 分子离子峰比相应的正烷烃高。

② 苯及取代芳烃化合物具有特征的系列离子，其质荷比分别是 39、51、65、77 等。

③ 烷基取代苯的另一特征系列离子，相应的质量为 $C_6H_5(CH_2)_n^+$（m/z 77、91、105、119 等）。

11.5.3.4　醇

① 醇类化合物的分子离子峰弱或不出现。

② α 断裂后生成 $31+14n$ 的含氧碎片离子峰。

③ 饱和环过渡态氢重排，生成 M-18、M-28（失水和乙烯）的奇电子离子峰及系列 C_nH_{2n+1}、C_nH_{2n-1} 碎片离子峰。

④ 小分子醇出现 M—1（$RCH=OH^+$）峰，还可能有很弱的 M—2、M—3 峰。长链烷基醇的质谱外貌与相应的烯烃相似，是因为醇失水后发生一系列烯烃的裂解反应。

11.5.3.5　酚

分子离子峰很强，出现 m/z(M-28)（—CO）、m/z(M-29)（—CHO）峰。

11.5.3.6　卤代烃

① 脂肪族卤代烃的分子离子峰弱，芳香族卤代烃的分子离子峰强。

② 分子离子峰的相对强度随 F、Cl、Br、I 的顺序依次增大。

③ 卤代烃主要有杂原子的 β 裂解、碳-卤 σ 键断裂及饱和环过渡态氢的重排。氟、氯化合物容易发生 β 裂解，溴、碘化物较难。

④ 氢重排通式如下：

$$R-\overset{H}{\underset{(CH_2)_n}{CH}}\overset{\overset{+}{X}}{\underset{}{\cdot}}CH_2 \longrightarrow \left[R-CH_2-CH_3 \atop (CH_2)_n\right]^{+\cdot} +\dot{H}X \qquad n=1,2,3$$

⑤ 卤代烃的质谱图可以产生 $(M-X)^+$、$(M-HX)^+$、X^+ 及 C_nH_{2n}、C_nH_{2n+1} 系列峰。^{19}F、^{127}I 无重同位素，对 $(M+1)$、$(M+2)$ 的相对强度无贡献，它们的存在由 $(M-19)$、$(M-20)$、$(M-127)$、m/z 127 等碎片离子峰来判断。^{35}Cl、^{79}Br 有重同位素存在，碎片离子中 Cl、Br 原子的存在及其数目由其同位素峰簇的相对强度来判断。

11.5.3.7 醚

(1) 脂肪醚

① 分子离子峰弱，使用 CI 离子源 $[MH]^+$ 强度增大。

② 具有芳烃系列的离子 m/z 39、51、65、77 等 α 断裂及碳-碳 σ 键断裂，生成系列 $C_nH_{2n+1}O$ 的含氧碎片峰。

③ 碳-氧 σ 键异裂，正电荷带在烃类碎片上，生成一系列 43、57、71 等 $C_nH_{2n+1}O$ 碎片离子。

(2) 芳香醚

① $M^+ \cdot$ 较强，裂解方式与脂肪醚类似。

② 可见 m/z 77、65、39 等苯的特征碎片离子峰。

11.5.3.8 醛酮

(1) 醛

① 脂肪醛分子离子峰弱，芳醛分子离子峰很强。

② α 断裂生成 $(M-1)$（$-H\cdot$）、$(M-29)$（$-CHO$）和强的 m/z 为 29（HCO^+）的离子峰，同时伴随有 m/z 43、57、71 等烃类的特征碎片峰。

③ 发生 γ 氢重排时，生成 m/z 为 44（或 $44+14n$）的奇电子离子峰。

④ 芳香醛显示明显的芳香系列离子峰 m/z 39、51、65、77 等。

(2) 酮

① 酮化合物分子离子峰丰度比相应的醛大。

② 主要裂解方式为 α 断裂（优先失去大基团）及 γ 氢的重排。

例如：

$$m/z\ 86 \qquad\qquad m/z\ 58$$

11.5.3.9 羧酸和酯

(1) 羧酸

① 羧酸具有明显的弱 $M^+ \cdot$ 峰，其丰度随分子量的增加而增加。

② γ 氢重排生成强的 m/z 为 60 的羧酸特征离子峰。

③ 芳香羧酸邻位若有烃基或羟基取代时，易通过对邻位效应反应失水生成（M－18）的奇电子离子。邻羟基苯甲酸的主要裂解过程如下：

$m/z\ 138$ $m/z\ 120(100)$ $m/z\ 92$ $m/z\ 64$

（2）酯

① 酯类化合物中甲酯或乙酯的质谱图中有明显的分子离子峰。

② 分子中的羰基氧和酯基氧都可引发裂解，α 裂解生成（M－OR）或（M－R）的离子。

③ σ 键断裂、β 裂分、γ 氢的重排及酯的双氢重排等裂解反应均有可能发生，碳-碳 σ 键断裂生成 $C_n H_{2n} COOR$ 系列的 m/z 为 73、87、101 等 $\Delta m = 14$ 的含氧碎片峰。

④ 主要裂解方式如下：

⑤ 脂肪酸甲酯通过 γ 氢重排，形成 m/z 74 碎片离子。脂肪酸乙酯通过 γ 氢重排，形成 m/z 88 碎片离子。

11.5.3.10　胺

① 胺类的分子离子峰很弱，仲胺、叔胺或较大分子的伯胺，$M^+\cdot$ 峰往往不出现。

② 胺类化合物的主要裂解方式为 β 裂分和经过四元环过渡态的氢重排。

③ 胺类化合物可出现 m/z 30、44、58、72 等系列 $30+14n$ 的含氮特征碎片离子峰及 $C_n H_{2n+1}$、$C_n H_{2n-1}$ 的系列烃类碎片峰。

④ m/z 30 峰强度为伯胺＞仲胺＞叔胺。

⑤ 主要裂解方式如下：

伯胺 $RCH_2-CH_2\overset{+\cdot}{-}NH_2 \xrightarrow{\beta} RCH_3 + -CH_2=\overset{+}{N}H_2$
                            $m/z\ 30$

仲胺 $RCH_2-CH_2\overset{+\cdot}{-}NHR' \xrightarrow{\beta} CH_2=\overset{+}{N}H_2-R' \xrightarrow[R'\geqslant C_2]{\beta\text{-H}} CH_2=\overset{+}{N}H_2$
                        $m/z\ 40+14n$ $m/z\ 30$

叔胺 $RCH_2-CH_2\overset{+}{-}NRR' \longrightarrow CH_2=\overset{+}{N}RR' \xrightarrow[R'\geqslant C_2]{\beta\text{-H}} CH_2=\overset{+}{N}HR'' \xrightarrow[R''\geqslant C_2]{\beta\text{-H}} CH_2=\overset{+}{N}H_2$
                  $m/z\ 58+14n$ $m/z\ 44+14n$ $m/z\ 30$

⑥ 苯胺的主要裂解过程如下：

$m/z\ 93$ $m/z\ 66$ $m/z\ 65$ $m/z\ 39$

11.5.3.11　酰胺

① 酰胺类化合物有明显的分子离子峰。

② 酰基的氧原子和氮原子均可引发裂解。

③ N,N-二乙基乙酰胺的主要裂解过程如下：

$$O=C-CH_3,\quad N^+,\quad CH_2CH_3,\ CH_2CH_3 \xrightarrow{\ \beta\ } \quad m/z\ 100 \xrightarrow{\quad} \quad m/z\ 58$$

$$\xdownarrow{\beta}$$

$$m/z\ 100 \xrightarrow{\ \beta\text{-}H\ } m/z\ 72 \xrightarrow{\ \beta\text{-}H\ } m/z\ 30$$

11.5.3.12　腈

① 脂肪腈的分子离子峰很弱，但它容易产生分子离子反应形成的 $(M+1)^+$ 峰，芳香腈的 M^+ 强度较大。

② 常出现 $(M-1)^+$，而且 $(M-1)^+ > M^+$。

③ 具有 $(CH_2)_n CN^+$ m/z 40、54、68、82、96 等离子系列；氢重排后则形成 m/z 41、55、69、83 等离子系列。

11.5.3.13　硫醇和硫醚

（1）硫醇

① $M^+ \cdot$ 峰较强。

② 出现 m/z 为 $(M-33)(-HS)$、$(M-34)(-H_2S)$、$33(HS^+)$、$34(H_2S^+)$ 及 m/z 47、61、75、89 等系列 $47+14n$ 的含硫特征碎片离子峰。

③ 同时出现 C_nH_{2n+1} 及 C_nH_{2n-1} 的烃类碎片峰。

（2）硫醚

① 硫醚的分子离子峰较相应的硫醇强。

② 裂解方式与醚类似，碳-硫 σ 键断裂生成 $C_nH_{2n+1}S^+$ 系列含硫的碎片离子。

③ σ 裂解生成 $C_nH_{2n+1}S^+$ 峰，β 裂解生成 $C_nH_2S^+=C_mH_{2m}$。

11.5.4　质谱图解析实例

解析未知样的质谱图，大致按以下程序进行。

① 标出各峰的质荷比数，尤其要注意高质荷比区的峰，识别分子离子峰。

② 分析同位素峰簇的相对强度比及峰与峰间的 Δm 值，判断化合物是否含有 Cl、Br、S、Si 等元素及 F、P、I 等无同位素的元素。如含有 Cl 元素时，应该在大于分子离子峰 $(M+2)$ 处，有一个相对强度为分子离子峰 $1/3$ 的同位素离子峰，因为 ^{35}Cl 和 ^{37}Cl 在自然界的相对丰度为 $3:1$。

③ 推导分子式，计算不饱和度。

④ 根据分子离子峰相对强度的规律，由分子离子峰的相对强度了解分子结构的信息。由特征离子峰及丢失的中性碎片，结合分子离子的断裂规律及重排反应，确定分子的结构碎片。若有亚稳离子峰，利用关系式 $m^+ = m_2^2/m_1$，找到 m_1 和 m_2，证实 m_1 至 m_2 的断裂过程。

⑤ 综合分析以上得到的全部信息，结合分子式及不饱和度，推导出化合物的可能结构。

⑥ 分析所推导的可能结构的裂解机理，看其是否与质谱图相符，确定其结构，并进一步解释质谱，与标准谱图比较或与其他谱（^1H NMR、^{13}C NMR、IR）配合，确证结构。

【例 11-1】 某化合物的质谱图如下图所示，亚稳峰表明有关系 m/z 154→139→111，求该化合物的结构式。

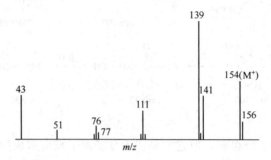

解：（1）分子离子峰的分析

① 分子离子峰（m/z 154）很强，可能是芳香族。

② 分子量为偶数，不含氮或含偶数个氮。

③ 同位素峰（m/z 156）与分子离子峰的强度比值约为 M：(M＋2)＝100：32，看出有一个氯原子。

（2）碎片离子峰的分析

① 质量丢失 m/z 139(M−15)，失去—CH_2。

② 由碎片离子推测官能团：m/z 43 可能为 C_3H_7 或 CH_3CO；m/z 51 76 77 表明有苯环。

（3）结构单元有 Cl、CH_3CO（或 C_3H_7）、C_6H_4（或 C_6H_5），其余部分的质量等于 154−35−43−76＝0。

（4）推断结构式有：

$$CH_3C\!\!-\!\!\langle\;\rangle\!\!-\!\!Cl \qquad H_3CH_2CH_2C\!\!-\!\!\langle\;\rangle\!\!-\!\!Cl \qquad \begin{matrix}H_3C\\[-2pt]CH\\[-2pt]H_3C\end{matrix}\!\!-\!\!\langle\;\rangle\!\!-\!\!Cl$$

$$\text{[1]}\qquad\qquad\qquad\text{[2]}\qquad\qquad\qquad\text{[3]}$$

［2］式应发生苄基断裂产生（M−29）峰和麦氏重排产生（M−28）峰。这两个峰在质谱图中不明显。［3］式应发生苄基断裂产生（M−15）峰，谱图中确有此峰，但解释不了 m/z 139→111 亚稳峰的产生。所以只有 ［1］式最合理。

$$H_3C\!-\!\underset{O}{\overset{\|}{C}}\!-\!\langle\;\rangle\!-\!Cl \xrightarrow{-CH_3} \underset{O}{\overset{\|}{C}}\!-\!\langle\;\rangle\!-\!Cl \xrightarrow{-CO} \langle\;\rangle\!-\!Cl$$

$$m/z\ 154 \qquad\qquad m/z\ 139 \qquad\qquad m/z\ 111$$

11.6　质谱仪仪器简介

质谱仪种类非常多，工作原理和应用范围也有很大的不同。从应用角度，质谱仪可以分为下面几类。

（1）有机质谱仪　由于应用特点不同又可分类如下。

① 气相色谱-质谱联用仪（GC-MS）。在这类仪器中，由于质谱仪工作原理不同，又有气相色谱-四极杆质谱仪、气相色谱-飞行时间质谱仪、气相色谱-离子阱质谱仪等。

② 液相色谱-质谱联用仪（LC-MS）。同样，有液相色谱-四极杆质谱仪、液相色谱-离子

阱质谱仪、液相色谱-飞行时间质谱仪以及各种各样的液相色谱-质谱-质谱联用仪。

③ 其他有机质谱仪。主要有基质辅助激光解吸飞行时间质谱仪（MALDI-TOFMS）、傅里叶变换质谱仪（FT-MS）。

（2）无机质谱仪　包括火花源双聚焦质谱仪、二次离子质谱仪（SIMS）、感应耦合等离子体质谱仪（ICP-MS）。ICP-MS 是利用感应耦合等离子体作为离子源，产生的样品离子经质量分析器和检测器后得到质谱，因此，与有机质谱仪类似，ICP-MS 也是由离子源、分析器、检测器、真空系统和数据处理系统组成。

（3）同位素质谱仪　测同位素丰度。

（4）气体分析质谱仪　主要有呼气质谱仪、氦质谱检漏仪等。

以上的分类并不十分严谨。因为有些仪器带有不同附件，具有不同功能。例如，一台气相色谱-双聚焦质谱仪，如果改用快原子轰击电离源，就不再是气相色谱-质谱联用仪，而称为快原子轰击质谱仪（FAB MS）。另外，有的质谱仪既可以和气相色谱相连，又可以和液相色谱相连，因此也不好归于某一类。在以上各类质谱仪中，数量最多、用途最广的是有机质谱仪。

除上述分类外，还可以从质谱仪所用的质量分析器的不同，把质谱仪分为双聚焦质谱仪、四极杆质谱仪、飞行时间质谱仪、离子阱质谱仪、傅里叶变换质谱仪等。

11.7　质谱分析法在环境分析中的应用

近年来质谱技术发展很快。随着质谱技术的发展，质谱技术的应用领域也越来越广。由于质谱分析具有灵敏度高、样品用量少、分析速度快、分离和鉴定同时进行等优点，质谱技术广泛地应用于化学、化工、环境、能源、医药、运动医学、刑侦科学、生命科学、材料科学等各个领域。我们这里主要介绍质谱分析法在环境分析中的应用。

11.7.1　质谱技术在环境突发性事故中的应用

近年来，松花江水环境污染、川东油气田硫化氢泄漏、淮安液氯泄漏、非典疫情、禽流感疫情、含二噁英奶粉、苏丹红添加剂等重大环境污染事件、食品污染事件和急性传染病事件接连发生，引起的后果触目惊心，增添了新的社会不安定因素。环境突发性事故发生频次较高，影响范围较广，具有很大的危害性。如何在短时间内尽快取得第一手资料，得到定性定量数据，是广大环境工作者和环境决策者最关心的问题。质谱技术因其非常强大的定性定量功能，而在环境突发性事故中发挥着越来越大的作用，成为应急监测强有力的手段和工具。

11.7.1.1　环境空气监测

环境空气监测以挥发性有机物分析为主。空气中挥发性有机物的分析步骤为：①清洗采样罐；②采样罐抽真空；③现场负压采样；④气相色谱-质谱分析，其质量控制措施包括 BFB 仪器性能检查、内标、五点校正曲线等。

11.7.1.2　水样监测

水样监测以挥发性有机物分析为主。分析步骤为：①将 25mL 水样放入吹扫捕集仪的吹扫瓶；②以氮气为吹扫气，以 40mL·min^{-1} 的流量吹扫 11～12min，挥发性组分被吸附管捕集；③在解吸过程中，吸附管于 180℃热解吸 4min，吹扫气以 15mL·min^{-1} 的流量将其吹入气相色谱-质谱仪中；④气相色谱-质谱分析，气相色谱-质谱分析的质量控制措施包括 BFB 仪器性能检查、内标、五点校正曲线等。

实践证明，质谱技术能对环境空气、地表水、地下水、饮用水、生物、食品、土壤等的污染情况提供准确的定性定量结果，在环境突发性事故的监测分析中具有特别重要的作用。

11.7.2 质谱技术在大气中痕量污染物测定中的应用

大气污染可以引发多种疾病，而且影响大气辐射平衡甚至气候变化。随着人类生存环境的恶化，近年来大气污染监测受到人们的广泛关注。大气中的痕量物种，如 H_2SO_4、HNO_3 和酸性气体 SO_2，自由基 OH・、OH_2・、RO_2・，可挥发性有机物（volatile organic compounds，VOC），以及气溶胶等，是大气污染形成中重要的中间体。实时测量这些物种的时空分布对于了解污染的机理和现状有重要意义。

大气中痕量物种浓度低、活性大、寿命短，因此实时测量这些物种就显得特别困难。近 10 年来出现了一些测量大气中痕量物种的方法，如激光诱导荧光光谱、差分光学吸收光谱、傅里叶变换红外光谱等，但是这些方法只能测量比较简单的自由基和化合物。质谱分析方法响应快，灵敏度高，能够实现实时监测。近年来，许多研究小组开展了用化学电离质谱（CIMS）原位测量大气中痕量物种的研究。

但是由于其谱图仅给出有机物的分子离子，结果分析就会出现几种分子量相同的化合物对应同一个谱峰的可能性，从而混淆分析结果。近年来，已经有科学家针对这个问题开展了许多研究，其中将 CIMS 和 GC 联用以及将有机膜用于 CIMS 的进口实现预分离是人们比较看好的方向。另外，寻找新的有选择性的试剂离子（例如手性试剂）以提高 CIMS 的选择性是值得关注的方向。检测大气中除 HNO_3、HCl、H_2SO_4 以外的痕量物种如 ClO_2、C_5H_8 等对大气性质的影响，检测有机气溶胶及研究其形成过程，都将是 CIMS 今后研究的主要目标。

11.7.3 连续流同位素质谱在水中溶解无机碳含量和碳同位素组成测定中的应用

从 20 世纪初开始，水体中溶解无机碳含量就被用来评价碳源区的碳总量和碳的通量变化，应用于揭示不同赋存形式的无机碳之间的转换和全球碳的循环，指示地球环境变迁等。随着技术的进步和发展，溶解无机碳稳定碳同位素也开始得到应用，溶解无机碳稳定碳同位素可以有效反映碳源区信息。

Matthews 等开发了在惰性气体气流的携带下，直接采集目标气体进入质谱离子源的技术，并用这种方法进行了碳同位素的分析，由于样品的处理和测定是在线连续进行，"连续流"质谱分析技术因此得名并发展起来。连续流质谱技术的高效率和小样量与经典方法比较有显著的优势，同时，多种多样的进样器配置适合环境样品复杂的特点，对拓展同位素分析技术的应用领域提供了一种快速、高效的手段。

11.7.4 质谱分析法在环境分析中应用实例（芳香胺的芳香醛衍生物的化学电离质谱测定）

11.7.4.1 概述

胺是一类广泛分布的污染物质，大部分伯胺化合物都有较强的毒性，特别是芳香胺，例如，β-萘胺、联苯胺、3,3′-二氯联苯胺等都是公认的致癌物质，需要进行极其微量的测定。

近年来研究发现，广泛用于纺织品、皮革、食品、化妆品等行业的着色剂——某些偶氮染料，在环境中能够还原降解产生致癌的芳香胺类化合物。因此，在生产和商检等方面对芳香胺类化合物的检测提出了要求。由于胺类化合物极性大，不稳定，低浓度检测时常常受柱上的吸收和分解、流出峰拖尾以及检测器响应值低等的限制。通过将胺类化合物进行衍生化可以解决这些问题，一种比较好的方法是将芳香胺和芳香醛反应生成 Schiff 碱衍生物，然后用负离子化学电离法测定，不仅可以获得尖锐的色谱峰，还能获得可供选择离子检测（SID）的高丰度的分子离子峰或特征离子峰。

11.7.4.2　实验仪器和样品

仪器为 Finnigam MAT4510 800 色谱-质谱联用仪。样品为对氯苯胺、苯甲醛、乙腈、甲烷。

11.7.4.3　实验步骤

① 衍生物的制备。将对氯苯胺和苯甲醛配成 $0.02\text{mol} \cdot \text{L}^{-1}$ 的乙腈溶液。先移取 0.5mL 对氯苯胺溶液于 10mL 具塞试管中，然后加入 0.5mL 苯甲醛溶液，便可很快发生如下反应：

$$Cl-\text{\textcircled{}}-NH_2 + \text{\textcircled{}}-CHO \xrightarrow{CH_3CN} Cl-\text{\textcircled{}}-N=CH-\text{\textcircled{}} + H_2O$$

② 色谱-质谱条件。色谱柱为 SE-54 石英毛细管（$30\text{m} \times 0.25\text{mm} \times 0.25\mu\text{m}$），初始柱温为 120℃，保持 3min，然后以 20℃·min^{-1} 程序升温至 300℃，保持 20min。载气为 He，载气压力为 0.15MPa，传输线温度为 230℃。

③ 质谱条件。离子源温度为 200℃，灯丝电流为 0.35mA。电子能量为 70eV，电子倍增器电压为 1.25kV。扫描时间为 1s。扫描范围为 33～700amu。

参 考 文 献

[1] 魏培海，曹国庆. 仪器分析. 北京：高等教育出版社，2007.
[2] 魏福祥. 仪器分析及应用. 北京：中国石化出版社，2007.
[3] 刘志广. 仪器分析学习指导与综合练习. 北京：高等教育出版社，2005.
[4] 刘志广，张华，李亚明. 仪器分析. 大连：大连理工大学出版社，2004.
[5] 宁永成. 有机化合物结构鉴定与有机波谱学. 第 2 版. 北京：科学出版社，2004.
[6] 孙凤霞. 仪器分析. 北京：化学工业出版社，2004.

思考题与习题

一、选择题

1. 在辛胺（$C_8H_{19}N$）的质谱图上，出现 m/z 30 基峰的是（　　）。

A. 伯胺　　B. 仲胺　　C. 叔胺

2. 下列化合物中，分子离子峰的质荷比为奇数的是（　　）。

A. $C_8H_6N_4$　　　B. $C_6H_5NO_2$　　　C. $C_9H_{10}O_2$

3. C、H 和 O 的有机化合物的分子离子的质荷比（　　）。

A. 为奇数　　B. 为偶数　　C. 由仪器的离子源决定　　　D. 由仪器的质量分析器决定

4. 含 C、H 和 N 的有机化合物的分子离子 m/z 的规则是（　　）。

A. 偶数个 N 原子数形成偶数 m/z，奇数个 N 原子数形成奇数 m/z

B. 偶数个 N 原子数形成奇数 m/z，奇数个 N 原子数形成偶数 m/z

C. 不管 N 原子数的奇偶都形成偶数 m/z

D. 不管 N 原子数的奇偶都形成奇数 m/z

5. 在磁场强度保持恒定，而加速电压逐渐增加的质谱仪中，最先通过固定的收集器狭缝的是（   ）。

A. 质荷比最低的正离子   B. 质量最高的负离子

C. 质荷比最高的正离子   D. 质量最低的负离子

6. 重排开裂一般表现为（   ）。

A. 化合物含有 C=X（X 为 O、S、N）   B. α 键断裂   C. γ 键断裂   D. 脱去一个中性分子碎片

7. 一个酯在质谱图 m/z 71 和 m/z 43 处有碎片离子峰出现，该酯的 C、H 组成为（   ）。

A. C_5H_{10} B. C_4H_8 C. C_5H_{12} D. C_4H_{10}

8. 二项式 $(a+b)^n$ 的展开，可以推导出（   ）。

A. 同位素的丰度比   B. 同位素的自然丰度   C. 同位素的原子数目   D. 轻、重同位素的质量

二、简答题

1. 质谱仪主要由哪几个部件组成？各部件作用如何？

2. 质谱仪离子源有哪几种？叙述其工作原理和应用特点。

3. 质谱仪质量分析器有哪几种？叙述其工作原理和应用特点。

4. 分子离子峰有何特点？试述如何确定质谱图中的分子离子峰。

5. 解释下列名词：质荷比   分子离子   碎片离子   同位素离子

6. 质谱分析法在环境分析中主要应用于哪些方面？

三、结构解析题

1. 分子式 $C_8H_{10}O$ 的未知物的质谱如下图所示，写出结构式。

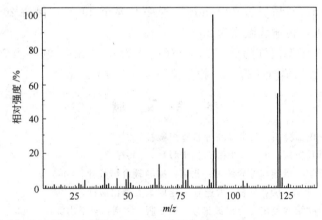

2. 某未知物的质谱如下图所示，试给出其分子结构及峰归属。

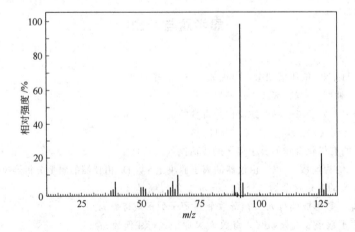

12 核磁共振波谱法

12.1 概述

1945 年 F. Bloch 和 E. M. Purcell 为首的两个小组同时独立地观察到核磁共振（nuclear magnetic resonance，NMR）现象，他们二人因此荣获 1952 年诺贝尔物理学奖。自 1953 年出现第一台核磁共振商品仪器以来，核磁共振在仪器、实验方法、理论和应用等方面有着飞跃的进步。1991 年 R. R. Ernst 教授提出二维核磁共振理论及傅里叶变换核磁共振，而他也因此被授予诺贝尔化学奖。

核磁共振谱仪频率已从 30MHz 发展到 1000MHz，仪器工作方式从连续波谱仪发展到脉冲-傅里叶变换谱仪。随着多种脉冲序列的采用，所得谱图已从一维谱到二维谱、三维谱甚至更高维谱。今天核磁共振已成为鉴定有机化合物结构及研究化学动力学等的极为重要的方法，在有机化学、生物化学、药物化学、物理化学、无机化学、环境化学及多种工业部门中得到广泛的应用，总而言之，核磁共振已成为最重要的仪器分析手段之一。

12.2 核磁共振波谱法的基本原理

将能够通过自旋运动产生磁矩的原子核放入磁场后，用适宜频率的电磁波照射，它们吸收能量，发生原子核能级的跃迁，同时产生核磁共振信号，得到核磁共振谱，这种方法称为核磁共振波谱法。

12.2.1 原子核的磁矩

核磁共振的研究对象为具有磁矩的原子核。原子核由中子和质子所组成，是带正电荷的粒子，其自旋运动将产生磁矩。很多种同位素的原子核都具有磁矩，这样的原子核可称为磁性核，是核磁共振的研究对象。但并非所有同位素的原子核都有自旋运动，只有存在自旋运动的原子核才具有磁矩。

原子核的磁矩取决于原子核的自旋角动量 P，其大小为：

$$P = \sqrt{I(I+1)}\frac{h}{2\pi} = \sqrt{I(I+1)}\hbar \tag{12-1}$$

式中，I 为原子核的自旋量子数；h 为普朗克常数，$\hbar = \dfrac{h}{2\pi}$。

原子核可按 I 的数值分为以下三类。

① 中子数、质子数均为偶数，则 $I=0$，如 ^{12}C、^{16}O、^{32}S 等。此类原子核不能用核磁共振法进行测定。

② 中子数与质子数其一为偶数，另一为奇数，则 I 为半整数。例如：$I=1/2$，^1H、^{13}C、^{15}N、^{19}F、^{31}P、^{37}Se 等；$I=3/2$，^7Li、^9Be、^{11}B、^{33}S、^{35}Cl、^{37}Cl 等；$I=5/2$，^{17}O、^{25}Mg、^{27}Al、^{55}Mn 等；以及 $I=7/2$、$I=9/2$ 等。

③ 中子数、质子数均为奇数，则 I 为整数。例如：^{2}H(D)、^{6}Li、^{14}N 等，$I=1$；^{58}Co，$I=2$；^{10}B，$I=3$。

②、③类原子核是核磁共振研究的对象。其中，$I=1/2$ 的原子核，其电荷均匀分布于原子核表面，这样的原子核不具有四极矩，其核磁共振的谱线窄，最适宜于核磁共振检测。

凡 I 值非零的原子核即具有自旋角动量 P，也就具有磁矩 μ，μ 与 P 之间的关系为：

$$\mu = \gamma P \tag{12-2}$$

式中，γ 称为磁旋比（magnetogyric ratio），有时也称旋磁比（gyromagnetic ratio），是原子核的重要属性。

12.2.2 核动量矩及磁矩的空间量子化

当空间存在着静磁场，且其磁力线沿 z 轴方向时，根据量子力学原则，原子核自旋角动量在 z 轴上的投影只能取一些不连续的数值：

$$P_z = m \hbar \tag{12-3}$$

式中，m 为原子核的磁量子数，$m = I，I-1，\cdots，-I$，如图 12-1 所示。

与此相应，原子核磁矩在 z 轴上的投影为：

$$\mu_z = \gamma P_z = \gamma m \hbar \tag{12-4}$$

磁矩和磁场 B_0 的相互作用能为：

$$E = -\mu B_0 = -\mu_z B_0 \tag{12-5}$$

将式(12-4) 代入上式，则有：

$$E = -\gamma m \hbar B_0 \tag{12-6}$$

式中，B_0 为静磁感强度。

原子核不同能级之间的能量差则为：

$$\Delta E = -\gamma \Delta m \hbar B_0 \tag{12-7}$$

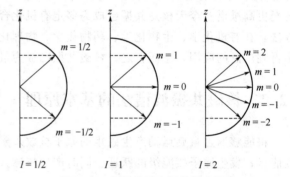

图 12-1 在静磁场中原子核自旋角动量的空间量子化

由量子力学的选律可知，只有 $\Delta m = \pm 1$ 的跃迁才是允许的，所以相邻能级之间发生跃迁所对应的能量差为：

$$\Delta E = \gamma \hbar B_0 \tag{12-8}$$

另一方面，$m = I，I-1，\cdots，-I$，即核磁矩共有 $2I+1$ 个取向，再利用式(12-5)，可得出相邻能级之间的能量差为：

$$\Delta E = \frac{\mu_z B_0}{I} \tag{12-9}$$

当用式(12-9) 时，μ_z 表示 μ 在 z 轴上的最大投影。

12.2.3 核磁共振的产生

在静磁场中，具有磁矩的原子核存在着不同能级。此时，如运用某一特定频率的电磁波来照射样品，并使该电磁波满足式(12-8)，原子核即可进行能级之间的跃迁，这就是核磁共振。当然，跃迁时必须满足选律，即 $\Delta m = \pm 1$。所以产生核磁共振的条件为：

$$h\nu = \gamma \hbar B_0$$

$$\nu = \frac{\gamma B_0}{2\pi} \tag{12-10}$$

式中，ν 为该电磁波频率。其相应的圆频率为：

$$\omega = 2\pi\nu = \gamma B_0 \tag{12-11}$$

当发生核磁共振现象时，原子核在能级跃迁的过程中吸收了电磁波的能量，由此可检测到相应的信号。

综上所述，核磁共振的基本原理是：原子核有自旋运动，在恒定的磁场中，自旋的原子核将绕外加磁场作回旋转动，称为进动（precession）。进动有一定的频率，它与所加磁场的强度成正比。如在此基础上再加一个固定频率的电磁波，并调节外加磁场的强度，使进动频率与电磁波频率相同。这时原子核进动与电磁波产生共振，称为核磁共振。核磁共振时，原子核吸收电磁波的能量，记录下的吸收曲线就是核磁共振谱（NMR-spectrum）。由于不同分子中原子核的化学环境不同，将会有不同的共振频率，产生不同的共振谱。记录这种波谱即可判断该原子在分子中所处的位置及相对数目，用以进行定量分析及分子量的测定，并对有机化合物进行结构分析。

12.3 核磁共振的重要参数

12.3.1 化学位移

在有机化合物中，处在不同结构和位置上的各种氢核周围的电子云密度不同，导致共振频率有差异，即产生共振吸收峰的位移，称为化学位移。

设想在某静磁场 B_0 中，不同种的原子核因有不同的磁旋比 γ，因而也就有不同的共振频率。从这个角度来看，用核磁共振法可以检测出不同种的同位素（也就能检测不同种的元素）。这点确实可以做到，但核磁共振法的最主要功效在于：对某一选定的磁性核种（某一同位素）来说，不同官能团中的核，其共振频率会稍有变化，即在谱图中的位置有所不同，因此由不同的谱峰的位置可以确定样品分子中存在着哪些官能团。这是因为核外电子对原子核有一定的屏蔽作用，实际作用于原子核的静磁感强度不是 B_0 而是 $B_0(1-\sigma)$。σ 称为屏蔽常数，它反映核外电子对核的屏蔽作用的大小，也就是反映了核所处的化学环境，所以式（12-10）应写为：

$$\nu = \frac{\gamma}{2\pi} B_0 (1-\sigma) \tag{12-12}$$

不同的同位素的 γ 相差很大，但任何同位素的 σ 均远远小于1。

σ 和原子核所处化学环境有关，可用下式表示：

$$\sigma = \sigma_d + \sigma_p + \sigma_a + \sigma_s \tag{12-13}$$

式中，σ_d 反映抗磁屏蔽的大小。以氢原子为例，氢核外的 s 电子在外加磁场的感应下产生对抗磁场，使原子核实际所受磁场的作用稍有降低，故此屏蔽称为抗磁屏蔽。σ_p 反映顺磁屏蔽的大小。原子周围化学键的存在，使其原子核的核外电子运动受阻，即电子云呈现非球形。这种非球形对称的电子云所产生的磁场和抗磁效应的相反，故称为顺磁屏蔽。因 s 电子是球形对称的，所以它对顺磁屏蔽项无贡献，而 p、d 电子则对顺磁屏蔽有贡献。σ_a 表示相邻基团磁各向异性的影响。σ_s 表示溶剂、介质的影响。

对于所有的同位素，σ_d、σ_p 的作用大于 σ_a、σ_s。对于 ^1H，σ_d 起主要作用，但对所有其他的同位素，σ_p 起主要作用。

按式(12-12)，各种官能团的原子核因有不同的 σ，故其共振频率 ν 不同，我们也可以设想为：选用某一固定的电磁波频率、扫描磁感强度而作图。核磁谱图的横坐标从左到右表示磁感强度增强的方向。σ 大的原子核，$1-\sigma$ 小，B_0 需有相当增加方能满足共振条件，即这样的原子核将在右方出峰。因 σ 总是远远小于 1，峰的位置不便精确测定，故在实验中采用某一标准物质作为基准，以其峰位作为核磁谱图的坐标原点。不同官能团的原子核谱峰位置相对于原点的距离，反映了它们所处的化学环境，故称为化学位移 δ，则有：

$$\delta = \frac{B_{标准} - B_{样品}}{B_{标准}} \times 10^6 \tag{12-14}$$

式中，$B_{样品}$、$B_{标准}$ 分别为在固定电磁波频率时，样品和标准物质满足共振条件时的磁感强度。δ 是无量纲的。

如作图时 B_0 保持不变，扫描电磁波频率，按传统的说法，谱图左方为高频方向，于是式(12-14) 成为：

$$\delta = \frac{\nu_{样品} - \nu_{标准}}{\nu_{标准}} \times 10^6 = \frac{\nu_{样品} - \nu_{标准}}{\nu_0} \times 10^6 \tag{12-15}$$

上式分子比分母小几个数量级，因而标准物质的共振频率可用仪器的公称频率 ν_0 代替。

在测定 ^{1}H 及 ^{13}C 的核磁共振谱时，最常采用四甲基硅烷（tetramethylsilane，TMS）作为测量化学位移的基准，因 TMS 只有一个峰（四个甲基对称分布），一般基团的峰均处于其左侧，且 TMS 又易除去（沸点 27℃）。在氢谱及碳谱中都规定 $\delta_{TMS}=0$，按"左正右负"的规定，一般化合物各基团的 δ 值均为正值。

需强调的是，δ 为一相对值，它与仪器所用的磁感强度无关。用不同磁感强度（也就是用不同电磁波频率）的仪器所测定的 δ 数值均相同。

不同的同位素因 σ 变化幅度不等，δ 变化的幅度也不同，如 ^{1}H 的 δ 小于 20，^{13}C 的 δ 可达 600，^{195}Pt 的 δ 可达 13000。

12. 3. 2 自旋-自旋耦合

在 Proctor 等发现了硝酸铵氮谱谱线的多重性之后，Gutowsky 等在 1951 年报道了另一种峰的多重性现象。他们发现 $POCl_2F$ 溶液的 ^{19}F 谱图存在着两条谱线，而分子中只有一个 F 原子，显然这两条谱线不能用化学位移来解释，由此发现了自旋-自旋耦合（spin-spin coupling）。

12.3.2.1 自旋-自旋耦合引起峰的分裂（裂分）

相邻的磁不等性 H 核自旋相互作用（即干扰），这种原子核之间的相互作用，称为自旋耦合。由自旋耦合引起的谱线增多的现象，称为自旋裂分。

现以氢谱为例讨论因氢核之间的耦合作用引起的峰的裂分。

设想分子中有结构单元 $-\overset{\text{H}}{\underset{\text{H}^*}{\overset{|}{\underset{|}{C}}}-\overset{|}{\underset{\text{H}}{C}}-\text{H}$，我们讨论 H^* 原子。

由于甲基可以自由旋转，甲基中任何一个氢原子和 H^* 的耦合作用相同。甲基中的每一个氢有两种取向，即大体和磁场平行或大体和磁场反平行。粗略来讲，这两种取向的概率是相等的，三个氢就有八种可能的取向（$2^3=8$），其中任何一种出现的概率都为 1/8。现设甲基上的 3 个氢原子为 H_1、H_2、H_3。其核磁矩大体和外磁场方向相同者标注"＋"，它对

H^*产生附加磁场为$+B'$。反之，甲基氢核磁矩大体和外磁场方向相反者标注"$-$"，它对H^*产生附加磁场为$-B'$。考虑甲基上三个氢的总效果，这八种取向可归纳为表12-1所列四种分布情况。

表 12-1　甲基三个氢对邻碳氢产生的附加磁场

项目	I	II	III	IV
甲基中三个氢原子的取向	H_1　H_2　H_3 $+$　$+$　$+$	H_1　H_2　H_3 $+$　$+$　$-$ $+$　$-$　$+$ $-$　$+$　$+$	H_1　H_2　H_3 $+$　$-$　$-$ $-$　$+$　$-$ $-$　$-$　$+$	H_1　H_2　H_3 $-$　$-$　$-$
甲基产生的总附加磁场	$3B'$	B'	$-B'$	$-3B'$
出现概率	1/8	3/8	3/8	1/8

在表12-1中，将$++-$、$+-+$和$-++$列在一起，因为它们之中三个氢产生的总附加磁场都为$+B'$，与此类似，$+--$、$-+-$、$--+$产生的总附加磁场都为$-B'$。

由上述可知，H^*应呈图12-2所示峰形。

图中0为H^*按式(12-12)计算的共振位置，即无自旋-自旋耦合时的共振位置。由于相邻甲基的存在，该处已不复存在共振谱线，该谱线分裂成了四条谱线。左端的谱线对应于CH^*与"$+++$"甲基相连的分子，这样的分子占总分子数的1/8。由于甲基产生的附加磁场为$+3B'$，因此在固定电磁波频率从低到高增强磁感强度扫描时，左端的谱线首先出峰，其余谱线均可按此理分析。

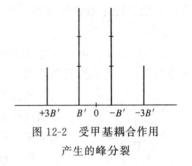

图 12-2　受甲基耦合作用
产生的峰分裂

从上面的讨论推广、归纳，可以得出下列结论。

① 受耦合作用而产生的谱线裂分数为$n+1$，n表示产生耦合的原子核（其自旋量子数为1/2）的数目，这称为$n+1$规律。若考虑一般情况，因受自旋量子数为I的n个原子核耦合，产生的谱线数目为$2nI+1$，这称为$2nI+1$规律。$n+1$规律是$2nI+1$规律的特例（$I=1/2$），却是最经常使用的。需强调，n为产生耦合作用的核数。在上面的例子中，产生耦合的基团为甲基，$n=3$，受甲基的耦合作用，CH^*的谱线裂分为四条。

② 每相邻两条谱线间的距离都是相等的。

③ 谱线间强度比为$(a+b)^n$展开式的各项系数。

以前面的例子为例，$n=3$，产生的四重峰的各峰的强度比为$1:3:3:1$。

12.3.2.2　耦合常数

每组吸收峰内各峰之间的距离，称为耦合常数，以J_{ab}表示，如图12-3所示。下标ab表示相互耦合的磁不等性H核的种类。

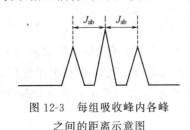

图 12-3　每组吸收峰内各峰
之间的距离示意图

耦合常数的单位用Hz表示。耦合常数J反映的是两个核之间作用的强弱，耦合常数的大小与外加磁场强度、使用仪器的频率无关。耦合常数的大小和两个核在分子中相隔化学键的数目密切相关，故在J的左上方标以两核相距的化学键数目。如$^{13}C-^1H$之间的耦合常数标为^1J，而$^1H-^{12}C-^{12}C-^1H$中两个^1H之间的耦合常数标为^3J。耦合常数随化学键数目的增加而迅速下降，因自旋耦合是通过成键电子传递的。两个氢核相距四根键以上即难以存在耦合作用，若此时 $J\neq0$，则称为远程耦合或长程耦合。碳谱中 ^2J 以上即称为长程耦合。

值得注意的是，自旋耦合与相互作用的两个 H 核的相对位置有关，当相隔单键数 $\leqslant3$ 时，可以发生自旋耦合，相隔三个以上单键，J 值趋于 0，即不发生耦合。磁等性 H 核之间不发生自旋裂分，如 CH_3-CH_3 只有一个单峰。

12.3.3 宏观磁化强度矢量

自旋量子数 I 不为零的原子核具有核磁矩，它们在一定条件下可以发生核磁共振，核磁共振是大量原子核的行为，因此可以从宏观的角度来讨论。

设样品的单位体积中有 N 个原子核，当置样品于静磁场中时，各个原子核的磁矩 μ_i 会围绕 B_0 进动。进动将沿着以 B_0 为轴的几个圆锥面，圆锥面的数目取决于自旋量子数 I 的数值。若该核自旋量子数 I 为 1/2，将有两个进动圆锥面。从统计规律讲，μ_i 在两个圆锥面上的分布是均匀的，但在这两个圆锥面上进动的核磁矩数目略有差别。沿着 B_0 方向的圆锥面进动的核磁矩数目稍多些，因为粒子按能级的分布可用玻耳兹曼定律来描述：

$$N_i \propto e^{-E_i/kT} \qquad (12\text{-}16)$$

式中，N_i 为第 i 个能级的核数；E_i 为第 i 个能级的能量；k 为玻耳兹曼常数；T 为热力学温度；e 为自然对数底数。

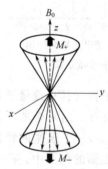

核磁共振的能级差是极小的，因此两个能级的粒子数非常接近，但低能级的粒子（其核磁矩沿着 B_0 方向的圆锥面进动）相对高能级稍微多一些。沿 B_0 方向的圆锥面进动的核磁矩则有合成磁矩 M_+，沿 $-B_0$ 方向的圆锥面进动的核磁矩则有合成磁矩 M_-，这些可用图 12-4 做定性描述。由于沿 $+B_0$ 方向的圆锥面进动的核磁矩比沿 $-B_0$ 方向的圆锥面进动的核磁矩稍多，所以，考虑原子核的两个圆锥面上进动的总效果，是一定数量的核磁矩（在两个圆锥面上进动的核磁矩之差）沿着 $+B_0$ 方向的圆锥面进动。现定义宏观磁化强度矢量

图 12-4 自旋量子数 I 为 1/2 的原子核在静磁场中沿两个圆锥面进动

（macroscopic magnetization vector）M 为单位体积内 N 个原子核磁矩 μ_i 的矢量和：

$$M = \sum_{i=1}^{N} \mu_i \qquad (12\text{-}17)$$

式中，M 可分解为两个分量，即沿 B_0 方向分量 $M_{//}$ 和垂直于 B_0 方向分量 $M_\perp$。在只有 B_0 存在时，$M_\perp=0$。

$$M_{//} = M_z = M_+ - M_- \qquad (12\text{-}18)$$

12.3.4 弛豫过程

从式(12-8)可知，对磁旋比为 γ 的原子核外加一静磁场 B_0 时，原子核的能级会发生分裂。处于低能级的粒子数 n_1 将多于高能级的粒子数 n_2，这个比值可用玻耳兹曼定律计算。由于能级差很小，n_1 和 n_2 很接近。设温度为 300K，磁感强度为 1.4092T（相应于 60MHz 射频仪器的磁感强度），可算出：

$$\frac{n_1}{n_2} = e^{\Delta E/kT} = e^{\gamma hB_0/kT} = 1.0000099$$

式中，k 为玻耳兹曼常数。

在符合式(12-10)的电磁波的作用下，n_1 减少，n_2 增加，因二者相差不多，当 $n_1 = n_2$ 时不能再测出核磁共振信号，称为饱和。

由此看出，为能连续存在核磁共振信号，必须有从高能级返回低能级的过程，这个过程即称为弛豫过程。弛豫过程有两类。一种为自旋-晶格弛豫，亦称为纵向弛豫。其结果是一些核由高能级回到低能级。该能量被转移至周围的分子（固体的晶格，液体则为周围的同类分子或溶剂分子）而转变成热运动，即纵向弛豫反映了体系和环境的能量交换。第二种弛豫过程为自旋-自旋弛豫，亦称为横向弛豫。这种弛豫并不改变 n_1、n_2 的数值，但影响具体的（任一选定的）核在高能级停留的时间。这个过程是样品分子的核之间的作用，是一个熵的效应。

类似于化学反应动力学中的一级反应，纵向弛豫、横向弛豫过程的快慢分别用 $1/T_1$、$1/T_2$ 来描述。T_1 称为纵向弛豫时间，T_2 称为横向弛豫时间。纵向弛豫时间和所讨论的核在分子中的环境有关。弛豫时间的测定有助于谱线归属的标识，也可用来研究分子的大小、分子（或离子）与溶剂的缔合、分子内的旋转、链节运动、分子运动的各向异性等，需补充的是 T_1 较 T_2 更能提供信息。

又据测不准原理（uncertainty principle），激发态能量与体系处在激发态的平均时间成反比，即：

$$E_{ji} \propto 1/T$$

能量差 ΔE 与谱线宽度 $\Delta \nu$ 存在以下关系：

$$\Delta E = h \Delta \nu$$

弛豫时间对谱线宽度影响很大。弛豫时间长，相当于停留在激发态的平均时间长，核磁共振信号的谱线窄；反之，谱线宽。气体、低黏度液体属于纵向弛豫，弛豫效率恰当，谱线窄。而对于液体和黏性液体容易实现自旋-自旋弛豫，T_2 特别小，谱线宽。磁场的非均匀性对谱线宽度的影响甚至超过 T_1 和 T_2 的影响。为满足样品区域磁场强度的变化小于 $1.0 \times 10^{-9}T$，样品必须高速旋转。

12.4 核磁共振波谱仪仪器组成

12.4.1 磁体

磁铁或磁体产生强的静磁场，以满足产生核磁共振的要求。按式(12-10)，谱仪的磁感强度 B_0 和谱仪工作频率是成正比的。100MHz（以氢核计）的谱仪所需磁感强度为 2.35T。100MHz 以下的低频谱仪采用电磁铁或永久磁铁。由于电磁铁不可避免地会消耗大量电能，已经停止生产，因此仅采用永久磁铁。200MHz 以上高频谱仪采用超导磁体，由含铌合金丝缠绕的超导线圈完全浸泡在液氦中间。为降低液氦的消耗，其外围是液氮层。液氦及液氮均由高真空的罐体储存，以降低蒸发量。液氦需及时补充，视不同谱仪而定，为 3~10 个月，每 7~10 天需补加液氮。

磁体的中心为探头，为使磁力线均匀、铅垂，设置有两大组匀场线圈。每大组匀场线圈

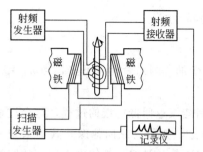

图 12-5 核磁共振仪组成示意图

又由多组线圈构成。后者每组线圈产生一组特殊的磁力线，由它们的综合作用产生均匀的磁场。两大组匀场线圈为低温匀场线圈和室温匀场线圈。低温匀场线圈浸泡在液氦中，提高到所需场强以后再进行调节。室温匀场线圈由分析测试人员在放置样品管后进行调节。核磁共振仪组成示意图如图 12-5 所示。

无论是用磁铁还是磁体，核磁共振波谱仪均要求磁场高度均匀，若样品中各处磁场不均匀，按式 (12-10)，各处的原子核共振频率不同，这将导致谱峰加宽，即分辨率下降。为使磁场均匀，除前面所讲的采用低温和室温两大组匀场线圈之外，还有后面将叙述的使样品管旋转。

12.4.2 射频装置

12.4.2.1 射频发生器

射频振荡器是用于产生射频，核磁谱仪通常采用恒温下石英晶体振荡器。射频振荡器的线圈垂直于磁场，产生与磁场强度相适应的射频振荡。一般情况下，射频频率是固定的，振荡器发生 60MHz（对于 1.409T 磁场）或 100MHz（对于 2.350T 磁场）的电磁波只对氢核进行核磁共振测定。要测定其他的核，如 ^{19}F、^{13}C、^{11}B，则要用其他频率的振荡器。

12.4.2.2 射频接收器

射频接收器线圈在试样管的周围，并与振荡器线圈和扫描线圈相垂直。当射频振荡器发生的频率 ν_0 与磁场强度达到前述特定组合时，放置在磁场和射频线圈中间的试样就要发生共振而吸收能量，这个能量的吸收情况为射频接收器所检出，通过放大后记录下来。所以核磁共振波谱仪测量的是共振吸收。

12.4.3 探头

探头是核磁谱仪的核心部件，它固定于磁体或磁铁的中心，为圆柱形，探头的中心放置装载样品溶液的样品管。探头对样品发射产生核磁共振的射频波脉冲并检测核磁共振的信号，这两个功能常可由一个线圈来完成。在此线圈之外有去耦线圈，以测得去耦的谱图。

为改善磁场的均匀性，在样品管上部套有一个涡轮转子。压缩空气从其切向吹来，涡轮转子带动样品管一起转动。测试溶液样品的核磁谱仪，其转速约为 20 周·s^{-1}，另有一套管路系统，用于变温测量。

样品管旋转的副作用是可能产生旋转边带，即在信号左右对称处出现边带峰（强的信号产生边带强，较弱信号明显）。改变旋转速度，边带峰与样品峰的距离相应变化，由此可以确认边带。

从产生射频宽窄的角度，探头分为两类：一种是产生固定频率的探头；另一种为频率连续可调的探头。前者如检测 ^1H 和 ^{13}C 的双核探头，检测 ^1H、^{31}P、^{13}C 和 ^{15}N 的四核探头。后者产生的射频则连续可调，高频起始于 ^{31}P 的共振频率。低频限有不同的产品，如终止于 ^{15}N 或 ^{109}Ag 的共振频率。

通常的探头检测线圈在里，去耦线圈在外，以便得到较高的检测灵敏度。氢以外的磁性核，如 ^{13}C、^{19}F、^{31}P、^{15}N 等，它们的磁旋比均比氢低得多，检测灵敏度也就低得多。现在有一种反向模式（inverse mode）探头，用于这些核的二维谱的测定，可大大提高检测灵敏度，因为它实际检测的是^1H。

较新的谱仪探头配有产生脉冲场梯度的装置，它的功能为抑制溶剂峰和大大缩短测定二维核磁共振谱的时间（当样品有足够的量时）。

12.4.4 积分仪

仪器中还备有积分仪，能自动画出积分曲线，以指出各组共振峰的面积。

核磁共振仪工作过程如下：将样品管（内装待测的样品溶液）放置在磁铁两极间的狭缝中，并以一定的速度（如 $50\sim60r\cdot s^{-1}$）旋转，使样品受到均匀的磁场强度作用。射频振荡器的线圈在样品管外，向样品发射固定频率（如 $100MHz$、$200MHz$）的电磁波。安装在探头中的射频接收线圈探测核磁共振时的吸收信号。由扫描发生器线圈连续改变磁场强度，由低场至高场扫描。在扫描过程中，样品中不同化学环境的同类磁核，相继满足共振条件，产生共振吸收，接收器和记录系统就会把吸收信号经放大并记录成核磁共振谱图。

12.5 核磁共振谱图解析

12.5.1 核磁共振氢谱谱图解析

对于结构不太复杂的化合物，我们不需要作二维核磁共振谱，仅用核磁共振氢谱和碳谱再结合别的谱图就行。此时氢谱的解析就特别重要，它可以提供丰富的结构信息，对于从几种可能结构中选择出一个时，往往也起着举足轻重的作用。之所以如此是因为氢谱中往往有因耦合裂分而产生的复杂峰形，也显示相应的耦合常数，这对于推测结构是很重要的。

12.5.1.1 样品的配制及作图

（1）样品的制备　首先选取样品管，玻璃管，外径 $5\sim10mm$，长 $15\sim20cm$，样品需要加盖。待测样品需要是纯物质，一般制成溶液，浓度为 $5\%\sim10\%$。通常需要样品 $15\sim30mg$，样品量占总管长的 $1/8\sim1/6$。在测试样品时，选择合适的溶剂配制样品溶液，样品的溶液应有较低的黏度，否则会降低谱峰的分辨率。若溶液黏度过大，应减少样品的用量或升高测试样品的温度（通常是在室温下测试）。当样品需做变温测试时，应根据低温的需要选择凝固点低的溶剂或按高温的需要选择沸点高的溶剂。

对于核磁共振氢谱的测量，应采用氘代试剂以便不产生干扰信号。氘代试剂中的氘核又可作核磁谱仪锁场之用。以用氘代试剂作锁场信号的"内锁"方式作图，所得谱图分辨率较好。特别是在微量样品需做较长时间的累加时，可以边测量边调节仪器分辨率。

对低、中极性的样品，最常采用氘代氯仿作溶剂，因其价格远低于其他氘代试剂，极性大的化合物可采用氘代丙酮、重水等。

针对一些特殊的样品，可采用相应的氘代试剂，如氘代苯（用于芳香化合物、芳香高聚物）、氘代二甲基亚砜（用于某些在一般溶剂中难溶的物质）、氘代吡啶（用于难溶的酸性或芳香化合物）等。

对于核磁共振碳谱的测量，为兼顾氢谱的测量及锁场的需要，一般仍采用相应的氘代试剂。为测定化学位移值，需加入一定的基准物质。基准物质加在样品溶液中，称为内标。若出于溶解度或化学反应性等的考虑，基准物质不能加在样品溶液中，可将液态基准物质（或固态基准物质的溶液）封入毛细管再插到样品管中，称为外标。对碳谱和氢谱，基准物质最常用四甲基硅烷。在测定中，样品管以 $10\sim20r \cdot s^{-1}$ 的转速旋转，以防止局部磁场不均匀。

（2）作图

① 作图时应考虑有足够的谱宽，特别是当样品可能含羧基、醛基时。

② 当谱线重叠时，可加少量磁各向异性溶剂使重叠的谱线分开（如滴加氘代苯）。

③ 作积分曲线可得出各基团含氢数量的比例。

④ 酌情作双照射（特别是自旋去耦），以简化谱图，得到耦合体系的信息等。

⑤ 怀疑样品分子中有活泼氢存在时，可加重水交换，以证实其是否存在。

12.5.1.2 解析步骤

结构相当简单的有机化合物，仅利用氢谱和其分子式，便可能推出其结构。分析氢谱有如下的步骤。

（1）区分出杂质峰、溶剂峰、旋转边带　杂质含量较低，其峰面积较样品峰小很多，样品和杂质峰面积之间也无简单的整数比关系，据此可将杂质峰区别出来。

氘代试剂不可能 100％氘代，其微量氢会有相应的峰，如 $CDCl_3$ 中的微量 $CHCl_3$ 在约 7.27 处出峰。

（2）计算不饱和度　有机物的不饱和度可写为：

$$\Omega = C + 1 - \frac{H}{2} - \frac{X}{2} + \frac{N}{2} \tag{12-19}$$

式中，C 为化合物中碳原子的数目；H 为化合物中氢原子的数目；X 为化合物中卤素原子的数目；N 为化合物中三价氮原子的数目。

不饱和度即环加双键数，当不饱和度大于等于 4 时，应考虑到该化合物可能存在一个苯环（或吡啶环）。

（3）确定谱图中各峰组所对应的氢原子数目，对氢原子进行分配　根据积分曲线，找出各峰组之间氢原子数的简单整数比，再根据分子式中氢的数目，对各峰组的氢原子数进行分配。

（4）对每个峰的 δ、J 都进行分析　根据每个峰组氢原子数目及 δ 值，可对该基团进行推断，并估计其相邻基团。对每个峰组的峰形应仔细地分析，分析时最关键之处为寻找峰组中的等间距，每一种间距相应于一个耦合关系。一般情况下，某一峰组内的间距会在另一峰组中反映出来。通过此途径可找出邻碳氢原子的数目。

当从裂分间距计算 J 值时，应注意谱图是多少兆周的仪器作出的，有了仪器的工作频率才能从化学位移之差 $\Delta\delta$ 算出 $\Delta\nu$（Hz）。当谱图显示烷基链[3]J 耦合裂分时，其间距（相应 $6\sim7Hz$）也可以作为计算其他裂分间距所对应的赫兹数的基准。

（5）根据对各峰组化学位移和耦合常数的分析，推出若干结构单元，最后组合为几种可能的结构式。每一可能的结构式不能和谱图有大的矛盾。

（6）对推出的结构进行指认　每个官能团均应在谱图上找到相应的峰组，峰组的 δ 值及耦合裂分（峰形和 J 值大小）都应该和结构式相符。如存在较大矛盾，则说明所设结构式是不合理的，应予以去除。通过指认校核所有可能的结构式，进而找出最合理的结构式。必须强调，指认是推结构的一个必不可少的环节。

12.5.1.3 谱图解析

（1）一级谱和二级谱　设有相互耦合的两个核组，每个核组的核都有相同的 δ 值，现两

个核组的 δ 值分别为 δ_1 和 δ_2。再设任一核组的所有核对另一核组中的任一核都具有相同的耦合常数 J。我们可以计算 $|\delta_1-\delta_2|/J$ 的数值（分子、分母用同一单位），这个比值对核磁谱图的复杂程度起着重要作用。当该比值大时（至少大于 3），核磁谱图较简单；当该比值小时，谱图复杂。

这个比值和使用的仪器有关。设 $|\delta_1-\delta_2|=0.1$，$J=6\mathrm{Hz}$，当使用 $60\mathrm{MHz}$ 仪器时，0.1 对应 $60\times10^6\times0.1\times10^{-6}=6\mathrm{Hz}$，故 $|\delta_1-\delta_2|/J=1$；当使用 $300\mathrm{Hz}$ 仪器时，0.1 对应 $300\times10^6\times0.1\times10^{-6}=30\mathrm{Hz}$，则 $|\delta_1-\delta_2|/J=5$。这两个数值分别对应上一段所述的两种情况，由此可见使用高频仪器可简化谱图。

两个核组之间的耦合关系对谱图的复杂程度是重要的。如果它们之间只有一个耦合常数，则谱图较简单；如果不只有一个耦合常数，则谱图较复杂。

由于上述原因，核磁谱图分为一级谱和二级谱。

一级谱图用 $n+1$ 规律来分析（或用其近似分析；对于 $I\neq1/2$ 的原子核则应采用更普遍的 $2nI+1$ 规律分析）。二级谱则不能用 $n+1$ 规律分析。产生一级谱的条件如下。

① $|\delta_1-\delta_2|/J$ 的数值较大，至少大于 3。

② 相同 δ 值的几个核对任一另外的核有相同的耦合常数。

一级谱具有下列特点。

① 峰的数目用 $n+1$ 规律描述。需要注意的是，$n+1$ 规律是对应一个固定的 J 而言的。若所讨论的核组相邻 n 个氢，但与其中 n_1 个氢有耦合常数 J_1，与其余的 n_2 个氢有耦合常数 $J_2(n_1+n_2=n)$，则所讨论的核组具有 $(n_1+1)(n_2+1)$ 个峰，其余类推。

② 峰组内各峰的相对强度可用二项式展开系数近似地表示。

③ 从图可直接读出 δ 和 J。峰组中心位置为 δ，相邻两峰之间距（以 Hz 计）为 J。

若不能同时满足上述一级谱的两个条件，则产生二级谱。二级谱与一级谱的区别如下。

① 一般情况下，峰的数目超过由 $n+1$ 规律所计算的数目。

② 峰组内各峰之间的相对强度关系复杂。

③ 一般情况下，δ、J 都不能直接读出。

若对几种常见官能团直接进行谱图的分析，在绝大部分情况下，可较好地分析核磁共振氢谱。

（2）常见官能团的氢谱

① 烷基链。在烷基链很短时，因各个碳原子上的氢的 δ 有一定的差异，常呈现为一级谱或近似为一级谱。

正构长链烷基—$(CH_2)_n CH_3$ 若与一电负性基团相连，α-CH_2 的谱峰将移向低场方向，β-CH_2 亦会稍往低场移动。位数更高的 CH_2 化学位移很相近，在 $\delta=1.25$ 处形成一个粗的单峰。因它们 δ 值很接近而 $J=6\sim7\mathrm{Hz}$，因此形成一个强耦合体系（$|\delta_1-\delta_2|/J$ 小），峰形是复杂的，只因其所有谱线集中，故粗看为一单峰。由于与 CH_3 相连的 CH_2 属于强耦合体系之列，甲基的峰形较 $n+1$ 规律有畸变，左外侧峰变钝，右外侧峰更钝。

② 取代苯环

a. 单取代苯环。在谱图的苯环区内，从积分曲线得知有五个氢存在时，由此可判定苯环是单取代的。

从前面我们知道，核磁谱图的复杂性取决于 $\Delta\delta/J$。随着取代基变化，苯环的耦合常数改变并不大，因此取代基的性质（它使邻、间、对位氢的化学位移偏离于苯）决定了谱图的复杂程度和形状。Camberlain 提出了苯环分别被两类取代基取代后苯环上剩余氢的谱峰形状的分析。本书结合苯环取代基的电子效应，综合分析苯环上剩余氢的谱峰的峰形及化学位移，并明确地提出三类取代基的概念，以此来讨论取代苯环的谱图。

第一类取代基团是使邻、间、对位氢的 δ 值（相对未取代苯）位移均不大的基团。属于第一类取代基团的有—CH_3、—CH_2—、—$CH\overset{/}{\underset{\backslash}{}}$、—$Cl$、—$Br$、—$CH\!=\!CHR$、—$C\!\equiv\!C$ 等。由于邻、间、对位氢的化学位移差别不大，它们的峰拉不开，总体来看是一个中间高、两边低的大峰。

第二类取代基团是有机化学使苯环活化的邻、对位定位基。从有机化学的角度看，其邻、对位氢的电子密度增高使亲电反应容易进行。从核磁的角度看，电子密度增高使谱峰移向高场。邻、对位氢的谱峰往高场的移动较大，间位氢的谱峰往高场移动较小，因此，苯环上的五个氢的谱峰分为两组：邻、对位的氢（一共三个氢）的谱峰在相对高场位置；间位的两个氢的谱峰在相对低场位置。由于间位氢的两侧都有邻碳上的氢，^3J 又大于 ^4J 及 ^5J，因此其谱峰粗略看是三重峰。高场三个氢的谱图则很复杂。属于该类取代基团的有—OH、—OR、—NH_2、—NHR、—$NR'R''$ 等。

第三类取代基团是有机化学中的间位定向基团。这些基团使苯环钝化，电子云密度降低。从核磁的角度看就是共振谱线（相对于未取代苯环）移向低场。邻位两个氢谱线位移较大，处在最低场，粗略看呈双峰。间、对位三个氢谱线也往低场移动，但因位移较小，相对处于高场。属于第三类取代基团的有—CHO、—COR、—$COOR$、—$COOH$、—$CONHR$、—NO_2、—$N\!=\!N\!-\!Ar$、—SO_3H 等。

知道单取代苯环谱图的上述三种模式对于推结构很有用处。比如未知物谱图苯环部分低场两个氢的谱线的 δ 值靠近 8，粗看是双重峰，高场三个氢的谱线的 δ 值也略大于 7.3（苯的 δ 值），由此可知有羰基、硝基等第三类基团的取代。

b. 对位取代苯环。对位取代苯有二重转轴，其谱图是左右对称的。

苯环上剩余的四个氢之间仅存在两对 ^3J 耦合关系，因此它们的谱图简单。对位取代苯环谱图具有鲜明的特点，是取代苯环谱图中最易识别的。粗看它是左右对称的四重峰，中间一对峰强，外面一对峰弱，每个峰可能还有各自小的卫星峰（以某谱线为中心，左右对称的一对强度低的谱峰）。

c. 邻位取代苯环。相同基团邻位取代，其谱图左右对称。不同基团邻位取代，其谱图很复杂。因单取代苯环分子有对称性，在二取代苯环中，对位、间位取代的谱图比邻位取代简单，多取代则使苯环上氢的数目减少，从而谱图得以简化，因此不同基团邻位取代苯环具有最复杂的苯环谱图。

d. 间位取代苯环。间位取代苯环的谱图一般也是相当复杂的，但两个取代基团中间的隔离氢因无 ^3J 耦合，经常显示粗略的单峰。

③ 取代的杂芳环。由于杂原子的存在，杂芳环上不同位置的氢的 δ 值已拉开一定距离，取代基效应使之更进一步拉开，因此取代的杂芳环的氢谱经常可按一级谱近似地分析，但需注意氢核之间的耦合常数（^3J、^4J 等）的数值和它们相对杂原子的位置有关。

④ 烯氢。烯氢谱峰处于烷基与苯环氢谱峰之间，由于常存在几个耦合常数，峰形较复杂。在许多情况下，烯氢谱峰可按一级谱近似分析。若在同一烯碳原子上有两个氢（端烯），其 ^2J 值仅约 2Hz，这使裂分后的谱线复杂又密集。

⑤ 活泼氢。因氢键的作用，活泼氢的出峰位置不定，与样品浓度、介质、作图温度等有关，重氢交换可去掉活泼氢的谱峰，由此可以确认其存在。

碳原子构成有机化合物的骨架，掌握有关碳原子的信息在有机结构分析中具有重要意义。有些官能团不含氢，但含碳（如羰基），因此从氢谱不能得到直接信息，但从碳谱可以得到。氢谱中各官能团的 δ 值很少超过 10，但碳谱 δ 值的变化范围可超过 200，因此结构上的细微变化可望在碳谱上得到反映。分子量在三四百以内的有机化合物，若无分子对称性，原则上可期待每个碳原子有其分离的谱线。碳谱还有多种去耦方法，后来又发展了几种区别碳原子级数的方法。

综上所述，与氢谱相比，碳谱有很多优点，然而其测定较氢谱困难得多，因灵敏度太低，因此只有在脉冲-傅里叶核磁谱仪大量应用之后，碳谱才能用于常规分析并得到迅速发展。

12.5.1.4 解析实例

【例 12-1】 一个化合物的分子式为 $C_{10}H_{12}O$，其 NMR 谱图如下图所示，试推断该化合物的结构。

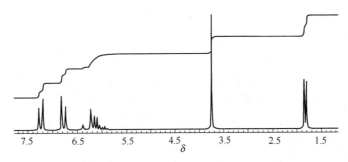

解：分子式为 $C_{10}H_{12}O$，$\Omega = 5$，化合物可能含有苯基、$C \!=\! C$ 或 $C \!=\! O$ 双键；^1H NMR谱无明显干扰峰；由低场至高场，积分简比为 $4 : 2 : 3 : 3$，其数字之和与分子式中氢原子数目一致，故积分比等于质子数目之比。

$\delta 6.5 \sim 7.5$ 的多重峰对称性强，可知含有 $X\!-\!C_6H_5\!-\!Y$（对位或邻位取代）结构，其中 2H 的 $\delta < 7$，表明苯环与推电子基（$-OR$）相连。3.75（s，3H）为 CH_3O 的特征峰；$\delta 1.83$（d，3H）为 $CH_3\!-\!CH\!=\!$ 的特征峰；$\delta 5.5 \sim 6.5$（m，2H）为双取代烯氢（$C\!=\!CH_2$ 或 $HC\!=\!CH$）的四重峰，其中一个氢又与 CH_3 邻位耦合，排除 $=\!CH_2$ 基团的存在，可知化合物应存在 $-CH\!=\!CH\!-\!CH_3$ 基。化合物的结构为：

$$
\text{CH}_3\text{O} - \underset{}{\overset{}{\bigcirc}} - \overset{\overset{\displaystyle 6.28}{\text{H}}}{\underset{\underset{\displaystyle 6.08}{\text{H}}}{\text{C}=\text{C}}} \underset{}{\overset{\text{CH}_3}{}}
$$

12.5.2　核磁共振碳谱谱图解析

核磁共振碳谱的解析和氢谱有一定的差异。在碳谱中最重要的信息是化学位移 δ，常规碳谱主要提供 δ 的信息，从常规碳谱中只能粗略地估计各类碳原子的数目。如果要得出准确的定量关系，作图时需用很短的脉冲，长的脉冲周期，并采用特定的分时去耦方式。用偏共振去耦，可以确定碳原子的级数，但化合物中碳原子数较多时，采用此法的结果不完全清楚，故现在一般采用脉冲序列如无畸变极化转移技术（distortionless enhancement by polarization transfer，DEPT）。

12.5.2.1　样品的制备及作图

（1）样品的制备　碳谱样品的制备和氢谱很类似，需配制成适当浓度的、黏度小的溶液。需注意碳谱的灵敏度是远低于氢谱的。具体用量与核磁谱仪的频率、样品分子量、结构特点、累加时间有关。虽然碳谱不受溶剂中氢的干扰，但为兼顾氢谱的测定及锁场需要，仍常采用氘代试剂作溶剂。

（2）作图　作碳谱都采用傅里叶变换核磁谱仪。作图涉及的参数多（脉冲倾倒角、脉冲间隔、扫描谱宽等），也涉及采样、数据处理及累加的问题，还有双共振的有关事项等。

碳谱要尽量除去耦合效应的影响，否则很难对谱图解析，需采用 DEPT 等技术。当谱仪不能运行脉冲序列时则作偏共振去耦。碳谱中仍可应用位移试剂。

12.5.2.2　^{13}C NMR 谱解析的一般程序

① 由分子式计算不饱和度。

② 分析 ^{13}C NMR 的质子宽带去耦谱，识别重氢剂峰，排除其干扰。

③ 由各峰的 δ 值分析 sp^3、sp^2、sp 杂化的碳各有几种，此判断应与不饱和度相符。若苯环碳或烯碳低场位移较大，说明该碳与电负性大的氧或氮原子相连。由 C＝O 的 δ 值判断为醛、酮类羰基还是酸、酯、酰类羰基。

④ 由偏共振谱分析与每种化学环境不同的碳直接相连的氢原子的数目，识别伯、仲、叔、季碳，结合 δ 值，推导出可能的基团及与其相连的可能基团。若与碳直接相连的氢原子数目之和与分子中氢原子数目相吻合，则化合物不含—OH、—COOH、—NH$_2$、—NH—等，因这些基团的氢是不与碳直接相连的活泼氢。若推断的氢原子数目之和小于分子中的氢原子，则可能有上述基团存在。

在 sp^2 杂化碳的共振吸收峰区，由苯环碳吸收峰的数目和季碳数目，判断苯环的取代情况。

⑤ 综合以上分析，推导出可能的结构，进行必要的经验计算以进一步验证结构。如有必要，进行偏共振谱的耦合分析及含氟、磷化合物宽带去耦谱的耦合分析。

⑥ 化合物结构复杂时，需其他谱（MS、^{1}H NMR、IR、UV）配合解析，或合成模拟物分析，或采用 ^{13}C NMR 的某些特殊实验方法。

⑦ 化合物不含氟或磷，而谱峰的数目又大于分子式中碳原子的数目，可能有以下存在。

a. 异构体。异构体的存在，会使谱峰数目增加。

b. 常用溶剂峰。样品在处理过程中常用到溶剂，若未完全除去，在 ^{13}C NMR 中会产生干扰峰。

c. 杂质峰。样品纯度不够，有其他组分干扰。

12.5.2.3　^{13}C NMR 谱解析实例

【例 12-2】　$C_6H_{10}O_2$ 的 ^{13}C NMR 的数据。

δ	14.3	17.4	60.0	123.2	144.2	166.4
谱线多重性	q	q	t	d	d	s

解：从分子式可计算其不饱和度为 2。从碳谱数据知道该化合物含一个碳-碳双键、一个羰基，与之相符。

从 $\delta=166.4$ 这一相对很小的数值可知该羰基必须与另外的杂原子（目前为 O）相连，且必须再与别的双键共轭。因此可推出结构单元：

$$-O-CO-CH=CH-$$

$-CH_2-$ 的 δ 为 60.0，故它必须与氧相连。剩余两个 $-CH_3$，δ 值均较小但略有差别，应分别连在饱和与不饱和碳原子上。因此我们得到该未知物结构，并可做出如下判断：

$$CH_3-CH_2-O-CO-CH=CH-CH_3$$
$$14.3 \quad 60.0 \qquad 166.4 \quad 144.2\ 123.2\ 17.4$$

12.6 核磁共振波谱仪仪器简介

12.6.1 连续波核磁共振波谱仪

连续波核磁共振波谱仪主要由磁铁、探头、射频发射器、场扫描单元、信号接收处理单元等组成。连续波核磁共振波谱仪是通过固定电磁波频率，连续扫描静磁感强度来完成工作的。当然也可以固定静磁感强度，连续改变电磁波频率。不论上述中的哪一种，都是采用连续扫描方式。由前述化学位移和耦合常数的概念，我们知道对某种同位素来说，由于其所处基团不同以及原子核之间相互耦合作用的存在，因此对应某一化合物有一核磁共振谱图。当使用连续波谱仪时（无论是扫场方式还是扫频方式），是连续变化一个参数使不同基团的核依次满足共振条件而画出谱线来的。在任一瞬间最多只有一种原子核处于共振状态，其他的原子核都处于"等待"状态。为记录无畸变的核磁谱，扫描速度必须很慢（如常用 250s 记录一张氢谱），以使核自旋体系在整个扫描期间与周围介质保持平衡。

当样品量小时，为记录到足够强的信号，必须采用累加的方法。信号 S 的强度和累加次数 n 成正比，但噪声 N 也随累加而累加，其强度和 $n^{1/2}$ 成正比，所以信噪比 S/N 和 $n^{1/2}$ 成正比。如需把 S/N 提高到 10 倍就需要累加 100 次，即需 25000s。如 S/N 需进一步提高，所需时间更长，这不仅造成时间的消耗，而且谱仪也难以保证信号长期不漂移。

综上所述，连续波核磁共振波谱仪效率低，采样慢，难以累加，更不能实现核磁共振的新技术，因此连续波谱仪已被取代为脉冲-傅里叶变换核磁共振波谱仪。

12.6.2 傅里叶变换核磁共振波谱仪

傅里叶变换核磁共振波谱仪不是通过扫场或扫频产生共振，而是通过恒定磁场，施加全频脉冲，脉冲发射时，在整个频率范围内，使所有的自旋核发生激发，产生共振现象；脉冲终止时，及时准确地启动接收系统，接收激发核弛豫过程中产生的感应电流信号，再经过傅里叶变换获得一般核磁共振谱图，即使所有原子核同时都共振，从而能在很短的时间间隔内完成一张核磁共振谱图的记录。

傅里叶变换核磁共振波谱仪同连续波核磁共振波谱仪相比优点如下。

① 在脉冲的作用下，该同位素所有的核（不论处于任何官能团）同时共振。

② 脉冲作用时间短，为微秒数量级。若脉冲需重复使用，时间间隔一般也才几秒（具体数值取决于样品的 T_1）。在样品进行累加测量时，相对连续波核磁共振波谱仪远为节约时间。

③ 脉冲-傅里叶变换核磁共振波谱仪采用分时装置，信号的接收在脉冲发射之后，因此

不致有连续波核磁共振波谱仪中发射机能量直接泄漏到接收机的问题。

④ 可以采用各种脉冲系列。

①、②、③点使傅里叶变换核磁共振波谱仪灵敏度远较连续波核磁共振波谱仪为高。样品用量可大大减少，以氢谱而论，样品可从连续波核磁共振波谱仪的几十毫克降到 1mg，甚至更低。测量时间也大为缩短。另外，脉冲-傅里叶变换核磁共振波谱仪使低同位素丰度、低灵敏度的同位素的核磁共振测定得以实现，其后解决了测定碳原子级数（伯、仲、叔、季）的实验方法。

12.7 核磁共振波谱法在环境分析中的应用

自从 20 世纪 70 年代后期以来，核磁共振成为鉴定有机化合物结构的最重要工具。这是因为核磁共振可提供多种一维、二维谱，反映了大量的结构信息。再者，所有的核磁共振谱具有很强的规律性，可解析性最强。以上两点是任何其他谱图（质谱、红外、拉曼、紫外等）所无法相比的。核磁共振（nuclear magnetic resonance，NMR）技术作为当前世界上的尖端技术，随着科学技术的发展，核磁共振技术广泛应用于物理学、化学、环境科学、生物学、医学和食品科学等领域。

12.7.1 核磁共振波谱法在腐殖质研究中的应用

土壤有机质是土壤固相的组成部分，也是土壤形成的重要物质基础。土壤有机质来自自然回归到土壤中的各种动植物残体及人工施入的各种有机肥料。这些有机质在物理、化学、生物因素的共同作用下，绝大部分较快地分解为水和二氧化碳，只有一小部分转变为另一种形态的物质，就是土壤腐殖质。这些有机质是作物所需的各种养料的源泉，而且还能改善土壤的物理化学性质。土壤有机质与土壤的结构性、通气性、渗透性、吸附性和缓冲性等都有密切的关系。与土壤中金属离子、金属氧化物和氢氧化物、黏土矿物结合生成无机有机团聚体，有利于进行离子交换和氮、磷、硫的保存。其中腐殖质是土壤有机质的主要部分，占总有机质的 50%～65%。因此对腐殖质的研究在土壤学、环境科学、农业生产上具有重要的意义。核磁共振波谱法已广泛地应用到腐殖质的研究中，并取得了许多新的进展。

^{13}C NMR 开始只能测定液体样品，灵敏度不高，由于腐殖质是部分可溶的，因此实验结果的可靠性存在很大的问题，这就限制了它的应用。采用固相核磁共振波谱（CPMAS ^{13}C NMR）能对不同的样品进行测定，提高了测定腐殖质的灵敏度，并且能直接测定土壤样品，这样可以真实地反映腐殖酸的结构特征，因此 ^{13}C NMR 核磁共振波谱已成为腐殖质研究中主要的分析手段之一。

将 ^{13}C NMR 法应用于土壤环境化学中，取得了许多新的认识。用 ^{13}C NMR 测定土壤有机质的极性碳含量后，发现它与吸附量有直接的关系，而不是早先笼统地认为有机质含量与污染物吸附量有直接的关系。Thorn 用 ^{15}N 羟胺标记物研究了腐殖质中羰基的衍生化反应机理，探讨了含氮有机污染物在土壤中的吸附、固定和降解过程。Guthrie 等研究了有机污染物芘在土壤中的吸附和迁移过程。用 ^{13}C NMR 谱显示芘与土壤腐殖质存在非共价键关系，即存在范德华力和氢键力，这些作用力避免了有机污染物对地下水的污染。Lu 将腐殖质在 ^{13}C NMR 谱图上的特征峰定义了四个比值，分别具有特殊的意义：73/105 大小代表纤维素和木质素的相当含量；73/130 大小表示纤维素 C 和芳香基 C 的分配特征；172/130 表示腐殖质的氧化程度；56/130 表示腐殖质的矿化程度。他们测定了沼泽水、土壤、泥炭及褐煤中的腐殖质，发现沼泽和土壤腐殖质比泥炭及褐煤含有较多的碳水化合物和羧酸化合物，并且腐殖化程度要比泥炭及褐煤的低。可见通过 ^{13}C NMR 谱可以标识不同来源的腐殖质。人们已证实了沉积物中的腐殖质是藻类生物的降解产物，而不是早先认为的主要来自陆地植物。

综上所述，核磁共振波谱法在腐殖质研究中应用，使我们对腐殖质有了更多的认识。但从目前腐殖质研究的现状来看，仍有许多有待解决的问题，如土壤有机质与有机污染物的相互作用，土壤有机质是多电荷的胶团，在自然系统中有重要的作用——吸附有机污染物（农药和杀虫剂等）及促使污染物的降解。有机污染物在土壤中的存在时间、降解过程、生物可利用性及挥发性取决于土壤有机质的性质和浓度。土壤有机质含量高有利于有机污染物的吸附和降解，自然消除有机污染而保持生态平衡。现在的许多研究只是初步的探索过程，借助于先进的分析方法和测试手段，对土壤有机质与有机污染物相互作用的机理需要做进一步详细的研究。

12.7.2 ^{27}Al 核磁共振波谱法测定环境生物样品中铝元素含量

近二十年来，高分辨率 ^{27}Al 核磁共振，广泛应用于研究 Al(Ⅲ) 离子水解过程，Al(Ⅲ) 与环境生物配体的配位化学，环境与生物样品中铝含量测定和形态分析，监测铝在植物、动物、酵母菌等微生物中的转运过程，具有快速、直接、非破坏性等优点。^{27}Al 核磁共振波谱不仅适用于高浓度的溶液，也可应用于低浓度（$10^{-6} mol \cdot L^{-1}$）的实际环境、生物样品。

水环境及土壤中存在大量动植物代谢物及各种腐败物等有机配体，它们可以与铝离子配合，影响其生物活性与毒性。大部分的研究采用含羟基、羧基等官能团的有机配体作为灰里霉酸、腐殖质等环境实际配体的官能团模拟化合物，考察它们与铝离子的相互作用。这些有机配体包括乙酸、柠檬酸、苹果酸、水杨酸、草酸、丙二酸、钛试剂、羟基乙酸、酒石酸、乳酸等。它们大部分可以与 Al^{3+} 形成含 1 个、2 个、3 个配体的配位化合物。这类有机配体，配位基团多为羟基和羧基，pH 值对溶液中铝的形态分布影响很大。pH 值在由强酸性（pH<1）逐渐增大过程中，先是有机配体取代水合铝离子 $Al(H_2O)_6^{3+}$ 的水分子配体，化学位移逐渐向低场位移。之后，铝离子发生水解，OH^- 取代水合离子，在更高的 pH 值时，羟基铝发生聚合反应，甚至有 Al_{13} 聚合阳离子生成。Hunter 以 ^{27}Al NMR 直接观测到酸性森林土壤中 Al_{13} 聚合阳离子的存在。体系中存在的化学交换过程也可应用 ^{27}Al NMR 进行研究。Lambert 应用 ^{27}Al NMR 测定了 Al^{3+} 与腐殖质配合物的条件稳定常数。Yokoyama 以钛试剂、水杨酸、苯二甲酸作为灰里霉酸官能团的模型化合物，研究了与 Al^{3+} 的相互作用。Thomas 对在有机酸存在条件下 Al(Ⅲ) 的水解过程进行了研究。

12.7.3 地面核磁共振方法在环境水质监测中的应用

12.7.3.1 利用 SNMR 方法探测含水层被烃类污染的情况

地面核磁共振（surface nuclear magnetic resonance，SNMR）方法直接探查地下水是 NMR 技术应用的新领域，是最近出现的直接测定物质成分进行无损检测的地球物理新方法。

该方法探查诸如烃类物质中含有质子的液体，国内外研究得甚少，俄罗斯科学院的专家们率先在这方面进行了实验研究，已经证实该方法实验结果是正确的。

俄罗斯的 O. A. Shushakov 等用核磁共振找水仪（Гидроскп-3）进行了探测烃类（汽油）污染的实验工作。Гидроскп-3 的脉冲宽度为 40ms，间歇时间为几毫秒。该仪器能够测定 T_1 和 T_2 及 T_2^*。这些参数对于研究多孔介质孔隙的微结构、逆磁性和顺磁性以及烃类污染是非常重要的。

探测汽油污染的实验选在两个场地上：第一个场地是在西伯利亚阿巴坎（Abakan）地区叶尼塞河河岸的一座加油站附近，即在 52 号钻孔已发现储油罐漏油的加油站附近；第二个场地是在远离污染源——距加油站 150m 的河漫滩上。

在第一个场地（有污染源汽油和地下水）进行 SNMR 方法测量时，使用 4 个激发脉冲矩 3273A·ms、4635A·ms、5110A·ms 和 5577A·ms 进行激发。从 FID 记录得到两个弛豫时间常数 T_2^*，其中一个 T_2^* 为 8～10ms，另一个 T_2^* 为 90ms。

在第二个场地，SNMR 方法用 5 个激发脉冲矩进行测量，分别为 3734A·ms、4204A·ms、4638A·ms、5129A·ms 和 7378A·ms。从 FID 记录只得到一个 T_2^* 为 20ms 的弛豫时间常数，是地下水的 NMR 响应。

O. A. Shushakov 等认为，弛豫时间常数 90ms 是汽油的响应，而短的时间常数（8～10ms）则是水的响应。上述解释结果已被钻孔和 NMR 测井资料所证实。52 号钻孔资料指出，该场地的地下水中溶解的烃类含量为 7.15mg·L^{-1}，第一个场地的地下水已被烃类（汽油）污染。

实验表明，利用 SNMR 方法检测烃类物质中含有质子的液体对地下水污染是有效的。

12.7.3.2　SNMR 方法为固体废料处理场污染、废料场选址等提供水环境质量信息

现在从环境调查和治理的角度考虑，需要了解原有的固体废料处理场的确切范围和对环境污染状况，特别是评价地下水是否被污染和污染程度，SNMR 方法可以提供定量信息。

电阻率法、谱激电法对地下水污染反应很敏感，SNMR 方法能够区分电阻率法的异常性质，并能提供探测目标的新参数。这样，各方法的优势互补，用多参数来评价地下水的污染程度，为环境污染治理提供信息。

参 考 文 献

[1] 魏培海，曹国庆. 仪器分析. 北京：高等教育出版社，2007.
[2] 魏福祥. 仪器分析及应用. 北京：中国石化出版社，2007.
[3] 刘志广. 仪器分析学习指导与综合练习. 北京：高等教育出版社，2005.
[4] 刘志广，张华，李亚明. 仪器分析. 大连：大连理工大学出版社，2004.
[5] 宁永成. 有机化合物结构鉴定与有机波谱学. 第 2 版. 北京：科学出版社，2004.
[6] 孙凤霞. 仪器分析. 北京：化学工业出版社，2004.

思考题与习题

一、选择题

1. 氢谱主要通过信号的特征提供分子结构的信息，以下选项中不是信号特征的是（　　　）。

A. 峰的位置　　　B. 峰的裂分　　　C. 峰高　　　D. 积分线高度

2. 以下关于"核自旋弛豫"的表述中，错误的是（　　　）。

A. 没有弛豫，就不会产生核磁共振　　　B. 谱线宽度与弛豫时间成反比

C. 通过弛豫，维持高能态核的微弱多数　　　D. 弛豫分为纵向弛豫和横向弛豫两种

3. 具有以下自旋量子数的原子核中，目前研究最多、用途最广的是（　　　）。

A. $I = 1/2$ 　　B. $I = 0$ 　　C. $I = 1$ 　　D. $I > 1$

4. 下列化合物中的质子，化学位移最小的是（　　）。

A. CH_3Br 　　B. CH_4 　　C. CH_3I 　　D. CH_3F

5. CH_3CH_2COOH 在核磁共振波谱图上有几组峰，最低场信号有几个氢，以下正确的是（　　）。

A. 3（1 H） 　　B. 6（1 H） 　　C. 3（3 H） 　　D. 6（2 H）

6. 下面化合物中在核磁共振谱中出现单峰的是（　　）。

A. CH_3CH_2Cl 　　B. CH_3CH_2OH 　　C. CH_3CH_3 　　D. $CH_3CH(CH_3)_2$

7. 核磁共振波谱解析分子结构的主要参数是（　　）。

A. 质荷比 　　B. 波数 　　C. 相对化学位移 　　D. 保留值

8. 核磁共振波谱（氢谱）中，不能直接提供的化合物结构信息是（　　）。

A. 不同质子种类数 　　　　　　B. 同类质子个数

C. 化合物中双键的个数与位置 　　D. 相邻碳原子上质子的个数

9. 下列参数可以确定分子中基团连接关系的是（　　）。

A. 相对化学位移 　　B. 裂分峰数及耦合常数 　　C. 积分曲线 　　D. 谱峰强度

10. 当外磁场强度 B_0 逐渐增大时，质子由低能级跃迁至高能级所需要的能量（　　）。

A. 不发生变化 　　B. 逐渐变小 　　C. 逐渐变大 　　D. 可能不变或变小

二、简答题

1. 核磁共振产生的条件是什么？

2. 化学位移的影响因素有哪些？

3. 什么是自旋耦合、自旋裂分？

4. 简述连续波核磁共振波谱仪的工作原理。傅里叶变换核磁共振波谱仪同连续波核磁共振波谱仪相比有哪些优点？

5. 如何计算有机化合物的饱和度？

6. 分别简述氢谱、碳谱解析的程序和主要步骤。

7. 名词解释：磁矩　自旋量子数　扫场　扫频　化学位移　标准物质

三、结构解析题

1. 某化合物 A 分子式为 C_8H_{10}，^1H NMR 为：δ_H 1.2（t，3H）；2.6（q，2H）；7.1（b，5H）。试推测化合物 A 的结构。

2. 某化合物元素分析结果各元素质量分数为 C 45%、H 6.6%、O 15%、Cl 33%，^1H NMR 数据如下：

峰号	δ	裂分峰数目	积分线高度比
(1)	1.6	2	3
(2)	2.3	1	3
(3)	4.2	4	1

该化合物是下列的哪一种？列出分析过程。

（A）　　　　　　　　　　　　（B）

（C）　　　　　　　　　　　　（D）

3. 某化合物的化学式为 $C_9H_{13}N$，其 ^1H NMR 谱如下图所示，试推断其结构。

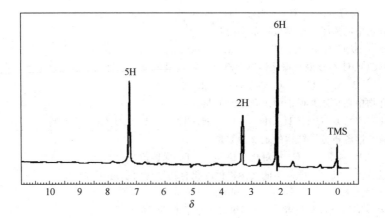

13 联用技术

13.1 联用技术的定义及原理

由两种（或多种）分析仪器组合成统一完整的新型仪器，具有单一仪器不具备的卓越性能，它能吸收各种分析技术的特长，弥补彼此间的不足，及时利用各有关学科与技术的最新成就。因此联用技术（hyphenated techniques）是极富生命力的一个分析领域。电子计算机技术的迅速发展与广泛应用，大大促进了分析仪器联用技术的发展，电子计算机承担着综合控制的任务，已成为分析仪器联用的重要组成部分之一。目前，分析仪器联用技术已广泛地应用于化学、化工、材料、环境、地质、能源、生命科学等各个领域。

13.1.1 联用技术的定义

联用技术是指两种或两种以上的分析技术结合起来，重新组合成一种以实现更快速、更有效地分离和分析的技术。

13.1.2 联用技术的原理

联用技术是指两种以上仪器和方法联合起来使用。这是一种复合的方法，至少使用两种分析技术：一种是分离物质，另一种是检测定量。这两种技术由一个界面联用，因此检测系统一定兼容分离过程。目前常用的联用技术是将分离能力最强的色谱技术与质谱或其他光谱检测技术相结合。色谱法具有高分离能力、高灵敏度和高分析速度的优点；质谱法、红外光谱法和核磁共振波谱法等对未知化合物有很强的鉴别能力；色谱法和光谱法联用可综合色谱法分离技术和光谱法优异的鉴定能力，成为分析复杂混合物的有效方法。

13.2 联用技术的分类及优点

既然常用的联用技术通常为将分离能力最强的色谱技术与质谱或其他光谱检测技术相结合，我们可以按照参与联用的起分离作用的色谱技术及具有鉴别能力的光谱检测技术的联用方式对联用技术进行分类，如非在线联用和在线联用；也可以根据参与联用的色谱技术及光谱检测技术的具体种类对联用技术进行分类，如气相色谱-质谱联用、液相色谱-质谱联用；当然也可以将单纯的分离技术联用或单纯的检测技术联用，如色谱-色谱联用、质谱-质谱联用。仪器联用分析要比采用单一仪器分析具有更多的优点。

13.2.1 联用技术的分类

色谱是一种很好的分离手段，可以将复杂混合物中的各个组分分离开，但是它的定性和结构分析能力较差，通常只利用各组分的保留特性，通过与标准样品或者标准谱图对比来定性，这在欲定性的组分完全未知的情况下进行定性分析就更加困难了。而随着一些定性和结构分析的分析手段——质谱、红外光谱、原子光谱、等离子体发射光谱、核磁共振波谱等技术的完善和发展，确定一个纯组分是什么化合物，其结构如何，已经是比较容易的事。在这些定性和结构分析仪器的发展初期，为了对色谱分离出的某一纯组分定性、定结构，人们往往是将色谱分离后的欲测组分收集起来，经过适当处理，将欲测组分浓缩和除去干扰物质后，再利用上述定性和结构分析技术进行分析。这种联用是脱机、非在线的联用。

脱机、非在线的联用只是将色谱分离作为一种样品纯化的手段和方法，操作很烦琐，在收集和再处理色谱分离后的欲测组分时也很容易发生样品的污染和损失。因此，实现联机、在线的色谱联用是分析化学工作者努力的目标。本章所讨论的联用技术就是指色谱仪器和一些具有定性、定结构功能的分析仪器——质谱仪（MS）、傅里叶变换红外光谱仪（FTIR）、原子吸收光谱仪（AAS）、等离子体发射光谱仪（ICP-AES）、核磁共振波谱仪（NMR）等仪器的直接、在线联用，以及色谱仪器之间的直接、在线联用——多维色谱技术。前一类色谱联用的目的是增强色谱分析的定性和结构分析能力，而后一类的目的是使单一分离模式分不开的复杂混合物，在使用多种分离模式的色谱联用后得到良好的分离。

按照具鉴别能力的光谱检测技术不同对联用技术进行分类。

（1）色谱-质谱联用　在气相色谱-质谱联用仪器中，由于经气相色谱柱分离后的样品呈气态，流动相也是气体，与质谱的进样要求相匹配，这两种仪器最容易联用，因此，这种联用技术是开发最早、实现商品化最早的仪器，普遍适用于环境中挥发性有机物，包括金属有机物的分析。相比之下，液相色谱-质谱（LC-MS）联用要困难得多，这主要是因为接口技术发展比较慢，直到电喷雾电离（ESI）接口与大气压电离（API）接口的出现，才有了成熟的商品液相色谱-质谱联用仪。由于有机化合物中的 80% 不能气化，只能用液相色谱分离，特别是近年来发展迅速的生命科学中的分离和纯化也都使用了液相色谱仪，加之液相色谱-质谱仪接口问题得到了解决，使得液相色谱-质谱联用技术在近年得到了快速发展。

（2）色谱-红外光谱联用　红外光谱在有机化合物的结构分析中有着重要作用，而色谱又是有机化合物分离和纯化的最好方法，因此，色谱与红外光谱的联用技术一直是有机分析化学家十分关注的问题。在傅里叶变换红外光谱仪出现以前，由于棱镜或光栅型红外光谱仪的扫描速度很慢，灵敏度也低，色谱与红外光谱联用时，往往只能采用停流的办法，即在需要检测的组分流动到检测池时使流动相停止流动，然后再进行红外扫描，以获取该组分的红外光谱图。这种方法仅对气相色谱和某些正相液相色谱可行，对反相液相色谱就不行了（由于反相液相色谱的流动相中一般都有水），在傅里叶变换红外光谱出现以后，由于扫描速度和灵敏度都有很大提高，解决了色谱和红外光谱联用时扫描速度慢的最大障碍，使色谱仪和傅里叶变换红外光谱仪联用有了很大发展。

（3）色谱-原子光谱联用　原子光谱（原子吸收光谱和原子发射光谱）主要用于金属或非金属元素的定性、定量分析，而色谱主要用于有机化合物的分析、分离和纯化，因此这两种分析技术的联用在过去很少有人研究。但近年随着有机金属化合物研究的不断深入，特别是人们发现某些元素（如铅、砷、汞、铬等）的不同价态或不同形态不仅对人们健康的影响有很大差别，而且对环境危害的程度也有很大差别。要对这些元素的不同价态或不同形态进行测定和研究，就要对这些元素的不同价态或不同形态进行分离，这时色谱就成为最有力的分离方法，而分离后的定量分析又是原子光谱的特长。因此近年有关色谱-原子光谱联用技术的研究报道文献大量出现。其实带有火焰光度检测器（FPD）的气相色谱仪应是最早的气相色谱-原子光谱联用仪。

（4）色谱-电感耦合等离子体质谱联用　色谱-电感耦合等离子体质谱联用是近年来兴起

的新技术，由于电感耦合等离子体质谱具有诸多的优点，发展十分迅速，尤其是在分析环境中有害元素的形态时十分有用。

（5）色谱-色谱联用　色谱-色谱联用技术（多维色谱）是将不同分离模式的色谱通过接口联结起来能完全分离样品的分离和分析。用于单一分离模式不能完全分离的样品分离与分析。

13.2.2　联用技术的优点

联用技术既可以发挥某种仪器（方法）的特长，又可相互补充、相互促进，如色谱-质谱-计算机联用，这些方法的灵敏度达 pg、ng 级；同时，联用技术增加了获得数据的维数，数据的多维性提供了比单独一种分离技术或光谱技术更多的信息。

13.3　常用的联用技术介绍

13.3.1　色谱-质谱联用

13.3.1.1　气相色谱-质谱联用

（1）气相色谱-质谱联用概述　气相色谱-质谱联用技术（gas chromatography-mass spectrum，GC-MS）既发挥了色谱法的高分辨率，又发挥了质谱法的高鉴别能力。这种技术适合于多组分混合物中未知组分的定性鉴定，可以判断化合物的分子结构，准确地测定未知组分的分子量，测定混合物中不同组分的含量，研究有机化合物的反应机理，修正色谱分析的错误判断，鉴定出部分分离甚至未分离开的色谱峰等。因此，日益受到重视，在有机化学、生物化学、石油化工、环境分析、食品科学、医药卫生和军事科学等领域取得了长足的发展，成为有机合成和分析实验室的主要定性手段之一。

气相色谱和质谱联用后，仪器控制、高速采集数据量以及大量数据的适时处理对计算机的要求不断提高。一般小型台式的常规检测 GC-MS 联用仪由个人计算机及其所安装的系统支持。而大型研究用的 GC-MS 联用仪，主要是磁质谱或多级串联质谱，大都由小型工作站及其安装系统支持。为方便用户使用，随着个人计算机 CPU 和软件的迅速发展，不少大型 GC-MS 联用仪的计算机系统开始采用 PC。GC-MS 联用后，气相色谱仪部分的气路系统和质谱仪的真空系统几乎不变，仅增加了接口的气路和接口真空系统。

（2）气相色谱-质谱联用仪器系统

① GC-MS 系统的组成。GC-MS 联用仪器系统一般由图 13-1 所示的各部分组成。

气相色谱仪分离样品中的各组分，起到样品制备的作用。接口把气相色谱仪分离出的各组分送入质谱仪进行检测，起到气相色谱和质谱之间的适配器作用，质谱仪对接口引入的各组分依次进行分析，成为气相色谱仪的检测器。计算机系统交互式地控制气相色谱、接口和质谱仪，进行数据的采集和处理，是 GC-MS 的中心控制单元。

② GC-MS 的工作原理。有机混合物由色谱柱分离后，经过接口（interface）进入离子源被电离成离子，离子在进入质谱的质量分析器前，在离子源与质量分析器之间，有一个总离子流检测器，以截取部分离子流信号，总离子流强度与时间（或扫描数）的变化曲线就是混合物的总离子流色谱（total iron current chromatogram，TIC）图。另一种获得总离子流图的方法是利用质谱仪自动重复扫描，由计算机收集、计算后再现出来，此时总离子流检测

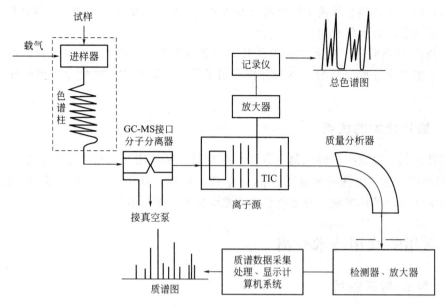

图 13-1 GC-MS 联用仪器系统示意图

系统可省略。对 TIC 图的每个峰，可以同时给出对应的质谱图，由此可以推测每个色谱峰的结构组成。定性分析就是通过比较得到的质谱图与标准谱库或标准样品的质谱图实现的（对于高分辨率的质谱仪，可以通过直接得到精确的分子量和分子式来定性）；定量分析是通过 TIC 或者质量色谱（mass chromatogram）采用类似色谱分析法中的面积归一法、外标法、内标法实现的。一般 TIC 的灵敏度比 GC 的 FID 高 1~2 个数量级，它对所有的峰都有相近的响应值，是一种通用型检测器。

在色谱仪出口，载气要尽可能筛去，只让样品的中性分子进入质谱仪的离子源。但是总会有一部分载气进入离子源，它们和质谱仪内残存的气体分子一起被电离为离子并构成本底。为了尽量减少本底的干扰，在联用仪中一般采用氦气作载气，其原因如下。

① He 的电离能为 24.6eV，是气体中最高的（H_2、N_2 为 15.8eV）。它难以电离，不会因为气流不稳而影响色谱图的基线。

② He 的分子量只有 4，易于与其他组分分子分离。

③ He 的质谱峰很简单，不干扰后面的质谱峰。

④ GC-MS 联用中主要的技术问题。GC-MS 联用的主要技术问题是仪器接口和扫描速度。

a. 仪器接口。众所周知，气相色谱仪的入口端压力高于大气压。在高于大气压力的状态下，样品混合物的气态分子在载气的带动下，因为在流动相和固定相上的分配系数不同，而使各组分得到分离，最后和载气一起流出色谱柱。通常色谱柱的出口端压力为大气压力。质谱仪中样品气态分子在具有一定真空度的离子源中转化为样品气态离子。这些离子（包括分子离子和其他各种碎片离子）在高真空的条件下进入质量分析器，在质量扫描部件的作用下，检测器记录各种按质荷比不同分离的离子的离子流强度及其随时间的变化。因此，接口技术中要解决的问题是气相色谱仪的大气压的工作条件和质谱仪的真空工作条件的连接和匹配。接口要把气相色谱柱流出物中的载气尽可能多地除去，保留或浓缩待测物，使近似大气压的气流转变成适合离子化装置的真空，并协调色谱仪和质谱仪的工作流量。

GC-MS 对接口的一般要求是：使色谱分离后的各组分尽可能多地进入质谱仪，并使载气尽可能少地进入质谱系统；维持离子源的高真空；组分在通过接口时应不发生化学变化；接口对试样的有效传递应具有良好的重现性；接口的控制操作应简单、方便、可靠；接口应尽可能短，以使试样尽可能快速通过接口。

目前常用的 GC-MS 接口主要有直接导入型接口（direct coupling），使用这种接口的载气限于氦气或氢气；分流型接口（split coupling）是将色谱柱洗脱物的一部分送入质谱仪进行检测，其中开口分流型接口（open-split coupling）最为常用；喷射式分子分离器接口是根据气体在喷射过程中不同质量的分子都以与超声速同样的速度运动，不同质量的分子具有不同动量，动量大的分子易保持沿喷射方向运动，而动量小的分子易偏离喷射方向，被真空泵抽走，这样分子量较大的待测物得到浓缩后进入接受口；现在市售的 GC-MS 仪采用直接导入型较多。

b. 扫描速度。一方面，没有和气相色谱仪连接的质谱仪一般对扫描速度要求不高。和气相色谱仪连接的质谱仪，由于色谱峰很窄，有的仅仅几秒钟时间，而一个完整的色谱峰通常需要至少 6 个以上数据点，这样就要求质谱仪有较高的扫描速度，才能在很短的时间内完成多次全质量范围的质量扫描。另一方面，要求质谱仪能很快地在不同的质量数之间来回切换，以满足选择离子检测的需要。

⑤ GC-MS 联用仪和气相色谱仪的主要区别。GC-MS 联用后，整机的供电系统变化不大，除了向原有的气相色谱仪、质谱仪和计算机及其外设备部件供电以外，还需向接口及其传输线恒温装置和接口真空系统供电。将气质联用法和其他气相色谱法做一简单比较，有如下区别。

a. GC-MS 方法定性参数增加，定性可靠。GC-MS 方法不仅与 GC 方法一样能提供保留时间，而且还能提供质谱图，质谱图、分子离子峰的准确质量、碎片离子峰强度比、同位素离子峰、选择离子的分子离子质谱图等使 GC-MS 方法定性远比 GC 方法可靠。

b. 灵敏度高。GC-MS 方法是一种通用的色谱检测方法，但灵敏度却远高于 GC 方法中的任何一种通用检测器。一般的 GC-MS 总离子流色谱（TIC）的灵敏度比普通的 GCFID 检测器高 1～2 个数量级。

c. 抗干扰能力强。虽然用气相色谱仪的选择性检测器能对一些特殊的化合物进行检测，不受复杂基质的干扰，但难以用同一检测器同时检测多类不同的化合物而不受基质的干扰。而采用色质联用中的提取离子色谱技术、选择离子检测技术等可降低化学噪声的影响，分离出总离子流图上尚未分离的色谱峰。

d. 可以用于定量分析。从气相色谱和色质联用的一般经验来说，质谱仪定量似乎总不如气相色谱仪。但是，由于色质联用可用同位素稀释和内标技术，以及色谱技术的不断改进，GC-MS 联用仪的定量分析精度得到极大改善。在一些低浓度的定量分析中，当待测物质浓度接近多数气相色谱仪检测器的检测下限时，GC-MS 联用仪的定量精度优于气相色谱仪。

e. 方法容易实现套用。气相色谱方法中的大多数样品处理方法、分离条件、仪器维护等，都易移植到 GC-MS 联用方法中。但是，在 GC-MS 联用中选择衍生化试剂时，要求衍生化物在一般的离子化条件下能产生稳定的、合适的质量碎片。

f. 仪器维护方便。气相色谱法中，经过一段时间的使用，某些检测器需要经常清洗。在 GC-MS 联用中检测器不需要经常清洗，最常需要清洗的是离子源或离子盒。离子源或离子盒是否清洁，是影响仪器工作状态的重要因素。柱老化时不连接质谱仪、减少注入高浓度样品、防止引入高沸点组分、尽量减少进样量、防止真空泄漏和反油等是防止离子源污染的方法。气相色谱工作时的合适温度参数虽然均可以移植到 GC-MS 联用仪上，但是对其他各部件的温度设置要注意防止出现冷点，否则，GC-MS 的色谱分辨率将会下降。

⑥ GC-MS 联用仪的分类。目前，GC-MS 仪器的分类有多种方法，如按照仪器的机械尺寸，可以分为大型、中型、小型气质联用仪；按照仪器的性能，可分为高档、中档、低档气质联用仪，或研究级和常规检测级联用仪；按照质谱技术，GC-MS 通常是指四极杆质谱或磁质谱，GC-MS 通常是指气相色谱-离子阱质谱，GC-TOFMS 是指气相色谱-飞行时间质谱等；按照质谱仪的分辨率，可以分为高分辨（通常分辨率高于 5000）、中分辨（通常分辨率在 1000～5000 之间）、低分辨（通常分辨率低于 1000）三类。小型台式四极杆质谱检测器（MSD）的质量范围一般低于 1000。四级杆质谱由于其本身固有的限制，一般 GC-MS 分辨率在 2000 以下。市场占有率较大的和气相色谱联用的高分辨磁质谱最高分辨率达 60000 以上。和气相色谱联用的飞行时间质谱（TOFMS），其分辨率达 5000 左右。

（3）气相色谱-质谱联用中的衍生化技术

① GC-MS 衍生化的一般介绍。用 GC-MS 方法分析实际样品时，对羟基、氨基、羧基等官能团进行衍生化往往起着十分重要的作用。GC-MS 衍生化主要有以下特点。

a. 改善了待测物的气相色谱性质。待测物中如果含有极性较大的基团，如羧基、羟基等，气相色谱特性不好，在一些通用的色谱柱上不出峰或峰拖尾，但衍生化以后，情况得到改善。

b. 改善了待测物的热稳定性。某些待测物热稳定性差，在气化时或色谱过程中易发生化学变化（如分解等），衍生化以后，待测物定量转化成在 GC-MS 测定条件下稳定的化合物。

c. 改变了待测物的分子量。衍生化后的待测物绝大多数分子量增大，有利于使待测物和基质分离，降低背景化学噪声的影响。

d. 改善了待测物的质谱行为。大多数情况下，衍生化后的待测物可以产生较有规律、容易解释的质量碎片。

e. 引入卤素原子或吸电子基团，检测得到待测物的分子量。

f. 通过一些特殊的衍生化方法，使待测物可用化学电离方法检测。很多情况下可以提高检测灵敏度，可以拆分一些很难分离的手性化合物。

当然，GC-MS 衍生化方法应用不当，也会带来一些弊端。

a. 柱上衍生化有时会损伤色谱柱。

b. 某些衍生化试剂需在氮气气流中吹扫除去，方法不当会有损失。

c. 衍生化反应不完全，会影响灵敏度。

d. 衍生化试剂选用不当，有时会使待测物分子量增加过多，接近或超过一些小型质谱检测器的质量范围。

② 常见的 GC-MS 衍生化方法。GC-MS 检测中选用衍生化试剂除了和气相色谱中选择衍生化试剂相同的准则以外，还应注意衍生化产物的质谱特性。质量碎片特征性强，分子量适中，适合质量型检测器检测，也有利于与基质干扰物分离。

硅烷化衍生化是对羟基、氨基、酰氨基、羧基等官能团进行保护的最常见方法，常见的硅烷化试剂主要有 *N,O*-双三甲基硅基三氟乙酰胺（BSTFA）、*N*-甲基叔丁基二甲基硅基三氟乙酰胺（MTBSTFA）、N-甲基三甲基硅基三氟乙酰胺（MSTFA）等。硅烷化衍生化主要应用于药物化学代谢物、兴奋剂的监测等方面。

酰化衍生化的基本类型如下：含有酰基的衍生化试剂与含有氨基和羟基的反应物反应，生成含有酰氨基或酯基的衍生化产物。常见的酰化试剂主要有酸酐或全氟酸酐，包括乙酸酐、二氟乙酸酐（TFA）、五氟丙酸酐（PFPA）、七氟丁酸酐（HFPA）等。酰化衍生化主要用于药物分析或者法庭毒品分析等方面。

烷基化试剂可以是卤代烷、重氮烷化合物或者某些醇，其中最典型的是碘化烷，如碘甲烷等。被衍生化的对象主要是一些酚类中的羟基和羧酸类中的羟基。烷基化衍生化主要用于某些农药和兴奋剂的监测。

③ 环境分析中常见的 GC-MS 衍生化技术。GC-MS 衍生化技术在环境监测中应用主要有两个方面。首先，是不挥发酚类物质的监测。例如烷基酚、双酚 A 和氯代酚类等极性较高的化合物，若不经过衍生化，则无法用 GC-MS 准确测定，用 N,O-双(三甲基硅)三氟乙酰胺（BSTFA）进行三甲基硅（TMS）衍生化，是一种比较简单的方法，在 TMS 衍生物的质谱图上，一般 $[M-Me]^+$ 的信号较强，因此在 SIM（选择离子）检测中，都选择此离子进行定量。由于 TMS 的衍生物不够稳定，在操作过程中要注意试样的干燥效果优劣，以及所使用的各种试剂是否残留于测试溶液中等问题，以确保测定结果准确可靠。

（4）气相色谱-质谱联用质谱谱库和计算机检索　随着计算机技术的飞速发展，人们可以将在标准电离条件（电子轰击电离源，70eV 电子束轰击）下得到的大量已知纯化合物的标准质谱图存储在计算机的磁盘里，做成已知化合物的标准质谱库，然后将在标准电离条件下得到的已经被分离成纯化合物的未知化合物的质谱图与计算机质谱库内的质谱图按一定的程序进行比较，将匹配度（相似度）高的一些化合物检出，并将这些化合物的名称、分子量、分子式、结构式（有些没有）和匹配度（相似度）给出，这将对解析未知化合物、进行定性分析有很大帮助。

① 常用质谱谱库。用标准电离条件——电子轰击电离源，70eV 电子束轰击已知纯有机化合物，将这些标准质谱图和有关质谱数据存储在计算机的磁盘中就得到了质谱谱库，目前最常用的质谱谱库有以下一些。

a. NIST 库。由美国国家科学技术研究所（National Institute of Science and Technology）出版，最新版本收有 64k 张标准质谱图。

b. NIST/EPA/NIH 库。由美国国家科学技术研究所（NIST）、美国环境保护局（EPA）和美国国立卫生研究院（NIH）共同出版，最新版本收有的标准质谱图超过 129k 张，约有 107k 个化合物及 107k 个化合物的结构式。

c. Wiley 库。有三种版本。第六版本的 Wiley 库收有标准质谱图 230k 张，第六版本的 Wiley/NIST 库收有标准质谱图 275k 张；Wiley 选择库（Wiley Select Libraries）收有标准质谱图 90k 张。在 Wiley 库中同一个化合物可能有重复的不同来源的质谱图。

d. 农药库（Standard Pesticide Library）。内有 340 种农药的标准质谱图。

e. 药物库（Pfleger Drug Library）。内有 4370 种化合物的标准质谱图，其中包括许多药物、杀虫剂、环境污染物及其代谢产物和它们的衍生化产物的标准质谱图。

f. 挥发油库（Essential Oil Library）。内有挥发油的标准质谱图。

在这六个质谱谱库中，前三个是通用质谱谱库，一般的 GC-MS 联用仪上配有其中的一个或两个谱库。目前使用最广泛的是 NIST/EPA/NIH 库。后三个是专用质谱谱库，根据工作的需要可以选择使用。

② NIST/EPA/NIH 库及其检索简介。现在，几乎所有的 GC-MS 联用仪上都配有 NIST/EPA/NIH 库，各仪器公司所配用的 NIST/EPA/NIH 库所含有的标准质谱图的数目可能有所不同，这可能是各仪器公司选择的谱库版本不同，配置也有所不同所致。1992 年版本的 NIST/EPA/NIH 库收有 62235 个化合物的标准质谱图，而 NIST/EPA/NIH 库选择复制库 (Selected Replicates Library) 还有 12592 张标准质谱图可以选择安装。还有 14 个不同定位 (Custom) 的使用者库 (User Library) 可与 NIST/EPA/NIH 库结合使用。质谱工作者还可将自己实验中得到的标准质谱图及数据用文本文件 (Text files) 存在使用者库 (User Library) 中，或者自己建立使用者库。这些都使不同仪器公司提供的 NIST/EPA/NIH 库所含有的标准质谱图的数目有所不同。

NIST/EPA/NIH 库的检索方式有两种：一种是在线检索，另一种是离线检索。

在线检索是将 GC-MS 分析时得到的、已经扣除本底的质谱图，按选定的检索谱库和预先设定的库检索参数 (Library Search Parameters)、库检索过滤器 (Library Search Filters) 与谱库中存有的质谱图进行比对，将得到的匹配度（相似度）最高的 20 个质谱图的有关数据（化合物的名称、分子量、分子式、可能的结构、匹配度等）列出来，供被检索的质谱图定性作参考。

离线检索是在得到一张质谱图后，根据这张质谱图的有关信息，从质谱谱库中调出有关的质谱图与其进行比较。通过比较，可对该质谱图做出定性分析。离线检索的检索方式有以下几种。

a. ID 号检索。ID (Identity) 号是 NIST/EPA/NIH 库给每一个化合物规定的识别号，即该化合物在库中的顺序号。只要直接输入该化合物的 ID 号（如果已知），就可以将此化合物的标准质谱图调出进行比较。

b. CAS 登记号检索。CAS (Chemical Abstract Service) 登记号是每个化合物在化学文摘服务处登记的号码。如已知该化合物的 CAS 登记号，就可以用 CAS 登记号检索。只要输入 CAS 登记号，就可以将此化合物的标准质谱图调出进行比较。

c. NIST 库名称检索。如果知道该化合物在 NIST 库中的名称，就可以用此名称进行检索。

d. 使用者库 (User Library) 名称检索。按该化合物在使用者库中的准确名称进行检索。

e. 分子式检索。给出化合物的特定分子式就可以用分子式检索。将这一分子式输入后，可以给出库中符合这一分子式的全部化合物的标准质谱图。

f. 分子量检索。将分子量输入后，就可以给出库中符合这一分子量的全部化合物的标准质谱图。

g. 峰检索。将得到的质谱数据按峰的质量数 (m/z) 和相对强度（基峰为 100，其他峰以基峰强度的百分数表示）范围依次输入。如知道最大质量数，可在 Maxmass 栏内输入。如从分子离子上有中性丢失，可在 Loss 栏内输入，这一丢失的最大值是 $m/z=64$。如输入 0，则此质谱图一定有分子离子峰。在输入这些峰的数据后就可得到一系列化合物的标准质谱图。输入的峰越多，输入的相对强度范围越窄，检出的化合物数量就越少，甚至检不出化合物来。此时可减少输入的峰或放宽相对强度范围，就可检出化合物。

③ 使用谱库检索时应注意的问题。为了使检索结果正确，在使用语库检索时应注意以

下几个问题。

a. 质谱库中的标准质谱图都是在电子轰击电离源中用 70eV 电子束轰击得到的，所以被检索的质谱图也必须是在电子轰击电离源中用 70eV 电子束轰击得到的，否则检索结果是不可靠的。

b. 质谱库中标准质谱图都是用纯化合物得到的，所以被检索的质谱图也应该是纯化合物。本底的干扰往往使被检索的质谱图发生畸变，所以扣除本底的干扰对检索的正确与否十分重要。现在的质谱数据系统都带有本底扣除功能，重要的是如何确定（即选择）本底，这就要靠实践经验。在 GC-MS 分析中，有时要扣除色谱峰一侧的本底，有时要扣除峰两侧的本底。本底扣除时扣除的都是某一段本底的平均值，选择这一段本底的长短及位置也是凭经验决定。

c. 要注意检索后给出的匹配度（相似度）最高的化合物并不一定就是要检索的化合物，还要根据被检索质谱图中的基峰、分子离子峰及其已知的某些信息（如是否含某些特殊元素 F、Cl、Br、I、S、N 等，该物质的稳定性、气味等），从检索后给出的一系列化合物中确定被检索的化合物。

13.3.1.2　液相色谱-质谱联用

（1）液相色谱-质谱联用（liquid chromatography-mass spectrum，LC-MS）概述　科学技术的发展为研究环境分析问题提供了一系列很有效的方法，其中包括色谱技术、质谱技术等。为了适应环境科学基础研究的要求，质谱技术的研究热点集中于两个方面：其一是发展新的软电离技术，以分析高极性、热不稳定性、难挥发的大分子有机污染物；其二是发展液相色谱与质谱联用的接口技术，以分析环境复杂体系中的痕量污染物组分。

对于高极性、热不稳定、难挥发的大分子有机化合物，使用 GC-MS 有困难，液相色谱的应用不受沸点的限制，并能对热稳定性差的试样进行分离、分析。由于液相色谱的一些特点，在实现联用时所遇到的困难比 GC-MS 大得多，它需要解决的问题主要在两个方面：液相色谱流动相对质谱工作环境的影响以及质谱离子源的温度对液相色谱分析试样的影响。为了解决这些问题，以实现联用，早期的 LC-MS 研究主要集中在去除 LC 溶剂方面，取得一定的成效，而电离技术中电子轰击离子源、化学电离源等经典方法并不适用于难挥发、热不稳定的化合物。20 世纪 80 年代以后，LC-MS 的研究出现大气压化学电离（atmospheric pressure chemical ionization，APCI）接口、电喷雾电离（electro-spray ionization，ESI）接口、粒子束（particle beam，PB）接口等技术后，才有突破性进展。现在，LC-MS 已经成为生命科学、医药、临床医学、化学和化工领域中最重要的分析工具之一。它的应用正迅速向环境科学、农业科学等众多方面发展。但是值得注意的是，各种接口技术都有不同程度的局限性，迄今为止，还没有一种接口技术具有像 GC-MS 那样的普适性，因此，对于一个从事多方面工作的现代化实验室，需要具备几种 LC-MS 接口技术，以适应 LC 分离化合物的多样性要求。

（2）液相色谱-质谱联用系统组成及工作原理　与 GC-MS 类似，LC-MS 由液相色谱、接口和质谱仪三部分构成。

其工作原理是：从 LC 柱出口流出液，先通过一个分离器，如果所用的 HPLC 柱是微孔柱（1.0mm），全部流出液可以直接通过接口，如果用标准孔径（4.6mm）HPLC 柱，流出液被分开，仅有约 5% 流出液被引进电离源内，剩余部分可以收集在馏分收集器内，当流出液经过接口时，接口将承担除去溶剂和离子化的功能。产生的离子在加速电压的驱动下，进入质谱仪的质量分析器。整个系统由计算机控制。

与 LC 联机的质量分析器有四极杆分析器、离子阱分析器、飞行时间分析器及 FT-ICR 池子分析器。离子阱分析器、飞行时间分析器的灵敏度很高，而 FT-ICR 池子分析器可以测定的质量精度很高。

与 GC-MS 类似，LC-MS 也可以通过采集质谱得到总离子流色谱图。但是由于电喷雾是一种软电离源，通常不产生或产生很少碎片，谱图中只有准分子离子，因此，单靠 LC-MS 很难做定性分析，利用高分辨率质谱仪（FTMS 或 TOFMS）可以得到未知化合物的组成，对定性分析非常有利。为了得到未知化合物的碎片结构信息，必须使用串联质谱仪。

LC-MS 定量分析基本方法与普通液相色谱法相同。但是由于色谱分离方面的问题，一个色谱峰可能包含几种不同的组分，如果仅靠峰面积定量，会给定量分析造成误差。因此，对于 LC-MS 定量分析不采用总离子流色谱图，而是采用与待测组分相对应的特征离子的质量色谱图。此时，不相关的组分不出峰，可以减少组分间的互相干扰。然而，有时样品体系十分复杂，即使利用质量色谱图，仍然有保留时间相同、分子量也相同的干扰组分存在。为了消除其干扰，最好是采用串联质谱的多反应监测（MRM）技术。

（3）液相色谱-质谱联用样品配制　同任何其他分析方法一样，样品的制备或前处理在 LC-MS 分析中同样是必要的。对所用样品，无论是血样、尿样还是其他种类的样品，一般要求如下。

① 样品要力求纯净，不含显著量的杂质，尤其是分析蛋白质和肽类（这两类化合物在 ESI 上有很强的响应）。

② 不含有高浓度的难挥发酸（磷酸、硫酸等）及其盐，难挥发酸及其盐的侵入会引起很强的噪声，严重时会造成仪器喷口处放电。

③ 样品黏度不能过大，防止堵塞柱子、喷口及毛细管入口。

（4）液相色谱-质谱联用样品导入

① 注入方式。以注射器泵推动一支钢化玻璃注射器将样品溶液连续注入离子化室。这种方式在仪器调试时被广泛使用，也可在测定纯品的质谱时使用。由于它的连续进样方式，可以得到稳定的多电荷离子生成，故在蛋白质和胺类的分析中多采用。注入方式进样所得到的在正常情况下为一大小恒定的信号输出，总离子流图（TIC）表观上为一条直线；样品纯度低时，由于无法扣除流动相背景，不能获得纯净的质谱图。

② 流动注射分析（FIA）方式。流动注射可用注射器泵串接一个六通阀或以 HPLC 泵配合进样器来进行。FIA 可快速地获得样品的质谱信息，在样品预实验中很实用。由于没有柱分离损失，可获得较高的样品利用率。同时由于 TIC 中样品峰的显现，可以方便地对流动相含有的本底进行扣除，获得较干净的质谱图。由于没有柱分离，FIA 方式对样品中的杂质本底仍无法扣除。

③ 与 HPLC 联机使用方式。联机采用"泵-分离柱-ESI 接口"的串接方式，有时也在分离柱的出口处接入一个 T 形三通，将一端接往紫外检测器，或将紫外检测器与质谱串接，可同时获得紫外信号（UV 检测器）或紫外光谱（DAD 检测器）。当 HPLC 的流动相组成不适合 ESI 的离子化条件时，也可在三通处接入另一台泵，加入某些溶剂或一定量的助剂作柱后补偿或修饰。例如在蛋白质分离及质谱检测中广泛使用的加入三氟乙酸调整（TFA-fix）技术。HPLC-ESI-MS 联机要求液相泵的流量很稳定，因此要采用流量脉动较小的 HPLC 泵系统或采用有效办法消除脉动。

13.3.2　色谱-傅里叶变换红外光谱联用

13.3.2.1　色谱-傅里叶变换红外光谱联用概述

气相色谱和液相色谱是分离复杂混合物的有效方法，但仅靠保留指数定性未知物或未知组分却始终存在着许多困难。而红外光谱是重要的结构检测手段，它能提供许多色谱难以得到的结构信息，但是它要求所分析的样品尽可能简单、纯净，而不是复杂的混合物。所以将色谱技术的优良分离能力与红外光谱技术独特的结构鉴别能力相结合，就可以获得取长补短的效果，无疑是一种很具有实用价值的分离鉴定手段。形象地说，红外光谱仪成为色谱的"检测器"，这一"检测器"是非破坏性的，并能提供色谱馏分的结构信息。

近年来发展起来的傅里叶变换红外光谱，为色谱-红外光谱联用（chromatogram-FTIR）创造了条件。与色散型红外光谱仪相比，干涉型傅里叶变换红外光谱仪光通量大，检测灵敏度高，能够检测微量组分。而且由于多路传输，可同时获取全频域光谱信息，其扫描速度快，可同步跟踪扫描气相色谱馏分。目前，毛细管 GC-FTIR 以其优越的分离检测特性被广泛用于科研、化工、环保、医药等领域，成为有机混合物分析的重要手段之一。例如，在环境大气检测方面，已经制成的 GC-FTIR 联用仪，以 2km 长光程多次反射吸收，可以检测含量在 10^{-9} 数量级以下的大气污染物，如乙炔、乙烯、丙烯、甲烷、光气等。

液相色谱不受样品挥发度和热稳定性的限制，特别适合于沸点高、极性强、热稳定性差、大分子试样的分离，对多数生化活性物质也能满意分离，可弥补气相色谱分析的不足。由于液相色谱多采用极性溶剂为流动相，这些溶剂在中红外区均有较强吸收，因此消除溶剂影响是 LC 与 FTIR 联机的关键，接口技术至关重要。目前虽然已有商品 LC-FTIR 仪，但与采用光管接口 GC-FTIR 相比，仍有很大的局限性，所以至今为止，LC-FTIR 的应用仍难以普及，但该领域的研究工作仍在继续。

13.3.2.2　气相色谱-傅里叶变换红外光谱联用

（1）气相色谱-傅里叶变换红外光谱联用系统组成　GC-FTIR 系统由以下四个单元组成：气相色谱单元，对试样进行气相色谱分离；联机接口，GC 馏分在此检测；傅里叶变换红外光谱仪，同步跟踪扫描、检测 GC 各馏分；计算机数据系统，控制联机运行及采集、处理数据。GC-FTIR 各单元工作原理如图 13-2 所示。

联机检测的基本过程为：试样经气相色谱分离后，各馏分按保留时间顺序进入接口，与此同时，经干涉仪调制的干涉光汇聚到接口，与各组分作用后干涉信号被汞镉碲（MCT）液氮低温光电检测器检测。计算机数据系统存储采集到的干涉图信息，经快速傅里叶变换得到组分的气态红外光谱图，进而可通过谱库检索得到各组分的分子结构信息。

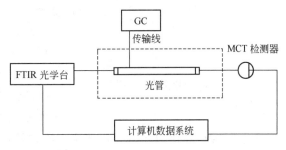

图 13-2　GC-FTIR 各单元工作原理

（2）气相色谱-傅里叶变换红外光谱联用谱库检索　目前，商用 GC-FTIR 仪一般均带有谱图检索软件，可对 GC 馏分进行定性检测，一般是将 GC 馏分的 FTIR 谱图与计算机存储的气态红外标准谱图比较，以实现未知组分的确认。需要指出的是，各 GC-FTIR 厂商均可提供气相红外光谱库，如 Nicolet 公司及 Digilab 公司提供的气相谱库有 4000 多张谱图，Analect 公司提供的谱库有 5012 张谱图，与 GC-MS 谱图的谱库相比相差悬殊，尚难以满足实际检测的需要，还需进一步的工作，以丰富 GC-FTIR 谱库。

（3）常用气相色谱-傅里叶变换红外光谱联用仪简介　傅里叶变换红外光谱仪分为高、中、低三档。高档仪器波段范围宽，并能通过改变动镜扫描速度来获得不同分辨率，最高分辨率在 0.1cm^{-1} 以下，可实现 GC-FTIR 联用，这类谱仪为了保证其测量精度，常制成真空型和扫吹型，但因价格昂贵，仅适用于研究工作；低档傅里叶变换红外光谱仪通常仅有一种分辨率，为 4cm^{-1}，测量波段仅限于 $400 \sim 4000 \text{cm}^{-1}$ 的中红外波段，不能实现 GC-FTIR 联用；中档傅里叶变换红外光谱仪介于二者之间，可满足一般用户实现 GC-FTIR 联用的需要。在仪器选择时，首先要考虑仪器的分辨率，因为它常代表仪器质量的优劣，但也不能单纯追求高分辨率，要从经济、实用角度综合考虑。

13.3.2.3　液相色谱-傅里叶变换红外光谱联用

尽管气相色谱法具有分离效率高、分析时间短、检测灵敏度高等优点，但是，在已知的有机化合物中，只有 20% 的物质可不经化学预处理而直接用 GC 分离。液相色谱则不受样品挥发度和热稳定性的限制，因而特别适合于那些沸点高、极性强、热稳定性差、大分子试样的分离，对多数已知化合物，尤其是生化活性物质，均能满意分离、分析。液相色谱对多种化合物的高效分离特点与红外光谱定性鉴定的有效结合，使复杂物质的定性、定量分析得以实现，成为与 GC-FTIR 互补的分离鉴定手段。

（1）液相色谱-傅里叶变换红外光谱联用系统组成　与 GC-FTIR 联用一样，液相色谱-傅里叶变换红外光谱（LC-FTIR）联用系统（图 13-3）也主要由色谱单元、接口、红外谱仪单元和计算机数据系统组成。其中，液相色谱单元将试样逐一分离；接口为流动相或喷雾集样装置，被分离组分在此处停留而被检测；FTIR 单元同步跟踪扫描检测 LC 馏分；计算机数据系统控制联机及采集、处理数据。

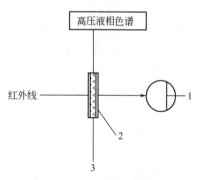

图 13-3　LC-FTIR 联用示意图

1—检测器；2—流动池；3—出液管口

联机运行的控制、数据采集和处理的软件也与 GC-FTIR 联用类同。其主要区别在于，GC 的载气无红外吸收，不干扰待测组分的红外光谱鉴定，而液相色谱的流动相均有强红外吸收，严重干扰待测组分的红外光谱检测，因此消除流动相的干扰成为接口技术的关键。

（2）液相色谱-傅里叶变换红外光谱联用的接口简介　LC-FTIR 的接口方法基本上可分为流动池法和流动相去除法两大类。

① 流动池接口。流动池是 LC-FTIR 的定型接口，其工作原理为：经液相色谱分离的馏分首先随流动相顺序进入流动池，同时 FTIR 同步跟踪，依次对流动池进行红外检测，然后对获得的流动相与分析物的叠加谱图做差谱处理，以扣除流动相的干扰，获得分析物的红外光谱图，进而通过红外光谱数据库进行计算机检索，对分析物进行快速鉴定。

在 LC-FTIR 的联用中，流动池的设计非常重要，必须同时兼顾色谱的柱外效应要尽量小而进入光谱的被测物要适当多的要求。液相色谱分为正相色谱和反相色谱。流动相不同，吸收强度各异，应选择最佳体积的吸收池方能获得令人满意的联机检测结果。

流动池主要类型有平板式透射流动池、柱式透射流动池和柱内 ATR 流动池。

② 流动相去除接口。顾名思义，流动相去除法即通过物理或化学方法将流动相去除，并将分析物依次凝聚在某种介质上之后再逐一检测各色谱组分的红外光谱图。

流动相去除接口主要包括正相液相色谱流动相去除接口和反相液相色谱流动相去除接口。

③ 两种接口比较。与流动池法相比，流动相去除法的接口装置复杂，其操作需要一定的经验。但后者有以下优点。

a. 无流动相干扰，可使用多种流动相。

b. 适用于梯度淋洗，提高了样品的分离检测能力。

c. 当进行离线红外检测时，可使用信号平均技术，增加谱图的信噪比，检出限一般较流动池接口低。

13.3.3 色谱-原子光谱联用

13.3.3.1 色谱-原子光谱联用概述

随着微量元素对人体健康影响研究的不断深入，人们发现同一元素的不同价态和不同形态对人体健康的影响有很大差别，例如 Cr^{3+} 是人体必需的微量元素，而 Cr^{4+} 则是致癌物。硒和锌是人体必需的微量元素，早期人们服用一些硒和锌的无机化合物（如硒酸钠、硫酸锌等），但效果并不好。这些无机化合物很难被人体吸收，食用过量还会有毒副作用。后来，人们开始研究有机硒和有机锌化合物，用它们作为补硒和补锌的药物和营养品，这些有机硒和有机锌较容易被人体吸收，毒副作用也小得多。为此，人们在研究微量元素时不仅仅要研究其含量是多少，而且还要研究这些微量元素的价态和存在形态。

在环境污染研究方面，早期人们也仅仅注意一些重金属元素含量多少对环境污染的影响。随着对重金属元素污染物研究的深入，人们发现一些重金属的有机化合物比其无机盐的毒性大得多，如甲基汞、四乙基铅、烷基砷等都远比其相应的无机重金属盐毒性强得多，对环境的影响也要严重得多。因此在测定环境中的重金属含量时，应该测定出它们的价态和存在的形态，这才更接近环境监测的意义。环境中（大气、水、土壤和废物等）重金属的形态监测受到了世界各国的广泛重视。

上述两方面的研究提出了一个共同的问题，就是如何测定不同价态和不同形态的微量元素。为解决这一问题目前有以下几种方法。

① 将分离仪器与测量仪器联机使用，利用分离仪器将不同价态和不同形态的微量元素先进行分离，然后再用测量仪器分别测定这些不同价态和不同形态的微量元素的含量。这一方法中最常使用的是色谱和原子光谱的联机。可以利用不同分离机理的色谱对不同价态和不同形态的微量元素进行分离，然后再利用原子光谱测量这些微量元素的含量。

② 利用不同价态和不同形态的微量元素具有不同的化学和物理性质（如不同的颜色反应）来分别测定不同价态和不同形态的微量元素。流动注射-分光光度分析就是这种方法，可用于 Fe^{2+} 和 Fe^{3+}、Cr^{3+} 和 Cr^{4+} 的分别测定。

③ 利用化学分离（如沉淀分离、萃取分离等）后，再分别用仪器测定。

下面简要介绍色谱和原子光谱的联用技术。

13.3.3.2 色谱-火焰原子吸收光谱仪联用

气相色谱-火焰原子吸收光谱仪的联用（gas chromatogram-fire atom accepted

spectrum，GC-FAAS）是由气相色谱分离后的组分通过有加热装置的传输线（heated transfer line）直接导入火焰原子吸收光谱的火焰原子化器。图 13-4 是用来测定人体体液中二甲基汞和氯化甲基汞的气相色谱-火焰原子吸收光谱仪联用装置。由于测定的是烷基汞，故为避免汞在高温下与金属生成汞齐，采用聚四氟乙烯管作为传输线，作为气相色谱和火焰原子吸收光谱仪之间的传输线还可用不锈钢或石英材料制成，可根据所测样品的不同，所需保温的情况不同，来选用不同的传输线，传输线的死体积要尽可能小。

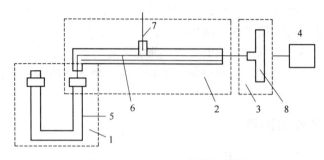

图 13-4　GC-FAAS 联用示意图

1—GC 部分；2—转移线部分；3—FAAS 部分；4—记录仪；5—填充柱；
6—保温层；7—温度计；8—石英 T 形管原子化器

13.3.3.3　色谱-原子荧光光谱仪联用

有机金属化合物形态分析研究取得了很大进展，气相色谱与原子光谱联用技术已成为该领域的主要分析手段。但对于 Hg^{2+} 和饱和烷基汞来说，由于它们在气相色谱柱上的保留行为相似，不易实现分离，而在液相色谱柱上由于其极性的差别却可以达到分离的目的。目前以液相色谱为主要分离手段的各种形态分析技术，如 HPLC-AAS、HPLC-ICP-MS、HPLC-UV 已经发展起来，但由于传统的紫外检测器灵敏度低、HPLC 与 AAS 缺乏商品化的接口、ICP-MS 价格昂贵，以及复杂样品基体干扰、仪器光谱干扰等问题，影响了上述联用技术的灵敏度、选择性及其应用范围。

原子荧光光谱法（AFS）是 20 世纪 70 年代发展起来的光谱技术，它采用氢化物发生技术，既消除了样品基体干扰，简化了 HPLC 与 AFS 的仪器接口技术，其价格也较 ICP-MS 便宜许多，而且联用技术能实现元素的形态分析而不仅是总量分析。建立高效液相色谱与原子荧光光谱的联用技术可以解决上述各种问题，既可以为环境样品和生物样品中汞化合物和砷化合物的形态测定提供方便、可靠的方法，又可以为国产原子荧光的推广提供技术支持，取得显著的社会经济效益。

在高效液相色谱形态分离各种汞化合物和砷化合物的基础上，与原子荧光光谱联用的接口技术是需要解决的关键问题。高效液相色谱与原子荧光光谱仪通过聚四氟乙烯管相连，中间连入微波消解装置（或紫外灯），可以极大地提高有机汞和砷化合物向无机汞和砷化合物的转化，提高其灵敏度。优化聚四氟乙烯管的内径和长度可以得到很好的分离效果。

随着科研和环保部门对测定金属形态越来越高的要求，这一联用装置会拓展到更多元素形态的分析，并以其高的形态分离能力、高的测定灵敏度和性能价格比而得到推广使用。

液相色谱原子荧光联用仪的组成部分有：液相泵模块，主要功能就是分离；在线消解模块，将有机物转化成无机物；原子荧光模块，作为检测器；色谱工作站模块，用于数据处理。HPLC-AFS 联用示意图如图 13-5 所示。

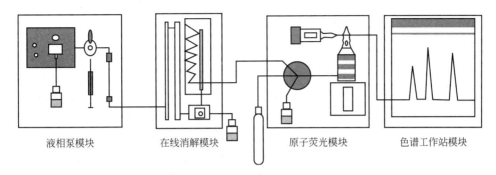

图 13-5　HPLC-AFS 联用示意图

　　元素的生物行为和毒理性质都与其在样品中存在的化学形态紧密相关。汞和砷是有毒元素，但不同形态的汞和砷其毒性差别很大。以砷为例，常见的砷化合物包括亚砷酸[As(Ⅲ)]、砷酸[As(Ⅴ)]、一甲基砷(MMA)、二甲基砷(MMA)、砷甜菜碱、砷胆碱、砷糖等。其中无机砷毒性大于有机砷毒性，As(Ⅲ)＞As(Ⅴ)＞MMA＞DMA，砷与有机基团结合越多，毒性越小，砷胆碱和砷甜菜碱普遍被认为是无毒的。

　　在很多情况下，重金属元素必须分析其形态，才能清楚地描述待测物的性质。而且因为重金属元素的多种形态在不同条件下存在各种转化情况，所以元素的形态分析具有非常重要的意义。

　　液相色谱-原子荧光联用仪可以用于检测食品、水、土壤、中药、饲料等领域中的重金属残留，且能清晰明了地表明其形态，为研究重金属对于环境、食品的影响做出科学合理的判断。

13.3.3.4　色谱-电感耦合等离子体-原子发射光谱仪联用

　　与气相色谱-火焰原子吸收光谱（GC-FAAS）联用相似，气相色谱-等离子体-原子发射光谱仪（gas chromatography-inductively coupled plasma-atomic emission spectrum）原理也是将气相色谱分离后的流出物雾化或直接气化后引入等离子体原子化器（ICP）（图 13-6）。也有通过氢化物发生器，将生成的氢化物直接引入等离子体原子化器。

　　① 常规气动雾化器接口。当等离子体原子发射光谱采用常规的气动雾化器时，可以将来自液相色谱柱分离后的流出物用一段聚四氟乙烯管直接接到雾化器上。这种接口的主要优点是结构简单易得，便于推广应用。主要缺点是 LC 的死体积大（雾室体积是死体积的一大部分），使得 ICP-AES 记录的色谱峰变宽，检出限也比直接进样时差 1～2 个数量级。

　　② 无雾室气动雾化器接口。由于液相色谱的进样量一般较小，分离后的流出物可以充分雾化，这样不用雾室可以减小 LC 的柱外死体积，使得 ICP-AES 记录的色谱峰变窄，提高了分辨率，同时也可以使 ICP-AES 的信号增强，提高检出能力。

　　③ 热喷雾化器接口。由于热喷雾化器具有较高的雾化效率，其所要求的流速适合等离子体对有机溶剂的要求等特点，使得热喷雾化器用于 HPLC-ICP-AES 联用能克服联用中遇到的两大难题——因雾化效率低而引起的灵敏度低，以及有机相溶液引入引起等离子体炬不稳定。这是 HPLC-ICP-AES 和 FIA-ICP-AES 联用中最具有前景的研究方向之一。

　　④ 氢化物化学发生气化接口。氢化物化学发生气化（HG）进样技术已广泛用于 Ge、Sn、Pb、As、Sb、Bi、Se、Te 和 Hg 的原子吸收光谱、原子荧光光谱和 ICP-AES 的测定，

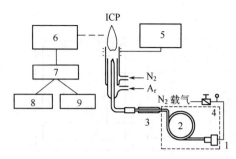

图 13-6　GC-ICP-AES 联用示意图

1—进样口；2—色谱柱；3—加热绕组；4—柱箱；
5—高频发生器；6—光谱仪；7—积分仪；
8—按钮；9—记录仪

其中前 8 个元素在还原剂（如硼氢化钠）作用下生成易挥发的氢化物进入原子化器，而汞盐则被还原为金属汞而挥发进入原子化器。与相应的气动雾化法相比，在 ICP-AES 中氢化物法的检出限可低 2 个数量级。因此，用氢化物化学发生器作为 LC 和 ICP-AES 联用的接口检测上述 9 个元素是一个好方法。由于 LC 分离后流出物经过氢化物化学发生器后，将被分析的元素转化成气体进入 ICP-AES，这比液体气溶胶引入法有以下显著优点：被测物质以气体形式传输，使传输效率高（接近 100%），因此到达 ICP 的被测物质更多，可使检出限降低近 2 个数量级（检测灵敏度提高）；生成的氢化物（或汞蒸气）从溶液中分出来消除了常规 LC-ICP-AES 联用中存在的基体干扰；气态试样的引入有助于被测物质的原子化和激发，也可提高检测灵敏度。

13.3.4　高效液相色谱-核磁共振联用

核磁共振波谱分析测试的对象目前只是液体和固体样品，因此普遍采用液相色谱-核磁共振波谱联用技术。

高效液相色谱（HPLC）是目前最有效的分离方法之一，而核磁共振波谱（NMR）则是最有效的结构鉴定方法之一，高效液相色谱-核磁共振联用（high performance liquid chromatography-nuclear magnetic resonance，HPLC-NMR）将产生巨大的功用。但是，HPLC 和 NMR 在线（on-line）联用要比 HPLC 和 MS 在线联用更加困难。HPLC 和 NMR 在线联用的困难有两个：一个是 HPLC 的洗脱液对 NMR 测定的干扰；另一个是 NMR 中存在的弛豫过程和为提高检出限的累加都使 NMR 的测定需要较长的时间（一般要数秒至数十秒或更长一些），这与 HPLC 洗脱液的流速（常用流速为 $1mL \cdot s^{-1}$）相矛盾。傅里叶变换核磁共振波谱仪的出现，使这些困难的解决出现可能：利用脉冲序列可以抑制洗脱液对谱峰测定的干扰；傅里叶变换核磁共振的脉冲作用仅为微秒数量级，一个样品的测量一般只需要几秒，这可大大减少测量时间，并大大提高测定的灵敏度。下面对 HPLC-^{1}H NMR 联用技术的运行模式做简要介绍。

在 HPLC-^{1}H NMR 联用分析中，当 HPLC 将样品分离后，对欲分析组分进行 ^{1}H NMR 分析时，可采用两种运行模式：一种是在流模式（on-flow）；另一种是停流模式（stop-flow）。在停流模式中，目前也有两种运行模式。一种是在欲分析组分到 ^{1}H NMR 的样品池时，停止 HPLC 泵的运行，即停止洗脱液的流动，此时欲分析组分在样品池中静止，被 ^{1}H NMR 的探头检测。另一种是借助存储环（storage loops）将 HPLC 分离后的每个欲分析组分陆续用存储环分别收集、存储下来（此时的 HPLC 运行可以不停止，泵继续运行，洗脱液继续流动，只是将每一份含有欲分析组分的洗脱液分别收集到不同的存储环中，而不欲分析组分的洗脱液可直接排放到废液瓶中），然后依次将存储环中含有欲分析组分的洗脱液转移到 ^{1}H NMR 的样品池中，在样品静止状态下被 ^{1}H NMR 的探头分别检测。停流运动模式适合只分析混合样品中某一种组分，而不适合分析混合样品中的多种组分，因为在停止泵运行后，洗脱液的流动也停止了，此时，未进入 ^{1}H NMR 样品池的欲分析组分，由于停流时的扩散，造成色谱峰的展宽，这将降低 HPLC 的分辨率和 ^{1}H NMR 检测的灵敏度。这种情况下最好采用使用存储环的停流运行模式，它可以在一次 HPLC 分离中用 ^{1}H NMR 检测多种组分，而不降低 HPLC 的分辨率和 ^{1}H NMR 检测的灵敏度。目前的商品 HPLC-^{1}H NMR 联用仪器都配有这种存储环收集接口。图 13-7 为 HPLC-^{1}H NMR-MS 联用时的不同运行模式示意图。

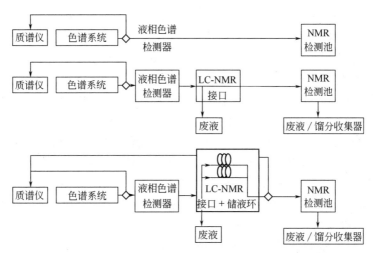

图 13-7　HPLC-^{1}H NMR-MS 联用时的不同运行模式示意图

（◇ 表示 5∶95 分流）

13.3.5　色谱-电感耦合等离子体-质谱联用

13.3.5.1　概述

ICP-MS 是超痕量分析、多元素形态分析及同位素分析的重要手段，与 AAS 和 AES 等分析技术相比，具有检出限低、分析速度快、动态范围宽、能同时分析多种元素、可进行同位素分析等优点；与其他无机质谱相比，可在大气压下进样，便于与色谱联用。自 20 世纪 80 年代以来，就引起了广泛关注。目前已经广泛应用于环境科学、食品科学、地球化学、医药化学、海洋科学、材料科学等领域。在环境分析中 ICP-MS 可用于测定饮用水中水溶性元素总量，分析水体中 Cr^{4+}、Cu、Cd、Pb 等金属、非金属元素含量；ICP-MS 也可用于大气粉尘、土壤、海洋沉积物中重金属元素的测定，在汽车尾气净化催化剂和包装食品塑料袋的痕量分析中也有报道。

ICP-MS 已经成为公认的最强有力的元素分析技术。其特点如下。

① 谱图简单，分析速度快，动态范围宽。

② ICP-MS 分析灵敏度高，选择性好，比一般 ICP-AES 分析法高 2～3 个数量级（因分析元素不同而异），比原子吸收法也高 1～2 个数量级，特别是测定质量数 100 以上的元素时灵敏度更高，检出限更低。

③ ICP-MS 理论上可以测定所有的金属元素和一部分非金属元素。

④ 可以同时测定各个元素的各种同位素，也可以对有机物中的金属元素进行形态分析。

⑤ 在大气压下进样，便于与其他技术联用。

目前，已经发展了 ICP-MS 与流动注射（FI）、HPLC、GC、LC 等多种联用技术。适用于不同样品中元素形态的分析，并开发出商品化的接口，这大大简化了样品的前处理过程，使元素形态分析时的困难大大降低。色谱-ICP-MS的联用已成为痕量和超痕量元素形态分析的强有力的工具。

13.3.5.2　气相色谱-电感耦合等离子体-质谱联用

由于气相色谱（GC）的流出物是气体，因此，可以简单地使用一根短的传输管连接GC的色谱柱和ICP-MS的等离子炬管，这个"短的传输管"就成为GC-ICP-MS联用的"接口"。对GC-ICP-MS接口的基本要求是保证分析物以气态的形式从GC传输到ICP-MS的等离子炬管，在传输过程中不会在接口处产生冷凝，这与GC与原子光谱联用是一样的。

在气相色谱-电感耦合等离子体-质谱（gas chromatograph-inductively coupled plasma/mass spectrum GC-ICP-MS）联用中，为了避免分析物的冷凝，可以对传输管从头到尾进行充分加热，或者采用气溶胶载气传送。这两种传输方式将GC-ICP-MS的接口分为两大类：直接连接和通过喷雾室连接。若采用直接连接就需要移走ICP-MS原有的喷雾室，将传输管直接插入到等离子炬管内管的中心，然后根据分析物的性质确定传输管的加热温度。若采用气溶胶载气，GC的流出物需要在喷雾室与水溶液气溶胶混合，然后被引入到等离子炬管中。

直接连接接口的主要缺点在于：做常规ICP-MS和GC-ICP-MS分析时要拆卸和安装接口；GC出来的流出物组分改变将会影响等离子体的稳定，使优化等离子体工作条件困难，常常因此得不到连续的信号。

13.3.5.3　液相色谱-电感耦合等离子体-质谱联用

由于常规ICP-MS分析中的样品进样是液体形态，而且液相色谱（LC）的流速与ICP-MS进样的速度兼容，这就使LC-ICP-MS联用的接口比较简单。雾化器可作为LC与ICP-MS联用的接口，其中，包括LC-ICP-MS联用中使用最多的气动雾化器以及低流速雾化器，由于这类雾化器可有效降低引入样品对等离子体稳定性的影响，因此很多人致力于低流速雾化器的研究。低流速雾化器主要包括超声雾化器和直接进样雾化器。

LC-ICP-MS联用除了接口问题外，还有一个主要问题是由LC流动相的组成［包括有机改性剂（甲醇、乙腈等）、配位剂或离子对试剂］引起的等离子体不稳定甚至熄灭。流动相中的高浓度盐也可能导致雾化器和采样锥堵塞。从改善等离子体稳定性的角度考虑，甲醇作为流动相的有机改性剂要优于乙腈，这在选择LC的流动相时要加以考虑。在选择LC分离条件时尽量使用等度洗脱，不宜使用梯度洗脱，因为使用梯度洗脱时将不断地改变进入等离子体的溶剂组成，这将导致等离子体的不稳定。在选择流动相中配位剂或离子对试剂的浓度时，既要考虑它们对分离效果的影响，也要考虑它们对等离子体稳定性的影响。在优化流动相的组成时，要使其中盐的浓度尽可能低，以避免ICP-MS雾化器、采样锥和截取锥的堵塞。

13.4　联用技术在环境分析中的应用

13.4.1　色谱-质谱联用技术在环境分析中的应用

色谱-质谱联用技术在环境分析中用于测定大气、降水、土壤、水体及其沉淀物或污泥、工业废水及废气中的农药残留物、多环芳烃、卤代烷、硝基多环芳烃、多氯二苯并二噁英、多氯二苯并呋喃、酚类、多氯联苯、恶臭、有机酸、有机硫化合物和苯系物、氯苯类等挥发性化合物，以及多组分有机污染物和致癌物。此外，还用于光化学烟雾和有机污染物的迁移转化研究。

色谱-质谱联用技术在环境有机污染物分析中占有极为重要的地位，这是因为环境污染物试样具有以下特点。

① 样品体系非常复杂，普通色谱保留数据定性方法已不够可靠，需有专门的定性工具，才能提供可靠的定性结果。

② 环境污染物在样品中的含量极微，一般为 $10^{-9} \sim 10^{-6}$ 数量级，分析工具必须具有极高灵敏度。

③ 环境样品中的污染物组分不稳定，常受样品的采集、储存转移、分离以及分析方法等因素的影响。

为提高分析的可靠性和重现性，要求分析步骤尽可能简单、迅速，前处理过程尽可能少。色谱-质谱联用技术能满足环境分析的这些要求，它凭借着色谱仪的高度分离本领和质谱仪的高度灵敏（10^{-11} g）的测定能力，成为痕量有机物分析的有力工具。

13.4.2　色谱-傅里叶变换红外光谱联用技术在环境分析中的应用

在环境大气检测方面，已经制成的 GC-FTIR 联用仪，以 2km 长光程多次反射吸收，可以检测含量在 10^{-9} 数量级以下的大气污染物，如乙炔、乙烯、丙烯、甲烷、光气等。

另外，GC-FTIR 在确定农药分子结构，鉴定农药在实验室和田间的降解代谢产物，检验农药的纯度及其中含有的致癌活性物质等方面是十分有效的工具。人们选择 GC-FTIR 的首要原因是能获得特性的 FTIR 结构信息，而且 GC-FTIR 分析速度快，需要样品少。因此，尽管 GC-FTIR 在分析农药残留方面也有灵敏度较低、联机检测受光管最高温度的影响、农药的气相红外谱库很小等弱点，有不少农药由于气相色谱温度问题不能联机检测。但是 GC-FTIR 可以弥补 GC-MS 只能提供被鉴定物质的分子式即模糊信息的缺点，可以区别异构体，因此仍是农药检测的重要手段。

煤衍生物中含有碱性含氮化合物，用 GC-FTIR 很难分离。由于衍生物中含有异构体，GC-MS 也难以判定有关结构，需要采用微孔柱 HPLC-FTIR 对煤衍生物进行测定。同时，HPLC-FTIR 可以对含有异构体的偶氮染料进行分离测定。

13.4.3　色谱-原子光谱联用技术在环境分析中的应用

色谱-原子光谱联用技术在环境分析中主要用来对环境中金属及非金属污染物的化学形态进行分析。

目前，HPLC-ICP-AES 已成功应用于海洋生物中 As 的化学形态分析。Rubio 等利用 Hamilton PRPX-100 分离含 As(Ⅲ)、As(Ⅴ)、二甲基次胂酸钠及甲基胂酸二钠的水样，洗脱物用低压汞灯辐照，$K_2S_2O_8$ 氧化，经 $NaBH_4$ 还原成 AsH_3 测定。Emteborg 开发了微孔柱离子色谱与塞曼效应石墨炉原子吸收（ETAAS）联用技术，将以 $80\mu L \cdot min^{-1}$ 低流速的色谱流出物用小体积液体定量收集杯收集存留，定时将定量杯中试样注入 ETAAS 检测，很好地解决了连续过程和间歇过程，使用该装置测定生物样和水样中的硒化合物绝对检出限低于 0.1ng，与 HPLC-ICP-MS 检出限相当。

13.4.4　HPLC-^{1}H NMR 在环境分析中的应用

在环境要素大气、水、土壤中存在着大量由工农业生产产生的有机污染物，影响着我们的生活。对于可挥发性和半挥发性有机污染物，一般采用 GC-MS 分析；对于不挥发性有机污染物，就只能用 HPLC-MS 分析了。但是不论 GC-MS 还是 HPLC-MS，对于一些同分异构体的确认存在着很大的困难，而有些有机污染物的分子结构会对它的毒性、在环境中的迁移转化产生巨大影响，因此这时就需要 NMR 分析，HPLC-^{1}H NMR 联用技术将会起到很大作用。

在环境分析中，一般可分为已知污染物的分析（target analysis）和未知污染物的分析（non-target analysis）。前者是要分析已知污染物的含量，通常使用 GC-MS 或 HPLC-MS 就可以了；而后者是要分析这些未知污染物的结构，需要知道这些未知污染物是什么，以便了解这些未知污染物的来源、对生物体的毒性及对环境危害的大小，当这些未知污染物存在同分异构体时，往往要使用 HPLC-^{1}H NMR 联用技术进行分析。

使用 HPLC-NMR 仪器对样品进行分析，可以迅速、准确地确定样品中的各种微量物质的种类数量，并且随着硬件技术的改进和使用富集预处理，已经能从样品中检测到超痕量级的物质。HPLC-NMR 在环境分析中的第一次应用是，Godejonann 在 1997 年报道的用 HPLC-^{1}H NMR 方法对第二次世界大战期间德国军火仓库周边地区的地下水和土壤被军火污染的情况进行分析。所用设备为短的 C_{18} 柱 HPLC 和 ^{1}H NMR，采用连续流操作方式对富集处理后的水样中的爆炸物及其衍生物做了分析，共确定了 3 份不同地层深度水样的 23 种污染物。分析结果表明，使用这种方法检测水样中爆炸物信噪比好，检测限低（小于 1μg）。后来 Godejonann 用 HPLC-NMR 做了环境样品中爆炸产物的定量分析。目前 HPLC-NMR 在环境分析中应用的研究正逐渐深入。

在土壤中乙酰苯胺类除草剂甲草胺会转变成甲草胺-乙磺酸（甲草胺-ESA），甲草胺及其代谢物的特殊结构使它们能够形成对应异构体，由于 O＝C—N 键并不能任意旋转以及刚性芳环作用时的两种构型不能快速地相互转变，因此可以用色谱将两种构型分离。Cardoza 等将两种异构体使用 HPLC 分离，然后使用 NMR 对各自的构型转化速率进行测定。

HPLC-NMR 在环境样品的分析检测中将会得到很好的应用，高效的分离、准确的结构测定是进行复杂样品分析的有力工具。随着 NMR 技术的不断发展以及高灵敏度 NMR 的运用，HPLC-NMR 检测技术必将有着广阔的前景。

13.4.5　色谱-电感耦合等离子体-质谱联用在环境分析中的应用

GC-ICP-MS 法是测定有机锡的最新方法。在环境中，三丁基锡可以分解为二丁基锡、一丁基锡和无机锡，且在一定环境条件下还可以生成甲基锡化合物。即使 1ng·L^{-1} 的三丁基锡也对水生生物有毒害作用，因此研究开发高灵敏度的监测方法是环境科学工作者的重要研究领域。在 GC-ICP-MS 法中，用长毛细管 GC 柱达到良好的分离效果，用 ICP-MS 进行高灵敏度测量，若是用 PTV（programmed temperature vaporization）进样系统可将大体积试样一次性导入 GC，可以显著提高检测能力，将 1L 海水中的有机锡衍生化后浓缩为 1mL，将 25μL 注入 GC，可检测出 1pg·L^{-1} 的有机锡，以三丙基锡（0.5ng·L^{-1}）为内标，达到了良好的分析效果。在其他种类的有机金属化合物测定中，GC-ICP-MS 法也能发挥重要作用，当水样为 0.5～1L 时，检出限的绝对量约为 5fg 级，可以测量 1pg·L^{-1} 的极低浓度的有机金属化合物，如有机汞、有机镍、有机铅等。

13.4.6　高效液相色谱-串联质谱联用技术在环境分析中应用实例（测定环境水样中的全氟化合物）

13.4.6.1　概述

全氟化合物（PFCs）尤其是全氟辛烷磺酸（PFOS）和全氟辛酸（PFOA）是一类普遍

存在于环境中的污染物质。它们被广泛应用于纺织、造纸、包装、农药、地毯、皮革、聚合物添加剂、表面活性剂及灭火泡沫等各个领域。由于 F 元素具有很强的电子诱导效应，致使形成的 C—F 共价键强度极高，因此，PFCs 都具有非常稳定的化学性质，难以被新陈代谢、水解、光解、生物降解，从而导致 PFCs 在环境中持久存在并能被生物富集。一些动物实验表明，PFOS 和 PFOA 能够扰乱脂肪酸的新陈代谢，影响生殖系统，并对肝脏造成伤害。对于 PFCs 的毒性效应包括死亡率、致癌性、对生长过程及甲状腺功能的不利影响等已有众多研究。PFCs 已在全球各个地区众多环境样品中被检测出来，例如水体、鱼类、鸟类及哺乳动物等。目前，全氟表面活性剂的研究在国际上已成为环境科学和毒理学研究的热点。

13.4.6.2 仪器与试剂

（1）仪器 P680 二元梯度泵、AS50 自动进样器和 Chromeleon 6.70 色谱工作站；Acclaim 120 C_{18} 型分析柱（4.6mm×150mm）；API 3200 三重四极杆串联质谱系统（MS-MS），配有电喷雾离子化源（ESI）和 Analyst1.4.1 工作软件。

（2）试剂 全氟丁酸、全氟辛酸、全氟壬酸、全氟癸酸、乙酸铵；全氟辛烷磺酸；甲醇、乙腈，色谱纯；二氯甲烷，分析纯；P 柱（1.0mL）和 RP 柱（1.0mL）固相萃取前处理柱；C_{18} 固相萃取小柱；石墨化炭黑固相萃取小柱。实验试剂均用 EASY PURE LF 型超纯水系统提供的电阻率为 18.3MΩ·cm^{-1} 超纯水配制。

13.4.6.3 色谱与质谱条件

以合适比例的 100% 甲醇和 100mmol·L^{-1} NH_4Ac 构成色谱流动相，1mL·min^{-1} 流速梯度淋洗，进样体积 50μL。

质谱条件如下：电喷雾离子化源（ESI），负离子模式，气帘气为 0.14MPa，碰撞气为 0.028MPa，离子喷雾电压为 −4500V，温度为 600℃，离子源 Gas1 为 0.38MPa，Gas2 为 0.35MPa。

13.4.6.4 样品处理

所有水样经 0.22μm 尼龙滤膜去除颗粒物质，然后取 500mL 样品离线浓缩于 RP 前处理小柱，浓缩完毕用 2mL 甲醇洗脱，洗脱液加水定容至 5mL，50μL 直接进样分析。为避免引入高背景值，实验全过程应该避免使用聚四氟乙烯材质的色谱管路和器皿。

参 考 文 献

[1] 汪正范，杨树民，吴侔天，岳卫华. 色谱联用技术. 北京：化学工业出版社，2007.
[2] 魏培海，曹国庆. 仪器分析. 北京：高等教育出版社，2007.
[3] 魏福祥. 仪器分析及应用. 北京：中国石化出版社，2007.
[4] 刘志广. 仪器分析学习指导与综合练习. 北京：高等教育出版社，2005.
[5] 刘志广，张华，李亚明. 仪器分析. 大连：大连理工大学出版社，2004.
[6] 宁永成. 有机化合物结构鉴定与有机波谱学. 第 2 版. 北京：科学出版社，2004.
[7] 孙凤霞. 仪器分析. 北京：化学工业出版社，2004.

思考题与习题

1. 简要叙述联用技术定义、原理及优点。

2. 举例说明环境科学中常用的色谱联用技术。

3. 与 GC 相比，GC-MS 有哪些主要优势？

4. GC-MS 中常用的衍生化技术有哪些？在环境科学中有哪些应用？

5. 举例说明 GC-MS 谱库以及检索方法。

6. 试简要概述 GC-MS 在环境科学中的应用情况。

7. 举例说明 LC-MS 在环境分析中的应用。

8. 液相色谱-质谱联用和气相色谱-质谱联用各自有何特点？

9. 色谱-红外光谱联用与色谱-质谱联用相比，主要特点是什么？

10. 常见的色谱-光谱联用技术有哪些？

11. ICP-MS 的主要特点是什么？举例说明其在环境科学中应用的优越性。

附录 国家环境监测检测标准

第2章 原子发射光谱法

序号	标准号	标准名称	标准实施时间
1	HJ 804—2016	土壤 8 种有效态元素的测定 二乙烯三胺五乙酸浸提-电感耦合等离子体发射光谱法	2016 年 8 月 1 日
2	HJ 803—2016	土壤和沉积物 12 种金属元素的测定 王水提取-电感耦合等离子体质谱法	2016 年 8 月 1 日
3	HJ 781—2016	固体废物 22 种金属元素的测定 电感耦合等离子体发射光谱法	2016 年 3 月 1 日
4	HJ 777—2015	空气和废气 颗粒物中金属元素的测定 电感耦合等离子体发射光谱法	2016 年 1 月 1 日
5	HJ 776—2015	水质 32 种元素的测定 电感耦合等离子体发射光谱法	2016 年 1 月 1 日
6	HJ 766—2015	固体废物 金属元素的测定 电感耦合等离子体质谱法	2015 年 12 月 15 日
7	HJ 700—2014	水质 65 种元素的测定 电感耦合等离子体质谱法	2014 年 7 月 1 日
8	HJ 657—2013	空气和废气 颗粒物中铅等金属元素的测定 电感耦合等离子体质谱法	2013 年 9 月 1 日
9	HJ 509—2009	车用陶瓷催化转化器中铂、钯、铑的测定 电感耦合等离子体发射光谱法和电感耦合等离子体质谱法	2010 年 1 月 1 日
10	HY/T 191—2015	海水冷却水中铁的测定	2015 年 10 月 1 日

第3章 原子吸收光谱法

序号	标准号	标准名称	标准实施时间
11	HJ 807—2016	水质 钼和钛的测定 石墨炉原子吸收分光光度法	2016 年 8 月 1 日
12	HJ 787—2016	固体废物 铅和镉的测定 石墨炉原子吸收分光光度法	2016 年 5 月 1 日
13	HJ 786—2016	固体废物 铅、锌和镉的测定 火焰原子吸收分光光度法	2016 年 5 月 1 日
14	HJ 767—2015	固体废物 钡的测定 石墨炉原子吸收分光光度法	2015 年 12 月 15 日
15	HJ 539—2015 代替 HJ 539—2009	环境空气 铅的测定 石墨炉原子吸收分光光度法	2015 年 12 月 15 日
16	HJ 757—2015	水质 铬的测定 火焰原子吸收分光光度法	2015 年 12 月 1 日
17	HJ 752—2015	固体废物 铍、镍、铜和钼的测定 石墨炉原子吸收分光光度法	2015 年 10 月 1 日
18	HJ 751—2015	固体废物 镍和铜的测定 火焰原子吸收分光光度法	2015 年 10 月 1 日
19	HJ 750—2015	固体废物 总铬的测定 石墨炉原子吸收分光光度法	2015 年 10 月 1 日
20	HJ 749—2015	固体废物 总铬的测定 火焰原子吸收分光光度法	2015 年 10 月 1 日
21	HJ 748—2015	水质 铊的测定 石墨炉原子吸收分光光度法	2015 年 8 月 1 日

序号	标准号	标准名称	标准实施时间
22	HJ 737—2015	土壤和沉积物 铍的测定 石墨炉原子吸收分光光度法	2015 年 4 月 1 日
23	HJ 687—2014	固体废物 六价铬的测定 碱消解/火焰原子吸收分光光度法	2014 年 4 月 1 日
24	HJ 685—2014	固定污染源废气 铅的测定 火焰原子吸收分光光度法	2014 年 4 月 1 日
25	HJ 684—2014	固定污染源废气 铍的测定 石墨炉原子吸收分光光度法	2014 年 4 月 1 日
26	HJ 673—2013 代替 GB/T 14673—1993	水质 钒的测定 石墨炉原子吸收分光光度法	2014 年 2 月 1 日
27	HJ 603—2011 代替 GB/T 15506—1995	水质 钡的测定 火焰原子吸收分光光度法	2011 年 6 月 1 日
28	HJ 602—2011	水质 钡的测定 石墨炉原子吸收分光光度法	2011 年 6 月 1 日
29	HJ 597—2011 代替 GB 7468—1987	水质 总汞的测定 冷原子吸收分光光度法	2011 年 6 月 1 日
30	HJ 543—2009	固定污染源废气 汞的测定 冷原子吸收分光光度法(暂行)	2010 年 4 月 1 日
31	HJ 539—2009	环境空气 铅的测定 石墨炉原子吸收分光光度法(暂行)	2010 年 4 月 1 日
32	HJ 538—2009	固定污染源废气 铅的测定 火焰原子吸收分光光度法 (暂行)	2010 年 4 月 1 日
33	HJ 491—2009 代替 GB/T 17137—1997	土壤 总铬的测定 火焰原子吸收分光光度法	2009 年 11 月 1 日
34	HJ/T 63.1—2001	大气固定污染源 镍的测定 火焰原子吸收分光光度法	2001 年 11 月 1 日
35	HJ/T 63.2—2001	大气固定污染源 镍的测定 石墨炉原子吸收分光光度法	2001 年 11 月 1 日
36	HJ/T 64.1—2001	大气固定污染源 镉的测定 火焰原子吸收分光光度法	2001 年 11 月 1 日
37	HJ/T 64.2—2001	大气固定污染源 镉的测定 石墨炉原子吸收分光光度法	2001 年 11 月 1 日
38	HJ/T 65—2001	大气固定污染源 锡的测定 石墨炉原子吸收分光光度法	2001 年 11 月 1 日
39	HJ/T 59—2000	水质 铍的测定 石墨炉原子吸收分光光度法	2001 年 3 月 1 日
40	GB/T 17135—1997	土壤质量 总砷的测定 硼氢化钾-硝酸银分光光度法	1998 年 5 月 1 日
41	GB/T 17140—1997	土壤质量 铅、镉的测定 KI—MIBK 萃取火焰原子吸收分光光度法	1998 年 5 月 1 日
42	GB/T 17139—1997	土壤质量 镍的测定 火焰原子吸收分光光度法	1998 年 5 月 1 日
43	GB/T 17136—1997	土壤质量 总汞的测定 冷原子吸收分光光度法	1998 年 5 月 1 日
44	GB/T 17141—1997	土壤质量 铅、镉的测定 石墨炉原子吸收分光光度法	1998 年 5 月 1 日
45	GB/T 17138—1997	土壤质量 铜、锌的测定 火焰原子吸收分光光度法	1998 年 5 月 1 日
46	GB/T 15555.9—1995	固体废物 镍的测定 直接吸入火焰原子吸收分光光度法	1996 年 1 月 1 日
47	GB/T 15555.2—1995	固体废物 铜、锌、铅、镉的测定 原子吸收分光光度法	1996 年 1 月 1 日
48	GB/T 15555.1—1995	固体废物 总汞的测定 冷原子吸收分光光度法	1996 年 1 月 1 日
49	GB/T 15555.6—1995	固体废物 总铬的测定 直接吸入火焰原子吸收分光光度法	1996 年 1 月 1 日
50	GB/T 15505—1995	水质 硒的测定 石墨炉原子吸收分光光度法	1995 年 8 月 1 日
51	GB/T 15264—1994	环境空气 铅的测定 火焰原子吸收分光光度法	1995 年 6 月 1 日
52	GB/T 13898—1992	水质 铁(Ⅱ、Ⅲ)氰络合物的测定 原子吸收分光光度法	1993 年 9 月 1 日
53	GB 13580.12—1992	大气降水中钠、钾的测定 原子吸收分光光度法	1993 年 3 月 1 日

序号	标准号	标准名称	标准实施时间
54	GB 13580.13—1992	大气降水中钙、镁的测定 原子吸收分光光度法	1993 年 3 月 1 日
55	GB 13196—1991	水质 硫酸盐的测定 火焰原子吸收分光光度法	1992 年 6 月 1 日
56	GB 11907—1989	水质 银的测定 火焰原子吸收分光光度法	1990 年 7 月 1 日
57	GB 11905—1989	水质 钙和镁的测定 原子吸收分光光度法	1990 年 7 月 1 日
58	GB 11904—1989	水质 钾和钠的测定 火焰原子吸收分光光度法	1990 年 7 月 1 日
59	GB 11912—1989	水质 镍的测定 火焰原子吸收分光光度法	1990 年 7 月 1 日
60	GB 11911—1989	水质 铁、锰的测定 火焰原子吸收分光光度法	1990 年 7 月 1 日
61	GB 7475—1987	水质 铜、锌、铅、镉的测定 原子吸收分光光度法	1987 年 8 月 1 日
62	GB/T 23739—2009	土壤质量 有效态铅和镉的测定 原子吸收法	2009 年 11 月 1 日
63	HY/T 206—2016	海洋沉积物和生物体中铁、锰、镍、钾、钠、钙、镁的测定 原子吸收分光光度法	2017 年 2 月 1 日
64	CJ/T 142—2001	城市供水 锑的测定	2001 年 12 月 1 日

第 4 章　原子荧光光谱法

序号	标准号	标准名称	标准实施时间
65	HJ 702—2014	固体废物 汞、砷、硒、铋、锑的测定 微波消解/原子荧光法	2014 年 11 月 1 日
66	HJ 694—2014	水质 汞、砷、硒、铋和锑的测定 原子荧光法	2014 年 7 月 1 日
67	HJ 680—2013	土壤和沉积物 汞、砷、硒、铋、锑的测定 微波消解/原子荧光法	2014 年 2 月 1 日
68	HJ 542—2009	环境空气 汞的测定 巯基棉富集-冷原子荧光分光光度法（暂行）	2010 年 4 月 1 日
69	HJ/T 341—2007	水质 汞的测定 冷原子荧光法（试行）	2007 年 5 月 1 日
70	GB 12378—1990	空气中微量铀的分析方法 TBP 萃取荧光法	1990 年 12 月 1 日
71	GB 12377—1990	空气中微量铀的分析方法 激光荧光法	1990 年 12 月 1 日
72	GB 11895—1989	水质 苯并[a]芘的测定 乙酰化滤纸层析荧光分光光度法	1990 年 7 月 1 日
73	GB 11902—1989	水质 硒的测定 2,3-二氨基萘荧光法	1990 年 7 月 1 日
74	GB 8971—1988	空气质量 飘尘中苯并[a]芘的测定 乙酰化滤纸层析荧光分光光度法	1988 年 8 月 1 日
75	GB/T 22105.1—2008	土壤质量 总汞、总砷、总铅的测定 原子荧光法 第 1 部分:土壤中总汞的测定	2008 年 10 月 1 日
76	GB/T 22105.2—2008	土壤质量 总汞、总砷、总铅的测定 原子荧光法 第 2 部分:土壤中总砷的测定	2008 年 10 月 1 日
77	GB/T 22105.3—2008	土壤质量 总汞、总砷、总铅的测定 原子荧光法 第 3 部分:土壤中总铅的测定	2008 年 10 月 1 日
78	HY/T 152—2013	海水中三价砷和五价砷形态分析 原子荧光光谱法	2013 年 5 月 1 日
79	CJ/T 142—2001	城市供水 锑的测定	2001 年 12 月 1 日

第 5 章　紫外-可见分光光度法

序号	标准号	标准名称	标准实施时间
80	HJ 826—2017	水质　阴离子表面活性剂的测定　流动注射-亚甲基蓝分光光度法	2017 年 5 月 1 日
81	HJ 823—2017	水质　氰化物的测定　流动注射-分光光度法	2017 年 5 月 1 日
82	HJ 824—2017	水质　硫化物的测定　流动注射-亚甲基蓝分光光度法	2017 年 5 月 1 日
83	HJ 825—2017	水质　挥发酚的测定　流动注射-4-氨基安替比林分光光度法	2017 年 5 月 1 日
84	HJ 811—2016	水质　总硒的测定　3,3′-二氨基联苯胺分光光度法	2016 年 10 月 1 日
85	HJ 540—2016 代替 HJ 540—2009	固定污染源废气　砷的测定　二乙基二硫代氨基甲酸银分光光度法	2016 年 10 月 1 日
86	HJ 546—2015	环境空气　五氧化二磷的测定　钼蓝分光光度法	2016 年 2 月 1 日
87	HJ 756—2015	水质　丁基黄原酸的测定　紫外分光光度法	2015 年 12 月 1 日
88	HJ 550—2015	水质　钴的测定　5-氯-2-(吡啶偶氮)-1,3-二氨基苯分光光度法	2015 年 7 月 1 日
89	HJ 745—2015	土壤　氰化物和总氰化物的测定　分光光度法	2015 年 7 月 1 日
90	HJ 712—2014	固体废物　总磷的测定　偏钼酸铵分光光度法	2015 年 1 月 1 日
91	HJ 704—2014	土壤　有效磷的测定　碳酸氢钠浸提-钼锑抗分光光度法	2014 年 12 月 1 日
92	HJ 674—2013 代替 GB/T 15507—1995 GB/T 14375—1993	水质　肼和甲基肼的测定　对二甲氨基苯甲醛分光光度法	2014 年 2 月 1 日
93	HJ 671—2013	水质　总磷的测定　流动注射-钼酸铵分光光度法	2014 年 1 月 1 日
94	HJ 670—2013	水质　磷酸盐和总磷的测定　连续流动-钼酸铵分光光度法	2014 年 1 月 1 日
95	HJ 668—2013	水质　总氮的测定　流动注射-盐酸萘乙二胺分光光度法	2014 年 1 月 1 日
96	HJ 667—2013	水质　总氮的测定　连续流动-盐酸萘乙二胺分光光度法	2014 年 1 月 1 日
97	HJ 666—2013	水质　氨氮的测定　流动注射-水杨酸分光光度法	2014 年 1 月 1 日
98	HJ 665—2013	水质　氨氮的测定　连续流动-水杨酸分光光度法	2014 年 1 月 1 日
99	HJ 636—2012 代替 GB 11894—1989	水质　总氮的测定　碱性过硫酸钾消解紫外分光光度法	2012 年 6 月 1 日
100	HJ 634—2012	土壤　氨氮、亚硝酸盐氮、硝酸盐氮的测定　氯化钾溶液提取-分光光度法	2012 年 6 月 1 日
101	HJ 632—2011	土壤　总磷的测定　碱熔-钼锑抗分光光度法	2012 年 3 月 1 日
102	HJ 615—2011	土壤　有机碳的测定　重铬酸钾氧化-分光光度法	2011 年 10 月 1 日
103	HJ 601—2011 代替 GB 13197—1991	水质　甲醛的测定　乙酰丙酮分光光度法	2011 年 6 月 1 日
104	HJ 599—2011 代替 GB/T 13903—1992	水质　梯恩梯的测定　N-氯代十六烷基吡啶-亚硫酸钠分光光度法	2011 年 6 月 1 日
105	HJ 598—2011 代替 GB/T 13905—1992	水质　梯恩梯的测定　亚硫酸钠分光光度法	2011 年 6 月 1 日
106	HJ 595—2010	水质　彩色显影剂总量的测定　169 成色剂分光光度法（暂行）	2011 年 1 月 1 日
107	HJ 594—2010	水质　显影剂及其氧化物总量的测定　碘-淀粉分光光度法（暂行）	2011 年 1 月 1 日

序号	标准号	标准名称	标准实施时间
108	HJ 593—2010	水质　单质磷的测定　磷钼蓝分光光度法（暂行）	2011 年 1 月 1 日
109	HJ 590—2010 代替 GB/T 15438—1995	环境空气　臭氧的测定　紫外光度法	2011 年 1 月 1 日
110	HJ 586—2010 代替 GB 11898—1989	水质　游离氯和总氯的测定　N,N-二乙基-1,4-苯二胺分光光度法	2010 年 12 月 1 日
111	HJ 550—2009	水质　总钴的测定　5-氯-2-(吡啶偶氮)-1,3-二氨基苯分光光度法（暂行）	2010 年 4 月 1 日
112	HJ 546—2009	环境空气　五氧化二磷的测定　抗坏血酸还原-钼蓝分光光度法（暂行）	2010 年 4 月 1 日
113	HJ 541—2009	黄磷生产废气　气态砷的测定　二乙基二硫代氨基甲酸银分光光度法（暂行）	2010 年 4 月 1 日
114	HJ 540—2009	环境空气和废气　砷的测定　二乙基二硫代氨基甲酸银分光光度法（暂行）	2010 年 4 月 1 日
115	HJ 536—2009 代替 GB 7481—1987	水质　氨氮的测定　水杨酸分光光度法	2010 年 4 月 1 日
116	HJ 535—2009 代替 GB 7479—1987	水质　氨氮的测定　纳氏试剂分光光度法	2010 年 4 月 1 日
117	HJ 534—2009 代替 GB/T 14679—1993	环境空气　氨的测定　次氯酸钠-水杨酸分光光度法	2010 年 4 月 1 日
118	HJ 533—2009 代替 GB/T 14668—1993	环境空气和废气　氨的测定　纳氏试剂分光光度法	2010 年 4 月 1 日
119	HJ 504—2009 代替 GB/T 15437—1995	环境空气　臭氧的测定　靛蓝二磺酸钠分光光度法	2009 年 12 月 1 日
120	HJ 503—2009 代替 GB 7490—1987	水质　挥发酚的测定　4-氨基安替比林分光光度法	2009 年 12 月 1 日
121	HJ 483—2009 代替 GB 8970—1988	环境空气　二氧化硫的测定　四氯汞盐吸收-副玫瑰苯胺分光光度法	2009 年 11 月 1 日
122	HJ 482—2009 代替 GB/T 15262—1994	环境空气　二氧化硫的测定　甲醛吸收-副玫瑰苯胺分光光度法	2009 年 11 月 1 日
123	HJ 479—2009 代替 GB/T 15436—1995 GB 8969—1988	环境空气　氮氧化物（一氧化氮和二氧化氮）的测定　盐酸萘乙二胺分光光度法	2009 年 11 月 1 日
124	HJ 490—2009 代替 GB 11908—1989	水质　银的测定　镉试剂 2B 分光光度法	2009 年 11 月 1 日
125	HJ 489—2009 代替 GB 11909—1989	水质　银的测定　3,5-Br$_2$-PADAP 分光光度法	2009 年 11 月 1 日
126	HJ 488—2009 代替 GB 7483—1987	水质　氟化物的测定　氟试剂分光光度法	2009 年 11 月 1 日
127	HJ 486—2009 代替 GB 7473—1987	水质　铜的测定　2,9-二甲基-1,10-菲啰啉分光光度法	2009 年 11 月 1 日
128	HJ 485—2009 代替 GB 7474—1987	水质　铜的测定　二乙基二硫代氨基甲酸钠分光光度法	2009 年 11 月 1 日

序号	标准号	标准名称	标准实施时间
129	HJ 484—2009 代替 GB 7486—1987 GB 7487—1987	水质 氰化物的测定 容量法和分光光度法	2009 年 11 月 1 日
130	HJ/T 346—2007	水质 硝酸盐氮的测定 紫外分光光度法(试行)	2007 年 5 月 1 日
131	HJ/T 345—2007	水质 铁的测定 邻菲啰啉分光光度法(试行)	2007 年 5 月 1 日
132	HJ/T 344—2007	水质 锰的测定 甲醛肟分光光度法(试行)	2007 年 5 月 1 日
133	HJ/T 342—2007	水质 硫酸盐的测定 铬酸钡分光光度法(试行)	2007 年 5 月 1 日
134	HJ/T 200—2005	水质 硫化物的测定 气相分子吸收光谱法	2006 年 1 月 1 日
135	HJ/T 199—2005	水质 总氮的测定 气相分子吸收光谱法	2006 年 1 月 1 日
136	HJ/T 197—2005	水质 亚硝酸盐氮的测定 气相分子吸收光谱法	2006 年 1 月 1 日
137	HJ/T 198—2005	水质 硝酸盐氮的测定 气相分子吸收光谱法	2006 年 1 月 1 日
138	HJ/T 196—2005	水质 凯氏氮的测定 气相分子吸收光谱法	2006 年 1 月 1 日
139	HJ/T 195—2005	水质 氨氮的测定 气相分子吸收光谱法	2006 年 1 月 1 日
140	HJ/T 63.3—2001	大气固定污染源 镍的测定 丁二酮肟-正丁醇萃取分光光度法	2001 年 11 月 1 日
141	HJ/T 64.3—2001	大气固定污染源 镉的测定 对-偶氮苯重氮氨基偶氮苯磺酸分光光度法	2001 年 11 月 1 日
142	HJ/T 58—2000	水质 铍的测定 铬菁 R 分光光度法	2001 年 3 月 1 日
143	HJ/T 30—1999	固定污染源 排气中氯气的测定 甲基橙分光光度法	2000 年 1 月 1 日
144	HJ/T 32—1999	固定污染源 排气中酚类化合物的测定 4-氨基安替比林分光光度法	2000 年 1 月 1 日
145	HJ/T 31—1999	固定污染源 排气中光气的测定 苯胺紫外分光光度法	2000 年 1 月 1 日
146	HJ/T 43—1999	固定污染源 排气中氮氧化物的测定 盐酸萘乙二胺分光光度法	2000 年 1 月 1 日
147	HJ/T 42—1999	固定污染源 排气中氮氧化物的测定 紫外分光光度法	2000 年 1 月 1 日
148	HJ/T 29—1999	固定污染源 排气中铬酸雾的测定 二苯基碳酰二肼分光光度法	2000 年 1 月 1 日
149	HJ/T 28—1999	固定污染源 排气中氰化氢的测定 异烟酸-吡唑啉酮分光光度法	2000 年 1 月 1 日
150	HJ/T 27—1999	固定污染源 排气中氰化氢的测定 硫氰酸汞分光光度法	2000 年 1 月 1 日
151	HJ/T 50—1999	水质 三氯乙醛的测定 吡啶啉酮分光光度法	2000 年 1 月 1 日
152	HJ/T 49—1999	水质 硼的测定 姜黄素分光光度法	2000 年 1 月 1 日
153	GB/T 17133—1997	水质 硫化物的测定 直接显色分光光度法	1998 年 5 月 1 日
154	GB/T 17134—1997	土壤质量 总砷的测定 二乙基二硫代氨基甲酸银分光光度法	1998 年 5 月 1 日
155	GB/T 16489—1996	水质 硫化物的测定 亚甲基蓝分光光度法	1997 年 1 月 1 日
156	GB/T 15555.4—1995	固体废物 六价铬的测定 二苯碳酰二肼分光光度法	1996 年 1 月 1 日
157	GB/T 15555.3—1995	固体废物 砷的测定 二乙基二硫代氨基甲酸银分光光度法	1996 年 1 月 1 日
158	GB/T 15555.5—1995	固体废物 总铬的测定 二苯碳酰二肼分光光度法	1996 年 1 月 1 日

序号	标准号	标准名称	标准实施时间
159	GB/T 15555.10—1995	固体废物　镍的测定　丁二酮肟分光光度法	1996 年 1 月 1 日
160	GB/T 15507—1995	水质　肼的测定　对二甲氨基甲醛分光光度法	1995 年 8 月 1 日
161	GB/T 15504—1995	水质　二硫化碳的测定　二乙胺乙酸铜分光光度法	1995 年 8 月 1 日
162	GB/T 15501—1995	空气质量　硝基苯类(一硝基和二硝基化合物)的测定　锌还原-盐酸萘乙二胺分光光度法	1995 年 8 月 1 日
163	GB/T 15502—1995	空气质量　苯胺类的测定　盐酸萘乙二胺分光光度法	1995 年 8 月 1 日
164	GB/T 15516—1995	空气质量　甲醛的测定　乙酰丙酮分光光度法	1995 年 8 月 1 日
165	GB/T 15435—1995	环境空气　二氧化氮的测定　Saltzman 法	1995 年 8 月 1 日
166	GB/T 15503—1995	水质　钒的测定　钽试剂(BPHA)萃取分光光度法	1995 年 8 月 1 日
167	GB/T 14668—1993	空气质量　氨的测定　纳氏试剂比色法	1994 年 5 月 1 日
168	GB/T 14680—1993	空气质量　二硫化碳的测定　二乙胺分光光度法	1994 年 3 月 15 日
169	GB/T 14679—1993	空气质量　氨的测定　次氯酸钠-水杨酸分光光度法	1994 年 3 月 15 日
170	GB/T 14378—1993	水质　二乙烯三胺的测定　水杨醛分光光度法	1993 年 12 月 1 日
171	GB/T 14377—1993	水质　三乙胺的测定　溴酚蓝分光光度法	1993 年 12 月 1 日
172	GB/T 14376—1993	水质　偏二甲基肼的测定　氨基亚铁氰化钠分光光度法	1993 年 12 月 1 日
173	GB/T 13900—1992	水质　黑索今的测定　分光光度法	1993 年 9 月 1 日
174	GB/T 13899—1992	水质　铁(Ⅱ、Ⅲ)氰络合物的测定　三氯化铁分光光度法	1993 年 9 月 1 日
175	GB/T 13897—1992	水质　硫氰酸盐的测定　异烟酸-吡唑啉酮分光光度法	1993 年 9 月 1 日
176	GB 13580.7—1992	大气降水中亚硝酸盐测定　N-(1-萘基)-乙二胺光度法	1993 年 3 月 1 日
177	GB 13580.6—1992	大气降水中硫酸盐测定	1993 年 3 月 1 日
178	GB 13580.9—1992	大气降水中氯化物的测定　硫氰酸汞高铁光度法	1993 年 3 月 1 日
179	GB 13580.11—1992	大气降水中铵盐的测定	1993 年 3 月 1 日
180	GB 13580.10—1992	大气降水中氟化物的测定　新氟试剂光度法	1993 年 3 月 1 日
181	GB 13580.8—1992	大气降水中硝酸盐测定	1993 年 3 月 1 日
182	GB 13200—1991	水质　浊度的测定	1992 年 6 月 1 日
183	GB 11889—1989	水质　苯胺类化合物的测定　N-(1-萘基)乙二胺偶氮分光光度法	1990 年 7 月 1 日
184	GB 11900—1989	水质　痕量砷的测定　硼氢化钾-硝酸银分光光度法	1990 年 7 月 1 日
185	GB 11893—1989	水质　总磷的测定　钼酸铵分光光度法	1990 年 7 月 1 日
186	GB 11910—1989	水质　镍的测定　丁二酮肟分光光度法	1990 年 7 月 1 日
187	GB 11906—1989	水质　锰的测定　高碘酸钾分光光度法	1990 年 7 月 1 日
188	GB 9803—1988	水质　五氯酚的测定　藏红 T 分光光度法	1988 年 12 月 1 日
189	GB 7466—1987	水质　总铬的测定	1987 年 8 月 1 日
190	GB 7467—1987	水质　六价铬的测定　二苯碳酰二肼分光光度法	1987 年 8 月 1 日
191	GB 7469—1987	水质　总汞的测定　高锰酸钾-过硫酸钾消解法　双硫腙分光光度法	1987 年 8 月 1 日
192	GB 7470—1987	水质　铅的测定　双硫腙分光光度法	1987 年 8 月 1 日
193	GB 7471—1987	水质　镉的测定　双硫腙分光光度法	1987 年 8 月 1 日

序号	标准号	标准名称	标准实施时间
194	GB 7472—1987	水质 锌的测定 双硫腙分光光度法	1987 年 8 月 1 日
195	GB 7493—1987	水质 亚硝酸盐氮的测定 分光光度法	1987 年 8 月 1 日
196	GB 7485—1987	水质 总砷的测定 二乙基二硫代氨基甲酸银分光光度法	1987 年 8 月 1 日
197	GB 7494—1987	水质 阴离子表面活性剂的测定 亚甲蓝分光光度法	1987 年 8 月 1 日
198	GB 4918—1985	工业废水 总硝基化合物的测定 分光光度法	1985 年 8 月 1 日
199	GB 4920—1985	硫酸浓缩尾气硫酸雾的测定 铬酸钡比色法	1985 年 8 月 1 日
200	GB 4921—1985	工业废气耗氧值和氧化氮的测定 重铬酸钾氧化、萘乙二胺比色法	1985 年 8 月 1 日
201	NY/T 1848—2010	中性、石灰性土壤铵态氮、有效磷、速效钾的测定 联合浸提-比色法	2010 年 9 月 1 日
202	NY/T 1849—2010	酸性土壤铵态氮、有效磷、速效钾的测定 联合浸提-比色法	2010 年 9 月 1 日
203	GB/T 33584.2—2017	海水冷却水质要求及分析检测方法 第 2 部分:锌的测定	2017 年 12 月 1 日
204	GB/T 33584.4—2017	海水冷却水质要求及分析检测方法 第 4 部分:硫酸盐的测定	2017 年 12 月 1 日
205	HY/T 133—2010	海水中颗粒物和黄色物质 光谱吸收系数测量 分光光度法	2010 年 3 月 1 日
206	MT/T 1045—2007	煤矿水中硒的测定	2008 年 1 月 1 日
207	MT/T 1047—2007	煤矿水浊度的测定	2008 年 1 月 1 日
208	MT/T 371—2005	煤矿水中硫离子的测定方法	2006 年 7 月 1 日
209	MT/T 359—2005	煤矿水中砷的测定方法	2006 年 7 月 1 日
210	MT/T 368—2005	煤矿水中铁离子的测定方法	2006 年 7 月 1 日
211	HJ/T 399—2007	水质 化学需氧量的测定 快速消解分光光度法	2008 年 3 月 1 日
212	CJ/T 141—2001	城市供水 二氧化硅的测定 硅钼蓝分光光度法	2001 年 12 月 1 日

第6章 红外吸收光谱法

序号	标准号	标准名称	标准实施时间
213	HJ 695—2014	土壤 有机碳的测定 燃烧氧化-非分散红外法	2014 年 7 月 1 日
214	HJ 637—2012 代替 GB/T 16488—1996	水质 石油类和动植物油类的测定 红外分光光度法	2012 年 3 月 7 日
215	HJ 629—2011	固定污染源废气 二氧化硫的测定 非分散红外吸收法	2011 年 11 月 1 日
216	HJ 501—2009 代替 GB 13193—1991 HJ/T 71—2001	水质 总有机碳的测定 燃烧氧化-非分散红外吸收法	2009 年 12 月 1 日
217	HJ/T 44—1999	固定污染源 排气中一氧化碳的测定 非色散红外吸收法	2000 年 1 月 1 日
218	GB 9801—1988	空气质量 一氧化碳的测定 非分散红外法	1988 年 12 月 1 日
219	GB/T 17923—2017	海洋石油开发工业含油污水分析方法 红外分光光度法	2018 年 5 月 1 日
220	GB/T 30740—2014	海洋沉积物中总有机碳的测定 非色散红外吸收法	2014 年 10 月 1 日
221	GB/T 30742—2014	海洋大气干沉降物中总碳的测定 非色散红外吸收法	2014 年 10 月 1 日
222	GB/T 30741—2014	海洋大气干沉降物中总硫的测定 非色散红外吸收法	2014 年 10 月 1 日
223	HY/T 150—2013	海水中有机碳的测定 非色散红外吸收法	2013 年 5 月 1 日

第7章 电位分析法和离子选择电极

序号	标准号	标准名称	标准实施时间
224	HJ 802—2016	土壤 电导率的测定 电极法	2016 年 8 月 1 日
225	HJ 746—2015	土壤 氧化还原电位的测定 电位法	2015 年 7 月 1 日
226	HJ 481—2009 代替 GB/T 15433—1995	环境空气 氟化物的测定 石灰滤纸采样氟离子选择电极法	2009 年 11 月 1 日
227	HJ 48—2009 代替 GB/T 15434—1995	环境空气 氟化物的测定 滤膜采样氟离子选择电极法	2009 年 11 月 1 日
228	HJ/T 67—2001	大气固定污染源 氟化物的测定 离子选择电极法	2001 年 11 月 1 日
229	GB/T 15555.11—1995	固体废物 氟化物的测定 离子选择性电极法	1996 年 1 月 1 日
230	GB/T 15555.12—1995	固体废物 腐蚀性测定 玻璃电极法	1996 年 1 月 1 日
231	GB/T 14671—1993	水质 钡的测定 电位滴定法	1994 年 5 月 1 日
232	GB/T 14669—1993	空气质量 氨的测定 离子选择电极法	1994 年 5 月 1 日
233	GB/T 13902—1992	水质 硝化甘油的测定 示波极谱法	1993 年 9 月 1 日
234	GB/T 13901—1992	水质 二硝基甲苯的测定 示波极谱法	1993 年 9 月 1 日
235	GB/T 13896—1992	水质 铅的测定 示波极谱法	1993 年 9 月 1 日
236	GB 13580.3—1992	大气降水 电导率的测定方法	1993 年 3 月 1 日
237	GB 13580.4—1992	大气降水 pH 值的测定 电极法	1993 年 3 月 1 日
238	GB 13199—1991	水质 阴离子洗涤剂的测定 电位滴定法	1992 年 6 月 1 日
239	GB 7484—1987	水质 氟化物的测定 离子选择电极法	1987 年 8 月 1 日
240	GB/T 6920—1986	水质 pH 值的测定 玻璃电极法	1987 年 3 月 1 日
241	GB/T 22104—2008	土壤质量 氟化物的测定 离子选择电极法	2008 年 6 月 27 日
242	HJ 873—2017	土壤 水溶性氟化物和总氟化物的测定 离子选择电极法	2018 年 1 月 1 日
243	HY/T 178—2014	海水碱度的测定 pH 电位滴定法	2014 年 12 月 1 日
244	MT/T 360—2005	煤矿水中氟离子的测定方法	2006 年 7 月 1 日

第8章 电解和库仑分析法

序号	标准号	标准名称	标准实施时间
245	HJ 506—2009 代替 GB 11913—1989	水质 溶解氧的测定 电化学探头法	2009 年 12 月 1 日
246	HJ/T 57—2000	固定污染源 排气中二氧化硫的测定 定电位电解法	2001 年 3 月 1 日
247	GB/T 15959—1995	水质 可吸附有机卤素（AOX）的测定 微库仑法	1996 年 8 月 1 日

第9章 气相色谱法

序号	标准号	标准名称	标准实施时间
248	HJ 822—2017	水质 苯胺类化合物的测定 气相色谱-质谱法	2017 年 5 月 1 日
249	HJ 810—2016	水质 挥发性有机物的测定 顶空/气相色谱-质谱法	2016 年 10 月 1 日

序号	标准号	标准名称	标准实施时间
250	HJ 809—2016	水质 亚硝胺类化合物的测定 气相色谱法	2016 年 10 月 1 日
251	HJ 806—2016	水质 丙烯腈和丙烯醛的测定 吹扫捕集/气相色谱法	2016 年 8 月 1 日
252	HJ 805—2016	土壤和沉积物 多环芳烃的测定 气相色谱-质谱法	2016 年 8 月 1 日
253	HJ 789—2016	水质 乙腈的测定 直接进样/气相色谱法	2016 年 5 月 1 日
254	HJ 788—2016	水质 乙腈的测定 吹扫捕集/气相色谱法	2016 年 5 月 1 日
255	HJ 768—2015	固体废物 有机磷农药的测定 气相色谱法	2015 年 12 月 15 日
256	HJ 759—2015	环境空气 挥发性有机物的测定 罐采样/气相色谱-质谱法	2015 年 12 月 1 日
257	HJ 760—2015	固体废物 挥发性有机物的测定 顶空-气相色谱法	2015 年 12 月 1 日
258	HJ 758—2015	水质 卤代乙酸类化合物的测定 气相色谱法	2015 年 12 月 1 日
259	HJ 754—2015	水质 阿特拉津的测定 气相色谱法	2015 年 12 月 1 日
260	HJ 753—2015	水质 百菌清及拟除虫菊酯类农药的测定 气相色谱-质谱法	2015 年 10 月 1 日
261	HJ 744—2015	水质 酚类化合物的测定 气相色谱-质谱法	2015 年 7 月 1 日
262	HJ 743—2015	土壤和沉积物 多氯联苯的测定 气相色谱-质谱法	2015 年 7 月 1 日
263	HJ 742—2015	土壤和沉积物 挥发性芳香烃的测定 顶空/气相色谱法	2015 年 7 月 1 日
264	HJ 741—2015	土壤和沉积物 挥发性有机物的测定 顶空/气相色谱法	2015 年 7 月 1 日
265	HJ 738—2015	环境空气 硝基苯类化合物的测定 气相色谱法	2015 年 4 月 1 日
266	HJ 739—2015	环境空气 硝基苯类化合物的测定 气相色谱-质谱法	2015 年 4 月 1 日
267	HJ 736—2015	土壤和沉积物 挥发性卤代烃的测定 顶空/气相色谱-质谱法	2015 年 4 月 1 日
268	HJ 735—2015	土壤和沉积物 挥发性卤代烃的测定 吹扫捕集/气相色谱-质谱法	2015 年 4 月 1 日
269	HJ 734—2014	固定污染源废气 挥发性有机物的测定 固相吸附-热脱附/气相色谱-质谱法	2015 年 2 月 1 日
270	HJ 716—2014	水质 硝基苯类化合物的测定 气相色谱-质谱法	2015 年 1 月 1 日
271	HJ 714—2014	固体废物 挥发性卤代烃的测定 顶空/气相色谱-质谱法	2015 年 1 月 1 日
272	HJ 713—2014	固体废物 挥发性卤代烃的测定 吹扫捕集/气相色谱-质谱法	2015 年 1 月 1 日
273	HJ 711—2014	固体废物 酚类化合物的测定 气相色谱法	2015 年 1 月 1 日
274	HJ 715—2014	水质 多氯联苯的测定 气相色谱-质谱法	2015 年 1 月 1 日
275	HJ 703—2014	土壤和沉积物 酚类化合物的测定 气相色谱法	2014 年 12 月 1 日
276	HJ 701—2014	水质 黄磷的测定 气相色谱法	2014 年 11 月 1 日
277	HJ 699—2014	水质 有机氯农药和氯苯类化合物的测定 气相色谱-质谱法	2014 年 7 月 1 日
278	HJ 698—2014	水质 百菌清和溴氰菊酯的测定 气相色谱法	2014 年 7 月 1 日
279	HJ 697—2014	水质 丙烯酰胺的测定 气相色谱法	2014 年 7 月 1 日
280	HJ 696—2014	水质 松节油的测定 气相色谱法	2014 年 7 月 1 日
281	HJ 686—2014	水质 挥发性有机物的测定 吹扫捕集/气相色谱法	2014 年 4 月 1 日
282	HJ 679—2013	土壤和沉积物 丙烯醛、丙烯腈、乙腈的测定 顶空-气相色谱法	2014 年 2 月 1 日

序号	标准号	标准名称	标准实施时间
283	HJ 676—2013	水质 酚类化合物的测定 液液萃取/气相色谱法	2014 年 2 月 1 日
284	HJ 650—2013	土壤和沉积物 二噁英类的测定 同位素稀释/高分辨气相色谱-低分辨质谱法	2013 年 9 月 1 日
285	HJ 648—2013 代替 GB 13194—1991	水质 硝基苯类化合物的测定 液液萃取/固相萃取-气相色谱法	2013 年 9 月 1 日
286	HJ 646—2013	环境空气和废气 气相和颗粒物中多环芳烃的测定 气相色谱-质谱法	2013 年 9 月 1 日
287	HJ 643—2013	固体废物 挥发性有机物的测定 顶空/气相色谱-质谱法	2013 年 7 月 1 日
288	HJ 642—2013	土壤和沉积物 挥发性有机物的测定 顶空/气相色谱-质谱法	2013 年 7 月 1 日
289	HJ 644—2013	环境空气 挥发性有机物的测定 吸附管采样-热脱附/气相色谱-质谱法	2013 年 7 月 1 日
290	HJ 645—2013	环境空气 挥发性卤代烃的测定 活性炭吸附-二硫化碳解吸/气相色谱法	2013 年 7 月 1 日
291	HJ 639—2012	水质 挥发性有机物的测定 吹扫捕集/气相色谱-质谱法	2013 年 3 月 1 日
292	HJ 621—2011 代替 GB/T 17131—1997	水质 氯苯类化合物的测定 气相色谱法	2011 年 11 月 1 日
293	HJ 620—2011 代替 GB/T 17130—1997	水质 挥发性卤代烃的测定 顶空气相色谱法	2011 年 11 月 1 日
294	HJ 614—2011	土壤 毒鼠强的测定 气相色谱法	2011 年 10 月 1 日
295	HJ 605—2011	土壤和沉积物 挥发性有机物的测定 吹扫捕集/气相色谱-质谱法	2011 年 6 月 1 日
296	HJ 604—2011 代替 GB/T 15263—1994	环境空气 总烃的测定 气相色谱法	2011 年 6 月 1 日
297	HJ 600—2011 代替 GB/T 13904—1992	水质 梯恩梯、黑索今、地恩梯的测定 气相色谱法	2011 年 6 月 1 日
298	HJ 592—2010 代替 GB 4919—1985	水质 硝基苯类化合物的测定 气相色谱法	2011 年 1 月 1 日
299	HJ 591—2010 代替 GB 8972—1988	水质 五氯酚的测定 气相色谱法	2011 年 1 月 1 日
300	HJ 584—2010 代替 GB/T 14670—1993	环境空气 苯系物的测定 活性炭吸附/二硫化碳解吸-气相色谱法	2010 年 12 月 1 日
301	HJ 583—2010 代替 GB/T 14677—1993	环境空气 苯系物的测定 固体吸附/热脱附-气相色谱法	2010 年 12 月 1 日
302	HJ 77.4—2008	土壤和沉积物 二噁英类的测定 同位素稀释高分辨气相色谱-高分辨质谱法	2009 年 4 月 1 日
303	HJ 77.3—2008	固体废物 二噁英类的测定 同位素稀释高分辨气相色谱-高分辨质谱法	2009 年 4 月 1 日
304	HJ 77.2—2008	环境空气和废气 二噁英类的测定 同位素稀释高分辨气相色谱-高分辨质谱法	2009 年 4 月 1 日
305	HJ 77.1—2008	水质 二噁英类的测定 同位素稀释高分辨气相色谱-高分辨质谱法	2009 年 4 月 1 日

序号	标准号	标准名称	标准实施时间
306	HJ/T 73—2001	水质 丙烯腈的测定 气相色谱法	2002 年 1 月 1 日
307	HJ/T 74—2001	水质 氯苯的测定 气相色谱法	2002 年 1 月 1 日
308	HJ/T 68—2001	大气固定污染源 苯胺类的测定 气相色谱法	2001 年 11 月 1 日
309	HJ/T 66—2001	大气固定污染源 氯苯类化合物的测定 气相色谱法	2001 年 11 月 1 日
310	HJ/T 37—1999	固定污染源 排气中丙烯腈的测定 气相色谱法	2000 年 1 月 1 日
311	HJ/T 36—1999	固定污染源 排气中丙烯醛的测定 气相色谱法	2000 年 1 月 1 日
312	HJ/T 35—1999	固定污染源 排气中乙醛的测定 气相色谱法	2000 年 1 月 1 日
313	HJ/T 34—1999	固定污染源 排气中氯乙烯的测定 气相色谱法	2000 年 1 月 1 日
314	HJ/T 33—1999	固定污染源 排气中甲醇的测定 气相色谱法	2000 年 1 月 1 日
315	HJ/T 39—1999	固定污染源 排气中氯苯类的测定 气相色谱法	2000 年 1 月 1 日
316	HJ/T 38—1999	固定污染源 排气中非甲烷总烃的测定 气相色谱法	2000 年 1 月 1 日
317	GB/T 17132—1997	环境 甲基汞的测定 气相色谱法	1998 年 5 月 1 日
318	GB/T 14672—1993	水质 吡啶的测定 气相色谱法	1994 年 5 月 1 日
319	GB/T 14676—1993	空气质量 三甲胺的测定 气相色谱法	1994 年 3 月 15 日
320	GB/T 14678—1993	空气质量 硫化氢、甲硫醇、甲硫醚和二甲二硫的测定 气相色谱法	1994 年 3 月 15 日
321	GB/T 14552—1993	水和土壤质量 有机磷农药的测定 气相色谱法	1994 年 1 月 15 日
322	GB/T 14551—1993	生物质量 六六六和滴滴涕的测定 气相色谱法	1994 年 1 月 15 日
323	GB/T 14550—1993	土壤质量 六六六和滴滴涕的测定 气相色谱法	1994 年 1 月 15 日
324	GB/T 14553—1993	粮食和果蔬质量 有机磷农药的测定 气相色谱法	1994 年 1 月 15 日
325	GB/T 14204—1993	水质 烷基汞的测定 气相色谱法	1993 年 12 月 1 日
326	GB 13192—1991	水质 有机磷农药的测定 气相色谱法	1992 年 6 月 1 日
327	GB 11890—1989	水质 苯系物的测定 气相色谱法	1990 年 7 月 1 日
328	GB 7480—1987	水质 硝酸盐氮的测定 酚二磺酸分光光度法	1987 年 8 月 1 日
329	GB 7492—1987	水质 六六六、滴滴涕的测定 气相色谱法	1987 年 8 月 1 日
330	GB/T 30739—2014	海洋沉积物中正构烷烃的测定 气相色谱-质谱法	2014 年 10 月 1 日
331	GB/T 26411—2010	海水中 16 种多环芳烃的测定 气相色谱-质谱法	2011 年 6 月 1 日
332	HY/T 179—2015	海洋环境中邻苯二甲酸酯类的测定 气相色谱-质谱法	2015 年 10 月 1 日
333	HJ 866—2017	水质 松节油的测定 吹扫捕集/气相色谱-质谱法	2018 年 1 月 1 日
334	CJ/T 144—2001	城市供水 有机磷农药的测定 气相色谱法	2001 年 12 月 1 日
335	CJ/T 145—2001	城市供水 挥发性有机物的测定	2001 年 12 月 1 日

第 10 章 高效液相色谱法

序号	标准号	标准名称	标准实施时间
336	HJ 827—2017	水质 氨基甲酸酯类农药的测定 超高效液相色谱-三重四极杆质谱法	2017 年 5 月 1 日
337	HJ 801—2016	环境空气和废气 酰胺类化合物的测定 液相色谱法	2016 年 8 月 1 日

序号	标准号	标准名称	标准实施时间
338	HJ 784—2016	土壤和沉积物 多环芳烃的测定 高效液相色谱法	2016 年 3 月 1 日
339	HJ 770—2015	水质 苯氧羧酸类除草剂的测定 液相色谱/串联质谱法	2015 年 12 月 15 日
340	HJ 683—2014	空气 醛、酮类化合物的测定 高效液相色谱法	2014 年 4 月 1 日
341	HJ 647—2013	环境空气和废气 气相和颗粒物中多环芳烃的测定 高效液相色谱法	2013 年 9 月 1 日
342	HJ 587—2010	水质 阿特拉津的测定 高效液相色谱法	2010 年 12 月 1 日
343	HJ 478—2009 代替 GB 13198—1991	水质 多环芳烃的测定 液液萃取和固相萃取高效液相色谱法	2009 年 11 月 1 日
344	HJ/T 72—2001	水质 邻苯二甲酸二甲(二丁、二辛)酯的测定 液相色谱法	2002 年 1 月 1 日
345	HJ/T 40—1999	固定污染源 排气中苯并[a]芘的测定 高效液相色谱法	2000 年 1 月 1 日
346	GB/T 16156—1996	生物 尿中 1-羟基芘的测定 高效液相色谱法	1996 年 10 月 1 日
347	GB/T 15439—1995	环境空气 苯并[a]芘的测定 高效液相色谱法	1995 年 8 月 1 日
348	GB/T 21970—2008	水质 组胺等五种生物胺的测定 高效液相色谱法	2008 年 6 月 11 日
349	GB/T 21925—2008	水中除草剂残留测定 液相色谱/质谱法	2008 年 11 月 1 日
350	HJ 851—2017	水质 灭多威和灭多威肟的测定 液相色谱法	2017 年 11 月 1 日
351	HJ 849—2017	水质 乙撑硫脲的测定 液相色谱法	2017 年 11 月 1 日
352	CJ/T 147—2001	城市供水 多环芳烃的测定 液相色谱法	2001 年 12 月 1 日
353	CJ/T 146—2001	城市供水 酚类化合物的测定 液相色谱法	2001 年 12 月 1 日

第 11 章　质谱分析法

序号	标准号	标准名称	标准实施时间
354	HJ 822—2017	水质 苯胺类化合物的测定 气相色谱-质谱法	2017 年 5 月 1 日
355	HJ 827—2017	水质 氨基甲酸酯类农药的测定 超高效液相色谱-三重四极杆质谱法	2017 年 5 月 1 日
356	HJ 810—2016	水质 挥发性有机物的测定 顶空/气相色谱-质谱法	2016 年 10 月 1 日
357	HJ 805—2016	土壤和沉积物 多环芳烃的测定 气相色谱-质谱法	2016 年 8 月 1 日
358	HJ 803—2016	土壤和沉积物 12 种金属元素的测定 王水提取-电感耦合等离子体质谱法	2016 年 8 月 1 日
359	HJ 770—2015	水质 苯氧羧酸类除草剂的测定 液相色谱/串联质谱法	2015 年 12 月 15 日
360	HJ 766—2015	固体废物 金属元素的测定 电感耦合等离子体质谱法	2015 年 12 月 15 日
361	HJ 759—2015	环境空气 挥发性有机物的测定 罐采样/气相色谱-质谱法	2015 年 12 月 1 日
362	HJ 753—2015	水质 百菌清及拟除虫菊酯类农药的测定 气相色谱-质谱法	2015 年 10 月 1 日
363	HJ 744—2015	水质 酚类化合物的测定 气相色谱-质谱法	2015 年 7 月 1 日
364	HJ 743—2015	土壤和沉积物 多氯联苯的测定 气相色谱-质谱法	2015 年 7 月 1 日
365	HJ 739—2015	环境空气 硝基苯类化合物的测定 气相色谱-质谱法	2015 年 4 月 1 日
366	HJ 736—2015	土壤和沉积物 挥发性卤代烃的测定 顶空/气相色谱-质谱法	2015 年 4 月 1 日

序号	标准号	标准名称	标准实施时间
367	HJ 735—2015	土壤和沉积物　挥发性卤代烃的测定　吹扫捕集/气相色谱-质谱法	2015 年 4 月 1 日
368	HJ 734—2014	固定污染源废气　挥发性有机物的测定　固相吸附-热脱附/气相色谱-质谱法	2015 年 2 月 1 日
369	HJ 716—2014	水质　硝基苯类化合物的测定　气相色谱-质谱法	2015 年 1 月 1 日
370	HJ 714—2014	固体废物　挥发性卤代烃的测定　顶空/气相色谱-质谱法	2015 年 1 月 1 日
371	HJ 713—2014	固体废物　挥发性卤代烃的测定　吹扫捕集/气相色谱-质谱法	2015 年 1 月 1 日
372	HJ 715—2014	水质　多氯联苯的测定　气相色谱-质谱法	2015 年 1 月 1 日
373	HJ 700—2014	水质　65 种元素的测定　电感耦合等离子体质谱法	2014 年 7 月 1 日
374	HJ 699—2014	水质　有机氯农药和氯苯类化合物的测定　气相色谱-质谱法	2014 年 7 月 1 日
375	HJ 650—2013	土壤和沉积物　二噁英类的测定　同位素稀释/高分辨气相色谱-低分辨质谱法	2013 年 9 月 1 日
376	HJ 646—2013	环境空气和废气　气相和颗粒物中多环芳烃的测定　气相色谱-质谱法	2013 年 9 月 1 日
377	HJ 643—2013	固体废物　挥发性有机物的测定　顶空/气相色谱-质谱法	2013 年 7 月 1 日
378	HJ 642—2013	土壤和沉积物　挥发性有机物的测定　顶空/气相色谱-质谱法	2013 年 7 月 1 日
379	HJ 645—2013	环境空气　挥发性卤代烃的测定　活性炭吸附-二硫化碳解吸/气相色谱法	2013 年 7 月 1 日
380	HJ 639—2012	水质　挥发性有机物的测定　吹扫捕集/气相色谱-质谱法	2013 年 3 月 1 日
381	HJ 605—2011	土壤和沉积物　挥发性有机物的测定　吹扫捕集/气相色谱-质谱法	2011 年 6 月 1 日
382	HJ 509—2009	车用陶瓷催化转化器中铂、钯、铑的测定　电感耦合等离子体发射光谱法和电感耦合等离子体质谱法	2010 年 1 月 1 日
383	HJ 77.4—2008	土壤和沉积物　二噁英类的测定　同位素稀释高分辨气相色谱-高分辨质谱法	2009 年 4 月 1 日
384	HJ 77.3—2008	固体废物　二噁英类的测定　同位素稀释高分辨气相色谱-高分辨质谱法	2009 年 4 月 1 日
385	HJ 77.2—2008	环境空气和废气　二噁英类的测定　同位素稀释高分辨气相色谱-高分辨质谱法	2009 年 4 月 1 日
386	HJ 77.1—2008	水质　二噁英类的测定　同位素稀释高分辨气相色谱-高分辨质谱法	2009 年 4 月 1 日
387	GB/T 30739—2014	海洋沉积物中正构烷烃的测定　气相色谱-质谱法	2014 年 10 月 1 日
388	GB/T 26411—2010	海水中 16 种多环芳烃的测定　气相色谱-质谱法	2011 年 6 月 1 日
389	HY/T 179—2015	海洋环境中邻苯二甲酸酯类的测定　气相色谱-质谱法	2015 年 10 月 1 日
390	GB/T 21925—2008	水中除草剂残留测定　液相色谱-质谱法	2008 年 11 月 1 日
391	HJ 866—2017	水质　松节油的测定　吹扫捕集/气相色谱-质谱法	2018 年 1 月 1 日
392	CJ/T 145—2001	城市供水　挥发性有机物的测定	2001 年 12 月 1 日

第 13 章　联用技术

序号	标准号	标准名称	标准实施时间
393	HJ 822—2017	水质　苯胺类化合物的测定　气相色谱-质谱法	2017 年 5 月 1 日
394	HJ 827—2017	水质　氨基甲酸酯类农药的测定　超高效液相色谱-三重四极杆质谱法	2017 年 5 月 1 日
395	HJ 810—2016	水质　挥发性有机物的测定　顶空/气相色谱-质谱法	2016 年 10 月 1 日
396	HJ 805—2016	土壤和沉积物　多环芳烃的测定　气相色谱-质谱法	2016 年 8 月 1 日
397	HJ 803—2016	土壤和沉积物　12 种金属元素的测定　王水提取-电感耦合等离子体质谱法	2016 年 8 月 1 日
398	HJ 770—2015	水质　苯氧羧酸类除草剂的测定　液相色谱/串联质谱法	2015 年 12 月 15 日
399	HJ 766—2015	固体废物　金属元素的测定　电感耦合等离子体质谱法	2015 年 12 月 15 日
400	HJ 759—2015	环境空气　挥发性有机物的测定　罐采样/气相色谱-质谱法	2015 年 12 月 1 日
401	HJ 753—2015	水质　百菌清及拟除虫菊酯类农药的测定　气相色谱-质谱法	2015 年 10 月 1 日
402	HJ 744—2015	水质　酚类化合物的测定　气相色谱-质谱法	2015 年 7 月 1 日
403	HJ 743—2015	土壤和沉积物　多氯联苯的测定　气相色谱-质谱法	2015 年 7 月 1 日
404	HJ 739—2015	环境空气　硝基苯类化合物的测定　气相色谱-质谱法	2015 年 4 月 1 日
405	HJ 736—2015	土壤和沉积物　挥发性卤代烃的测定　顶空/气相色谱-质谱法	2015 年 4 月 1 日
406	HJ 735—2015	土壤和沉积物　挥发性卤代烃的测定　吹扫捕集/气相色谱-质谱法	2015 年 4 月 1 日
407	HJ 734—2014	固定污染源废气　挥发性有机物的测定　固相吸附-热脱附/气相色谱-质谱法	2015 年 2 月 1 日
408	HJ 716—2014	水质　硝基苯类化合物的测定　气相色谱-质谱法	2015 年 1 月 1 日
409	HJ 714—2014	固体废物　挥发性卤代烃的测定　顶空/气相色谱-质谱法	2015 年 1 月 1 日
410	HJ 713—2014	固体废物　挥发性卤代烃的测定　吹扫捕集/气相色谱-质谱法	2015 年 1 月 1 日
411	HJ 715—2014	水质　多氯联苯的测定　气相色谱-质谱法	2015 年 1 月 1 日
412	HJ 700—2014	水质　65 种元素的测定　电感耦合等离子体质谱法	2014 年 7 月 1 日
413	HJ 699—2014	水质　有机氯农药和氯苯类化合物的测定　气相色谱-质谱法	2014 年 7 月 1 日
414	HJ 650—2013	土壤和沉积物　二噁英类的测定　同位素稀释/高分辨气相色谱-低分辨质谱法	2013 年 9 月 1 日
415	HJ 646—2013	环境空气和废气　气相和颗粒物中多环芳烃的测定　气相色谱-质谱法	2013 年 9 月 1 日
416	HJ 643—2013	固体废物　挥发性有机物的测定　顶空/气相色谱-质谱法	2013 年 7 月 1 日
417	HJ 642—2013	土壤和沉积物　挥发性有机物的测定　顶空/气相色谱-质谱法	2013 年 7 月 1 日
418	HJ 644—2013	环境空气　挥发性有机物的测定　吸附管采样-热脱附/气相色谱-质谱法	2013 年 7 月 1 日
419	HJ 639—2012	水质　挥发性有机物的测定　吹扫捕集/气相色谱-质谱法	2013 年 3 月 1 日

序号	标准号	标准名称	标准实施时间
420	HJ 605—2011	土壤和沉积物　挥发性有机物的测定　吹扫捕集/气相色谱-质谱法	2011 年 6 月 1 日
421	HJ 509—2009	车用陶瓷催化转化器中铂、钯、铑的测定　电感耦合等离子体发射光谱法和电感耦合等离子体质谱法	2010 年 1 月 1 日
422	HJ 77.4—2008	土壤和沉积物　二噁英类的测定　同位素稀释高分辨气相色谱-高分辨质谱法	2009 年 4 月 1 日
423	HJ 77.3—2008	固体废物　二噁英类的测定　同位素稀释高分辨气相色谱-高分辨质谱法	2009 年 4 月 1 日
424	HJ 77.2—2008	环境空气和废气　二噁英类的测定　同位素稀释高分辨气相色谱-高分辨质谱法	2009 年 4 月 1 日
425	HJ 77.1—2008	水质　二噁英类的测定　同位素稀释高分辨气相色谱-高分辨质谱法	2009 年 4 月 1 日
426	GB/T 30739—2014	海洋沉积物中正构烷烃的测定　气相色谱-质谱法	2014 年 10 月 1 日
427	GB/T 26411—2010	海水中 16 种多环芳烃的测定　气相色谱-质谱法	2011 年 6 月 1 日
428	HY/T 179—2015	海洋环境中邻苯二甲酸酯类的测定　气相色谱-质谱法	2015 年 10 月 1 日
429	GB/T 21925—2008	水中除草剂残留测定　液相色谱/质谱法	2008 年 11 月 1 日
430	HJ 866—2017	水质　松节油的测定　吹扫捕集/气相色谱-质谱法	2018 年 1 月 1 日
431	CJ/T 145—2001	城市供水　挥发性有机物的测定	2001 年 12 月 1 日